Pharmaceutische
Uebungspräparate.

Anleitung zur Darstellung, Erkennung, Prüfung und stöchiometrischen Berechnung

von

officinellen chemisch-pharmaceutischen Präparaten.

Von

Dr. Max Biechele,

Apotheker

Berlin.

Verlag von Julius Springer.

1894.

ISBN-13: 978-3-642-98820-2 e-ISBN-13: 978-3-642-99635-1
DOI: 10.1007/978-3-642-99635-1

Softcover reprint of the hardcover 1st edition 1894

Vorwort.

Nach reichsgesetzlicher Bestimmung hat jeder Apothekerlehrling innerhalb seiner Lehrzeit ein Journal über die im Laboratorium unter Aufsicht des Lehrherrn oder Gehilfen ausgeführten pharmaceutischen Arbeiten fortgesetzt zu führen, welches eine kurze Beschreibung der vorgeschriebenen Operationen und der Theorie des betreffenden chemischen Processes enthalten muss. Dieses Laborationsjournal ist der Meldung zur Gehilfenprüfung beizulegen. Bei dem praktischen Theil der Gehilfenprüfung hat der Lehrling ein chemisch-pharmaceutisches Präparat des Arzneibuches zu bereiten, sowie zwei chemische Präparate auf deren Reinheit nach Vorschrift des Arzneibuches zu untersuchen. Auch bei der Approbationsprüfung hat der Kandidat zwei chemische Präparate anzufertigen und über die Ausführung der Arbeiten einen schriftlichen Bericht abzufassen.

Vorliegendes Buch giebt nun eine Anleitung zur Darstellung, Prüfung und stöchiometrischen Berechnung chemischer Präparate, sowie zur theoretischen Ausarbeitung der dabei vorkommenden Operationen und chemischen Processe. Das Buch enthält die meisten officinellen chemischen Präparate auf diese Weise bearbeitet, und nur die Präparate, deren Darstellung mit besonderer Schwierigkeit oder Gefährlichkeit verbunden ist, oder kostspielige technische Vorrichtungen bedarf, wurden nicht berücksichtigt. Die Vorschriften zur Darstellung der Präparate wurden für kleinere Quantitäten gegeben, da es sich hier nicht darum handelt, Präparate für den gewerbsmässigen Gebrauch, sondern zu Uebungszwecken darzustellen. Um die Präparate mit Hilfe des Buches selbstständig und ohne weitere Anleitung darstellen zu können, war Verfasser bestrebt, eine möglichst genaue Beschreibung der Darstellung zu geben, und namentlich auf die praktischen Vortheile hinzuweisen, deren

Berücksichtigung zur Gewinnung eines vorschriftsmässigen Präparats nöthig ist.

An die Beschreibung der Darstellungsweise knüpft sich die der Eigenschaften des Präparats an, indem hier hauptsächlich die Angaben des Arzneibuches berücksichtigt und die einschlägigen chemischen Processe entwickelt werden. Letzteres geschieht auch bei der darauf folgenden genauen Beschreibung der Prüfung des Präparats nach Angabe des Arzneibuches. Am Schlusse werden die Mengenverhältnisse der auf einander chemisch einwirkenden Stoffe, sowie die Ausbeute des Präparats stöchiometrisch berechnet.

Wenn auch heut zu Tage der Schwerpunkt der pharmaceutischen Thätigkeit nicht mehr auf die Darstellung von chemischen Präparaten, sondern vielmehr auf die Prüfung derselben gelegt werden muss, indem man in vielen Fällen aus chemischen Fabriken reinere, schönere und selbst billigere Präparate bezieht, als man in pharmaceutischen Laboratorien darstellen kann, so darf dennoch die Darstellung von Präparaten zu Uebungszwecken von den lernenden Pharmaceuten nicht vernachlässigt werden. Ohne praktisches Arbeiten im Laboratorium ist ein erfolgreiches Studium der Chemie unmöglich. Wer eine gewisse Anzahl von Eisen-, Quecksilber-, Kalium-, Natrium-, Zink- etc. Präparate dargestellt hat, dem treten eine Menge von Erscheinungen und Eigenschaften dieser Metalle vor Augen, so dass ihm das theoretische Studium dieser Stoffe ungemein erleichtert und verständlicher wird. Ebenso muss die Prüfung der Präparate auf ihre Identität und Reinheit praktisch geübt werden; zugleich sollte aber auf die Kenntniss der sich dabei abspielenden chemischen Processe ein Hauptgewicht gelegt werden. So müssen beim Studium der Chemie Theorie und Praxis stets vereinigt werden.

Möge das Buch den jüngeren Fachgenossen eine neue Anregung zur Darstellung und Prüfung der Präparate in den pharmaceutischen Laboratorien geben! Möge sich das Buch hierbei als treuer Berather bewähren!

Eichstätt, im März 1894.

Der Verfasser.

Inhalt.

Anhang.

Acidum aceticum dilutum.

Acetum concentratum. Verdünnte Essigsäure.

$$C_2H_4O_2 + xH_2O = CH_3 - CO . OH + xH_2O.$$

Darstellung. 200 g krystallisirtes Natriumacetat bringe man in einen Kolben, der etwa $^2/_3$ damit angefüllt wird, und übergiesse dasselbe mit 100 g reiner conc. Schwefelsäure. Den Kolben verbinde man mit einem Liebig'schen Kühler, durch welchen man während der Destillation kaltes Wasser laufen lässt, und füge eine Vorlage an. Den Kolben setze man auf ein Sandband und umgebe denselben so weit mit Sand, als der Inhalt des Kolbens reicht. Man erhitze nun anfangs gelinde, dann stärker, wenn die Destillation nur mehr träge von statten geht, bis der Inhalt des Kolbens nahezu trocken geworden. Das in der Vorlage angesammelte Destillat prüfe man auf seinen Gehalt an wasserfreier Essigsäure.

Da die Stärke der Essigsäure, welche mehr als 43 $^0/_0$ wasserfreie Essigsäure enthält, durch das specifische Gewicht nicht erkannt werden kann, indem eine 43procentige Säure dasselbe specifische Gewicht besitzt wie die wasserfreie Essigsäure, und eine 55procentige dasselbe wie eine 96procentige, so muss der Essigsäuregehalt durch Sättigen mit einem Alkali bestimmt werden.

Zu diesem Zwecke wiege man 5 g des Destillats genau ab, verdünne sie mit 30 ccm Wasser, füge einige Tropfen Phenolphthaleinlösung hinzu und dann so viel Normal-Kalilauge, bis die Flüssigkeit sich bleibend violett färbt. Die hierzu verbrauchten ccm Normal-Kalilauge multiplicire man mit 0,06; man erhält dadurch die Menge wasserfreier Essigsäure, welche in 5 g des Destillats enthalten. Um den Procentgehalt an Essigsäure zu finden, multiplicire man obige Zahl mit 20. Hat man z. B. 38 ccm Normal-Kalilauge bis zur Sättigung gebraucht, so sind in 5 g des Destillats $38 \times 0{,}06 = 2{,}28$ g Essigsäure enthalten, somit in 100 g $20 \times 2{,}28 = 45{,}6$ g. Man wiege nun das Destillat und berechne, wie viel das Gewicht desselben betragen müsste, wenn die Säure 30 % Essigsäure enthielte. Man findet dieses durch die Gleichung: der verlangte Procentgehalt 30 verhält sich zu dem gefundenen Procentgehalt des Destillats wie das Gewicht desselben zu x. Wiegt das Destillat z. B. 150 g und besitzt es 45,6 % Essigsäure, so hat man die Gleichung.

$$30 : 45{,}6 = 150 : x,$$
$$x = 228 \text{ g}.$$

Das Destillat ist daher mit 228 — 150 = 78 g Wasser zu verdünnen.

Vorgang. Wird krystallisirtes Natriumacetat mit conc. Schwefelsäure erhitzt, so wird Essigsäure und Wasser ausgetrieben, und es bleibt ein Gemenge von saurem und neutralem Natriumsulfat im Rückstand.

$$\underset{\substack{\text{Natriumacetat}\\3.136}}{3(C_2H_3O_2Na + 3H_2O)} + \underset{\substack{\text{Schwefelsäure}\\2.98}}{2H_2SO_4} = \underset{\substack{\text{Essigsäure}\\3.60}}{3C_2H_4O_2} + \underset{\text{Wasser}}{9H_2O} + \underset{\substack{\text{Saures}\\\text{Natriumsulfat}}}{NaHSO_4}$$
$$+ \underset{\text{Neutrales Natriumsulfat.}}{Na_2SO_4}$$

Wird das Destillat auf seinen Gehalt an Essigsäure geprüft, so wird eine Probe desselben mit Normal-Kalilauge gesättigt, wobei sich Kaliumacetat und Wasser bildet. Ist alle Essigsäure gesättigt, so wird der nächste Tropfen Kalilauge bei Gegenwart von Phenolphthaleinlösung als Indikator eine violette Färbung erzeugen.

$$\underset{\substack{\text{Kaliumhydroxyd}\\56}}{KOH} + \underset{\substack{\text{Essigsäure}\\60}}{C_2H_4O_2} = \underset{\text{Kaliumacetat}}{C_2H_3O_2K} + \underset{\text{Wasser.}}{H_2O}$$

1 Molekül Kaliumhydroxyd (56 Gewichtstheile) sättigt 1 Molekül Essigsäure (60 Gewichtstheile).

Normal-Kalilauge		Kaliumhydroxyd
1000 ccm	enthalten	56 g
1 „	enthält	0,056 g
		Essigsäure
1000 „	sättigen	60 g
1 „	sättigt	0,06 g.

Man hat daher nur nöthig, die zur Sättigung einer bestimmten Menge Essigsäure verbrauchten ccm Normal-Kalilauge mit 0,06 zu multipliciren, um die Menge wasserfreier Essigsäure zu erfahren.

Aufbewahrung. Die verdünnte Essigsäure ist in gut verschlossenen Gläsern mit Glasstopfen aufzubewahren.

Eigenschaften. Die verdünnte Essigsäure stellt eine klare, farblose Flüssigkeit von saurem Geruche und Geschmacke dar, in 100 Theilen 30 Theile Essigsäure enthaltend. Das specifische Gewicht sei 1,041.

Prüfung.

1. Die Säure muss vollständig flüchtig sein. Man verdampfe ca. 20 Tropfen der Säure auf einem Uhrglas auf dem Wasserbade; es darf kein Rückstand bleiben. Ein Rückstand würde fremde Bestandtheile anzeigen.

2. Man versetze 1 ccm verdünnter Essigsäure mit 3 ccm Zinnchlorürlösung; es darf im Laufe einer Stunde eine Färbung nicht auftreten.

Ist die Säure arsenhaltig, so entsteht eine Braunfärbung oder ein brauner Niederschlag von metallischem Arsen.

$$\underset{\text{Arsenige Säure}}{As_2O_3} + \underset{\text{Zinnchlorür}}{3\,SnCl_2} + \underset{\text{Chlorwasserstoff}}{6\,HCl} = \underset{\text{Arsen.}}{As_2} + \underset{\text{Zinnchlorid}}{3\,SnCl_4} + \underset{\text{Wasser.}}{3\,H_2O}$$

3. Man verdünne 6 g der verdünnten Essigsäure mit 30 g Wasser und versetze je 10 ccm dieser Flüssigkeit der Reihe nach

a) mit Baryumnitratlösung,

b) mit Silbernitratlösung,

c) mit Schwefelwasserstoffwasser.

Es soll in keinem Falle eine Veränderung erfolgen.

ad a) Enthält die Säure Schwefelsäure, so entsteht durch Baryumnitratlösung eine weisse Fällung von Baryumsulfat.

$$\underset{\text{Schwefelsäure}}{H_2SO_4} + \underset{\text{Baryumnitrat}}{Ba(NO_3)_2} = \underset{\text{Baryumsulfat}}{BaSO_4} + \underset{\text{Salpetersäure.}}{2\,HNO_3}$$

ad b) Bei Gegenwart von Salzsäure bewirkt Silbernitrat eine weisse Fällung von Silberchlorid.

$$\underset{\text{Chlorwasserstoff}}{HCl} + \underset{\text{Silbernitrat}}{AgNO_3} = \underset{\text{Silberchlorid}}{AgCl} + \underset{\text{Salpetersäure.}}{HNO_3}$$

ad c) Sind Schwermetalle, wie Kupfer, Blei, zugegen, so entsteht durch Schwefelwasserstoff eine dunkle Fällung von Metallsulfid.

$$\underset{\text{Bleiacetat}}{Pb(C_2H_3O_2)_2} + \underset{\text{Schwefelwasserstoff}}{H_2S} = \underset{\text{Bleisulfid}}{PbS} + \underset{\text{Essigsaure.}}{2\,C_2H_4O_2}$$

4. Man vermische 20 ccm der Säure mit 1 ccm Kaliumpermanganatlösung; es darf die rothe Farbe innerhalb 10 Minuten nicht verschwinden. Enthält die Säure oxydirbare Stoffe, wie Empyreuma, schweflige Säure, Aceton, Ameisensäure, so findet eine alsbaldige Entfärbung statt, indem das Kaliumpermanganat Sauerstoff an diese Stoffe abgiebt.

5. 5 ccm der Säure sollen 26 ccm Normal-Kalilauge sättigen.

5 ccm der Säure verdünne man mit 10 ccm Wasser, setze ein paar Tropfen Phenolphthaleinlösung zu, und dann so viel Normal-Kalilauge, bis die Flüssigkeit bleibend violett roth gefärbt wird.

Formel und Erklärung siehe beim Vorgang!

26 ccm Normal-Kalilauge entsprechen $26 \times 0{,}06 = 1{,}56$ g Essigsäure. Da das specifische Gewicht der verdünnten Essigsäure 1,041 beträgt, so wiegen 5 ccm derselben $5 \times 1{,}041 = 5{,}205$ g. Diese sollen 1,56 g wasserfreie Essigsäure enthalten. In 100 g verdünnter Essigsäure müssen daher enthalten sein:

$$5{,}205 : 1{,}56 = 100 : x,$$
$$x = 29{,}97\,\% \text{ wasserfreie Essigsäure.}$$

Das Arzneibuch verlangt, dass in 100 g der Säure 30 g Essigsäure enthalten seien.

Stöchiometrische Berechnungen.

1. Wie viel 95procentige Schwefelsäure verwendet man zur Zersetzung von 200 g krystallisirtem Natriumacetat?

3 Moleküle Natriumacetat (3.136 Gewichtstheile) entsprechen 2 Moleküle Schwefelsäure (2.98 Gewichtstheile).

$$\begin{array}{ccccccc} 3(NaC_2H_3O_2 . 3H_2O) & & 2H_2SO_4 & & NaC_2H_3O_2 . 3H_2O & & \\ 408 & : & 196 & = & 200 & : & x \end{array}$$
$$x = 96{,}0 \text{ g } H_2SO_4.$$

Diese Menge Schwefelsäure entspricht 95procentiger Schwefelsäure:

$$95 : 100 = 96 : x,$$
$$x = 101 \text{ g}.$$

Zur Zersetzung von 200 g krystallisirtem Natriumacetat verwendet man 101 g 95procentiger Schwefelsäure.

2. Wie viel 30procentige Essigsäure erhält man von 200 g krystallisirtem Natriumacetat?

1 Molekül krystallisirtes Natriumacetat (136 Gewichtstheile) entspricht 1 Molekül Essigsäure (60 Gewichtstheile).

$$\begin{array}{ccccccc} NaC_2H_3O_2 . 3H_2O & & C_2H_4O_2 & & NaC_2H_3O_2 . 3H_2O & & \\ 136 & : & 60 & = & 200 & : & x \end{array}$$

$$x = 88{,}23 \text{ g } C_2H_4O_2.$$

Diese Menge Essigsäure entspricht 30procentiger Essigsäure:

$$30 : 100 = 88{,}23 : x$$
$$x = 294 \text{ g}.$$

200 g krystallisirtes Natriumacetat liefern 294 g 30procentige Essigsäure.

Acidum benzoicum.

Flores Benzoës. Benzoesäure.

$$C_6H_5 — CO . OH.$$

Darstellung. Eine beliebige Menge Siambenzoeharz in sortis oder in massis zerreibe man, entferne die Rinden- oder Holzstückchen durch Auslesen, trockne das Pulver aus und prüfe es, ob dasselbe Zimmtsäure enthält. Zu diesem Zwecke erwärme man 5 g des Harzpulvers mit einer Lösung von 1,3 g krystallisirtem Natriumcarbonat in 15 g Wasser einige Stunden auf 40 bis 50°, filtrire nach dem Erkalten, säure das Filtrat mit verdünnter Schwefelsäure an und wasche die ausgeschiedene Benzoesäure gut aus, worauf man sie mit einer conc. Kaliumpermanganatlösung in einem Probirrohre zusammenbringt, dasselbe lose verschliesst und im Wasserbade einige Zeit erwärmt. Nach dem Erkalten darf beim Oeffnen des Probirrohres kein Geruch nach Bittermandelöl auftreten.

Hat sich das Benzoeharz als zimmtsäurefrei erwiesen, so breite man das gepulverte Harz 2 bis 3 cm hoch auf dem Boden eines etwa 20 cm weiten, eisernen Schälchens aus, bedecke das Schälchen mit dünnem Filtrirpapier, klebe letzteres an den Rand des Schälchens mittels Stärkekleister fest und durchbohre es mit vielen Nadelstichen. Ueber den Rand des Schälchens stülpe man eine aus festem Papier geklebte Düte und befestige diese mit einem Bindfaden. Dann setze man das Schälchen auf ein Sandbad, umgebe dasselbe 2 bis 3 cm hoch mit Sand und erwärme das Sandbad 5 bis 6 Stunden mit der Vorsicht, dass die Temperatur nicht über 180° steigt. Man stelle deshalb ein Thermometer in das Sandbad. Nach dieser Zeit entferne man vorsichtig die Düte von dem Schälchen, bringe die Krystalle mittels einer Federfahne aus der Düte und hebe sie in einem vor Licht geschützten Glase auf.

Macht man auf diese Weise mehrere Sublimationen nach einander, so mische man alle erhaltene Benzoesäure sorgfältig mit einander, um ein gleichmässiges Präparat zu erhalten.

Vorgang. Die Benzoesäure ist im Benzoeharz zum grössten Theil in freiem Zustand enthalten und zwar zu 10 bis 19%. Ausserdem findet sich dieselbe in geringerer Menge im Perubalsam, Tolubalsam, Storax und in mehreren anderen Harzen u. s. w. Nur die durch Sublimation aus Benzoeharz gewonnene Benzoesäure ist officinell; dieselbe stellt keine reine Säure dar, sondern enthält auch noch empyreumatische Destillationsprodukte des Benzoeharzes. — Die Benzoesäure lässt sich auch noch gewinnen aus Benzoeharz auf nassem Wege, aus Pferde- oder Kuhharn, und auf künstlichem, synthetischem Wege aus Phthalsäure oder Toluol. Alle auf diese Weise dargestellte Benzoesäure darf aber zu medicinischen Zwecken keine Verwendung finden.

Auf nassem Wege stellt man die Benzoesäure aus dem Benzoeharz dar, indem man das gepulverte Harz mit Calciumhydroxyd und Wasser kocht, wobei Calciumbenzoat in Lösung geht. Wird das Filtrat mit Salzsäure angesäuert, so scheidet sich Benzoesäure aus, welche aus siedendem Wasser umkrystallisirt wird.

$$\underset{\text{Benzoesäure}}{2\,(C_6H_5 - CO\,.\,OH)} + \underset{\text{Calciumhydroxyd}}{Ca(OH)_2} = \underset{\text{Calciumbenzoat}}{(C_6H_5 - CO\,.\,O)_2Ca} + \underset{\text{Wasser.}}{2\,H_2O}$$

$$\underset{\text{Calciumbenzoat}}{(C_6H_5 - CO\,.\,O)_2Ca} + \underset{\text{Chlorwasserstoff}}{2\,HCl} = \underset{\text{Benzoesäure}}{2\,(C_6H_5 - CO\,.\,OH)} + \underset{\text{Calciumchlorid.}}{CaCl_2}$$

Die auf nassem Wege dargestellte Benzoesäure unterscheidet sich von der officinellen dadurch, dass ihr das Aroma der sublimirten Säure mangelt.

Aus Pferde- oder Kuhharn lässt sich Benzoesäure gewinnen, indem man denselben faulen lässt, wobei die in dem Harne enthaltene Hippursäure (Benzoylamidoessigsäure) sich unter Aufnahme von Wasser in Benzoesäure und Glycocoll (Amidoessigsäure) spaltet. Die Benzoesäure wird hierauf an Kalk gebunden und durch Salzsäure gefällt.

$$\underset{\substack{\text{Hippursäure}\\ \text{(Benzoylamidoessigsäure)}}}{\begin{array}{l} NH\,.\,CO - C_6H_5 \\ | \\ CH_2\,.\,CO\,.\,OH \end{array}} + \underset{\text{Wasser}}{H_2O} = \underset{\text{Benzoesäure}}{C_6H_5 - CO\,.\,OH} + \underset{\substack{\text{Glycocoll}\\ \text{(Amidoessigsäure).}}}{\begin{array}{l} NH_2 \\ | \\ CH_2\,.\,CO\,.\,OH \end{array}}$$

Die aus Harn dargestellte Benzoesäure besitzt einen urinösen Geruch und entwickelt, mit Kali- oder Natronlauge erhitzt, Ammoniak.

Benzoesäure aus Phthalsäure. Wird Naphthalin $C_{10}H_8$ durch Salpetersäure oxydirt, so erhält man Phthalsäure $C_6H_4\begin{cases}CO . OH\\ CO . OH\end{cases}$. Wird diese mit Calciumhydroxyd gesättigt, so bildet sich phthalsaures Calcium $C_6H_4\begin{cases}CO . O\\ CO . O\end{cases}Ca$. Erhitzt man letzteres mit Calciumhydroxyd auf 300 bis 350°, so entsteht ein Gemenge von Calciumbenzoat und Calciumcarbonat. Nachdem man ersteres aus heissem Wasser umkrystallisirt hat, wird die Benzoesäure durch Salzsäure ausgefällt.

$$2\left[\underset{\text{Phtalsaures Calcium}}{C_6H_4\begin{cases}CO . O\\ CO . O\end{cases}Ca}\right] + \underset{\text{Calcium-hydroxyd}}{Ca(OH)_2} = \underset{\text{Calcium-carbonat}}{2\,CaCO_3} + \underset{\text{Calciumbenzoat.}}{(C_6H_5 - CO . O)_2Ca}$$

Die künstliche, aus Phthalsäure gewonnene Benzoesäure reducirt Kaliumpermanganatlösung nicht, wohl aber die sublimirte Säure wegen ihres Gehaltes an flüchtigen Riechstoffen des Benzoeharzes und an brenzlichen Bestandtheilen.

Benzoesäure aus Toluol. Leitet man in siedendes Toluol, $C_6H_5 . CH_3$, längere Zeit Chlor ein, so bildet sich Benzotrichlorid, $C_6H_5 . CCl_3$, unter geringen Mengen von gechlorten Benzotrichloriden, welche auch im Benzolkern Chlor enthalten, wie z. B. $C_6H_4Cl . CCl_3$. Wird Benzotrichlorid mit Wasser auf 140 bis 150° erhitzt, so zerfällt es in Benzoesäure und Chlorwasserstoff, während aus den gechlorten Benzotrichloriden gechlorte Benzoesäuren entstehen, die sich von der Benzoesäure durch Krystallisation nicht trennen lassen.

$$\underset{\text{Toluol}}{C_6H_5 . CH_3} + \underset{\text{Chlor}}{6\,Cl} = \underset{\text{Benzotrichlorid}}{C_6H_5 . CCl_3} + \underset{\text{Chlorwasserstoff}}{3\,HCl}$$

$$\underset{\text{Benzotrichlorid}}{C_6H_5 . CCl_3} + \underset{\text{Wasser}}{2\,H_2O} = \underset{\text{Benzoesaure}}{C_6H_5 - CO . OH} + \underset{\text{Chlorwasserstoff.}}{3\,HCl}$$

Die aus Toluol gewonnene Benzoesäure ist aus oben angegebenem Grunde stets chlorhaltig.

Um das Benzoeharz auf einen Gehalt an Zimmtsäure zu prüfen, welche im Penang- oder Sumatra-Benzoe stets enthalten ist, digerirt man das gepulverte Harz mit einer Lösung von Natriumcarbonat, wobei benzoesaures und eventuell zimmtsaures Natrium in Lösung geht. Wird das Filtrat mit verdünnter Schwefelsäure angesäuert, so scheidet sich Benzoesäure eventuell mit Zimmtsäure aus. Erwärmt man eine zimmtsäurehaltige Benzoesäure mit einer conc. Kaliumpermanganatlösung, so wird die Zimmtsäure unter Freiwerden von Kohlensäure zu Benzaldehyd (Bittermandelöl) oxydirt.

$$\underset{\text{Zimmtsäure}}{(C_6H_5.CH=CH-CO.OH)} + \underset{\text{Sauerstoff}}{4\,O} = \underset{\text{Benzaldehyd}}{C_6H_5-COH} + \underset{\text{Kohlensäure-anhydrid}}{2\,CO_2} + \underset{\text{Wasser.}}{H_2O}$$

Aufbewahrung. Da die Benzoesäure sehr flüchtig ist und sich am Lichte gelblich oder bräunlich färbt, so muss dieselbe in einem gut verschlossenen Glase, vor Licht geschützt, aufbewahrt werden.

Eigenschaften. Die Benzoesäure stellt weissliche, später gelbliche bis bräunlichgelbe Blättchen oder nadelförmige Krystalle von seidenartigem Glanze, benzoeartigem und zugleich brenzlichem, jedoch weder ausgesprochen brandigem noch harnartigem Geruche dar. Sie sind in etwa 370 Theilen kaltem Wasser, reichlich in siedendem Wasser, sowie in Weingeist, Aether und Chloroform löslich und mit Wasserdämpfen flüchtig.

Prüfung.

1. Durch den Geruch; derselbe sei benzoeartig und zugleich brenzlich.

Ein harnartiger Geruch zeigt Harnbenzoesäure, ein brandiger ein zu starkes Erhitzen bei der Sublimation an.

2. Man bringe 0,5 g Benzoesäure in 10 ccm siedendes Wasser; der ungelöst bleibende Theil der Benzoesäure wird zu einer gelblichen bis bräunlichen Flüssigkeit schmelzen, die sich am Boden des Gefässes ansammelt.

Künstliche Benzoesäure schmilzt unter siedendem Wasser nicht.

3. Man erhitze 0,2 g Benzoesäure in einem trockenen Probirrohre über einer kleinen Flamme; die Säure schmilzt zuerst zu einer gelblichen bis schwach bräunlichen Flüssigkeit und sublimirt dann vollständig mit Hinterlassung eines geringen braunen Rückstandes.

Ein grösserer Rückstand würde auf mineralische Stoffe, Zucker etc. schliessen lassen.

4. Man übergiesse 1 g Benzoesäure mit 50 ccm kaltem Wasser und 1 ccm Normalkalilauge, lasse unter öfterem Umschütteln 15 Minuten lang stehen, giesse die Flüssigkeit klar ab und füge 1 Tropfen Ferrichloridlösung hinzu. Es entsteht ein schmutzigrother Niederschlag von unreinem Ferribenzoat. Bei Behandlung von Benzoesäure mit verdünnter Kalilauge löst sich nämlich Kaliumbenzoat auf, und

dieses setzt sich mit Ferrichlorid um in Ferribenzoat und Kaliumchlorid.

Nur die Harzbenzoesäure, welche auch noch empyreumatische Destillationsprodukte des Benzoeharzes enthält, giebt, auf diese Weise behandelt, einen schmutzigrothen Niederschlag, während die auf nassem Wege oder aus Harn dargestellte und die künstliche Benzoesäure mit verdünnter Kalilauge behandelt auf Zusatz von Ferrichlorid einen röthlichgelben Niederschlag von reinem Ferribenzoat abscheidet.

$$\underset{\text{Kaliumbenzoat}}{6\,(C_6H_5 - CO\,.\,OK)} + \underset{\text{Ferrichlorid}}{Fe_2Cl_6} = \underset{\text{Ferribenzoat}}{Fe_2(C_6H_5 - CO\,.\,O)_6} + \underset{\text{Kaliumchlorid.}}{6\,KCl}$$

5. Man bringe 0,5 g Benzoesäure mit 5 g Wasser und 0,5 g krystallinischem Kaliumpermanganat in eine Probirröhre, verschliesse dieselbe lose und erwärme sie einige Zeit im Wasserbade; es darf nach dem Erkalten beim Oeffnen des Rohres kein Geruch nach Bittermandelöl wahrnehmbar sein.

Enthält die Benzoesäure Zimmtsäure, so wird diese durch den Sauerstoff des Kaliumpermanganats zu Benzaldehyd (Bittermandelöl) oxydirt.

Formel siehe oben bei der Prüfung des Benzoeharzes auf Zimmtsäure.

6. Man löse 0,1 g Benzoesäure in 1 ccm Ammoniakflüssigkeit; es soll eine gelbe bis bräunliche, trübe Lösung von Ammoniumbenzoat entstehen, indem die brenzlichen Bestandtheile der sublimirten Harzbenzoesäure sich in Ammoniak theils mit gelblicher Farbe lösen, theils ungelöst bleiben. Harnbenzoesäure und künstliche Benzoesäure lösen sich klar und farblos auf.

$$\underset{\text{Benzoesaure}}{C_6H_5 - CO\,.\,OH} + \underset{\text{Ammoniak}}{NH_3} = \underset{\text{Ammoniumbenzoat.}}{C_6H_5 - CO\,.\,O(NH_4)}$$

Zur obigen Lösung von Ammoniumbenzoat füge man 2 ccm verdünnter Schwefelsäure zu, wobei sich Benzoesäure ausscheidet, und versetze die Mischung mit 5 ccm Kaliumpermanganatlösung; nach Verlauf von 8 Stunden muss die Flüssigkeit fast farblos erscheinen, weil die Riech- und brenzlichen Stoffe der sublimirten Harzbenzoesäure reducirend auf das Kaliumpermanganat wirken und die Lösung entfärben.

Enthält die Benzoesäure keine derartigen reducirenden Stoffe, wie dieses bei der künstlichen Benzoesäure der Fall ist, so erscheint die Flüssigkeit nach 8 Stunden noch roth gefärbt.

$$2\,[C_6H_5 - CO\,.\,O(NH_4)] + H_2SO_4 = 2\,C_6H_5 - CO\,.\,OH + (NH_4)_2SO_4$$

Ammoniumbenzoat — Schwefelsäure — Benzoesäure — Ammoniumsulfat.

7. Man mische 0,2 g Benzoesäure mit 0,3 g Calciumcarbonat in einem Porzellantiegel, befeuchte die Mischung mit etwas Wasser, trockne ein und glühe; den Rückstand löse man in etwa 5 ccm verdünnter Salpetersäure, filtrire in ein Reagenzglas, bringe das Filtrat auf 10 ccm und versetze mit Silbernitratlösung; es darf nur schwach opalisirend getrübt werden.

Wurde die Benzoesäure aus Toluol dargestellt, so enthält sie stets gechlorte Benzoesäuren, wie z. B. Monochlorbenzoesäure,

$$C_6H_4Cl - CO\,.\,OH.$$

Siehe bei Darstellung der Benzoesäure aus Toluol.

In dieser Verbindung lässt sich das Chlor nicht direkt durch Silbernitrat nachweisen. Man muss sie daher zerstören, indem man mit Calciumcarbonat glüht, wobei sich Calciumchlorid bildet. Wird nun die salpetersaure, filtrirte Lösung des Rückstandes mit Silbernitratlösung versetzt, so scheidet sich Silberchlorid aus, und es ist somit die Anwesenheit von aus Toluol dargestellter Benzoesäure bewiesen.

$$CaCl_2 + 2\,AgNO_3 = 2\,AgCl + Ca(NO_3)_2$$

Calciumchlorid — Silbernitrat — Silberchlorid — Calciumnitrat.

Acidum boricum.

Acidum boracicum. Borsäure. Boraxsäure.

$$BO_3H_3 = B(OH)_3.$$

Darstellung. 100 g Borax löse man in 300 g kochend heissem, destillirtem Wasser, filtrire heiss und versetze das Filtrat noch warm mit 60 g eisenfreier Salpetersäure von 1,38 specifischem Gewicht unter Umrühren. Nachdem man einen Tag an einem kühlen Orte stehen gelassen, sammle man die ausgeschiedenen Krystalle auf einem leinenen Colatorium, presse aus und löse die Krystalle nochmals in 200 g kochend heissem Wasser, worauf man krystallisiren lässt. Die Krystalle sammle man auf einen lose verstopften Trichter, lasse die Mutterlauge gut abtropfen, drücke die Krystalle etwas zusammen, wasche mit destillirtem Wasser nach und trockne sie, auf Papier ausgebreitet, bei gelinder Wärme.

Vorgang. Der Borax stellt das Natriumsalz der Pyroborsäure (Tetraborsäure) $H_2B_4O_7$ dar. Er krystallisirt mit 10 Molekülen Krystallwasser und besitzt daher die Formel: $Na_2B_4O_7 + 10H_2O$. Wird eine heiss gesättigte Lösung von Borax mit Salpetersäure versetzt, so scheidet sich Orthoborsäure $B(OH)_3$ aus, und Natriumnitrat ist die Lösung.

$$\underset{\substack{\text{Natriumpyroborat}\\382}}{Na_2B_4O_7 . 10H_2O} + \underset{\substack{\text{Salpetersäure}\\2.63}}{2HNO_3} = \underset{\substack{\text{Orthoborsaure}\\4.62}}{4B(OH)_3} + \underset{\text{Natriumnitrat}}{2NaNO_3} + \underset{\text{Wasser.}}{5H_2O}$$

Eigenschaften. Die Orthoborsäure stellt farblose, glänzende, schuppenförmige, fettig anzufühlende Krystalle dar, welche in 25 Theilen kaltem, in 3 Theilen siedendem Wasser und in 15 Theilen Weingeist, auch in Glycerin löslich sind, beim Erhitzen schmelzen und eine nach dem Erkalten glasartige Masse hinterlassen.

Beim Erhitzen auf 100° verwandelt sich die Orthoborsäure in pulverförmige Metaborsäure, indem 1 Molekül Wasser austritt (a); bei 140 bis 160° schmilzt sie unter Bildung von Pyroborsäure (Tetraborsäure), indem 4 Moleküle Orthoborsäure 5 Moleküle Wasser abgeben (b). Beim Glühen geht die Meta- und die Pyroborsäure unter Abgabe von sämmtlichem Wasser in Borsäureanhydrid über (c).

$$\text{a)}\quad \underset{\text{Orthoborsäure}}{B(OH)_3} = \underset{\text{Metaborsäure}}{HBO_2} + \underset{\text{Wasser}}{H_2O}$$

$$\text{b)}\quad \underset{\text{Orthoborsaure}}{4B(OH)_3} = \underset{\text{Pyroborsaure}}{H_2B_4O_7} + \underset{\text{Wasser.}}{5H_2O}$$

$$\text{c)}\quad \underset{\text{Pyroborsäure}}{H_2B_4O_7} = \underset{\substack{\text{Borsaure-}\\\text{anhydrid}}}{2B_2O_3} + \underset{\text{Wasser.}}{H_2O}$$

Löst man 1 g Borsäure in 49 g Wasser, setzt einige Tropfen Salzsäure hinzu, taucht in diese Flüssigkeit Kurkumapapier, so wird letzteres beim Eintrocknen braunroth; die Färbung geht beim Besprengen mit Ammoniakflüssigkeit in blauschwarz über.

Löst man 2 g Borsäure in 15 g Weingeist oder 1 g Borsäure in 39 g Glycerin, so verbrennen diese Lösungen nach dem Anzünden mit grüngesäumter Flamme. Die Glycerinlösung muss bis zur Entwickelung von brennbaren Dämpfen erhitzt, und während des Versuches fortwährend im Kochen erhalten werden. Die Grünfärbung der Flamme beruht auf der Bildung von Borsäureäthyläther, beziehungsweise Borsäure-Glycerinäther.

$$\underset{\text{Orthoborsäure}}{B(OH)_3} + \underset{\text{Aethylalkohol}}{3(C_2H_5 . OH)} = \underset{\text{Borsaureathylather}}{B(O . C_2H_5)_3} + \underset{\text{Wasser.}}{3H_2O}$$

$$\underset{\text{Orthoborsaure}}{B(OH)_3} + \underset{\text{Glycerin}}{C_3H_5(OH)_3} = \underset{\text{Borsaure-Glycerinather}}{BO_3 . C_3H_5} + \underset{\text{Wasser.}}{3H_2O}$$

Prüfung.

1. Man löse 1 g Borsäure in 49 g Wasser und versetze je 10 ccm dieser Lösung der Reihe nach:

a) mit Schwefelwasserstoffwasser,

b) mit Baryumnitratlösung,

c) mit Silbernitratlösung,

d) mit Ammoniumoxalatlösung,

e) mit Ammoniakflüssigkeit und Natriumphosphatlösung;

es darf in keinem Falle eine Veränderung entstehen.

ad a) Bei Gegenwart von Schwermetallen, wie Kupfer, Blei, entsteht durch Schwefelwasserstoffwasser eine dunkle Fällung von Metallsulfid.

$$\underset{\text{Bleinitrat}}{Pb(NO_3)_2} + \underset{\text{Schwefelwasserstoff}}{H_2S} = \underset{\text{Bleisulfid}}{PbS} + \underset{\text{Salpetersäure.}}{2\,HNO_3}$$

ad b) Ist Schwefelsäure oder ein Sulfat vorhanden, so entsteht durch Baryumnitratlösung eine weisse Fällung von Baryumsulfat.

$$\underset{\text{Natriumsulfat}}{Na_2SO_4} + \underset{\text{Baryumnitrat}}{Ba(NO_3)_2} = \underset{\text{Baryumsulfat}}{BaSO_4} + \underset{\text{Natriumnitrat.}}{2\,NaNO_3}$$

ad c) Ein Chlorgehalt würde durch Silbernitratlösung angezeigt, indem sich weisses Silberchlorid ausscheidet.

$$\underset{\text{Natiumchlorid}}{NaCl} + \underset{\text{Silbernitrat}}{AgNO_3} = \underset{\text{Silberchlorid}}{AgCl} + \underset{\text{Natriumnitrat.}}{NaNO_3}$$

ad d) Ammoniumoxalatlösung zeigt die Anwesenheit eines Calciumsalzes an, indem sich weisses Calciumoxalat ausscheidet.

$$\underset{\text{Calciumnitrat}}{Ca(NO_3)_2} + \underset{\text{Ammoniumoxalat}}{C_2O_4(NH_4)_2 \cdot H_2O} = \underset{\text{Calciumoxalat}}{CaC_2O_4 \cdot H_2O} + \underset{\text{Ammoniumnitrat.}}{2\,(NH_4)NO_3}$$

ad e) Ist ein Magnesiumsalz zugegen, so erzeugen Ammoniak und Natriumphosphat einen weissen Niederschlag von Ammonium-Magnesiumphosphat.

$$\underset{\text{Magnesiumnitrat}}{Mg(NO_3)_2} + \underset{\text{Ammoniak}}{NH_3} + \underset{\text{Natriumphosphat}}{Na_2HPO_4} + \underset{\text{Wasser}}{6\,H_2O} = \underset{\text{Ammonium-Magnesiumphosphat}}{Mg(NH_4)PO_4 \cdot 6\,H_2O} + \underset{\text{Natriumnitrat.}}{2\,NaNO_3}$$

2. Man löse 1 g Borsäure in 49 g Wasser unter Zusatz einiger Tropfen Salzsäure und füge 0,5 ccm Kaliumferocyanidlösung hinzu;

es darf nicht sofort eine Bläuung entstehen. Letzteres würde einen zu grossen Gehalt an Eisen anzeigen, indem sich Ferriferrocyanür (Berlinerblau) ausscheidet.

$$\underset{\text{Ferrichlorid}}{2\,Fe_2Cl_6} + \underset{\text{Kaliumferrocyanid}}{3\,K_4(FeCy_6)} = \underset{\text{Ferriferrocyanur}}{Fe_4(FeCy_6)_3} + \underset{\text{Kaliumchlorid}}{12\,KCl}$$

Stöchiometrische Berechnungen.

1. Wie viel 60 procentige Salpetersäure braucht man, um 100 g Borax zu zersetzen?

1 Molekül Borax (382 Gewichtstheile) braucht 2 Moleküle Salpetersäure (2 . 63 Gewichtstheile).

$$\underset{382}{Na_2B_4O_7 . 10H_2O} : \underset{126}{2HNO_3} = \underset{100}{Na_2B_4O_7 10H_2O} : x$$

$$x = 33\ g . HNO_3.$$

Diese Menge entspricht 60 procentiger Salpetersäure:

$$60:100 = 33:x$$
$$x = 55\ g.$$

100 g Borax bedürfen 55 g 60 procentiger Salpetersäure zur Zersetzung.

2. Wie viel Borsäure erhält man von 100 g Borax?

1 Molekül Borax (382 Gewichtstheile) liefert 4 Moleküle Borsäure (4 . 62 Gewichtstheile).

$$\underset{382}{Na_2B_4O_7 . 10H_2O} : \underset{248}{4B(OH)_3} = \underset{100}{Na_2B_4O_7 10H_2O} : x$$

$$x = 64{,}9\ g\ B(OH)_3$$

100 g Borax liefern 64,9 g Borsäure.

Acidum formicicum.

Acidum formylicum. Ameisensäure. Formylsäure.

$$CH_2O_2 + xH_2O = H - CO\,OH + xH_2O.$$

Darstellung. 75 g conc. Glycerin und 75 g zerriebene krystallisirte Oxalsäure bringe man in eine ca. 300 ccm fassende tubulirte Retorte, verbinde dieselbe mit einem Liebig'schen Kühler und setze sie in ein Sandbad, das man langsam erwärmt. Die Kohlensäureentwickelung beginnt bei 75° und bei 90° destillirt wässrige Ameisensäure über. Sobald die Kohlensäureentwickelung nachlässt, bringe man durch den Tubulus der Retorte wiederum 75 g zerriebene, krystallisirte Oxalsäure in die Retorte und erhitze weiter, bis die Kohlensäureentwickelung nachlässt, worauf man entweder nochmals Oxalsäure durch den Tubulus einträgt, oder das Erhitzen mässigt, damit sich keine Zersetzungsprodukte wie Acrolein und Allylalkohol bilden, welche das Destillat verunreinigen. Ein Zusatz von Oxalsäure kann mehrmals erfolgen, und so mit einer geringen Menge Glycerin eine grössere Menge Oxalsäure in Ameisensäure umgewandelt werden. Da das Destillat meist etwas Oxalsäure enthält, welche durch die Kohlensäureentwickelung mit übergerissen wurde, so rektificire man das Destillat durch nochmalige Destillation und bringe es sodann mit Wasser auf das specifische Gewicht von 1,060 bis 1,063.

Vorgang. Wird Glycerin und Oxalsäure zusammen erwärmt, so zerfällt letztere in Ameisensäure und Kohlensäure, welche entweicht, während sich die Ameisensäure mit dem Glycerin zu Glycerinmonoformiat (Ameisensäure-Glycerinäther) unter Bildung von Wasser vereinigt.

$$\underset{\substack{\text{Oxalsäure}\\126}}{(C_2H_2O_4 + 2H_2O)} = \underset{\substack{\text{Kohlen-}\\\text{säureanhydrid}}}{CO_2} + \underset{\substack{\text{Ameisensäure}\\46}}{CH_2O_2} + \underset{\text{Wasser}}{2H_2O}$$

$$\underset{\text{Ameisensäure}}{CH_2O_2} + \underset{\text{Glycerin}}{C_3H_5(OH)_3} = \underset{\substack{\text{Ameisensäure-Glycerinäther}\\\text{(Glycerinmonoformiat)}}}{C_3H_5\begin{cases}(OH)_2\\O.CHO\end{cases}} + \underset{\text{Wasser.}}{H_2O}$$

Der Ameisensäure-Glycerinäther zerfällt aber mit dem Wasser sogleich wieder in Ameisensäure, welche überdestillirt, und Glycerin, das nun eine neue Menge Oxalsäure in Ameisensäure verwandeln kann unter vorhergehender Bildung von Ameisensäure-Glycerinäther.

$$\underset{\text{Ameisensäure-Glycerinäther}}{C_3H_5\begin{cases}(OH)_2\\O.CHO\end{cases}} + \underset{\text{Wasser}}{H_2O} = \underset{\text{Ameisensäure}}{CH_2O_2} + \underset{\text{Glycerin.}}{C_3H_5(OH)_3}$$

Wird der Rückstand, wenn keine freie Oxalsäure mehr vorhanden, stärker erhitzt, so zerfällt der Ameisensäure-Glycerinäther in Kohlensäure, Wasser und Allylalkohol; auch kann das Glycerin in Wasser und Acrolein sich spalten.

$$\underset{\text{Ameisensäure-Glycerinäther}}{C_3H_5\begin{cases}(OH)_2\\O.CHO\end{cases}} = \underset{\text{Allylalkohol}}{C_3H_5.OH} + \underset{\substack{\text{Kohlensäure-}\\\text{anhydrid}}}{CO_2} + \underset{\text{Wasser}}{H_2O}$$

$$\underset{\text{Glycerin}}{C_3H_5(OH)_3} = \underset{\text{Acrolein}}{C_3H_4O} + \underset{\text{Wasser.}}{2H_2O}$$

Eigenschaften. Die Ameisensäure stellt eine klare, flüchtige, farblose Flüssigkeit dar von stechendem, nicht brenzlichem Geruche und stark saurem Geschmacke; in 100 Theilen 24 bis 25 Theile Ameisensäure enthaltend.

Specifisches Gewicht: 1,060 bis 1,063.

Mit Bleiessig vermischt giebt Ameisensäure einen weissen, krystallinischen Niederschlag von Bleiformiat.

$$\underset{\text{Ameisensäure}}{6\,CH_2O_2} + \underset{\text{Basisch Bleiacetat (Bleiessig)}}{[2\,Pb(C_2H_3O_2)_2 + PbO]} = \underset{\text{Bleiformiat}}{3\,Pb(CHO_2)_2} + \underset{\text{Essigsäure}}{4\,C_2H_4O_2} + \underset{\text{Wasser.}}{H_2O}$$

Schüttelt man 1 g Ameisensäure mit 5 g Wasser und überschüssigem gelbem Quecksilberoxyd und filtrirt, so erhält man eine klare Flüssigkeit, welche beim Erhitzen unter Gasentwickelung einen weissen, schnell grau werdenden und schliesslich sich zu glänzenden Metallkügelchen vereinigenden Niederschlag fallen lässt.

Beim Schütteln der verdünnten Säure mit gelbem Quecksilberoxyd löst sich Mercuriformiat auf (a). Erhitzt man das Filtrat langsam, so scheidet sich unter Kohlensäure und Kohlenoxydentwickelung zuerst weisses Mercuroformiat aus (b), das bei stärkerem Erhitzen in metallisches Quecksilber, Kohlensäure und Kohlenoxyd zerfällt (c).

$$\text{a)}\quad \underset{\text{Ameisensaure}}{2\,CH_2O_2} + \underset{\text{Quecksilberoxyd}}{HgO} = \underset{\text{Mercuriformiat}}{Hg(CHO_2)_2} + \underset{\text{Wasser}}{H_2O}$$

$$\text{b)}\quad \underset{\text{Mercuriformiat}}{2\,Hg(CHO_2)_2} = \underset{\text{Mercuroformiat}}{Hg_2(CHO_2)_2} + \underset{\text{Kohlensäureanhydrid}}{CO_2} + \underset{\text{Kohlenoxyd}}{CO} + \underset{\text{Wasser}}{H_2O}$$

$$\text{c)}\quad \underset{\text{Mercuroformiat}}{Hg_2(CHO_2)_2} = \underset{\text{Quecksilber}}{2\,Hg} + \underset{\text{Kohlensäureanhydrid}}{CO_2} + \underset{\text{Kohlenoxyd}}{CO} + \underset{\text{Wasser.}}{H_2O}$$

Prüfung.

1. Man verdunste etwa 5 Tropfen Ameisensäure auf einem Uhrglase. Ein Rückstand könnte von Oxalsäure oder von organischen Salzen herrühren.

2. Man neutralisire Ameisensäure mit Kalilauge, wobei sich Kaliumformiat bildet. Es darf dabei kein stechender oder brenzlicher Geruch auftreten. Ersteres könnte von Acrolein oder Allylalkohol herrühren, letzteres von empyreumatischen Stoffen.

$$\underset{\substack{\text{Ameisensaure}\\46}}{CH_2O_2} + \underset{\substack{\text{Kaliumhydroxyd}\\56}}{KOH} = \underset{\text{Kaliumformiat}}{CHKO_2} + \underset{\text{Wasser.}}{H_2O}$$

3. Man verdünne 6 g Ameisensäure mit 30 g Wasser und versetze je 10 ccm dieser Flüssigkeit der Reihe nach

a) mit Silbernitratlösung,

b) mit Calciumchloridlösung, nachdem man zuvor mit Ammoniakflüssigkeit neutralisirt hat,

c) mit Schwefelwasserstoffwasser.

In keinem Falle darf eine Veränderung eintreten.

ad a) Bei Gegenwart von Chloriden würde Silbernitratlösung eine weisse Trübung von Silberchlorid erzeugen.

$$\underset{\text{Chlorwasserstoff}}{HCl} + \underset{\text{Silbernitrat}}{AgNO_3} = \underset{\text{Silberchlorid}}{AgCl} + \underset{\text{Salpetersäure.}}{HNO_3}$$

ad b) Neutralisirt man die Flüssigkeit mit Ammoniakflüssigkeit, so bildet sich Ammoniumformiat (a). Ist Oxalsäure zugegen, so erzeugt Calciumchloridlösung eine weisse Fällung von Calciumoxalat (b).

$$\text{a)}\ \underset{\text{Ameisensäure}}{CH_2O_2} + \underset{\text{Ammoniak}}{NH_3} = \underset{\text{Ammoniumformiat.}}{CH(NH_4)O_2}$$

$$\text{b)}\ \underset{\text{Oxalsäure}}{H_2C_2O_4} + \underset{\text{Calciumchlorid}}{CaCl_2} + \underset{\text{Ammoniak}}{2NH_3} + \underset{\text{Wasser}}{H_2O} = \underset{\text{Calciumoxalat}}{CaC_2O_4 . H_2O} + \underset{\text{Ammoniumchlorid.}}{2NH_4Cl}$$

ad c) Schwefelwasserstoff erzeugt bei Gegenwart von Metallen, wie Kupfer, Blei, eine dunkle Fällung von Metallsulfid.

$$\underset{\text{Kupferformiat}}{Cu(CHO_2)_2} + \underset{\text{Schwefelwasserstoff}}{H_2S} = \underset{\text{Kupfersulfid.}}{CuS} + \underset{\text{Ameisensäure}}{2CH_2O_2}$$

4. Man verdünne 1 ccm Ameisensäure mit 5 ccm Wasser und erhitze mit 1,5 ccm gelbem Quecksilberoxyd unter wiederholtem Umschütteln so lange im Wasserbade, bis keine Gasentwickelung mehr stattfindet, worauf man filtrire. Das Filtrat reagire neutral.

Beim Erhitzen von Quecksilberoxyd mit Ameisensäure wird ersteres zu Quecksilber reducirt und Kohlensäureanhydrid entweicht (a). Das Filtrat wird, da alle Ameisensäure zu Kohlensäure und Wasser oxydirt wurde, neutral reagiren. War aber Essigsäure zugegen, so verbindet sich diese mit Quecksilber zu Mercuriacetat (b), das sich beim Erhitzen nicht zersetzt und sauer reagirt.

$$\text{a)}\ \underset{\text{Quecksilberoxyd}}{HgO} + \underset{\text{Ameisensäure}}{CH_2O_2} = \underset{\text{Quecksilber}}{Hg} + \underset{\text{Kohlensäureanhydrid}}{CO_2} + \underset{\text{Wasser.}}{H_2O}$$

$$\text{b)}\ \underset{\text{Quecksilberoxyd}}{HgO} + \underset{\text{Essigsäure}}{2C_2H_4O_2} = \underset{\text{Mercuriacetat}}{Hg(C_2H_3O_2)_2} + \underset{\text{Wasser.}}{H_2O}$$

5. 5 ccm Ameisensäure sollen 28 bis 29 ccm Normal-Kalilauge sättigen. Es bildet sich hierbei Kaliumformiat.

Formel siehe bei Prüfung No. 2.

Man verdünne 5 ccm Ameisensäure mit 10 ccm Wasser, setze einige Tropfen Phenolphthaleinlösung zu, und dann soviel Normal-Kalilauge, bis eine bleibende rothe Färbung eintritt.

1 Molekül Kaliumhydroxyd (56 Gewichtstheile) sättigt 1 Molekül Ameisensäure (46 Gewichtstheile).

Normal-Kalilauge		Kaliumhydroxyd
1000 ccm	enthalten	56 g
1 ccm	enthält	0,056 g
		Ameisensäure
1000 ccm	sättigen	46 g
1 ccm	sättigt	0,046 g
28 ccm	sättigen	$28 \times 0{,}046 = 1{,}288$ g
29 ccm	sättigen	$29 \times 0{,}046 = 1{,}334$ g.

Diese Menge wasserfreie Ameisensäure soll in 5 ccm der Säure enthalten sein. Da das specifische Gewicht der Säure 1,06 bis 1,063 beträgt, so wiegen 5 ccm derselben $5 \times 1{,}06$ bis $1{,}063 = 5{,}3$ bis 5,315 g. In 100 g der Säure sollen daher enthalten sein:

$$5{,}3 : 1{,}288 = 100 : x$$
$$x = 24{,}3 \text{ Procent bis}$$
$$5{,}315 : 1{,}334 = 100 : x$$
$$x = 25{,}1 \text{ Procent}$$

wasserfreie Ameisensäure.

Stöchiometrische Berechnung.

Wie viel 25 procentige Ameisensäure erhält man von 150 g Oxalsäure?

1 Molekül Oxalsäure (126 Gewichtstheile) entspricht 1 Molekül Ameisensäure (46 Gewichtstheile).

$$\begin{array}{ccccccc} C_2H_2O_4 . 2H_2O & & CH_2O_2 & & C_2H_2O_4 . 2H_2O & & \\ 126 & : & 46 & = & 150 & : & x \end{array}$$
$$x = 54{,}7 \text{ g } CH_2O_2.$$

Diese Menge wasserfreie Ameisensäure entspricht $4 \times 54{,}7 = 218{,}8$ g 25 procentiger Ameisensäure.

150 g Oxalsäure geben 218,8 g 25 procentige Ameisensäure.

Acidum phosphoricum.

Phosphorsäure.

$$H_3PO_4 + xaq = PO\begin{cases}OH\\OH\\OH\end{cases} + xaq.$$

Darstellung. In einen Glaskolben bringe man 230 bis 240 g 25procentige Salpetersäure von 1,153 specifischem Gewichte und 15 g Phosphor, in kleine Stücke zerschnitten. Den Kolben stelle man auf ein Sandbad, umgebe denselben soweit mit Sand, als die Flüssigkeit reicht, verbinde ihn mit einem Liebig'schen Kühler und erhitze nun das Sandbad, nachdem man eine Vorlage vorgelegt, zuerst schwach, dann stärker. Anfangs entwickeln sich reichlich rothgelbe Dämpfe, welche den Kolben und die Vorlage füllen und theilweise entweichen, während eine salpetrige Säure haltende Salpetersäure, sowie etwas Phosphor in die Vorlage überdestilliren. Entwickeln sich keine rothgelben Dämpfe mehr, so bringe man das Destillat in den Kolben zurück und erhitze weiter zuletzt bis zum Sieden der Flüssigkeit, indem man von Zeit zu Zeit das Destillat in den Kolben zurückgiesst. Ist der Phosphor nahezu ganz aufgelöst und findet keine Einwirkung der Salpetersäure auf den Phosphor mehr statt, so lasse man erkalten und giesse die Lösung in eine Porzellanschale klar ab, worauf man sie zur Verjagung der Salpetersäure und zur Oxydation etwa vorhandener phosphoriger Säure im Wasserbade bis zur Sirupkonsistenz verdampft. Zur Prüfung auf Salpetersäure oder salpetrige Säure vermische man 2 ccm der Flüssigkeit mit 2 ccm Schwefelsäure, lasse erkalten und schichte 1 ccm Ferrosulfatlösung darüber. Es darf sich zwischen beiden Flüssigkeiten keine braune Zone zeigen.

Gegen das Ende des Abdampfens wird ein Aufschäumen und eine Entwickelung von rothen Dämpfen stattfinden, indem die vorhandene phosphorige Säure durch die noch vorhandene Salpetersäure zu Phosphorsäure oxydirt wird. Zur Prüfung auf phosphorige Säure verdünne man eine Probe mit Wasser, füge einige Tropfen Silbernitratlösung hinzu und erwärme. Es soll keine Braunfärbung stattfinden. Ist letzteres noch der Fall, so muss man der Flüssigkeit etwas Salpetersäure zufügen und wiederum erwärmen.

Zur Entfernung des Arsens, welches fast in jedem Phosphor enthalten ist, und sich als Arsensäure auflöst, verdünne man den

Abdampfungsrückstand mit der 4fachen Menge Wasser, erwärme und leite dann bis zur Sättigung Schwefelwasserstoffgas ein, welches man aus Schwefeleisen und verdünnter Schwefelsäure entwickelt. Man lasse hierauf die Flüssigkeit in einem verkorkten Glase 24 Stunden stehen, filtrire in eine Porzellanschale, erwärme im Wasserbade, bis der Geruch nach Schwefelwasserstoff verschwunden und ein mit Bleiessig befeuchtetes Papier beim Darüberhalten nicht mehr gebräunt wird, lasse erkalten, filtrire und prüfe, ob die Flüssigkeit ganz arsenfrei geworden. Zu diesem Zwecke vermische man 1 ccm der Flüssigkeit mit 3 ccm Zinnchlorürlösung und lasse das Gemisch eine Stunde lang stehen. Es darf keine braune Färbung oder Fällung entstehen, widrigenfalls nochmals Schwefelwasserstoffgas eingeleitet werden müsste.

Man bringe nun die Flüssigkeit auf das specifische Gewicht 1,154, entsprechend 25 % Phosphorsäure. Zu diesem Zwecke bestimme man das absolute Gewicht, sodann das specifische Gewicht der Flüssigkeit und suche den diesem entsprechenden Procentgehalt an Phosphorsäure in einer Tabelle. Durch Berechnung der Gleichung: 25 verhält sich zu gefundenem Procentgehalt, wie das absolute Gewicht der Flüssigkeit zu x, erfährt man, wie viel die Säure wiegen müsste, wenn dieselbe 25 % Phosphorsäure enthielte, und somit auch die Menge Wasser, mit welcher die Säure zu verdünnen ist.

Die Säure wiege z. B. 120 g und besitze ein specifisches Gewicht von 1,174, welch letzteres einem Phosphorsäuregehalt von 28 % entspricht. Man hat daher die Gleichung zu berechnen:

$$25 : 28 = 120 : x$$
$$x = 134{,}4\,g.$$

Die Säure ist also noch mit 134,4 — 120 = 14,4 g Wasser zu verdünnen, damit sie 25procentig wird.

Vorgang. Wird Phosphor mit 25procentiger Salpetersäure erwärmt, so wird der Phosphor zu phosphoriger Säure (a) und dann zu Phosphorsäure (b) oxydirt. Dadurch wird die Salpetersäure zu Stickoxyd reducirt, welches einerseits durch den Sauerstoff der Luft zu Stickstoffdioxyd (c), andererseits durch die Gegenwart von Sauerstoff und Wasser zu Salpetersäure (d) oxydirt wird. Das Stickstoffdioxyd zerlegt sich durch Wasser einerseits in salpetrige Säure und Salpetersäure (e), andererseits in Stickstofftrioxyd und Salpetersäure (f).

a) $P_3 + 3\,HNO_3 + 3\,H_2O = 3\,H_3PO_3 + 3\,NO$

Phosphor	Salpetersaure	Wasser	Phosphorige Saure	Stickoxyd.
3 . 31	3 63			

b) $3\,H_3PO_3 + 2\,HNO_3 = 3\,H_3PO_4 + 2\,NO + H_2O$

Phosphorige Säure — Salpetersäure 2.63 — Phosphorsäure 3.98 — Stickoxyd — Wasser.

c) $NO + O = NO_2$

Stick-oxyd — Sauer-stoff — Stickstoff-dioxyd.

d) $2\,NO + 3\,O + H_2O = 2\,HNO_3$

Stickoxyd — Sauerstoff — Wasser — Salpetersäure.

e) $2\,NO_2 + H_2O = HNO_3 + HNO_2$

Stickstoff-dioxyd — Wasser — Salpetersäure — Salpetrige Säure.

f) $4\,NO_2 + H_2O = 2\,HNO_3 + N_2O_3$

Stickstoff-dioxyd — Wasser — Salpetersäure — Sticksoff-trioxyd.

Um die überschüssige Salpetersäure zu verjagen und alle phosphorige Säure in Phosphorsäure überzuführen, wird die Lösung bis zur Sirupkonsistenz eingedampft. Auf das Vorhandensein von salpetriger Säure und Salpetersäure prüft man, indem man 2 ccm der Phosphorsäure mit 2 ccm Schwefelsäure vermischt und nach dem Erkalten mit 1 ccm Ferrosulfatlösung überschichtet. Ist salpetrige Säure oder Salpetersäure zugegen, so oxydiren diese einen Theil Ferrosulfat zu Ferrisulfat unter Bildung von Stickoxyd, welches sich mit einem anderen Theil Ferrosulfat zu der braunen Verbindung $FeSO_4 + NO$, vereinigt, welche zwischen beiden Flüssigkeiten als braune Zone erscheint.

$$6\,FeSO_4 + 2\,HNO_3 + 3\,H_2SO_4 = 3\,Fe_2(SO_4)_3 + 2\,NO + 4\,H_2O$$

Ferrosulfat — Salpetersäure — Schwefelsäure — Ferrisulfat — Stickoxyd — Wasser.

$$2\,FeSO_4 + H_2SO_4 + 2\,HNO_2 = Fe_2(SO_4)_3 + 2\,H_2O + 2\,NO$$

Ferrosulfat — Schwefel-säure — Salpetrige Säure — Ferrisulfat — Wasser — Stickoxyd.

Zur Prüfung auf phosphorige Säure wird die Phosphorsäure mit einer Lösung von Silbernitrat erwärmt, wobei letzteres bei Gegenwart von phosphoriger Säure zu metallischem Silber reducirt wird.

$$H_3PO_3 + 2\,AgNO_3 + H_2O = 2\,Ag + H_3PO_4 + 2\,HNO_3$$

Phosphorige Säure — Silbernitrat — Wasser — Silber — Phosphor-säure — Salpetersäure.

Zur Entfernung des Arsens, welches als Arsensäure gelöst ist (a), leitet man Schwefelwasserstoff in die erwärmte Flüssigkeit, wobei Arsentrisulfid und Schwefel sich ausscheiden (b).

a) $As_3 + 5\,HNO_3 + 2\,H_2O = 3\,H_3AsO_4 + 5\,NO$

Arsen — Salpetersäure — Wasser — Arsensäure — Stickoxyd.

b) $2\,H_3AsO_4 + 5\,H_2S = As_2S_3 + S_2 + 8\,H_2O$

Arsensäure — Schwefel-wasserstoff — Arsen-trisulfid — Schwefel — Wasser.

Die Prüfung der Phosphorsäure auf Arsen mittels Zinnchlorür beruht auf der Bildung von Zinnchlorid unter Ausscheidung von metallischem Arsen, das die Flüssigkeit bräunt.

$$2\,H_3AsO_4 + 5\,SnCl_2 + 10\,HCl = 5\,SnCl_4 + 8\,H_2O + As_2$$

Arsensäure, Zinnchlorür, Chlorwasserstoff, Zinnchlorid, Wasser, Arsen.

Ist zu wenig Salpetersäure vorhanden, um die phosphorige Säure in Phosphorsäure zu verwandeln, so scheidet erstere in gewisser Koncentration aus der Arsensäure Arsen in braunschwarzen Flocken aus und wird zu Phosphorsäure.

$$2\,H_3AsO_4 + 5\,H_3PO_3 = 5\,H_3PO_4 + As_2 + 3\,H_2O$$

Arsensäure, Phosphorige Saure, Phosphorsäure, Arsen, Wasser.

Auch selbstentzündliches Phosphorwasserstoffgas kann sich bei stärkerem Erhitzen der Flüssigkeit bei Gegenwart von phosphoriger Säure entwickeln.

$$4\,H_3PO_3 = H_3P + 3\,H_3PO_4$$

Phosphorige Säure, Phosphorwasserstoff, Phosphorsaure.

Beim Erhitzen der Flüssigkeit zur Verjagung von Schwefelwasserstoff scheidet sich etwas Schwefel ab, indem ein Theil Schwefelwasserstoff durch den Sauerstoff der Luft zersetzt wird.

$$H_2S + O = H_2O + S$$

Schwefelwasserstoff, Sauerstoff, Wasser, Schwefel.

So lange die Flüssigkeit beim Erwärmen noch Schwefelwasserstoff entwickelt, wird ein mit Bleiessig befeuchtetes Papier beim Darüberhalten gebräunt werden, indem sich Bleisulfid bildet.

Eigenschaften. Die Phosphorsäure stellt eine klare, farb- und geruchlose Flüssigkeit von 1,154 specifischem Gewichte dar, in 100 Theilen 25 Theile Phosphorsäure enthaltend. Nach Neutralisation mit Natriumcarbonatlösung, wobei sich sekundäres Natriumphosphat bildet (a), entsteht durch Silbernitratlösung ein gelber, in Ammoniakflüssigkeit und in Salpetersäure löslicher Niederschlag von neutralem Silberphosphat (b).

a) $$H_3PO_4 + Na_2CO_3 = Na_2HPO_4 + CO_2 + H_2O$$

Phosphorsaure, Natriumcarbonat, Sekundares Natriumphosphat, Kohlensaureanhydrid, Wasser.

b) $$Na_2HPO_4 + 3\,AgNO_3 = Ag_3PO_4 + 2\,NaNO_3 + HNO_3$$

Sekundares Natriumphosphat, Silbernitrat, Silberphosphat, Natriumnitrat, Salpetersäure.

Prüfung.

1. Man vermische 1 ccm Phosphorsäure mit 3 ccm Zinnchlorürlösung; es darf im Laufe einer Stunde eine Färbung nicht eintreten. Enthält das Präparat Arsensäure, so wird diese zu Arsen reducirt und Zinnchlorid gebildet; ersteres scheidet sich als braunes Pulver aus.

Formel siehe beim Vorgang weiter oben.

2. Man versetze 10 ccm Phosphorsäure mit ca. 10 Tropfen Silbernitratlösung und erwärme; es darf weder in der Kälte noch beim Erwärmen eine Veränderung stattfinden. Entsteht in der Kälte eine weisse Trübung, so rührt diese von Chlorwasserstoff her (a). Findet beim Erwärmen eine Bräunung statt, so ist phosphorige Säure zugegen, welche metallisches Silber ausscheidet (b).

a) $\underset{\text{Chlorwasserstoff}}{HCl} + \underset{\text{Silbernitrat}}{AgNO_3} = \underset{\text{Silberchlorid}}{AgCl} + \underset{\text{Salpetersäure.}}{HNO_3}$

b) Formel siehe beim Vorgang weiter oben.

3. Man vermische 5 ccm Phosphorsäure mit ca. 20 ccm Schwefelwasserstoffwasser; es darf keine Veränderung entstehen. Eine Bräunung oder ein dunkler Niederschlag würde Metalle (Kupfer, Blei) anzeigen, welche als Sulfide gefällt werden.

$$\underset{\text{Kupferphosphat}}{Cu_3(PO_4)_2} + \underset{\text{Schwefelwasserstoff}}{3\,H_2S} = \underset{\text{Kupfersulfid}}{3\,CuS} + \underset{\text{Phosphorsäure.}}{2\,H_3PO_4}$$

4. Man verdünne 5 ccm der Phosphorsäure mit 15 ccm Wasser und versetze je 10 ccm der Flüssigkeit

a) mit Baryumnitratlösung und

b) mit Ammoniumoxalatlösung nach Zusatz von überschüssiger Ammoniakflüssigkeit;

es darf in beiden Fällen keine Veränderung eintreten.

Entsteht durch Baryumnitratlösung eine weisse Trübung, so ist Schwefelsäure zugegen.

$$\underset{\text{Schwefelsäure}}{H_2SO_4} + \underset{\text{Baryumnitrat}}{Ba(NO_3)_2} = \underset{\text{Baryumsulfat}}{BaSO_4} + \underset{\text{Salpetersäure.}}{2\,HNO_3}$$

Wird nach Zusatz von überschüssiger Ammoniakflüssigkeit durch Ammoniumoxalatlösung eine weisse Trübung erzeugt, so enthält die Säure saures Calciumphosphat, welches als Calciumoxalat gefällt wird.

$$\underset{\text{Saures Calciumphosphat}}{CaH_4PO_4} + \underset{\text{Ammoniumoxalat}}{(NH_4)_2C_2O_4} + \underset{\text{Ammoniak}}{2\,NH_3} + \underset{\text{Wasser}}{H_2O} = \underset{\text{Calciumoxalat}}{CaC_2O_4\,.\,H_2O}$$

$$+ \underset{\text{Ammoniumphosphat.}}{2\,(NH_4)_2HPO_4}$$

5. Man mische 5 ccm Phosphorsäure mit 20 ccm Weingeist; die Mischung muss klar bleiben. Alkalien und Kieselsäure würden eine Trübung veranlassen.

6. Man vermische 2 ccm der Säure mit 2 ccm Schwefelsäure und überschichte die Flüssigkeit nach dem Erkalten mit 1 ccm Ferrosulfatlösung; es darf sich keine braune Zone zeigen. Ist salpetrige Säure oder Salpetersäure zugegen, so oxydiren diese einen Theil Ferrosulfat zu Ferrisulfat, und das dadurch entstandene Stickoxyd vereinigt sich mit einem anderen Theil Ferrosulfat zu einer braunen Verbindung $FeSO_4 + NO$.

Formel siehe beim Vorgang weiter oben.

Stöchiometrische Berechnungen.

1. Wie viel 25 procentige Salpetersäure ist nöthig zur Oxydation von 15 g Phosphor zu Phosphorsäure?

3 Atome Phosphor (3 . 31 Gewichtstheile) brauchen 5 Moleküle Salpetersäure (5 . 63 Gewichtstheile).

$$\begin{array}{ccccccc} 3P & & 5HNO_3 & & P & & \\ 93 & : & 315 & = & 15 & : & x \end{array}$$

$$x = 50{,}8 \text{ g } HNO_3.$$

Diese Menge Salpetersäure entspricht $4 \times 50{,}8 = 203{,}2$ g 25 procentiger Salpetersäure.

Zur Oxydation von 15 g Phosphor sind 203,2 g 25 procentige Salpetersäure nöthig.

2. Wie viel 25 procentige Phosphorsäure erhält man von 15 g Phosphor?

1 Atom Phosphor (31 Gewichtstheile) entspricht 1 Molekül Phosphorsäure (98 Gewichtstheile).

$$\begin{array}{ccccccc} P & & H_3PO_4 & & P & & \\ 31 & : & 98 & = & 15 & : & x \end{array}$$

$$x = 47{,}4 \text{ g } H_3PO_4.$$

Diese Menge Phosphorsäure entspricht $4 \times 47{,}4 = 189{,}6$ g 25 procentiger Phosphorsäure.

15 g Phosphor liefern 189,6 g 25 procentige Phosphorsäure.

3. Wie viel Phosphor braucht man zur Darstellung von 500 g 25 procentiger Phosphorsäure?

500 g 25 procentige Phosphorsäure enthalten $5 \times 25 = 125$ g Phosphorsäure.

1 Molekül Phosphorsäure (98 Gewichtstheile) entspricht 1 Atom Phosphor (31 Gewichtstheile).

$$\begin{array}{ccccccc} H_3PO_4 & & P & & H_3PO_4 & & \\ 98 & : & 31 & = & 125 & : & x \end{array}$$

$$x = 39{,}54 \text{ g P}.$$

Zur Darstellung von 500 g 25procentiger Phosphorsäure sind 39,54 g Phosphor nöthig.

Aether bromatus.

Aether hydrobromicus. Aethylbromid. Bromäthyl. Aethylbromür.

C_2H_5Br.

Darstellung. 240 g Schwefelsäure schütte man in dünnem Strahle unter Umrühren in 140 g Weingeist von 0,816 specifischem Gewicht = 92,45 Gewichtsprocenten Alkohol. Nachdem die Mischung erkaltet, bringe man dieselbe in einen etwa 1 Liter fassenden Kolben und füge unter Umschütteln 240 g gepulvertes Kaliumbromid hinzu. Den Kolben setze man auf ein Sandbad, verbinde denselben mit einem Liebig'schen Kühler und lege eine Vorlage vor, welche man während der Destillation durch Umgebung mit Eisstückchen oder dadurch, dass man kaltes Wasser fortwährend auffliessen lässt, gut abkühlt. Man erhitze nun das Sandbad, nachdem man einen Thermometer in den Sand gestellt hat, und lasse die Temperatur nicht über 180° steigen. Bei ca. 180° entwickeln sich lebhaft feine Gasbläschen, und es destillirt die grösste Menge über. Gegen das Ende der Destillation findet ein starkes Aufschäumen im Destillationskolben statt, so dass ein Uebersteigen zu befürchten ist. Um dieses zu verhindern, hat man nur nöthig, den Kolben aus dem Sandbad herauszuheben.

Das etwas trübe oder schwach gelbliche Destillat schüttle man mit ca. 30 ccm einer Lösung von 2 g Kaliumcarbonat in 38 g Wasser, so dass die Flüssigkeit deutlich alkalisch reagirt, entferne die überstehende Flüssigkeit und schüttle die untere viermal mit je einem gleichen Raumtheil Wasser, indem man das überstehende Wasser stets wieder abgiesst. Zuletzt bringe man die Flüssigkeit in einen Scheidetrichter, lasse das Aethylbromid in ein Kölbchen abfliessen, setze einige Stückchen geschmolzenes Calciumchlorid hinzu, und lasse, nachdem man das Kölbchen gut verschlossen hat, unter bisweiligem Umschütteln einen Tag stehen. Man schütte nun die klar gewordene Flüssigkeit in ein trockenes Destillationskölbchen und destillire aus dem Wasserbade. Sollten die zuerst übergehenden Tröpfchen etwas trübe sein, so wechsle man die Vorlage und sammle das bei 38 bis 40^0 Uebergehende.

Vorgang. Wird Aethylalkohol und Schwefelsäure mit einander gemischt, so bildet sich Aethylschwefelsäure und Wasser.

$$\underset{\substack{\text{Aethylalkohol}\\46}}{C_2H_5 . OH} + \underset{\substack{\text{Schwefelsaure}\\98}}{H_2SO_4} = \underset{\substack{\text{Aethylschwefelsaure}\\126}}{C_2H_5 . HSO_4} + \underset{\text{Wasser.}}{H_2O}$$

Wird Aethylschwefelsäure mit Kaliumbromid erwärmt, so entsteht saures Kaliumsulfat und Aethylbromid destillirt über.

$$\underset{\substack{\text{Aethylschwefelsäure}\\126}}{C_2H_5 . HSO_4} + \underset{\substack{\text{Kalium-}\\\text{bromid}\\118.7}}{KBr} = \underset{\substack{\text{Saures Kalium-}\\\text{sulfat}}}{KHSO_4} + \underset{\substack{\text{Aethylbromid.}\\108,7}}{C_2H_5Br}$$

Das Destillat enthält meist noch etwas Bromwasserstoffsäure, Alkohol und Aethyläther. Erstere entfernt man durch Schütteln des Destillats mit Kaliumcarbonatlösung, wobei Kaliumbromid in Lösung geht.

$$\underset{\substack{\text{Brom-}\\\text{wasserstoff}}}{2HBr} + \underset{\substack{\text{Kalium-}\\\text{carbonat}}}{K_2CO_3} = \underset{\substack{\text{Kalium-}\\\text{bromid}}}{2KBr} + \underset{\substack{\text{Kohlen-}\\\text{saureanhydrid}}}{CO_2} + \underset{\text{Wasser.}}{H_2O}$$

Das Kaliumbromid, sowie den Alkohol und Aethyläther entfernt man durch Waschen mit Wasser.

Der Alkohol entsteht bei der Destillation durch Einwirkung von Wasser auf die Aethylschwefelsäure, der Aethyläther durch Einwirkung von Alkohol auf Aethylschwefelsäure.

$$\underset{\text{Aethylschwefelsaure}}{C_2H_5 . HSO_4} + \underset{\text{Wasser}}{H_2O} = \underset{\text{Alkohol}}{C_2H_5 . OH} + \underset{\text{Schwefelsaure.}}{H_2SO_4}$$

$$\underset{\text{Aethylschwefelsaure}}{C_2H_5 . HSO_4} + \underset{\text{Alkohol}}{C_2H_5 . OH} = \underset{\text{Aethylather}}{(C_2H_5)_2O} + \underset{\text{Schwefelsaure.}}{H_2SO_4}$$

Durch das Calciumchlorid wird die dem Aethylbromid noch anhängende Feuchtigkeit hinweggenommen.

Aufbewahrung. Das Aethylbromid muss vor Licht geschützt aufbewahrt werden, da es sich unter dem Einflusse des Lichtes und der Luft bräunt, indem sich Bromwasserstoffsäure und freies Brom bildet. Auch soll dasselbe in einem mit Glasstopfen versehenen

Glase aufbewahrt werden, damit dasselbe nicht durch die organische Substanz des Korkes verunreinigt wird.

Eigenschaften. Das Aethylbromid stellt eine klare, farblose, flüchtige, stark lichtbrechende, angenehm ätherisch riechende, neutrale Flüssigkeit dar, welche in Wasser unlöslich, in Weingeist und Aether löslich ist. Dieselbe siedet bei 38 bis 40° und besitzt ein specifisches Gewicht von 1,453 bis 1,457. Demnach gestattet das Arzneibuch eine kleine Menge Alkohol bezw. Aether im Präparate, da ein solches sich weit weniger leicht zersetzt, als ein chemisch reines Präparat.

Prüfung.

1. Bestimmung des Siedepunktes und des specifischen Gewichtes. Das mit Aethylbromid schon öfter verwechselte Aethylenbromid C_2H_4Br besitzt einen weit höheren Siedepunkt und ein viel höheres specifisches Gewicht. Ein zu niedriges specifisches Gewicht und ein zu niedriger Siedepunkt würden einen zu hohen Gehalt an Alkohol und Aethyläther anzeigen.

2. Man schüttle 5 ccm Aethylbromid mit 5 ccm Schwefelsäure in einem 3 cm weiten, vorher mit Schwefelsäure gespülten, mit Glasstopfen versehenen Glase; die Schwefelsäure darf sich binnen einer Stunde nicht gelb färben. Eine gelbe oder bräunliche Färbung würde fremde organische Verbindungen, z. B. Aethylen- und Amylverbindungen anzeigen.

3. Man schüttle 5 ccm Aethylbromid mit 5 ccm Wasser einige Sekunden lang, hebe von dem Wasser sogleich nach dem Schütteln 2,5 ccm ab und versetze diese mit 1 Tropfen Silbernitratlösung; die Mischung muss mindestens 5 Minuten lang klar bleiben und darf auch nach längerem Stehen nur eine schwache Opalescenz zeigen. Da das Aethylbromid in Wasser unlöslich, auch das Brom in organischen Bromverbindungen durch Silbernitrat nicht direkt fällbar ist, so wird eine Trübung von Bromwasserstoff oder Kaliumbromid herrühren, indem sich Silberbromid ausscheidet.

$$\underset{\text{Bromwasserstoff}}{HBr} + \underset{\text{Silbernitrat}}{AgNO_3} = \underset{\text{Silberbromid}}{AgBr} + \underset{\text{Salpetersäure.}}{HNO_3}$$

Stöchiometrische Berechnungen.

1. Wie viel Aethylschwefelsäure bilden 240 g 96 procentige Schwefelsäure?

240 g 96 procentige Schwefelsäure enthalten $\frac{240 \cdot 96}{100} = 230{,}4$ g Schwefelsäure.

1 Molekül Schwefelsäure (98 Gewichtstheile) entspricht 1 Molekül Aethylschwefelsäure (126 Gewichtstheile).

$$\begin{array}{ccccccc} H_2SO_4 & & C_2H_5 . HSO_4 & & H_2SO_4 & & \\ 98 & : & 126 & = & 230,4 & : & x \end{array}$$

$$x = 296,2 \text{ g } C_2H_5 . HSO_4.$$

240 g 96 procentige Schwefelsäure bilden 296,2 g Aethylschwefelsäure.

2. Wie viel 92,45 procentigen Weingeist braucht man zur Bildung obiger Menge Aethylschwefelsäure?

1 Molekül Aethylschwefelsäure (126 Gewichtstheile) braucht 1 Molekül Aethylalkohol (46 Gewichtstheile).

$$\begin{array}{ccccccc} C_2H_5 . HSO_4 & & C_2H_5 . OH & & C_2H_5 . HSO_4 & & \\ 126 & : & 46 & = & 296,2 & : & x \end{array}$$

$$x = 108,1 \text{ g } C_2H_5 . OH.$$

Diese Menge Aethylalkohol entspricht 92,45 procentigem Weingeist:

$$92,45 : 100 = 108,1 : x$$

$$x = 116,9 \text{ g}.$$

Zur Bildung von 296,2 g Aethylschwefelsäure sind 116,9 g 92,45 procentiger Weingeist nöthig.

3. Wie viel Kaliumbromid braucht man zur Zersetzung von 296 g Aethylschwefelsäure?

1 Molekül Aethylschwefelsäure (126 Gewichtstheile) entspricht 1 Molekül Kaliumbromid (118,7 Gewichtstheile).

$$\begin{array}{ccccccc} C_2H_5 . HSO_4 & & KBr & & C_2H_5 . HSO_4 & & \\ 126 & : & 118,7 & = & 296 & : & x \end{array}$$

$$x = 278,8 \text{ g KBr}.$$

Zur Zersetzung von 296 g Aethylschwefelsäure sind 278,8 g Kaliumbromid nöthig.

4. Wie viel Aethylbromid erhält man von 240 g Kaliumbromid?

1 Molekül Kaliumbromid (118,7 Gewichtstheile) entspricht 1 Molekül Aethylbromid (108,7 Gewichtstheile).

$$\begin{array}{ccccccc} KBr & & C_2H_5Br & & KBr & & \\ 118,7 & : & 108,7 & = & 240 & : & x \end{array}$$

$$x = 219,7 \text{ g } C_2H_5Br.$$

240 g Kaliumbromid liefern 219,7 g Aethylbromid.

Aluminium sulfuricum.

Argilla sulfurica. Alumen concentratum. Aluminiumsulfat. Schwefelsaure Thonerde.

$$Al_2(SO_4)_3 + 18 H_2O.$$

Darstellung. 100 g Alaun löse man in 1000 g Wasser, filtrire die Lösung und setze so viel Ammoniakflüssigkeit hinzu, dass dieselbe etwas vorwaltet. Man wird hierzu etwa 110 g brauchen. Das ausgeschiedene Aluminiumhydroxyd lasse man absetzen, giesse die überstehende Flüssigkeit ab, füge heisses Wasser auf den Niederschlag, lasse nach dem Umrühren wieder absetzen, entferne die überstehende Flüssigkeit und wiederhole diese Operation so oft, bis eine Probe des abgegossenen Wassers mit Salpetersäure angesäuert durch Baryumnitratlösung nicht mehr getrübt wird. Man bringe den Niederschlag sodann auf ein leinenes Kolatorium, presse gelinde aus, bringe ihn in eine Porzellanschale, füge 180 g verdünnte Schwefelsäure hinzu, welche man durch Mischen von 30 g Schwefelsäure und 150 g Wasser hergestellt hat, erwärme und filtrire noch heiss von dem ungelösten Aluminiumhydroxyd ab. Das Filtrat verdampfe man, bis ein Tropfen der Flüssigkeit, auf ein Glas gebracht, beim Erkalten zu einer trockenen Masse erstarrt. Man lasse sodann unter bisweiligem Umrühren erkalten und bringe die krystallinisch erstarrte Masse in ein gut zu verschliessendes Glas.

Vorgang. Wird eine Auflösung von Kalialaun mit überschüssigem Ammoniak versetzt, so scheidet sich Aluminiumhydroxyd als gelatinöser Niederschlag aus und in der Flüssigkeit ist Kaliumsulfat und Ammoniumsulfat gelöst.

$$\underset{\substack{\text{Kalialaun}\\948}}{Al_2K_2(SO_4)_4 . 24 H_2O} + \underset{\substack{\text{Ammoniak}\\6 . 17}}{6 NH_3} = \underset{\substack{\text{Aluminium-}\\\text{hydroxyd}\\156}}{Al_2(OH)_6} + \underset{\text{Ammoniumsulfat}}{3 (NH_4)_2SO_4}$$

$$+ \underset{\text{Kaliumsulfat}}{K_2SO_4} + \underset{\text{Wasser.}}{18 H_2O}$$

Wird Aluminiumhydroxyd mit verdünnter Schwefelsäure erwärmt, so geht Aluminiumsulfat in Lösung und scheidet sich beim Verdampfen krystallinisch aus.

$$\underset{\substack{\text{Aluminium-}\\\text{hydroxyd}\\156}}{Al_2(OH)_6} + \underset{\substack{\text{Schwefelsäure}\\3 . 98}}{3 H_2SO_4} + \underset{\text{Wasser}}{12 H_2O} = \underset{\substack{\text{Aluminiumsulfat.}\\666}}{Al_2(SO_4)_3 . 18 H_2O}$$

Eigenschaften. Das Aluminiumsulfat stellt weisse, krystallinische Stücke dar, welche sich in 1,2 Theilen kaltem, weit leichter in heissem Wasser lösen, in Weingeist aber unlöslich sind. Die wässrige Lösung ist von saurer Reaktion und besitzt sauren, zusammenziehenden Geschmack. Mit Baryumnitratlösung giebt sie einen weissen, in Salzsäure unlöslichen Niederschlag von Baryumsulfat.

$$\underset{\text{Aluminiumsulfat}}{Al_2(SO_4)_3} + \underset{\text{Baryumnitrat}}{3[Ba(NO_3)_2]} = \underset{\text{Baryumsulfat}}{3BaSO_4} + \underset{\text{Aluminiumnitrat.}}{Al_2(NO_3)_6}$$

Versetzt man die wässrige Lösung mit Natronlauge, so entsteht ein farbloser, gallertartiger Niederschlag von Aluminiumhydroxyd (a), der sich in überschüssiger Natronlauge als Aluminiumoxyd-Natrium auflöst (b); auf genügendem Zusatz von Ammoniumchloridlösung scheidet sich Aluminiumhydroxyd aus unter Freiwerden von Ammoniak (c).

$$\text{a)}\ \underset{\text{Aluminiumsulfat}}{Al_2(SO_4)_3} + \underset{\text{Natriumhydroxyd}}{6NaOH} = \underset{\text{Aluminiumhydroxyd}}{Al_2(OH)_6} + \underset{\text{Natriumsulfat.}}{3Na_2SO_4}$$

$$\text{b)}\ \underset{\text{Aluminiumhydroxyd}}{Al_2(OH)_6} + \underset{\text{Natriumhydroxyd}}{6NaOH} = \underset{\text{Aluminiumoxyd-Natrium}}{Al_2(ONa)_6} + \underset{\text{Wasser.}}{6H_2O}$$

$$\text{c)}\ \underset{\text{Aluminiumoxyd-Natrium}}{Al_2(ONa)_6} + \underset{\text{Ammoniumchlorid}}{6NH_4Cl} = \underset{\text{Aluminiumhydroxyd}}{Al_2(OH)_6} + \underset{\text{Natriumchlorid}}{6NaCl} + \underset{\text{Ammoniak.}}{6NH_3}$$

Prüfung.

1. Man löse 3 g des Präparats in 27 g Wasser und filtrire. Das Filtrat muss farblos sein.

a) 10 ccm des Filtrats dürfen durch Schwefelwasserstoffwasser nicht verändert werden. Eine dunkle Fällung würde Metalle (Kupfer, Blei) anzeigen, indem sich Metallsulfid ausscheidet.

$$\underset{\text{Kupfersulfat}}{CuSO_4} + \underset{\text{Schwefelwasserstoff}}{H_2S} = \underset{\text{Kupfersulfid}}{CuS} + \underset{\text{Schwefelsaure.}}{H_2SO_4}$$

b) Weitere 10 ccm des Filtrats dürfen mit 10 ccm Zehntel-Normal-Natriumthiosulfatlösung versetzt, nach 5 Minuten nicht mehr als opalisirend getrübt werden. Sind mehr als 2 % freie Schwefelsäure zugegen, so erfolgt innerhalb 5 Minuten eine stärkere Trübung, indem Schwefel abgeschieden wird und Schwefligsäureanhydrid entweicht.

$$\underset{\text{Natriumthiosulfat}}{Na_2S_2O_3} + \underset{\text{Schwefelsaure}}{H_2SO_4} = \underset{\text{Natriumsulfat}}{Na_2SO_4} + \underset{\text{Wasser}}{H_2O} + \underset{\text{Schwefligsäureanhydrid}}{SO_2} + \underset{\text{Schwefel.}}{S}$$

2. Man löse 1 g des Präparats in 19 g Wasser und versetze die Lösung mit 0,5 ccm Kaliumferrocyanidlösung; die Lösung darf nicht sofort gebläut werden. Wäre Eisen zugegen, so entstünde eine blaue Färbung von Ferriferrocyanür (Berlinerblau).

$$\underset{\text{Ferrisulfat}}{2Fe_2(SO_4)_3} + \underset{\text{Kaliumferrocyanid}}{3K_4(FeCy_6)} = \underset{\text{Ferriferrocyanür (Berlinerblau)}}{Fe_4(FeCy_6)_3} + \underset{\text{Kaliumsulfat.}}{6K_2SO_4}$$

Stöchiometrische Berechnungen.

1. Wie viel 10 procentige Ammoniakflüssigkeit ist nöthig zur vollständigen Fällung von 100 g Kalialaun?

1 Molekül Kalialaun (948 Gewichtstheile) bedarf 6 Moleküle Ammoniak (6.17 Gewichtstheile) zur Fällung.

$$\underset{948}{K_2Al_2(SO_4)_4 . 24H_2O} : \underset{102}{6NH_3} = \underset{100}{K_2Al_2(SO_4)_4 . 24H_2O} : x$$

$$x = 10{,}76 \text{ g } NH_3$$

Diese Menge Ammoniak entspricht 107,6 g 10 procentiger Ammoniakflüssigkeit.

100 g Kalialaun brauchen 107,6 g 10 procentiger Ammoniakflüssigkeit zur Fällung.

2. Wie viel Aluminiumhydroxyd erhält man von 100 g Kalialaun?

1 Molekül Kalialaun (948 Gewichtstheile) entspricht 1 Molekül Aluminiumhydroxyd (156 Gewichtstheile).

$$\underset{948}{K_2Al_2(SO_4)_4 . 24H_2O} : \underset{156}{Al_2(OH)_6} = \underset{100}{K_2Al_2(SO_4)_4 . 24H_2O} : x$$

$$x = 16{,}45 \text{ g } Al_2(OH)_6.$$

100 g Kalialaun geben 16,45 g Aluminiumhydroxyd.

3. Wie viel 95 procentige Schwefelsäure ist zur Lösung von 16,45 g Aluminiumhydroxyd nöthig?

1 Molekül Aluminiumhydroxyd (156 Gewichtstheile) braucht 3 Moleküle Schwefelsäure (3.98 Gewichtstheile).

$$\underset{156}{Al_2(OH)_6} : \underset{294}{3H_2SO_4} = \underset{16{,}45}{Al_2(OH)_6} : x$$

$$x = 31 \text{ g } H_2SO_4.$$

Diese Menge Schwefelsäure entspricht 95 procentiger Schwefelsäure:

$$95 : 100 = 31 : x$$

$$x = 32{,}6.$$

Zur Lösung von 16,45 g Aluminiumhydroxyd sind 32,6 g 95 procentige Schwefelsäure nöthig.

4. Wie viel Aluminiumsulfat erhält man von 100 g Kalialaun?

1 Molekül Kalialaun (948 Gewichtstheile) liefert 1 Molekül Aluminiumhydroxyd und dieses 1 Molekül Aluminiumsulfat (666 Gewichtstheile).

$$\underset{948}{K_2Al_2(SO_4)_4 . 24H_2O} : \underset{666}{Al_2(SO_4)_3 . 18H_2O} = \underset{100}{K_2Al_2(SO_4)_4 . 24H_2O} : x$$

$$x = 70{,}25 \text{ g } Al_2(SO_4)_3 . 18H_2O.$$

100 g Kalialaun geben 70,25 g Aluminiumsulfat.

Ammonium bromatum.

Bromammonium. Ammoniumbromid.

NH_4Br.

Darstellung. Man schüttle 200 g Wasser mit ca. 5 g Brom zusammen und leite in die rothbraune Flüssigkeit einen Strom Schwefelwasserstoffgas ein, welches man durch Zersetzung von Schwefeleisen mit verdünnter Schwefelsäure entwickelt. Ist die Flüssigkeit nur mehr weisslich getrübt, so füge man wieder ca. 5 g Brom hinzu und leite wiederum Schwefelwasserstoff ein, bis die gelbrothe Farbe der Flüssigkeit verschwunden. Diese Operation wiederhole man mehrere Male. Hat man auf diese Weise 25 g Brom verbraucht, so filtrire man den abgeschiedenen Schwefel ab und erhitze das Filtrat zur Verjagung des absorbirten Schwefelwasserstoffs. Man setze die Erhitzung so lange fort, bis ein mit Bleiacetatlösung befeuchteter Papierstreifen, über die Flüssigkeit gehalten, sich nicht mehr bräunt, worauf man nochmals filtrirt und das Filtrat mit Ammoniakflüssigkeit (etwa 60 g) übersättigt. Man verdampfe die Flüssigkeit zuerst bei gelinder Wärme, bis sich das Salz auszuscheiden beginnt, setze dann noch etwas Ammoniakflüssigkeit hinzu und bringe das Salz zuletzt auf dem Wasserbade zur Trockne.

Vorgang. Wird Schwefeleisen mit verdünnter Schwefelsäure übergossen, so entwickelt sich Schwefelwasserstoff und Ferrosulfat geht in Lösung.

$$\underset{\substack{\text{Schwefel-}\\\text{eisen}\\88}}{FeS} + \underset{\substack{\text{Schwefel-}\\\text{säure}}}{H_2SO_4} = \underset{\substack{\text{Schwefel-}\\\text{wasserstoff}\\34}}{H_2S} + \underset{\text{Ferrosulfat.}}{FeSO_4}$$

Leitet man Schwefelwasserstoff in Bromwasser, so geht Bromwasserstoff in Lösung und Schwefel scheidet sich aus.

$$H_2S + 2\,Br = 2\,HBr + S$$

Schwefelwasserstoff 34 — Brom 2.80 — Bromwasserstoff — Schwefel.

Wird die Flüssigkeit erwärmt, so entweicht Schwefelwasserstoff, und ein mit Bleiacetatlösung befeuchteter Papierstreifen wird beim Darüberhalten gebräunt, indem sich Bleisulfid bildet.

$$Pb(C_2H_3O_2)_2 + H_2S = PbS + 2\,C_2H_4O_2$$

Bleiacetat — Schwefelwasserstoff — Bleisulfid — Essigsäure.

Ein Theil des Schwefelwasserstoffs wird beim Erwärmen der Flüssigkeit durch den Sauerstoff der Luft zersetzt, indem sich unter Bildung von Wasser Schwefel abscheidet.

$$H_2S + O = H_2O + S$$

Schwefelwasserstoff — Sauerstoff — Wasser — Schwefel.

Wird Bromwasserstoff mit Ammoniakflüssigkeit neutralisirt, so entsteht Ammoniumbromid.

$$HBr + NH_3 = NH_4Br$$

Bromwasserstoff 81 — Ammoniak 17 — Ammoniumbromid. 98

Eigenschaften. Das Ammoniumbromid stellt ein weisses, krystallinisches Pulver dar, das in Wasser leicht, in Weingeist aber schwer löslich ist, beim Erhitzen sich verflüchtigt. Wird die wässerige Lösung mit wenig Chlorwasser versetzt und mit Chloroform geschüttelt, so färbt sich letzteres rothgelb. Das Chlor setzt aus dem Ammoniumbromid das Brom in Freiheit unter Bildung von Ammoniumchlorid, und das Brom löst sich in Chloroform mit rothgelber Farbe. Ein Ueberschuss von Chlor ist zu vermeiden, da sich sonst farbloses Chlorbrom bildet.

$$NH_4Br + Cl = NH_4Cl + Br$$

Ammoniumbromid — Chlor — Ammoniumchlorid — Brom.

Uebergiesst man 1 g Ammoniumbromid mit etwa 10 ccm Natronlauge und erwärmt, so entwickelt sich ein Geruch nach Ammoniak, unter Bildung von Natriumbromid und Wasser.

$$NH_4Br + NaOH = NH_3 + NaBr + H_2O$$

Ammoniumbromid — Natriumhydroxyd — Ammoniak — Natriumbromid — Wasser.

Prüfung.

1. Man erhitze eine kleine Menge Ammoniumbromid auf dem Platinbleche, wobei es sich vollständig verflüchtigen muss. Ein Rückstand würde fremde Beimengungen anzeigen.

2. Man breite eine kleine Menge des zerriebenen Salzes in einem Porzellanschälchen aus und lasse ein paar Tropfen verdünnte Schwefelsäure an der Wand des Schälchens zu dem Salze hinablaufen. Färbt sich das Salz gelb, so ist Ammoniumbromat zugegen. Die Schwefelsäure macht nämlich aus dem Ammoniumbromid Bromwasserstoff (a) und aus dem Ammoniumbromat Bromsäure frei (b). Bromwasserstoff und Bromsäure zerlegen sich in Brom und Wasser (c).

a) $$2\,NH_4Br + H_2SO_4 = 2\,HBr + (NH_4)_2SO_4$$

Ammoniumbromid — Schwefelsaure — Bromwasserstoff — Ammoniumsulfat.

b) $$2\,(NH_4)BrO_3 + H_2SO_4 = 2\,HBrO_3 + (NH_4)_2SO_4$$

Ammoniumbromat — Schwefelsaure — Bromsaure — Ammoniumsulfat

c) $$5\,HBr + HBrO_3 = 6\,Br + 3\,H_2O$$

Bromwasserstoff — Bromsaure — Brom — Wasser.

3. Man löse 4 g Ammoniumbromid in 36 g Wasser und versetze je 10 ccm der Reihe nach

a) mit Schwefelwasserstoffwasser,

b) mit Baryumnitratlösung und

c) mit verdünnter Schwefelsäure;

es darf in keinem Falle eine Veränderung eintreten.

ad a) Enthält das Präparat ein Metall, wie Kupfer, Blei, so entsteht eine dunkle Fällung oder Färbung von Metallsulfid.

$$CuBr_2 + H_2S = CuS + 2\,HBr$$

Kupferbromid — Schwefelwasserstoff — Kupfersulfid — Bromwasserstoff.

ad b) Ist ein Sulfat zugegen, so entsteht durch Baryumnitratlösung ein weisser Niederschlag von Baryumsulfat.

$$(NH_4)_2SO_4 + Ba(NO_3)_2 = BaSO_4 + 2\,(NH_4)NO_3$$

Ammoniumsulfat — Baryumnitrat — Baryumsulfat — Ammoniumnitrat.

ad c) Ist Baryumbromid vorhanden, so bewirkt verdünnte Schwefelsäure einen weissen Niederschlag von Baryumsulfat. Das Baryumbromid würde von der Herstellungsmethode des Präparats im Grossen aus Ammoniumsulfat und Baryumbromid herrühren.

$$BaBr_2 + H_2SO_4 = BaSO_4 + 2\,HBr$$

Baryumbromid — Schwefelsaure — Baryumsulfat — Bromwasserstoff.

4. Man löse 1 g Ammoniumbromid in 19 g Wasser und füge 0,5 ccm Kaliumferrocyanidlösung hinzu; es darf nicht sofort eine Bläuung eintreten. Enthält das Präparat mehr als Spuren von Ferribromid, so entsteht sogleich ein blauer Niederschlag von Ferriferrocyanür (Berlinerblau).

$$\underset{\text{Ferribromid}}{2\,Fe_2Br_6} + \underset{\text{Kaliumferrocyanid}}{3\,[K_4(FeCy_6)]} = \underset{\text{Ferriferrocyanür}}{Fe_4(FeCy_6)_3} + \underset{\text{Kaliumbromid.}}{12\,KBr}$$

5. Man trockene etwa 4 g zerriebenes Ammoniumbromid im Wasserbade eine Stunde, wiege 3 g davon ab, löse dieselben in einem 100 ccm fassenden Messkolben in Wasser auf und bringe die Lösung mit Wasser auf 100 ccm. Von der gut gemischten Lösung pipettire man 10 ccm ab, verdünne sie mit 30 ccm Wasser, setze einige Tropfen Kaliumchromatlösung hinzu und dann so viel Zehntel-Normal-Silbernitratlösung unter Umrühren, bis eine bleibende Röthung eintritt. Es dürfen bis zu diesem Punkte nicht mehr als 30,9 ccm Zehntel-Normal-Silbernitratlösung gebraucht werden.

10 ccm der wässrigen Lösung des Ammoniumbromids enthalten 0,3 g des Salzes aufgelöst. Wird diese Lösung mit der Zehntel-Normal-Silbernitratlösung versetzt, so scheidet sich Silberbromid aus.

$$\underset{\substack{\text{Ammonium-}\\\text{bromid}\\98}}{NH_4Br} + \underset{\substack{\text{Silbernitrat}\\170}}{AgNO_3} = \underset{\text{Silberbromid}}{AgBr} + \underset{\text{Ammoniumnitrat.}}{(NH_4)NO_3}$$

Bei weiterem Zusatz von Silberlösung wird aus dem Kaliumchromat rothes Silberchromat gefällt.

$$\underset{\text{Kaliumchromat}}{K_2CrO_4} + \underset{\text{Silbernitrat}}{2\,AgNO_3} = \underset{\text{Silberchromat}}{Ag_2CrO_4} + \underset{\text{Kaliumnitrat.}}{2\,KNO_3}$$

So lange aber noch Ammoniumbromid zugegen, verschwindet das rothe Silberchromat beim Umrühren wieder, indem sich Ammoniumchromat und Silberbromid bildet.

$$\underset{\text{Silberchromat}}{Ag_2CrO_4} + \underset{\substack{\text{Ammonium-}\\\text{bromid}}}{2\,NH_4Br} = \underset{\text{Silberbromid}}{2\,AgBr} + \underset{\text{Ammoniumchromat.}}{(NH_4)_2CrO_4}$$

Erst wenn alles Brom an das Silber gebunden ist, bleibt das Silberchromat beim Umrühren unzersetzt und die Flüssigkeit erscheint roth.

1 Molekül Silbernitrat (170 Gewichtstheile) fällt 1 Molekül Ammoniumbromid (98 Gewichtstheile).

Zehntel-Normal-Silberlösung		Silbernitrat
1000 ccm	enthalten	17 g.
1 „	enthält	0,017 g.
		Ammoniumbromid.
1000 „	fällen	9,8 g.
1 „	fällt	0,0098 g.

0,3 g Ammoniumbromid brauchen zur Fällung:

$$\begin{array}{ccccccc} NH_4Br & & ccm & & NH_4Br & & \\ 0{,}0098 & : & 1 & = & 0{,}3 & : & x \end{array}$$

$x = 30{,}61$ ccm Zehntel-Normal-Silbernitratlösung.

Das Arzneibuch gestattet einen Verbrauch von 30,9 ccm, somit um 0,29 ccm mehr, weil eine geringe Menge Ammoniumchlorid im Präparate geduldet ist.

Das Ammoniumchlorid setzt sich mit dem Silbernitrat um in Silberchlorid und Ammoniumnitrat.

$$\underset{\substack{\text{Ammonium-}\\ \text{chlorid}\\ 53{,}5}}{NH_4Cl} + \underset{\substack{\text{Silbernitrat}\\ 170}}{AgNO_3} = \underset{\substack{\text{Silber-}\\ \text{chlorid}}}{AgCl} + \underset{\text{Ammoniumnitrat.}}{(NH_4)NO_3}$$

Zehntel-Normal-Silberlösung		Ammoniumchlorid
1000 ccm	fällen	5,35 g.
1 „	fällt	0,00535 g.

Da aber das Molekulargewicht des Ammoniumchlorids (53,5) weit niedriger ist, als das Molekulargewicht des Ammoniumbromids (98), so wird man, wenn das Präparat Ammoniumchlorid enthält, mehr Zehntel-Normal-Silbernitratlösung zur Fällung brauchen, als zu einem reinen Präparat.

Man findet die Menge Zehntel-Normal-Silbernitratlösung, welche zur Fällung von Ammoniumchlorid verwendet wird, durch folgende Gleichung:

Die Differenz der Molekulargewichte des Ammoniumbromids und Ammoniumchlorids ($98 - 53{,}5 = 44{,}5$) verhält sich zum Molekulargewicht des Ammoniumbromids (98), wie der Mehrverbrauch der Zehntel-Normal-Silbernitratlösung, als 30,61 (bei einem Verbrauch von 30,9 ccm $= 0{,}29$) zu x.

$$44{,}5 : 98 = 0{,}29 : x$$
$$x = 0{,}64 \text{ ccm.}$$

Diese Menge Zehntel-Normal-Silbernitratlösung wird zur Fällung von Ammoniumchlorid verwendet.

Da 1 ccm der Zehntel-Normal-Silbernitratlösung 0,00535 g Ammoniumchlorid zu fällen vermag, so fällt obige Menge: $0{,}64 \times 0{,}00535 = 0{,}003424$ g Ammoniumchlorid, welche in 0,3 g des Präparats enthalten sind. In 100 g des Präparats sind daher enthalten:

$$0{,}3 : 0{,}003424 = 100 : x$$
$$x = 1{,}14\,\%\ \text{Ammoniumchlorid.}$$

Stöchiometrische Berechnungen.

1. Wie viel Schwefelwasserstoff braucht man zur Umwandlung von 25 g Brom in Bromwasserstoff, und wie viel Schwefeleisen ist zur Entwickelung dieser Menge Schwefelwasserstoff nöthig?

2 Atome Brom (2.80 Gewichtstheile) brauchen 1 Molekül Schwefelwasserstoff (34 Gewichtstheile) zur Bildung von Bromwasserstoff.

$$\begin{array}{ccccccc} 2\,Br & & H_2S & & Br & & \\ 160 & : & 34 & = & 25 & : & x \end{array}$$
$$x = 4{,}06\ \text{g}\ H_2S.$$

1 Molekül Schwefelwasserstoff (34 Gewichtstheile) entspricht 1 Molekül Schwefeleisen (88 Gewichtstheile).

$$\begin{array}{ccccccc} H_2S & & FeS & & H_2S & & \\ 34 & : & 88 & = & 4{,}06 & : & x \end{array}$$
$$x = 10{,}5\ \text{g}\ FeS.$$

25 g Brom brauchen 4,06 g Schwefelwasserstoff zur Bildung von Bromwasserstoff, und zur Entwickelung dieser Menge Schwefelwasserstoff sind 10,5 g Schwefeleisen nöthig.

2. Wie viel Bromwasserstoff liefern 25 g Brom?

1 Atom Brom (80 Gewichtstheile) entspricht 1 Molekül Bromwasserstoff (81 Gewichtstheile).

$$\begin{array}{ccccccc} Br & & HBr & & Br & & \\ 80 & : & 81 & = & 25 & : & x \end{array}$$
$$x = 25{,}31\ \text{g}\ HBr.$$

25 g Brom liefern 25,31 g Bromwasserstoff.

3. Wie viel 10procentige Ammoniakflüssigkeit braucht man zur Neutralisation von 25,31 g Bromwasserstoff?

1 Molekül Bromwasserstoff (81 Gewichtstheile) braucht 1 Molekül Ammoniak (17 Gewichtstheile) zur Neutralisation.

$$\begin{array}{ccc} HBr & NH_3 & HBr \\ 81 : & 17 = & 25{,}31 : x \end{array}$$

$$x = 5{,}31 \text{ g } NH_3.$$

Diese Menge Ammoniak entspricht 53,1 g 10procentiger Ammoniakflüssigkeit.

25,31 g Bromwasserstoff brauchen 53,1 g 10procentiger Ammoniakflüssigkeit zur Neutralisation.

4. Wie viel Ammoniumbromid erhält man von 25 g Brom?

1 Atom Brom (80 Gewichtstheile) entspricht 1 Molekül Ammoniumbromid (98 Gewichtstheile).

$$\begin{array}{ccc} Br & NH_4Br & Br \\ 80 : & 98 = & 25 : x \end{array}$$

$$x = 30{,}6 \text{ g } NH_4Br.$$

25 g Brom liefern 30,6 g Ammoniumbromid.

Aqua Amygdalarum amararum.

Bittermandelwasser.

Darstellung. 1000 g bittere Mandeln zerstosse man zu einem möglichst feinen Pulver, bringe das Pulver portionenweise unter die Presse und presse das fette Oel ohne Erwärmung möglichst ab. Die Presskuchen bringe man wieder in ein feines Pulver und rühre dasselbe mit 2 Liter destillirten Wassers in einer Schüssel an, worauf man den Brei in eine Destillirblase bringt, die nur zur Hälfte damit angefüllt sein darf und die so eingerichtet ist, dass man Wasserdämpfe hindurchstreichen lassen kann. Man setze nun die Destillirblase in den Dampfapparat und verbinde sie, indem man den Helm aufsetzt, mit dem Kühlapparate. Nachdem man über Nacht stehen gelassen, nehme man den Helm ab, rühre den Mandelbrei mit einem Holzstab um, setze den Helm wieder auf und setze eine Vorlage unter, in welcher sich 250 g Weingeist befinden. Das Ablaufrohr des Kühlrohres verlängere man durch ein Glasrohr, welches unter dem Weingeist der Vorlage mündet, damit die anfangs sich entwickelnden Dämpfe von Blausäure nicht verloren gehen. Ist alles so vorbereitet, so heize man den Dampfapparat an, lasse die Temperatur langsam bis gegen 60^0 steigen, worauf man stärker erhitzt, so dass die Destillation langsam von statten geht. Durch Schliessen der Dampfhähne verleihe man den Wasserdämpfen, welche durch den Mandelbrei hindurchströmen, eine etwas höhere Spannkraft. Nachdem 750 g überdestillirt sind, wechsle man die Vorlage, destillire 250 g und nachdem man nochmals die Vorlage gewechselt, wiederum 250 g ab. Die beiden letzten Destillate werden als erster und zweiter Nachlauf bezeichnet.

Die Prüfung des Destillats auf den Gehalt an Cyanwasserstoff siehe bei Prüfung und die Einstellung desselben auf den vorgeschriebenen Gehalt an Cyanwasserstoff, nämlich 0,1 %, siehe weiter unten.

Vorgang. Die bitteren Mandeln enthalten fettes Oel, Amygdalin und Emulsin. Das fette Oel muss durch Abpressen möglichst entfernt werden, weil es die Einwirkung des Emulsins auf das Amygdalin hindert und Bittermandelöl bei der Destillation zurückhalten würde. Das Amygdalin ist ein Glycosid, welches beim Erwärmen mit verdünnten Säuren oder durch Einwirkung des Fermentes, Emulsin, eines in den süssen und bitteren Mandeln enthaltenen Eiweissstoffes, und Wasser bei gewöhnlicher Temperatur in Cyanwasserstoff, Benzaldehyd (Bittermandelöl) und Zucker zerfällt.

$$\underset{\text{Amygdalin}}{C_{20}H_{27}NO_{11}} + \underset{\text{Wasser}}{2\,H_2O} = \underset{\text{Cyan-wasserstoff}}{HCN} + \underset{\text{Benzaldehyd}}{C_6H_5 . COH} + \underset{\text{Zucker.}}{2\,C_6H_{12}O_6}$$

Cyanwasserstoff und Benzaldehyd bleiben aber nur zum kleineren Theil im freien Zustande; beide verbinden sich zum grössten Theil mit einander zu Benzaldehydcyanhydrin.

$$\underset{\text{Benzaldehyd}}{C_6H_5 . COH} + \underset{\text{Cyan-wasserstoff}}{HCN} = \underset{\text{Benzaldehydcyan-hydrin.}}{C_6H_5 . C \begin{cases} H \\ OH \\ CN \end{cases}}$$

Werden die vom fetten Oele befreiten, gepulverten, bitteren Mandeln der Destillation unterworfen, so geht mit den Wasserdämpfen freier Cyanwasserstoff und Benzaldehyd, sowie Benzaldehydcyanhydrin über. Der Weingeistzusatz bewirkt ein Klarbleiben des Destillats. Da der Amygdalingehalt der bitteren Mandeln zwischen 2 bis 3 % wechselt, so wird auch der Cyanwasserstoffgehalt des Bittermandelwassers bei der Destillation verschieden ausfallen und muss daher reducirt werden.

Aufbewahrung. Das Bittermandelwasser muss vorsichtig in vor Licht geschützten Gläsern aufbewahrt werden. Durch das Licht wird nämlich die Zersetzung des Cyanwasserstoffs und die Oxydation des Benzaldehyds befördert. Aus dem Cyanwasserstoff kann unter Aufnahme von Wasser Ammoniumformiat entstehen.

$$\underset{\text{Cyanwasserstoff}}{HCN} + \underset{\text{Wasser}}{2\,H_2O} = \underset{\text{Ammoniumformiat.}}{CH(NH_4)O_2}$$

Das Benzaldehyd wird durch die Aufnahme von Sauerstoff in Benzoesäure verwandelt werden.

$$\underset{\text{Benzaldehyd}}{C_6H_5.COH} + \underset{\text{Sauerstoff}}{O} = \underset{\text{Benzoesäure.}}{C_6H_5.COOH}$$

Auch treten zuweilen 2 Moleküle Benzaldehyd zu Benzoin zusammen, welches sich aus dem Bittermandelwasser in gelben Kryställchen ausscheidet.

Prüfung.

1. Das Bittermandelwasser soll ein specifisches Gewicht von 0,970 bis 0,980 besitzen.

2. Es sei klar oder fast klar. Es röthe blaues Lackmuspapier nicht. Eine stärkere Röthung zeigt freie Säuren, wie Cyanwasserstoff, Salzsäure an.

3. Sein eigenthümlicher Geruch muss auch nach Wegnahme der Blausäure mittels Silbernitratlösung verbleiben. Durch die Silberlösung wird nämlich nur die freie Blausäure als Silbercyanid weggenommen, während das freie Benzaldehyd und das Benzaldehydcyanhydrin in Lösung bleibt und den eigenthümlichen Geruch bedingt. Künstliches Bittermandelwasser, das durch Mischen von Wasser, Weingeist und Blausäure dargestellt wurde, wird nach Fällung der Blausäure durch Silbernitrat keinen Geruch mehr besitzen.

$$\underset{\text{Cyanwasserstoff}}{HCN} + \underset{\text{Silbernitrat}}{AgNO_3} = \underset{\text{Silbercyanid}}{AgCN} + \underset{\text{Salpetersäure.}}{HNO_3}$$

4. Man verdampfe 5 ccm Bittermandelwasser in einem Glasschälchen; es darf kein wägbarer Rückstand hinterbleiben. Ein Rückstand könnte von fremden Salzen, wie Kaliumcyanid, Natriumchlorid etc. herrühren.

5. Man verdünne 10 ccm Bittermandelwasser mit 90 ccm Wasser, füge 5 Tropfen Kalilauge und eine Spur Natriumchlorid hinzu und hierauf unter fortwährendem Umrühren Zehntel-Normal-Silbernitratlösung, bis eine bleibende, weissliche Trübung entsteht. Es sollen

bis zu diesem Punkte mindestens 1,8 ccm letzterer Silberlösung verbraucht werden.

Wird Bittermandelwasser mit überschüssiger Kalilauge versetzt, so verbindet sich die freie Cyanwasserstoffsäure damit zu Kaliumcyanid (a) und die Verbindung Benzaldehydcyanhydrin wird in Benzaldehyd und Cyanwasserstoff zerlegt, welch' letzterer von der Kalilauge als Kaliumcyanid gebunden wird (b).

a) $$HCN + KOH = KCN + H_2O$$

Cyanwasserstoff	Kaliumhydroxyd	Kaliumcyanid	Wasser.

b) $$C_6H_5 . C \begin{cases} H \\ OH \\ CN \end{cases} + KOH = C_6H_5 . COH + H_2O + KCN$$

Benzaldehydcyanhydrin	Kaliumhydroxyd	Benzaldehyd	Wasser	Kaliumcyanid.

Wird nun Zehntel-Normal-Silbernitratlösung tropfenweise hinzugefügt, so entsteht eine Ausscheidung von Silbercyanid, welches aber von dem vorhandenen Kaliumcyanid beim Umschütteln unter Bildung der Doppelverbindung: Kalium-Silbercyanid wieder gelöst wird.

$$2\,KCN + AgNO_3 = AgCN . KCN + KNO_3$$

Kaliumcyanid entsprechend 2 HCN = 2.27	Silbernitrat 170	Kalium-Silbercyanid	Kaliumnitrat.

So lange noch Kaliumcyanid in der Lösung enthalten, bildet sich diese lösliche Doppelverbindung. Ist aber alles Kaliumcyanid gebunden, so wird auf weiteren Zusatz von Silbernitrat die Doppelverbindung zerlegt unter Ausscheidung von Silbercyanid und die Flüssigkeit wird getrübt.

$$AgCN . KCN + AgNO_3 = 2\,AgCN + KNO_3$$

Kalium-Silbercyanid	Silbernitrat	Silbercyanid	Kaliumnitrat.

Da aber eine Spur Natriumchlorid zugegen ist, so findet diese Ausscheidung von Silbercyanid nicht statt, sondern es entsteht, wenn alles Kaliumcyanid gebunden ist, auf weiteren Zusatz von Silbernitrat eine Trübung von Silberchlorid.

2 Moleküle Kaliumcyanid, entsprechend 2 Molekülen Cyanwasserstoff (54 Gewichtstheile), brauchen 1 Molekül Silbernitrat (170 Gewichtstheile) zur Bildung von Kalium-Silbercyanid.

Zehntel-Normal-Silbernitratlosung		Silbernitrat
1000 ccm	enthalten	17 g
1 „	enthält	0,017 g
		Cyanwasserstoff
1000 ccm	entsprechen	5,4 g
1 „	entspricht	0,0054 g
1,8 „	entsprechen $1,8 \times 0,0054 = 0,00972$ g.	

Diese Menge Cyanwasserstoff soll in 10 ccm Bittermandelwasser enthalten sein. Da das specifische Gewicht des Bittermandelwassers 0,970 bis 0,980 beträgt, so wiegen 10 ccm desselben 9,7 bis 9,8 g. In 100 g des Bittermandelwassers sollen daher enthalten sein:

$$9{,}7 \text{ bis } 9{,}8 : 0{,}00972 = 100 : x$$
$$x = 0{,}1002 \text{ bis } 0{,}0992\,^0/_0 \text{ Cyanwasserstoff.}$$

Das Bittermandelwasser enthält somit ca. $0{,}1\,^0/_0$ Cyanwasserstoff.

Stellung des Bittermandelwassers auf $0{,}1\,^0/_0$ Cyanwasserstoff. Man bestimme den Cyanwasserstoffgehalt von 100 g des Destillats, indem man die zur Titrirung von 10 ccm des Destillats verbrauchten ccm Zehntel-Normal-Silbernitratlösung mit 0,0054 multiplicirt, das erhaltene Produkt mit 10 multiplicirt und unter Zugrundelegung des specifischen Gewichts den Cyanwasserstoffgehalt für 100 g des Destillats berechnet. Würden z. B. 2,4 ccm Zehntel-Normal-Silbernitratlösung zur Titrirung von 10 ccm des Destillats verbraucht, so enthalten dieselben $2{,}4 \times 0{,}0054 = 0{,}01296$ g, und 100 ccm desselben 0,1296 Cyanwasserstoff. Besitzt das Destillat ein specifisches Gewicht von 0,973, so wiegen 100 ccm desselben 97,3 g und es berechnet sich der Cyanwasserstoffgehalt für 100 g des Destillats:

$$97{,}3 : 0{,}1296 = 100 : x$$
$$x = 0{,}1332 \text{ g.}$$

Das Destillat enthält demnach $0{,}1332 - 0{,}1 = 0{,}0332\,^0/_0$ Cyanwasserstoff zu viel und muss verdünnt werden. Man benützt hierzu den ersten Nachlauf. Nachdem man denselben mit $^1/_3$ Theil Weingeist vermischt, bestimme man auf gleiche Weise wie oben den Cyanwasserstoffgehalt nach Procenten. Derselbe betrage z. B. $0{,}04\,^0/_0$. Er ist um $0{,}1 - 0{,}04 = 0{,}06\,^0/_0$ zu gering. Man berechne nun die Menge des zum ersten Destillate zuzusetzenden Nachlaufs nach folgender Gleichung: Der zu geringe Procentgehalt des Nachlaufs verhält sich zu dem zu hohen Procentgehalt des Destillats wie das Gewicht des Destillats (z. B. 800 g) zu x.

$$\underset{\text{zu gering}}{0{,}06} : \underset{\text{zu stark}}{0{,}0332} = 800 : x$$
$$x = 442{,}6 \text{ g}.$$

Es wären also 800 g des Destillats mit 442,6 g des ersten Nachlaufs zu verdünnen, um ein Bittermandelwasser von 0,1 % Cyanwasserstoffgehalt zu erhalten.

			% HCN		HCN
Destillat:	800 g	mit	0,1332	besitzen	1,0656 g
Nachlauf:	442,6 g	„	0,04	„	0,1770 g
Gemisch:	1242,6 g			besitzen	1,2426 g

Genügt die Menge des ersten Nachlaufs nicht zur Verdünnung des Destillats, so wird noch der zweite Nachlauf hierzu verwendet. Beträgt z. B. die Menge des ersten Nachlaufs nur 200 g, so erhält man durch Mischen des Destillats mit dem ersten Nachlauf:

			% HCN		HCN
Destillat:	800 g	mit	0,1332	besitzen	1,0656 g
Nachlauf:	200 g	„	0,04	„	0,0800 g
Gemisch:	1000 g			besitzen	1,1456 g

100 g des Gemisches enthalten daher 0,11456 g Cyanwasserstoff. Der Cyanwasserstoffgehalt ist um 0,11456 — 0,1 = 0,01456 % zu stark.

Man verdünne den zweiten Nachlauf mit $^1/_3$ Theil von Weingeist und bestimme, wie oben angegeben, den Gehalt von Cyanwasserstoff nach Procenten. Derselbe betrage z. B. 0,015 %. Der Nachlauf ist um 0,1 — 0,015 = 0,085 % zu schwach. Man hat nun wieder die Gleichung zu berechnen:

$$\underset{\text{zu gering}}{0{,}085} : \underset{\text{zu stark}}{0{,}01456} = 1000 : x$$
$$x = 171{,}3 \text{ g}.$$

800 g des Destillats und 200 g des ersten Nachlaufs sind somit mit 171,3 g des zweiten Nachlaufs zu verdünnen, um ein Bittermandelwasser von 0,1 % Cyanwasserstoffgehalt zu erhalten.

			% HCN		HCN
Destillat:	1000 g	mit	0,11456	besitzen	1,1456 g
Nachlauf:	171,3 g	„	0,015	„	0,02569 g
Gemisch:	1171,3 g			besitzen	1,17129 g

Aqua chlorata.

Aqua Chlori. Chlorwasser.

Darstellung. Einen 500 ccm fassenden Glaskolben fülle man zu $^3/_4$ mit haselnussgrossen, durch Absieben vom Pulver befreiten Braunstein, übergiesse denselben mit roher Salzsäure, so dass der Braunstein noch aus der Salzsäure herausragt, schliesse den Kolben mit einem Stopfen, durch welchen ein Gasleitungsrohr und ein Sicherheitsrohr hindurchgeht, verbinde ersteres mit einer Waschflasche, welche mit wenig Wasser beschickt ist, und leite das Chlor aus der Waschflasche in ein zur Hälfte mit ausgekochtem, destillirtem Wasser gefülltes Glas, welches mit einem Glasstopfen verschlossen werden kann. Das Glas wird zur Abhaltung des Tageslichtes mit Tuch umwickelt oder in eine Papphülse gestellt. Wendet man eine ca. 30procentige Salzsäure an, so wird schon bei gewöhnlicher Temperatur Chlorentwickelung stattfinden. Sobald sich nur noch wenig Chlor entwickelt, stelle man den Glaskolben auf ein Sandbad und erwärme gelinde. Hat sich der obere Raum des Absorptionsgefässes mit grünlichgelbem Chlorgas gefüllt, so nimmt man dasselbe hinweg und leitet nun das Gas in ein zweites Glas, welches ebenfalls zur Hälfte mit Wasser gefüllt ist. Ersteres Glas verschliesse man nun mit dem Glasstopfen und schüttle tüchtig um, wobei das Gas vom Wasser absorbirt wird. Oeffnet man sodann den Stopfen, so strömt die äussere Luft mit Geräusch in das Glas. Hat sich der leere Raum der zweiten vorgelegten Flasche mit Chlorgas gefüllt, so nehme man dieselbe hinweg, verschliesse sie mit dem Stopfen und lege die erste Flasche wiederum vor. Man schüttle die zweite Flasche tüchtig um und setze das abwechselnde Einleiten des Chlorgases in die beiden Flaschen so lange fort, bis beim Schütteln das Chlorgas nicht mehr absorbirt wird, was man daran erkennt, dass der leere Raum der Flaschen nach dem Schütteln mit Chlorgas gefüllt bleibt und beim Oeffnen des Stopfens keine Luft mehr eindringt. Man fülle sodann das Chlorwasser in dunkle, etwa 200 ccm fassende Gläser bis zur Mündung, verschliesse diese sogleich mit Glasstopfen und verbinde sie mit feuchtem Pergamentpapier.

Die Chlorentwickelung, sowie das Abfüllen des Chlorwassers ist am besten an einem zugigen Orte im Freien vorzunehmen, da das Chlor sehr schädlich auf die Respirationsorgane wirkt. Als Gegenmittel eingeathmeten Chlorgases athme man Weingeist- oder Aetherweingeistdampf ein.

Bei der Darstellung des Chlorwassers im Winter hat man darauf zu sehen, dass das vorgeschlagene Wasser keine zu niedrige Temperatur besitzt, indem bei + 1 bis + 3⁰ sich Krystalle von Chlorhydrat $Cl_2 + 10H_2O$ ausscheiden, welche die Glasröhren verstopfen. Man erwärme daher im Winter das Wasser auf + 9 bis + 10⁰, weil es bei dieser Temperatur die grösste Menge Chlorgas zu absorbiren vermag.

Vorgang. Kommt Magansuperoxyd (Braunstein) mit Salzsäure zusammen, so löst sich ersteres in der Kälte ohne Chlorentwickelung zu Mangantetrachlorid; letzteres zerfällt aber beim Erhitzen in Manganchlorür und Chlor.

$$MnO_2 + 4HCl = MnCl_4 + 2H_2O$$

Mangan-superoxyd 86,8; Chlor-wasserstoff 4 . 36,5; Mangan-tetrachlorid; Wasser.

$$MnCl_4 = MnCl_2 + Cl_2$$

Mangan-tetrachlorid; Mangan-chlorür; Chlor. 2 . 35,5

Eigenschaften. Das Chlorwasser stellt eine klare, gelblichgrüne, in der Wärme flüchtige Flüssigkeit dar von erstickendem Geruche, welche Lackmuspapier sofort bleicht und in 1000 Theilen mindestens 4 Theile Chlor enthält. Einige Grade unter 0⁰ abgekühlt scheiden sich aus dem Chlorwasser Krystalle von Chlorhydrat $Cl_2 + 10H_2O$ aus, welche bei Erhöhung der Temperatur um wenige Grade wieder in Chlor und Wasser zerfallen. Unter dem Einflusse des Tageslichtes zersetzt es das Wasser, indem es sich mit dem Wasserstoff desselben zu Chlorwasserstoff vereinigt und Sauerstoff frei wird.

$$H_2O + Cl_2 = 2HCl + O$$

Wasser; Chlor; Chlor-wasserstoff; Sauer-stoff.

Aufbewahrung. Das Chlorwasser muss vor Luft und Licht geschützt aufbewahrt werden. Man füllt daher dasselbe am besten in gelbe Glasstopfengläser von ca. 100 bis 200 ccm Inhalt ganz voll, tektirt die Gläser mit Pergamentpapier und stellt sie in eine Blechbüchse oder ein Holzkistchen.

Prüfung. Man giesse 25 g Chlorwasser in eine wässerige Lösung von 1 g Kaliumjodid. Zu der durch das ausgeschiedene Jod braun gefärbten Flüssigkeit setze man so lange Zehntel-Normal-Natriumthiosulfatlösung hinzu, bis die Flüssigkeit schwach gelb erscheint, füge dann etwas Stärkelösung zu, wodurch eine blaue Färbung eintritt, und hierauf noch so viel Zehntel-Normal-Natriumthiosulfatlösung, bis die Flüssigkeit farblos geworden. Es müssen bis zu diesem Punkte mindestens 28,2 ccm Zehntel-Normal-Natriumthiosulfatlösung verbraucht werden.

Das Chlor macht aus dem Kaliumjodid eine entsprechende Menge Jod frei, und die Flüssigkeit färbt sich braun.

$$\underset{\substack{\text{Chlor}\\ 2\,.\,35,5}}{Cl_2} + \underset{\substack{\text{Kalium-}\\ \text{jodid}}}{2\,KJ} = \underset{\substack{\text{Kalium-}\\ \text{chlorid}}}{2\,KCl} + \underset{\substack{\text{Jod.}\\ 2\,.\,127}}{J_2}$$

Wird nun Zehntel-Normal-Natriumthiosulfatlösung zugesetzt, so wird das Jod gebunden, indem Natriumjodid und Natriumtetrathionat gebildet wird. Gegen das Ende der Reaktion erscheint die Flüssigkeit nach Zusatz von Stärkelösung blau durch Bildung von Jodstärke, dann wird sie farblos.

$$\underset{\substack{\text{Natriumthiosulfat}\\ 2\,.\,248}}{2(Na_2S_2O_3\,.\,5\,H_2O)} + \underset{\substack{\text{Jod}\\ 2\,.\,127}}{J_2} = \underset{\substack{\text{Natrium-}\\ \text{jodid}}}{2\,NaJ} + \underset{\substack{\text{Natrium-}\\ \text{tetrathionat}}}{Na_2S_4O_6} + \underset{\text{Wasser.}}{10\,H_2O}$$

1 Molekül Natriumthiosulfat (248 Gewichtstheile) bindet 1 Atom Jod (127 Gewichtstheile).

Zehntel-Normal-Natriumthiosulfatlosung		Natriumthiosulfat
1000 ccm	enthalten	24,8 g
1 „	enthält	0,0248 g
		Jod
1000 „	binden	12,7 g
1 „	bindet	0,0127 g
1 Atom Jod		1 Atom Chlor
127 g	werden frei gemacht von	35,5 g
0,0127 g Jod	„ „ „ „	0,00355 g Chlor
Zehntel-Normal-Natriumthiosulfatlosung		
1 ccm	entspricht	0,00355 g „
28,2 „	entsprechen 28,2 × 0,00355 =	0,10011 g „

Diese Menge Chlor soll in 25 g Chlorwasser enthalten sein; in 100 g des letzteren sollen daher 4 × 0,10011 = 0,40044 g Chlor enthalten sein.

Stöchiometrische Berechnungen.

1. Wie viel Chlor erhält man theoretisch beim Erhitzen von 100 g 30procentiger Salzsäure mit Mangansuperoxyd, und welchen Raum nimmt

diese Menge Chlor bei 15^0 und 750 mm B. ein, wenn 1 Liter Chlorgas bei 0^0 und 760 mm B. 3,1808 g wiegt?

2 Moleküle Chlorwasserstoff (73 Gewichtstheile) entsprechen 1 Atom Chlor (35,5 Gewichtstheile).

100 g 30procentige Salzsäure enthalten 30 g Chlorwasserstoff.

$$\begin{matrix} 2HCl & & Cl & & HCl & & \\ 73 & : & 35{,}5 & = & 30 & : & x \end{matrix}$$
$$x = 14{,}6 \text{ g Cl.}$$

Diese Menge Chlor nimmt bei 0^0 und 760 mm B. einen Raum ein von:

$$\begin{matrix} g & & \text{Liter} & & g & & \\ 3{,}1808 & : & 1 & = & 14{,}6 & : & x \end{matrix}$$
$$x = 4{,}59 \text{ Liter.}$$

Der Raum, welchen obige Menge bei 750 mm B. einnimmt, beträgt:

$$750 : 760 = 4{,}59 : x$$
$$x = 4{,}65 \text{ Liter.}$$

Da das Volumen der Gase der Temperatur direkt proportional ist und für jeden Temperaturgrad 273 Volumina eines Gases um 1 Volumen zu- oder abnehmen, so nimmt obige Menge Chlor bei 15^0 einen Raum ein von:

$$273 : (273 + 15) = 4{,}65 : x$$
$$x = 4{,}9 \text{ Liter.}$$

100 g 30procentige Salzsäure geben beim Erhitzen mit Mangansuperoxyd 14,6 g Chlor, und diese nehmen bei 15^0 und 750 mm B. einen Raum von 4,9 Liter ein.

2. Wie viel 30procentige Salzsäure ist theoretisch nöthig, um mittels Mangansuperoxyd so viel Chlor zu entwickeln, dass 2 Liter Wasser von 14^0 und bei 760 mm B. damit gesättigt werden, wenn Wasser bei dieser Temperatur und bei diesem Drucke 2,411 Volumen Chlorgas absorbirt?

2 Liter Wasser absorbiren bei 14^0 $2 \times 2{,}411 = 4{,}822$ Liter Chlorgas.

Diese Menge Chlorgas nimmt bei 0^0 einen Raum ein von:

$$(273 + 14) : 273 = 4{,}822 : x$$
$$x = 4{,}586 \text{ Liter.}$$

Da 1 Liter Chlorgas bei 0° und 760 mm B. 3,1808 g wiegt, so wiegt obige Menge Chlor: $4{,}586 \times 3{,}1808 = 14{,}587$ g.

2 Moleküle Chlorwasserstoff (73 Gewichtstheile) entsprechen 1 Atom Chlor (35,5 Gewichtstheile).

$$\begin{array}{ccccccc} Cl & & 2HCl & & Cl & & \\ 35{,}5 & : & 73 & = & 14{,}587 & : & x \end{array}$$
$$x = 30 \text{ g } HCl.$$

Diese Menge Chlorwasserstoff entspricht 100 g 30procentiger Salzsäure.

Um die Menge Chlorgas zu erhalten, welche man nöthig hat, um 2 Liter Wasser von 14° und bei 760 mm B. damit zu sättigen, müssen 100 g 30procentiger Salzsäure mit Mangansuperoxyd erwärmt werden. In Wirklichkeit wird man weit mehr Salzsäure nöthig haben, da nicht alles Chlor absorbirt wird.

3. Wie viel Wasser von 15° sättigen 2 Liter Chlorgas bei 760 mm B., wenn ersteres bei dieser Temperatur und diesem Drucke 2,368 seines Volumens aufzulösen vermag?

$$2{,}368 : 1 = 2 : x$$
$$x = 0{,}845 \text{ Liter Wasser.}$$

2 Liter Chlorgas vermögen 0,845 Liter Wasser von 15° bei 760 mm B. zu sättigen.

Argentum nitricum.

Lapis infernalis. Silbernitrat. Salpetersaures Silber. Höllenstein.

$AgNO_3$.

Darstellung. Einen Vereinsthaler, den man zuvor mit conc. Sodalösung gekocht, um den anhängenden Schmutz zu entfernen, dann abgewaschen und getrocknet hat, übergiesse man in einer Porzellanschale mit 80 g officineller Salpetersäure und erwärme auf dem Sandbad, bis der Thaler sich vollständig gelöst hat, worauf man die Lösung zur Verjagung der überschüssigen Säure zum Trocknen verdampft und die trockene Masse zur Ausscheidung des Kupfers so lange über einer Weingeistflamme schmilzt, bis die Masse ruhig fliesst. Ist dieses der Fall, so lasse man die Flüssigkeit in der ganzen Schale herumfliessen, damit dieselbe nicht auf einem Klumpen erstarre, und dadurch ein Zerspringen der Schale veranlasse, stosse nach dem Erkalten die Masse von der Schale los, behandle sie mit warmem Wasser und filtrire durch ein gewogenes Filter. Das auf dem Filter zurückgebliebene Kupferoxyd wasche man mit warmem Wasser gut aus. Man prüfe nun das Filtrat, ob eine Probe desselben mit Ammoniakflüssigkeit sich bläut. Ist dieses nicht mehr der Fall, so ist das Filtrat kupferfrei und kann sogleich nach Ansäuern mit Salpetersäure in einer Porzellanschale zur Trockne verdampft und geschmolzen werden. Die geschmolzene Masse giesse man in eine Höllensteinform, welche man zuvor mit Talksteinpulver eingerieben und erwärmt hat. Nach dem Erkalten stosse man die Stangen aus der Form und bringe sie mittels einer Pincette, ohne sie zu berühren, und unter Abhaltung von Staub und Licht in das Aufbewahrungsgefäss.

Will man krystallisirtes Silbernitrat erhalten, so löse man die geschmolzene Masse in Wasser, verdampfe die Lösung auf dem Sandbade zur Krystallhautbildung und sodann im Wasserbade so weit ein, dass ein herausgenommener Tropfen beim Erkalten erstarrt, und lasse sodann an einem dunkeln Orte vor Staub geschützt krystallisiren. Die Krystalle sammle man auf einem Trichter, lasse gut abtropfen und trockne sie in einer Porzellanschale bei gewöhnlicher Temperatur, vor Staub und Licht geschützt. Die Mutterlauge verdampfe man zur weiteren Krystallisation.

In der Regel wird das Filtrat, welches man nach dem Ausschmelzen des Kupfers erhält, noch etwas kupferhaltig sein und daher durch Ammoniakflüssigkeit noch mehr oder weniger gebläut werden. Die Menge des noch gelösten Kupfers erfährt man annähernd, indem man das Filter sammt Inhalt trocknet und wiegt und das Gewicht des Kupferoxyds auf Kupfer berechnet. Da ein Vereinsthaler 18,5 g wiegt und 1,85 g Kupfer enthält, so zeigt das Mindergewicht als 1,85 g das in dem Filtrat noch gelöste Kupfer an. Um dieses auszufällen, erwärmt man das Filtrat mit überschüssigem Silberoxyd. Letzteres erhält man, indem man eine entsprechende Menge Silbernitrat (für 0,01 g Kupfer etwa 0,1 g Silbernitrat) in Wasser löst und die Lösung mit Natronlauge vollständig ausfällt. Den entstandenen Niederschlag wasche man mit warmem Wasser gut aus und spüle ihn mittels der Spritzflasche in das kupferhaltige Filtrat. Nachdem man kurze Zeit erwärmt, prüfe man mit Ammoniakflüssigkeit, ob alles Kupfer gefällt ist. Findet keine Bläuung mehr statt, so filtrire man, säure das Filtrat mit Salpetersäure an und verfahre wie oben angegeben.

Vorgang. Die Vereinsthaler bestehen aus Silber, dem 10 % Kupfer beigemischt ist. Wird ein solches Silber in Salpetersäure gelöst, so bildet sich Silbernitrat und Cuprinitrat, während Stickoxyd frei wird, das aber sogleich Sauerstoff aus der Luft anzieht, und als Stickstoffdioxyd in rothen Dämpfen entweicht.

$$3Ag + 4HNO_3 = 3AgNO_3 + NO + 2H_2O$$

Silber	Salpetersaure	Silbernitrat	Stickoxyd	Wasser.
3.108	4.63	3.170		

$$3Cu + 8HNO_3 = 3Cu(NO_3)_2 + 2NO + 4H_2O$$

Kupfer	Salpetersäure	Cuprinitrat	Stickoxyd	Wasser.
3.63,3	8.63			

$$NO + O = NO_2$$

Stick-oxyd	Sauer-stoff	Stick-stoffdioxyd.

Wird das Gemenge von Silbernitrat und Cuprinitrat auf etwa 240° erhitzt, so bleibt das Silbernitrat unzersetzt, während das Cuprinitrat in Kupferoxyd, niedrige Oxyde des Stickstoffs und Sauerstoff zerfällt.

$$Cu(NO_3)_2 = CuO + N_2O_3 + O_2$$

Cuprinitrat entsprechend 1 Atom Cu 63,3	Kupfer-oxyd 79,3	Salpetrige Saure	Sauer-stoff.

Eine kleine Menge Silbernitrat wird unter Sauerstoffabgabe zu Silbernitrit $AgNO_2$, welches jedoch beim Ansäuern des Filtrats mit Salpetersäure unter Entweichen von salpetriger Säure wieder in Silbernitrat umgewandelt wird.

Wird die geschmolzene Masse mit Wasser behandelt, so löst sich Silbernitrat auf und Kupferoxyd bleibt ungelöst. Enthält das Filtrat noch Cuprinitrat gelöst, so entsteht auf Zusatz von Ammoniakflüssigkeit eine blaue Färbung, herrührend von Cuprinitrat-Ammoniak $Cu(NO_3)_2 + 4NH_3$.

Um das Kupfer aus dem Filtrate vollständig zu entfernen, wird letzteres mit Silberoxyd erwärmt. Das Silberoxyd erhält man durch Fällung einer Silbernitratlösung mit Natronlauge, wobei Natriumnitrat in Lösung geht.

$$2AgNO_3 + 2NaOH = Ag_2O + 2NaNO_3 + H_2O$$

Silbernitrat	Natrium-hydroxyd	Silberoxyd	Natriumnitrat	Wasser.
2.170		232		

Erwärmt man das Cuprinitrat haltige Filtrat mit Silberoxyd, so wird das Kupfer als Kupferoxyd gefällt, während Silbernitrat in Lösung geht.

$$\underset{\substack{\text{Cuprinitrat}\\ \text{entsprechend}\\ \text{1 Atom Cu}\\ 63,3}}{Cu(NO_3)_2} + \underset{\substack{\text{Silber-}\\ \text{oxyd}\\ 232}}{Ag_2O} = \underset{\substack{\text{Kupfer-}\\ \text{oxyd}}}{CuO} + \underset{\text{Silbernitrat.}}{2\,AgNO_3}$$

Aufbewahrung. Reines Silbernitrat verändert sich am Lichte nicht, wohl aber, wenn dasselbe mit organischen Stoffen, wie Staub, in Berührung kommt. Es findet dann alsbald eine Schwärzung statt, indem das Silbernitrat theilweise zu metallischem Silber reducirt wird, welcher Vorgang durch das Licht wesentlich befördert wird. Auch die Anwesenheit einer geringen Menge Silbernitrit, welche sich beim Schmelzen gebildet hat, bedingt unter dem Einflusse des Lichtes eine alsbaldige Reduktion zu metallischem Silber. Es empfiehlt sich daher, das Silbernitrat in vor Licht geschützten Gläsern aufzubewahren.

Eigenschaften. Das Silbernitrat stellt weisse, glänzende oder grauweisse, schmelzbare Stäbchen mit krystallinisch strahligem Bruche dar, welche in 0,6 Theilen Wasser, in etwa 10 Theilen Weingeist und in einer genügenden Menge Ammoniakflüssigkeit klar und farblos löslich sind. Die wässrige Lösung ist neutral. Salzsäure fällt daraus weisse Flocken von Silberchlorid, welche in Ammoniak löslich, in Salpetersäure dagegen unlöslich sind.

$$\underset{\text{Silbernitrat}}{AgNO_3} + \underset{\substack{\text{Chlor-}\\ \text{wasserstoff}}}{HCl} = \underset{\substack{\text{Silber-}\\ \text{chlorid}}}{AgCl} + \underset{\substack{\text{Salpeter-}\\ \text{säure.}}}{HNO_3}$$

Das krystallisirte Silbernitrat stellt geruch- und farblose, durchsichtige, tafelförmige, luftbeständige Krystalle dar.

Prüfung.

1. Das Silbernitrat ist in einer genügenden Menge Ammoniakflüssigkeit klar und farblos löslich. Es scheidet sich zuerst Silberoxyd aus, das sich auf weiteren Zusatz von Ammoniak als Silberoxyd-Ammoniak wieder auflöst. Eine bläuliche Farbe der Lösung würde einen Kupfergehalt anzeigen, indem sich Cuprinitrat-Ammoniak $Cu(NO_3)_2 + 4\,NH_3$ bildet. Eine trübe Lösung würde Blei oder Wismuth anzeigen, welche als Hydroxyde ungelöst bleiben.

$$\underset{\text{Bleinitrat}}{Pb(NO_3)_2} + \underset{\text{Ammoniak}}{2\,NH_3} + \underset{\text{Wasser}}{2\,H_2O} = \underset{\text{Bleihydroxyd}}{Pb(OH)_2} + \underset{\text{Ammoniumnitrat.}}{2\,(NH_4)NO_3}$$

2. Die wässrige Lösung sei neutral; eine saure Reaktion würde freie Salpetersäure anzeigen.

3. Man löse 1 g Silbernitrat in 9 g Wasser.

a) 3 ccm dieser Lösung dürfen sich nach dem Vermischen mit 12 ccm verdünnter Schwefelsäure und Erhitzen bis zum Sieden nicht trüben. Bei gewöhnlicher Temperatur scheidet sich Silbersulfat aus, welches sich aber in der Siedehitze wieder löst. Bei Gegenwart von Blei scheidet sich Bleisulfat aus, das sich beim Erhitzen nicht löst.

$$\underset{\text{Silbernitrat}}{2\,AgNO_3} + \underset{\text{Schwefelsaure}}{H_2SO_4} = \underset{\text{Silbersulfat}}{Ag_2SO_4} + \underset{\text{Salpetersäure.}}{2\,HNO_3}$$

$$\underset{\text{Bleinitrat}}{Pb(NO_3)_2} + \underset{\text{Schwefelsaure}}{H_2SO_4} = \underset{\text{Bleisulfat}}{PbSO_4} + \underset{\text{Salpetersäure}}{2\,HNO_3}$$

b) 3 ccm der wässrigen Lösung mit Salzsäure ausgefällt, wobei Silberchlorid ausgeschieden wird (siehe oben bei den Eigenschaften) sollen ein Filtrat geben, welches beim Verdampfen keinen Rückstand hinterlässt. Enthält das Präparat fremde Salze, wie Kaliumnitrat etc., so bleiben diese beim Verdampfen zurück.

Stöchiometrische Berechnungen.

1. Wie viel 25 procentige Salpetersäure braucht man zur Lösung eines Vereinsthalers, welcher 18,5 g wiegt und 10 % Kupfer enthält?

3 Atome Silber (3 . 108 Gewichtstheile) brauchen 4 Moleküle Salpetersäure (4 . 63 Gewichtstheile) und 3 Atome Kupfer (3 . 63,3 Gewichtstheile) 8 Moleküle Salpetersäure (8 . 63 Gewichtstheile).

Der Vereinsthaler besteht aus 1,85 g Kupfer und 18,5—1,85 = 16,65 g Silber.

$$\begin{array}{ccc} 3\,Ag & 4\,HNO_3 & Ag \\ 324 : & 252 = & 16,65 : x \end{array}$$

$$x = 12,95 \text{ g } HNO_3$$

$$\begin{array}{ccc} 3\,Cu & 8\,HNO_3 & Cu \\ 189,9 : & 504 = & 1,85 : x \end{array}$$

$$x = 4,91 \text{ g } HNO_3.$$

Diese Menge Salpetersäure 12,95 + 4,91 = 17,86 g entspricht 4 × 17,86 = 71,44 g 25 procentiger Salpetersäure.

Der Vereinsthaler braucht 71,44 g 25 procentige Salpetersäure zur Lösung.

2. Wenn das beim Schmelzen ausgeschiedene Kupferoxyd 2,25 g wiegt, wie viel Silberoxyd braucht man, um das noch im Filtrate enthaltene Kupfer als Kupferoxyd zu fällen, und wie viel Silbernitrat ist nöthig, um obige Menge Silberoxyd zu fällen?

1 Molekül Kupferoxyd (79,3 Gewichtstheile) entspricht 1 Atome Kupfer (63,3 Gewichtstheile).

2,25 g Kupferoxyd entsprechen:

$$\begin{array}{ccccccc} CuO & & Cu & & CuO & & \\ 79{,}3 & : & 63{,}3 & = & 2{,}25 & : & x \end{array}$$

$$x = 1{,}796 \text{ g Cu}.$$

Nachdem 1 Vereinsthaler 1,85 g Kupfer enthält (siehe No. 1), so sind im Filtrate noch 1,85—1,796 = 0,054 g Kupfer enthalten.

1 Molekül Cuprinitrat, entsprechend 1 Atom Kupfer (63,3 Gewichtstheile) braucht 1 Molekül Silberoxyd (232 Gewichtstheile) zur Fällung.

$$\begin{array}{ccccccc} Cu & & Ag_2O & & Cu & & \\ 63{,}3 & : & 232 & = & 0{,}054 & : & x \end{array}$$

$$x = 0{,}198 \text{ g } Ag_2O.$$

1 Molekül Silberoxyd (232 Gewichtstheile) entsteht aus 2 Molekülen Silbernitrat (2 . 170 Gewichtstheile).

$$\begin{array}{ccccccc} Ag_2O & & 2AgNO_3 & & Ag_2O & & \\ 232 & : & 340 & = & 0{,}198 & : & x \end{array}$$

$$x = 0{,}29 \text{ g } AgNO_3.$$

Wenn das beim Schmelzen ausgeschiedene Kupferoxyd 2,25 g wiegt, so sind noch 0,054 g Kupfer im Filtrate gelöst, und diese brauchen 0,198 g Silberoxyd zur Fällung. Letztere erhält man durch Fällen von 0,29 g Silbernitrat. Da jedoch Silberoxyd im Ueberschusse vorhanden sein soll, so muss man stets etwas mehr, etwa 0,5 g Silbernitrat mit Natronlauge fällen.

3. Wie viel Silbernitrat erhält man von einem Vereinsthaler, der 18,5 g wiegt und 10 % Kupfer enthält?

1 Vereinsthaler enthält 18,5 — 1,85 = 16,65 g reines Silber.

1 Atom Silber (108 Gewichtstheile) entspricht 1 Molekül Silbernitrat (170 Gewichtstheile).

$$\begin{array}{ccccccc} Ag & & AgNO_3 & & Ag & & \\ 108 & : & 170 & = & 16{,}65 & : & x \end{array}$$

$$x = 26{,}2 \text{ g } AgNO_3.$$

Von einem Vereinsthaler erhält man 26,2 g Silbernitrat.

Auro-Natrium chloratum.

Aurum muriaticum natronatum. Natrium-Goldchlorid. Chlorgoldnatrium. Natrium-Aurichlorid.

$$AuCl_3 . NaCl + x NaCl.$$

Darstellung. 6,5 g reines Gold bringe man in ein Kölbchen, füge eine Mischung von 8 g Salpetersäure und 24 g Salzsäure hinzu, setze ein kleines Glastrichterchen auf und erwärme anfangs gelinde, dann etwas stärker, bis alles Gold gelöst ist. Wenn nöthig, setze man vom obigen Säuregemisch noch etwas hinzu. Man bringe sodann die Lösung in eine Porzellanschale und erhitze auf dem Wasserbade zur Verjagung der überschüssigen Säure bis zur Sirupkonsistenz. Die erkaltete Salzmasse löse man in 20 g Wasser, füge 10 g reines, ausgetrocknetes Natriumchlorid hinzu, filtrire nach der Lösung, wenn nöthig, durch ein Bäuschchen Glaswolle und verdampfe das Filtrat im Wasserbade an einem staubfreien Orte unter Umrühren zur Trockne. Die Salzmasse zerreibe man noch warm und bringe sie sogleich in ein gut zu verschliessendes Glas.

Hat man kein reines Gold, so kann man auch alte österreichische oder holländische Dukaten, welche nur geringe Mengen Silber enthalten, zum Auflösen benützen. In diesem Falle verdampfe man die Goldlösung auf dem Wasserbade zur Sirupkonsistenz, löse die gelbe Salzmasse in wenig Wasser, filtrire die Lösung durch ein kleines, tarirtes Filter, wasche letzteres gut aus, trockne und wiege es. Die Gewichtszunahme des Filters drückt die Menge Chlorsilber aus, welches sich aus dem in der Münze enthaltenen Silber gebildet hat. Multiplicirt man das Gewicht des Chlorsilbers mit 0,7526, so erfährt man das Gewicht des Silbers, welch' letzteres von dem Gewichte der aufgelösten Münze in Abzug zu bringen ist.

Da für 6,5 g Gold 10 g Natriumchlorid vorgeschrieben ist, so findet man die Menge zuzusetzenden Natriumchlorids durch die Gleichung: 6,5 verhält sich zu 10 wie die Menge des reinen Goldes der Münze zu x oder man multiplicirt die Menge des reinen Goldes mit 1,539. Man löse das Natriumchlorid in der doppelten Menge Wasser auf, filtrire, wenn nöthig, setze die Lösung der Goldlösung zu und verfahre, wie oben angegeben.

Vorgang. Wird Gold in einer Mischung von Salz- und Salpetersäure (Königswasser) gelöst, so bildet sich Goldchlorid-Chlorwasserstoff (Chlorwasserstoff-Aurichlorid) und Stickoxyd wird frei, welches aber sogleich Sauerstoff aus der Luft aufnimmt und als Stickstoffdioxyd in rothen Dämpfen entweicht.

$$\underset{\substack{\text{Gold}\\197}}{Au} + \underset{\substack{\text{Chlor-}\\\text{wasserstoff}\\4\,.\,36,5}}{4\,HCl} + \underset{\substack{\text{Salpeter-}\\\text{säure}\\63}}{HNO_3} + \underset{\text{Wasser}}{2\,H_2O} = \underset{\substack{\text{Goldchlorid-}\\\text{Chlorwasserstoff}}}{AuCl_3\,.\,HCl\,.\,4\,H_2O} + \underset{\substack{\text{Stick-}\\\text{oxyd.}}}{NO}$$

$$\underset{\substack{\text{Stick-}\\\text{oxyd}}}{NO} + \underset{\substack{\text{Sauer-}\\\text{stoff}}}{O} = \underset{\substack{\text{Stick-}\\\text{stoffdioxyd.}}}{NO_2}$$

Wird die Lösung dieses Doppelsalzes mit einer entsprechenden Menge Natriumchlorid versetzt, so tritt letzteres an Stelle des Chlorwasserstoffs, und man erhält das Doppelsalz: Goldchlorid-Chlornatrium (Aurichlorid-Natriumchlorid).

$$\underset{\substack{\text{Goldchlorid-}\\\text{Chlorwasserstoff}}}{AuCl_3\,.\,HCl\,.\,4\,H_2O} + \underset{\substack{\text{Natrium-}\\\text{chlorid}\\58,5}}{NaCl} = \underset{\substack{\text{Goldchlorid-Chlornatrium}\\398}}{AuCl_3\,.\,NaCl\,.\,2\,H_2O} + \underset{\text{Wasser}}{2\,H_2O} + \underset{\substack{\text{Chlor-}\\\text{wasser-}\\\text{stoff.}}}{HCl}$$

Das Arzneibuch schreibt eine grössere Menge Natriumchlorid vor, als zur Bildung dieses Doppelsalzes nöthig ist, und das Präparat ist daher ein Gemenge von Goldchlorid-Chlornatrium mit Natriumchlorid.

Enthält das Gold Silber beigemengt, so bleibt dieses bei der Auflösung des Goldes als Chlorsilber zurück.

Enthält das Gold, welches man zum Auflösen benützen will, noch andere Metalle wie Silber, so muss man zuerst reines Gold darstellen. Zu diesem Zwecke löse man 1 Theil des vorher mit Sodalösung abgewaschenen Goldes in der 4 fachen Menge Königswasser, wie bei der Darstellung angegeben, verdampfe die Lösung zur Verjagung des Säureüberschusses im Wasserbade zur Sirupkonsistenz, löse den Rückstand in der 20fachen Menge Wasser und filtrire das ausgeschiedene Chlorsilber ab. Um etwa vorhandenes Blei zu fällen, versetze man das Filtrat mit etwas Natriumsulfatlösung, wodurch Bleisulfat gefällt wird.

$$\underset{\substack{\text{Blei-}\\\text{chlorid}}}{PbCl_2} + \underset{\substack{\text{Natrium-}\\\text{sulfat}}}{Na_2SO_4} = \underset{\text{Bleisulfat}}{PbSO_4} + \underset{\substack{\text{Natrium-}\\\text{chlorid.}}}{2\,NaCl}$$

Man entferne das Bleisulfat durch Filtration und versetze das Filtrat mit einer Auflösung von 8 Theilen Ferrosulfat in der 5 fachen

Menge Wasser und mit 1 Theil reiner Salzsäure. Das Gold wird dadurch als braunes Pulver metallisch gefällt, während Ferrisulfat und Ferrichlorid in Lösung gehen.

$$\underset{\substack{\text{Goldchlorid-Chlor-}\\\text{wasserstoff}\\\text{entsprechend 2 Atome}\\\text{Gold} = 2\,.\,197}}{2(AuCl_3\,.\,HCl)} + \underset{\substack{\text{Ferrosulfat}\\6\,.\,278}}{6(FeSO_4\,.\,7H_2O)} = \underset{\text{Gold}}{2Au} + \underset{\text{Ferrisulfat}}{2Fe_2(SO_4)_3}$$

$$+ \underset{\substack{\text{Ferri-}\\\text{chlorid}}}{Fe_2Cl_6} + \underset{\substack{\text{Chlor-}\\\text{wasserstoff.}}}{2HCl}$$

Das abgeschiedene Gold sammle man auf einem Filter, wasche es gut aus, trockne es und löse es in Königswasser etc.

Aufbewahrung. Das Präparat ist vorsichtig, in gut verschlossenem Glase aufzubewahren, da es aus der Luft einige Procente Wasser anzieht, ohne feucht zu werden. Da auch durch das Licht eine geringe Reduktion zu Gold stattfindet, namentlich bei Gegenwart von organischen Stoffen, wie Staub, so empfiehlt es sich, das Präparat vor Licht geschützt aufzubewahren.

Eigenschaften. Das Natriumgoldchlorid stellt ein goldgelbes Pulver dar, welches in 2 Theilen Wasser vollständig, in Weingeist aber nur zum Theil löslich ist, indem sich nur das Doppelsalz Goldchlorid-Chlornatrium auflöst, das überschüssige Natriumchlorid ungelöst bleibt. Beim Glühen entweicht Wasser und das Chlor des Goldchlorids, während metallisches Gold und Natriumchlorid im Rückstand bleiben.

Prüfung.

1. Das Präparat darf beim Annähern eines mit Ammoniakflüssigkeit benetzten Glasstabes keine Nebel geben. Enthält dasselbe Goldchlorid-Chlorwasserstoff, so haucht dasselbe schon bei gewöhnlicher Temperatur, namentlich bei Gegenwart von Natriumchlorid Chlorwasserstoffgas aus, welches mit dem Ammoniak weisse Nebel von Ammoniumchlorid liefert.

$$\underset{\text{Ammoniak}}{NH_3} + \underset{\substack{\text{Chlor-}\\\text{wasserstoff}}}{HCl} = \underset{\substack{\text{Ammonium-}\\\text{chlorid.}}}{NH_4Cl}$$

2. 100 Theile des Präparats, in einem bedeckten Porzellantiegel langsam zum Glühen erhitzt, müssen nach dem Auslaugen des Rückstandes mit Wasser mindestens 30 Theile Gold hinterlassen.

Zur Prüfung auf den Goldgehalt glühe man 0,5 g des vorher gut getrockneten Präparats, wobei Wasser und das Chlor des Goldchlorids entweichen und ein Gemenge von metallischem Gold und Natriumchlorid zurückbleiben, welch' letzteres durch Auslaugen des Rückstandes mit Wasser entfernt wird. Der getrocknete Rückstand, aus metallischem Gold bestehend, muss mindestens 0,15 g wiegen.

Stöchiometrische Berechnungen.

1. Wie viel 25 procentige Salzsäure und 25 procentige Salpetersäure ist nöthig zur Auflösung von 6,5 g Gold?

1 Atom Gold (197 Gewichtstheile) braucht 4 Moleküle Chlorwasserstoff (4 . 36,5 Gewichtstheile) und 1 Molekül Salpetersäure (63 Gewichtstheile).

$$\begin{array}{ccc} Au & 4HCl & Au \\ 197 : & 146 = & 6{,}5 : x \end{array}$$
$$x = 4{,}82 \text{ g } HCl.$$

Diese Menge Chlorwasserstoff entspricht $4 \times 4{,}82 = 19{,}28$ g 25 procentiger Salzsäure.

$$\begin{array}{ccc} Au & HNO_3 & Au \\ 197 : & 63 = & 6{,}5 : x \end{array}$$
$$x = 2{,}08 \text{ g } HNO_3.$$

Diese Menge Salpetersäure entspricht $4 \times 2{,}08 = 8{,}32$ g 25 procentiger Salpetersäure.

6,5 g Gold brauchen 19,28 g 25 procentige Salzsäure und 8,32 g 25 procentiger Salpetersäure zur Lösung.

2. Wie viel Natriumchlorid ist nöthig, um aus 6,5 g Gold Goldchlorid-Chlornatrium zu bilden?

Aus 1 Atom Gold (197 Gewichtstheile) bildet sich 1 Molekül Goldchlorid-Chlorwasserstoff, und dieser braucht 1 Molekül Natriumchlorid (58,5 Gewichtstheile) zur Bildung von Goldchlorid-Chlornatrium.

$$\begin{array}{ccc} Au & NaCl & Au \\ 197 : & 58{,}5 = & 6{,}5 : x \end{array}$$
$$x = 1{,}93 \text{ g } NaCl.$$

6,5 g Gold brauchen 1,93 g Natriumchlorid zur Bildung von Goldchloridnatrium. Da das Arzneibuch zur Lösung von 6,5 g Gold in Königswasser 10 g Natriumchlorid zusetzen lässt, so bleiben $10 - 1{,}93 = 8{,}07$ g Natriumchlorid ungebunden.

3. Wie viel officinelles Auro-Natrium chloratum erhält man aus 6,5 g reinem Gold?

1 Atom Gold (197 Gewichtstheile) entspricht 1 Molekül Goldchlorid-Chlornatrium (398 Gewichtstheile).

$$\begin{array}{ccccc} Au & & AuCl_3 . NaCl . 2H_2O & & Au \\ 197 & : & 398 & = & 6{,}5 : x \end{array}$$

$$x = 13{,}1 \text{ g } AuCl_3 . NaCl . 2H_2O.$$

6,5 g reines Gold liefern 13,1 g Goldchlorid-Chlornatrium. Da das officinelle Präparat 8,07 ungebundenes Natriumchlorid enthält (siehe No. 2), so beträgt die Ausbeute 13,1 + 8,07 = 21,17 g.

6,5 g reines Gold liefern 21,17 g officinelles Auro-Natrium chloratum.

4. Wie viel Procent Goldchlorid-Chlornatrium und wie viel Procent ungebundenes Natriumchlorid enthält das officinelle Auro-Natrium chloratum?

21,17 g Auro-Natrium chloratum enthalten 13,1 g Goldchlorid-Chlornatrium und 8,07 g ungebundenes Natriumchlorid (siehe No. 3). In 100 Theilen des Präparats sind daher enthalten:

$$\begin{array}{c} AuCl_3 . NaCl . 2H_2O \\ 21{,}17 : 13{,}1 = 100 : x \\ x = 61{,}88\,\% \; AuCl_3 . NaCl . 2H_2O. \end{array}$$

$$\begin{array}{c} NaCl \\ 21{,}17 : 8{,}07 = 100 : x \\ x = 38{,}12\,\% \; NaCl. \end{array}$$

Das officinelle Auro-Natrium chloratum enthält 61,88 % Goldchlorid-Chlornatrium und 38,12 % ungebundenes Natriumchlorid.

5. Wie viel Gold braucht man, um 10 g Auro-Natrium chloratum darzustellen?

Das Präparat enthält 61,88 % Goldchlorid-Chlornatrium (siehe No. 4); 10 g desselben 6,188 g. 1 Molekül Goldchlorid-Chlornatrium (398 Gewichtstheile) entspricht 1 Atom Gold (197 Gewichtstheile).

$$\begin{array}{ccccccc} AuCl_3 . NaCl . 2H_2O & & Au & & AuCl_3 . NaCl_2 . 2H_2O & & \\ 398 & : & 197 & = & 6{,}188 & : & x \end{array}$$

$$x = 3{,}063 \text{ g Au}.$$

Um 10 g Auro-Natrium chloratum darzustellen, braucht man 3,063 g Gold.

6. Wie viel Gold bleibt beim Glühen von 0,5 g Auro-Natrium chloratum und nachherigem Auswaschen zurück, und wie viel Procent Gold enthält demnach das Präparat?

Das Präparat enthält 61,88 % Goldchlorid-Chlornatrium (siehe No. 4); demnach enthalten 0,5 g des Präparats:

$$100 : 61{,}88 = 0{,}5 : x$$

$$x = 0{,}309 \text{ g Goldchlorid-Chlornatrium.}$$

1 Molekül Goldchlorid-Chlornatrium (398 Gewichtstheile) entspricht 1 Atom Gold (197 Gewichtstheile).

$$\overset{AuCl_3 . NaCl . 2H_2O}{398} : \overset{Au}{197} = \overset{AuCl_3 . NaCl . 2H_2O}{0{,}309} : x$$

$$x = 0{,}153 \text{ g Au.}$$

Von 0,5 g des Präparats bleiben nach dem Glühen und Auswaschen 0,153 g Gold zurück und diese Menge entspricht $200 \times 0{,}153 = 30{,}6\%$ Gold. Das Arzneibuch verlangt, dass das Präparat mindestens 30 % Gold enthält.

7. Wie viel krystallisirtes Ferrosulfat braucht man zur Fällung von 10 g Gold aus seiner Lösung in Königswasser?

1 Atom Gold (197 Gewichtstheile) braucht 3 Moleküle Ferrosulfat (3 . 278 Gewichtstheile) zur Fällung.

$$\overset{Au}{197} : \overset{3(FeSO_4 . 7H_2O)}{834} = \overset{Au}{10} : x$$

$$x = 42{,}3 \text{ g } FeSO_4 . 7H_2O.$$

Um 10 g Gold aus seiner Lösung zu fällen, sind 42,3 g krystallisirtes Ferrosulfat nöthig.

Bismutum subnitricum.

Bismuthum hydrico-nitricum. Magisterium Bismuthi. Basisches Wismuthnitrat. Wismuthsubnitrat. Basisch salpetersaures Wismuth.

$$\mathbf{2(BiO)NO_3 . H_2O = (BiNO_3 . 2HO + BiO . NO_3).}$$

Darstellung. 250 g Salpetersäure von 1,2 specifischem Gewicht erwärme man in einem ca. $^1/_2$ Liter fassenden Kolben auf dem Sandbade auf ca. 80°, entferne dann die Feuerung und trage ohne Unterbrechung in kleinen Portionen 50 g grobgepulvertes Wismuthmetall ein. Da sich bei der Auflösung desselben eine grosse Menge brauner Dämpfe von Stickstoffdioxyd entwickelt, so muss die Operation im Freien vorgenommen werden. Wird die Reaktion stürmisch, so trage man erst dann wieder eine kleine Menge des Metalls ein, wenn das Aufschäumen aufgehört. Findet zuletzt nur mehr eine geringe Einwirkung der Säure auf das Metall statt, so erwärme man, bis nahezu alles Metall gelöst ist. Man lasse dann erkalten, giesse die Flüssigkeit von dem geringen grauweissen Bodensatze in eine Glasflasche ab und lasse einige Tage stehen, bis die Flüssigkeit sich vollkommen geklärt hat, worauf man durch Glaswolle in eine Porzellanschale filtrirt und das Filtrat so weit verdampft, bis ein paar Tropfen, auf ein Uhrglas gebracht, nach dem Erkalten Krystalle abscheiden. Ist dieses der Fall, so lasse man die Flüssigkeit einen Tag an einem kühlen Orte zur Krystallisation stehen, giesse sodann die Mutterlauge ab und dampfe letztere nochmals zur Krystallisation ein. Die vereinigten Krystalle sammle man auf einem Glastrichter, dessen Abflussröhre lose mit Glaswolle verstopft ist, wasche sie einige Male mit salpetersäurehaltigem Wasser (2 Theile Salpetersäure auf 7 Theile Wasser) ab und trockne sie bei gewöhnlicher Temperatur. Die Krystalle werden ungefähr 100 g wiegen.

1 Theil dieser Krystalle zerreibe man in einem Porzellanmörser gleichmässig mit 4 Theilen Wasser und trage die flüssige Masse unter beständigem Umrühren in 21 Theile siedenden Wassers, welches sich in einem Topfe befindet, ein. Nachdem man mit einem Glasstabe einige Zeit umgerührt, lasse man den Niederschlag absetzen, giesse die Flüssigkeit, nachdem sie halb erkaltet ist, klar ab und bringe den Niederschlag auf ein doppeltes Papierfilter oder auf ein leinenes, angefeuchtetes Colirtuch. Man lasse die Flüssigkeit abtropfen, wasche den Niederschlag mit seinem etwa gleichen Volumen kalten Wassers aus, presse ihn, nachdem die Flüssigkeit abgelaufen, gelinde aus, bringe ihn mittels eines Horn- oder Porzellanspatels von dem Filter oder Colirtuch in eine flache Porzellanschale und trockne ihn bei einer 30^{0} nicht übersteigenden Temperatur an einem dunkeln Orte. Die Ausbeute des Niederschlags beträgt ungefähr die gleiche Menge des aufgelösten Metalls.

Vorgang. Wird Wismuthmetall mit Salpetersäure erwärmt, so löst es sich als Wismuthnitrat und nach dem Verdampfen der Lösung krystallisirt neutrales Wismuthnitrat mit 5 Molekülen Krystallwasser. Bei der Lösung des Metalls wird Stickoxyd frei, welches an der

Luft Sauerstoff anzieht und als Stickstoffdioxyd in rothen Dämpfen entweicht.

$$\underset{\substack{\text{Wismuth}\\ 2.210}}{2Bi} + \underset{\substack{\text{Salpetersäure}\\ 8.63}}{8HNO_3} + \underset{\text{Wasser}}{6H_2O} = \underset{\substack{\text{Wismuthnitrat}\\ 2.486}}{2[Bi(NO_3)_3 . 5H_2O]} + \underset{\text{Stickoxyd.}}{2NO}$$

Das Wismuthmetall ist meist mit Arsen, Antimon, Blei, Kupfer, Eisen verunreinigt. Die fremden Metalle lösen sich als Nitrate und bleiben beim Krystallisiren des Wismuthnitrats in der Mutterlauge. Das Arsen wird beim Erwärmen mit Salpetersäure zu Arsensäure, oxydirt, und diese setzt sich mit dem Wismuthnitrat in Wismutharseniat um. Dieses ist in einer Wismuthnitratlösung, welche wenig freie Salpetersäure enthält, nahezu unlöslich und wird durch Absetzenlassen und Filtriren entfernt.

$$\underset{\text{Arsensäure}}{H_3AsO_4} + \underset{\text{Wismuthnitrat}}{Bi(NO_3)_3} = \underset{\text{Wismutharseniat}}{BiAsO_4} + \underset{\text{Salpetersäure.}}{3HNO_3}$$

Werden die Krystalle des neutralen Wismuthnitrats mit Wasser zerrieben und in siedendes Wasser unter Umrühren eingetragen, so scheidet sich basisches Wismuthnitrat aus, welches je nach der Menge und der Temperatur des Wassers und je nach der längeren Einwirkung einen mehr oder weniger basischen Charakter besitzt. Das nach der Vorschrift des Arzneibuches dargestellte basische Wismuthnitrat besitzt annähernd die Formel $2(BiO)NO_3 . H_2O$ und entsteht nach der Gleichung:

$$\underset{\substack{\text{Wismuthnitrat}\\ 2.486}}{2[Bi(NO_3)_3 . 5H_2O]} + \underset{\text{Wasser}}{2H_2O} = \underset{\substack{\text{Basisches Wismuthnitrat}\\ 594}}{2(BiO)NO_3 . H_2O} + \underset{\text{Salpetersäure}}{4HNO_3} + \underset{\text{Wasser.}}{9H_2O}$$

Die Salpetersäure haltige Flüssigkeit löst einen Theil Wismuthnitrat auf. Die Fällung des basischen Salzes muss durch siedendes Wasser geschehen, damit sich der Niederschlag in kleineren Krystallen und dichter abscheidet und sich schneller absetzt. Auch darf das Auswaschen des Niederschlags nur mit wenig Wasser geschehen, weil sich derselbe durch viel Wasser zersetzt und in eine noch basischere Verbindung übergeht. Das Trocknen darf bei keiner höheren Temperatur als 30^0 stattfinden, weil das Präparat sonst Wasser verliert.

Eigenschaften. Das basische Wismuthnitrat stellt ein weisses, mikrokrystallinisches, sauer reagirendes Pulver dar.

Prüfung.

1. Man erhitze 2 g des Präparates in einem gewogenen Porzellantiegel auf 120°, wobei das Wasser entweicht. Der Rückstand muss 1,94 bis 1,9 g betragen, was einen Wassergehalt von 3 bis 5 % beträgt.

Glüht man nun den Rückstand, so entweichen gelbrothe Dämpfe von Stickstoffdioxyd, und es bleibt gelbes Wismuthoxyd zurück. Dasselbe soll 1,58 bis 1,64 g wiegen; es entspricht dieses einem Gehalt von 79 bis 82 % Wismuthoxyd. Siehe bei den stöchiometrischen Berechnungen No. 4.

$$\underset{\substack{\text{Basisches Wismuthnitrat}\\594}}{2(BiO)NO_3 . H_2O} = \underset{\substack{\text{Wismuthoxyd}\\468}}{Bi_2O_3} + \underset{\substack{\text{Stickstoff-}\\\text{dioxyd}}}{2NO_2} + \underset{\substack{\text{Sauer-}\\\text{stoff}}}{O} + \underset{\substack{\text{Wasser.}\\18}}{H_2O}$$

2. Man schüttle 0,5 g des Präparats mit 25 ccm verdünnter Schwefelsäure bei gewöhnlicher Temperatur zusammen. Die nach etwa 10 Minuten erfolgte Lösung von Wismuthsulfat sei klar (a). Ist letzteres nicht der Fall, so ist Blei zugegen, indem sich schwerlösliches Bleisulfat ausscheidet (b). Findet bei der Auflösung ein Aufbrausen statt, so sind Carbonate (des Wismuths, Calciums, Magnesiums etc.) zugegen (c).

Bei der Lösung des Präparats in verdünnter Schwefelsäure darf keine Wärme angewendet werden, indem sich sonst basisches Wismuthsulfat ausscheidet.

$$a)\ \underset{\text{Basisches Wismuthnitrat}}{2(BiO)NO_3 . H_2O} + \underset{\text{Schwefelsäure}}{3H_2SO_4} = \underset{\text{Wismuthsulfat}}{Bi_2(SO_4)_3} + \underset{\text{Salpetersäure}}{2HNO_3} + \underset{\text{Wasser.}}{3H_2O}$$

$$b)\ \underset{\text{Bleinitrat}}{Pb(NO_3)_2} + \underset{\text{Schwefelsaure}}{H_2SO_4} = \underset{\text{Bleisulfat}}{PbSO_4} + \underset{\text{Salpetersäure.}}{2HNO_3}$$

$$c)\ \underset{\substack{\text{Basisches Wis-}\\\text{muthcarbonat}}}{(BiO)_2CO_3} + \underset{\text{Schwefelsäure}}{3H_2SO_4} = \underset{\text{Wismuthsulfat}}{Bi_2(SO_4)_3} + \underset{\substack{\text{Kohlen-}\\\text{säureanhydrid}}}{CO_2} + \underset{\text{Wasser.}}{3H_2O}$$

Je 10 ccm dieser schwefelsauren Lösung werden

a) mit Ammoniakflüssigkeit im Überschusse versetzt. Es scheidet sich Wismuthhydroxyd aus, und das Filtrat sei farblos. Ist das Filtrat bläulich, so rührt dieses von Cuprisulfat-Ammoniak $CuSO_4 + 4NH_3$ her.

$$\underset{\text{Wismuthsulfat}}{Bi_2(SO_4)_3} + \underset{\text{Ammoniak}}{6NH_3} + \underset{\text{Wasser}}{4H_2O} = \underset{\text{Wismuthhydroxyd}}{2(BiO.OH)} + \underset{\text{Ammoniumsulfat.}}{3(NH_4)_2SO_4}$$

b) mit mehr Wasser verdünnt und mit Schwefelwasserstoff vollständig ausgefällt, wobei sich Wismuthsulfid ausscheidet. Wird letzteres abfiltrirt, so darf das Filtrat nach dem Eindampfen und stärkerem Erhitzen einen wägbaren Rückstand nicht hinterlassen. Ein Rückstand würde Salze der Alkalien oder Erden anzeigen.

$$\underset{\text{Wismuthsulfat}}{Bi_2(SO_4)_3} + \underset{\text{Schwefelwasserstoff}}{3H_2S} = \underset{\text{Wismuthsulfid}}{Bi_2S_3} + \underset{\text{Schwefelsäure.}}{3H_2SO_4}$$

3. Man erhitze 1 g des Präparats bis zum Aufhören der Dampfbildung, wobei gelbes Wismuthoxyd zurückbleibt (Formel siehe No. 1), zerreibe dieses nach dem Erkalten und löse es in 3 ccm Zinnchlorürlösung. Die Lösung ist gelblichgrün und darf im Laufe einer Stunde eine braune Färbung nicht annehmen. Enthält das Präparat Wismutharseniat, so entsteht eine braune Färbung, oder es scheiden sich braune Flocken von metallischem Arsen aus und Wismuthtrichlorid geht in Lösung.

$$\underset{\text{Wismutharseniat}}{2BiAsO_4} + \underset{\text{Zinnchlorür}}{SnCl_2} + \underset{\text{Chlorwasserstoff}}{8HCl} = \underset{\text{Wismuthtrichlorid}}{2BiCl_3} + \underset{\text{Arsen}}{2As} + \underset{\text{Zinnchlorid}}{SnCl_4} + \underset{\text{Wasser.}}{4H_2O}$$

4. 1,0 g des Präparats löse man in 10 ccm Salpetersäure, wobei eine klare Lösung von Wismuthnitrat entsteht. Eine Trübung könnte von Wismutharseniat herrühren.

$$\underset{\text{Basisches Wismuthnitrat}}{2(BiO)NO_3 . H_2O} + \underset{\text{Salpetersäure}}{4HNO_3} = \underset{\text{Wismuthnitrat}}{2Bi(NO_3)_3} + \underset{\text{Wasser.}}{3H_2O}$$

Je die Hälfte der salpetersauren Lösung versetze man

a) mit 0,5 ccm Silbernitratlösung, wodurch sie höchstens opalisirend getrübt werden darf,

b) mit 0,5 ccm einer mit der gleichen Gewichtsmenge Wasser verdünnten Baryumnitratlösung, wodurch keine Veränderung entstehe.

Enthält das Präparat Wismuthoxychlorid, so entsteht durch Silbernitratlösung eine weisse Fällung von Silberchlorid (a), enthält es Schwefelsäure, so entsteht durch Baryumnitratlösung ein weisser Niederschlag von Baryumsulfat.

a) $$\underset{\text{Wismuthoxychlorid}}{BiOCl} + \underset{\text{Silbernitrat}}{AgNO_3} + \underset{\text{Salpetersäure}}{2HNO_3} = \underset{\text{Wismuthnitrat}}{Bi(NO_3)_3} + \underset{\text{Silberchlorid}}{AgCl} + \underset{\text{Wasser.}}{H_2O}$$

b) $$\underset{\text{Schwefelsäure}}{H_2SO_4} + \underset{\text{Baryumnitrat}}{Ba(NO_3)_2} = \underset{\text{Baryumsulfat}}{BaSO_4} + \underset{\text{Salpetersäure.}}{2HNO_3}$$

5. Man erwärme 1 g des Präparats mit überschüssiger Natronlauge, wobei sich kein Ammoniak entwickeln darf. Enthält das Präparat Ammoniumverbindungen, so wird das Ammoniak durch das Natriumhydroxyd in Freiheit gesetzt, und ein darüber gehaltenes angefeuchtetes, rothes Lakmuspapier wird gebläut.

$$\underset{\text{Ammoniumnitrat}}{(NH_4)NO_3} + \underset{\text{Natrium-hydroxyd}}{NaOH} = \underset{\text{Ammoniak}}{NH_3} + \underset{\text{Natrium-nitrat}}{NaNO_3} + \underset{\text{Wasser.}}{H_2O}$$

Stöchiometrische Berechnungen.

1. Wie viel 25 procentige Salpetersäure ist zur Lösung von 50 g Wismuthmetall nöthig?

1 Atom Wismuth (210 Gewichtstheile) braucht 4 Moleküle Salpetersäure (4 . 63 Gewichtstheile).

$$\begin{matrix} Bi & & 4HNO_3 & & Bi & & \\ 210 & : & 252 & = & 50 & : & x \end{matrix}$$

$$x = 60\,g\ HNO_3.$$

Diese Menge HNO_3 entspricht $4 \times 60 = 240$ g 25 procentiger Salpetersäure.

50 g Wismuthmetall brauchen 240 g 25 procentige Salpetersäure zur Lösung.

2. Wie viel krystallisirtes Wismuthnitrat erhält man von 50 g Wismuthmetall?

1 Atom Wismuth (210 Gewichtstheile) entspricht 1 Molekül Wismuthnitrat (486 Gewichtstheile).

$$\begin{matrix} Bi & & Bi(NO_3)_3 . 5H_2O & & Bi & & \\ 210 & : & 486 & = & 50 & : & x \end{matrix}$$

$$x = 115{,}7\ g\ Bi(NO_3)_3 . 5H_2O$$

50 g Wismuthmetall liefern 115,7 g krystallisirtes Wismuthnitrat.

3. Wie viel basisches Wismuthnitrat erhält man von 50 g Wismuthmetall?

2 Atome Wismuth (2 . 210 Gewichtstheile) entsprechen 1 Atom basischem Wismuthnitrat (594 Gewichtstheile).

$$\begin{matrix} 2Bi & & 2(BiO)NO_3 . H_2O & & Bi & & \\ 420 & : & 594 & = & 50 & : & x \end{matrix}$$

$$x = 70{,}7\ g\ 2(BiO)NO_3 . H_2O.$$

50 g Wismuthmetall geben 70,7 g basisches Wismuthnitrat von obiger Formel. In Wirklichkeit erhält man aber viel weniger, etwa

die gleiche Menge wie das aufgelöste Wismuthmetall, weil eine gewisse Menge neutrales Wismuthnitrat durch die freie Salpetersäure in Lösung bleibt.

4. Wie viel Procente Wasser und wie viel Procente Wismuthoxyd besitzt das Präparat, welches der Formel $2(BiO)NO_3 . H_2O$ entspricht?

1 Molekül basisches Wismuthnitrat (594 Gewichtstheile) enthält 1 Molekül Wasser (18 Gewichtstheile) und liefert 1 Molekül Wismuthoxyd Bi_2O_3 (468 Gewichtstheile).

In 100 g des Präparats sind daher enthalten:

$$\begin{array}{ccccc} 2(BiO)NO_3 . H_2O & & H_2O & & 2(BiO)NO_3 . H_2O \\ 594 & : & 18 & = & 100 : x \end{array}$$

$$x = 3{,}03\,\% \; H_2O$$

$$\begin{array}{c} Bi_2O_3 \\ 594 : 468 = 100 : x \end{array}$$

$$x = 78{,}78\,\% \; Bi_2O_3.$$

Da das basische Wismuthnitrat keine konstante Zusammensetzung besitzt und meist noch eine basischere Verbindung enthält, als obiger Formel entspricht, so gestattet das Arzneibuch 3 bis 5% Wasser und 79 bis 82% Wismuthoxyd.

Calcium carbonicum praecipitatum.

Calciumcarbonat. Präcipitirtes kohlensaures Calcium.

$CaCO_3$.

Darstellung. 50 g gepulverten, weissen Marmor oder Schlämmkreide trage man in 150 g 25procentige Salzsäure, welche man zuvor mit der gleichen Menge Wasser verdünnt hat, portionenweise ein und erwärme, wenn die Kohlensäure-Entwickelung in der Kälte nachgelassen, bis keine Einwirkung mehr stattfindet. Die schwach saure Flüssigkeit versetze man mit einer geringen Menge Chlorkalk, der mit Wasser zu einem Brei angerührt wurde und lasse in einem verschlossenen Glase mehrere Stunden lang stehen, worauf man etwas Kalkmilch zusetzt und einige Zeit gelinde erwärmt. Man prüfe sodann eine abfiltrirte Probe mit Schwefelammonium, ob kein Eisen mehr gelöst ist. So lange noch Eisen gelöst ist, entsteht eine dunkle Färbung oder Fällung. Ist dieses nicht mehr der Fall, so filtrire man die Flüssigkeit, säure das alkalisch reagirende Filtrat mit Salzsäure schwach an und erhitze, bis der Geruch nach Chlor verschwunden. Nach dem Erkalten füge man eine Auflösung von 40 g Ammoniumcarbonat in 80 g Ammoniakflüssigkeit und 80 g Wasser unter Umrühren hinzu. Die Flüssigkeit muss nun alkalisch reagiren. Ist dieses noch nicht der Fall, so füge man noch etwas Ammoniumcarbonatlösung hinzu. Man lasse den Niederschlag gut absetzen, dekantire die überstehende Flüssigkeit, sammle den Niederschlag auf ein leinenes Kolatorium und wasche denselben so lange mit Wasser aus, bis eine Probe der ablaufenden Flüssigkeit mit Salpetersäure angesäuert durch Silbernitratlösung nur noch sehr schwach opalisirend getrübt wird. Alsdann trockne man den gelinde ausgepressten Niederschlag bei mässiger Wärme.

Vorgang. Der weisse Marmor ist fast reines Calciumcarbonat; die Schlämmkreide besteht aus Calciumcarbonat, dem geringe Mengen von Eisen, Thonerde, Magnesia beigemengt sind. Beim Auflösen in Salzsäure geht Calciumchlorid in Lösung und Kohlensäureanhydrid entweicht.

$$CaCO_3 + 2\,HCl = CaCl_2 + CO_2 + H_2O$$

CaCO₃	2 HCl	CaCl₂	CO₂	H₂O
Calcium-carbonat	Chlor-wasserstoff	Calcium-chlorid	Kohlen-saure-anhydrid	Wasser.
100	2 36,5			

Das Eisen wird als Ferrochlorid gelöst. Um dieses aus der Lösung zu fällen, muss dasselbe in Ferrichlorid übergeführt werden. Es geschieht dieses durch Behandlung der salzsäurehaltigen Lösung mit Chlorkalk. Das Calciumhypochlorit des letzteren setzt sich mit der Salzsäure um in Calciumchlorid, Wasser und freies Chlor, und letzteres verwandelt das Ferrochlorid in Ferrichlorid.

$$Ca(ClO)_2 + 4\,HCl = CaCl_2 + 2\,Cl_2 + 2\,H_2O$$

Calciumhypochlorit — Chlorwasserstoff — Calciumchlorid — Chlor — Wasser.

$$2\,FeCl_2 + 2\,Cl = Fe_2Cl_6$$

Ferrochlorid — Chlor — Ferrichlorid.

Digerirt man nun mit Kalkmilch (Calciumhydroxyd), so wird das Ferrichlorid als Ferrihydroxyd gefällt. Etwa gelöste Thonerde und Magnesia wird als Aluminiumhydroxyd und Magnesiumhydroxyd gefällt.

$$Fe_2Cl_6 + 3\,Ca(OH)_2 = Fe_2(OH)_6 + 3\,CaCl_2$$

Ferrichlorid — Calciumhydroxyd — Ferrihydroxyd — Calciumchlorid.

So lange noch Eisen in der Flüssigkeit gelöst, entsteht durch Schwefelammonium eine schwarze Trübung oder Fällung von Ferrisulfid.

$$\underset{\text{Ferrichlorid}}{Fe_2Cl_6} + \underset{\text{Schwefelammonium}}{6\,(NH_4)SH} = \underset{\text{Ferrisulfid}}{2\,FeS} + \underset{\text{Ammoniumchlorid}}{6\,NH_4Cl} + \underset{\text{Schwefelwasserstoff}}{3\,H_2S} + \underset{\text{Schwefel.}}{S}$$

Die von der Kalkmilch abfiltrirte Flüssigkeit wird alkalisch reagiren, weil sich basisches Calciumchlorid $CaCl_2 . CaO$ gebildet hat; sie muss daher vor der Fällung mit Salzsäure schwach angesäuert werden.

Wird die Lösung des Calciumchlorids mit einer ammoniakalischen Lösung von Ammoniumcarbonat versetzt, so scheidet sich Calciumcarbonat aus, und Ammoniumchlorid geht in Lösung.

$$\underset{\text{Calciumchlorid}}{2\,CaCl_2} + \underset{\substack{\text{Käufliches Ammoniumcarbonat}\\157}}{\left[NH_4HCO_3 + CO\begin{cases}NH_2\\ONH_4\end{cases}\right]} + \underset{\substack{\text{Ammoniak}\\17}}{NH_3} + \underset{\text{Wasser}}{H_2O} = \underset{\substack{\text{Calciumcarbonat}\\2.100}}{2\,CaCO_3} + \underset{\text{Ammoniumchlorid.}}{4\,NH_4Cl}$$

Das Auswaschen des Niederschlags muss so lange fortgesetzt werden, bis durch Silbernitratlösung in der angesäuerten Probe nur mehr sehr schwache Opalescenz eintritt, bis also nahezu alles Ammoniumchlorid entfernt ist.

$$\underset{\text{Ammoniumchlorid}}{NH_4Cl} + \underset{\text{Silbernitrat}}{AgNO_3} = \underset{\text{Silberchlorid}}{AgCl} + \underset{\text{Ammoniumnitrat.}}{(NH_4)NO_3}$$

Eigenschaften. Das Calciumcarbonat stellt ein weissliches, mikrokrystallinisches, in Wasser fast unlösliches Pulver dar. In Essigsäure löst es sich unter Kohlensäure-Entwickelung zu Calciumacetat (a). Diese Lösung giebt mit Ammoniumoxalatlösung einen weissen Niederschlag von Calciumoxalat (b).

a) $$\underset{\text{Calciumcarbonat}}{CaCO_3} + \underset{\text{Essigsaure}}{2\,C_2H_4O_2} = \underset{\text{Calciumacetat}}{Ca(C_2H_3O_2)_2} + \underset{\text{Kohlensäureanhydrid}}{CO_2} + \underset{\text{Wasser.}}{H_2O}$$

b) $$\underset{\text{Calciumacetat}}{Ca(C_2H_3O_2)_2} + \underset{\text{Ammoniumoxalat}}{(NH_4)_2C_2O_4} + \underset{\text{Wasser}}{H_2O} = \underset{\text{Calciumoxalat}}{CaC_2O_4 . H_2O} + \underset{\text{Ammoniumacetat.}}{2\,(NH_4)C_2H_3O_2}$$

Prüfung.

1. Man schüttle 0,3 g Calciumcarbonat mit 15 g Wasser und filtrire. Das Filtrat soll nicht alkalisch reagiren und beim Verdunsten keinen wägbaren Rückstand hinterlassen. Reagirt das Filtrat alka-

lisch und bleibt beim Verdunsten ein Rückstand, so wäre Natriumcarbonat zugegen.

2. Man löse 1 g Calciumcarbonat in 5 g verdünnter Essigsäure und 44 g Wasser, wobei Calciumacetat in Lösung geht (siehe bei den Eigenschaften). Je 10 ccm dieser Lösung versetze man:

a) mit Baryumnitratlösung; sie darf sofort nicht verändert werden;

b) mit Silbernitratlösung; sie darf nur opalisirend getrübt werden.

Entsteht durch Baryumnitratlösung eine weisse Fällung, so ist ein Sulfat zugegen.

$$\underset{\text{Calciumsulfat}}{CaSO_4} + \underset{\text{Baryumnitrat}}{Ba(NO_3)_2} = \underset{\text{Baryumsulfat}}{BaSO_4} + \underset{\text{Calciumnitrat.}}{Ca(NO_3)_2}$$

Entsteht durch Silbernitratlösung eine stärkere Trübung, so ist ein zu grosser Gehalt an Chlor (Natriumchlorid) vorhanden. Damit sich kein Silberacetat ausscheidet, empfiehlt es sich zuvor mit Salpetersäure stark anzusäuern.

$$\underset{\text{Natriumchlorid}}{NaCl} + \underset{\text{Silbernitrat}}{AgNO_3} = \underset{\text{Silberchlorid}}{AgCl} + \underset{\text{Natriumnitrat.}}{NaNO_3}$$

3. Man löse 2 g Calciumcarbonat in 10 g Salzsäure und 88 g Wasser, wobei Calciumchlorid sich bildet (siehe beim Vorgang). Von dieser Lösung

a) übersättige man 10 ccm mit Ammoniakflüssigkeit; es darf keine Trübung erfolgen;

b) versetze man 50 ccm mit 0,5 ccm Kaliumferrocyanidlösung; es darf keine Veränderung entstehen.

ad a) Bei Gegenwart von Thonerde entsteht durch Ammoniak ein gelatinöser Niederschlag von Aluminiumhydroxyd; bei Gegenwart von Eisen scheiden sich rothe Flocken von Ferrihydroxyd aus.

$$\underset{\text{Aluminiumchlorid}}{Al_2Cl_6} + \underset{\text{Ammoniak}}{6\,NH_3} + \underset{\text{Wasser}}{6\,H_2O} = \underset{\text{Aluminiumhydroxyd}}{Al_2(OH)_6} + \underset{\text{Aluminiumchlorid.}}{6\,NH_4Cl}$$

ad b) Enthält das Präparat Eisen, so entsteht durch Kaliumferrocyanidlösung eine blaue Fällung von Ferriferrocyanür (Berlinerblau) (a). Ist Kupfer zugegen, so scheidet sich rothes Ferrocyankupfer aus (b).

a) $2\,Fe_2Cl_6 + 3\,K_4FeCy_6 = Fe_4(FeCy_6)_3 + 12\,KCl$
Ferrichlorid Kaliumferrocyanid Ferriferrocyanür Kaliumchlorid

b) $2\,CuCl_2 + K_4FeCy_6 = Cu_2FeCy_6 + 4\,KCl$
Cuprichlorid Kaliumferrocyanid Ferrocyankupfer Kaliumchlorid.

Stöchiometrische Berechnungen.

1. Wie viel 25procentige Salzsäure braucht man zur Lösung von 50 g Calciumcarbonat?

1 Molekül Calciumcarbonat (100 Gewichtstheile) braucht 2 Moleküle Chlorwasserstoff (2 . 36,5 Gewichtstheile).

$$\begin{array}{ccccccc} CaCO_3 & & 2\,HCl & & CaCO_3 & & \\ 100 & : & 73 & = & 50 & : & x \end{array}$$

$$x = 36{,}5 \text{ g } HCl.$$

Diese Menge Chlorwasserstoff entspricht $4 \times 36{,}5 = 146$ g 25procentiger Salzsäure.

50 g Calciumcarbonat brauchen 146 g 25procentige Salzsäure zur Lösung.

2. Wie viel käufliches Ammoniumcarbonat und wie viel 10procentige Ammoniakflüssigkeit ist nöthig, um das von 50 g Calciumcarbonat erhaltene Calciumchlorid zu fällen?

2 Moleküle Calciumchlorid, entsprechend 2 Molekülen Calciumcarbonat (2 . 100 Gewichtstheile), brauchen 1 Molekül käufliches Ammoniumcarbonat (157 Gewichtstheile) und 1 Molekül Ammoniak (17 Gewichtstheile) zur Fällung.

$$\begin{array}{ccccccc} 2\,CaCO_3 & & NH_4HCO_3 + CO\begin{cases}NH_2\\ONH_4\end{cases} & & CaCO_3 & & \\ 200 & : & 157 & = & 50 & : & x \end{array}$$

$$x = 39{,}2 \text{ g } NH_4HCO_3 + CO\begin{cases}NH_2\\ONH_4\end{cases}$$

$$\begin{array}{ccccc} & & NH_3 & & \\ 200 & : & 17 & = & 50 : x \end{array}$$

$$x = 4{,}25 \text{ g } NH_3.$$

Diese Menge Ammoniak entspricht 42,5 g 10procentiger Ammoniakflüssigkeit.

Das von 50 g Calciumcarbonat erhaltene Calciumchlorid braucht 39,2 g käufliches Ammoniumcarbonat und 42,5 g 10procentige Ammoniakflüssigkeit zur Fällung.

Calcium phosphoricum.

Calciumphosphat. Dicalciumphosphat. Sekundäres Calciumphosphat.

$$\mathrm{CaHPO_4 + 2H_2O = PO}\begin{cases}\mathrm{OH} \\ \mathrm{O} \\ \mathrm{O} \end{cases}\!\!\!\!\mathrm{Ca} + \mathrm{2H_2O}.$$

Darstellung. In einen Kolben bringe man 150 g Salzsäure und 150 g Wasser und trage nach und nach 60 g gepulverten Marmor oder Schlämmkreide ein mit der Vorsicht, nicht eher eine neue Portion einzutragen, bis die stürmische Entwickelung der Kohlensäure nachgelassen hat. Ist alles eingetragen, so erwärme man, bis keine Einwirkung mehr stattfindet, lasse sodann die Flüssigkeit erkalten, giesse sie vom Bodensatze klar ab und versetze sie mit Chlorwasser im Ueberschusse. Nachdem man die Flüssigkeit einen Tag lang in einem verschlossenen Glase stehen gelassen, erwärme man, bis der Chlorgeruch verschwunden, versetze sie mit 3 g Calciumhydroxyd und lasse eine halbe Stunde bei 35 bis 40^0 stehen. Man filtrire nun, säure das Filtrat mit 3 g Phosphorsäure an und setze nach dem Erkalten eine filtrirte Auflösung von 183 g Natriumphosphat in 900 g warmen Wassers, die auf 25 bis 20^0 abgekühlt ist, unter Umrühren portionenweise hinzu. Hierauf rühre man das Ganze so lange um, bis der Niederschlag krystallinisch geworden. Denselben sammle man auf einem angefeuchteten, leinenen Tuche und wasche ihn so lange mit Wasser aus, bis eine Probe der Waschflüssigkeit, mit Salpetersäure angesäuert, mit Silbernitratlösung nur mehr eine schwache Opalescenz zeigt. Ist dieses der Fall, so lasse man die Flüssigkeit vollständig abtropfen, presse den Rückstand stark aus, trockne ihn bei gelinder Wärme und pulvere ihn fein.

Vorgang. Weisser Marmor ist fast reines Calciumcarbonat. Schlämmkreide besteht aus Calciumcarbonat, dem geringe Mengen Eisen, Thonerde und Magnesia beigemengt sind. Wird weisser Marmor oder Schlämmkreide in verdünnte Salzsäure eingetragen, so löst sich Calciumchlorid unter Entwickelung von Kohlensäureanhydrid.

$CaCO_3$	$+ 2HCl =$	$CaCl_2$	$+ CO_2$	$+ H_2O$
Calciumcarbonat 100	Chlorwasserstoff 2 . 36.5	Calciumchlorid	Kohlensäureanhydrid	Wasser.

Das Eisen löst sich in der Salzsäure als Ferrochlorid. Um es aus der Lösung zu fällen, muss es in Ferrichlorid umgewandelt werden und dieses geschieht durch Behandlung mit Chlorwasser (a). Erwärmt man dann mit einem kleinen Ueberschuss von Calciumhydroxyd, so wird Ferrihydroxyd gefällt und Calciumchlorid geht in Lösung (b).

a) $\underset{\text{Ferrochlorid}}{2\,FeCl_2} + \underset{\text{Chlor}}{Cl_2} = \underset{\text{Ferrichlorid.}}{Fe_2Cl_6}$

b) $\underset{\text{Ferrichlorid}}{Fe_2Cl_6} + \underset{\text{Calciumhydroxyd}}{3\,Ca(OH)_2} = \underset{\text{Ferrihydroxyd}}{Fe_2(OH)_6} + \underset{\text{Calciumchlorid.}}{3\,CaCl_2}$

Thonerde und Magnesia werden von dem Calciumhydroxyd ebenfalls als Hydroxyde gefällt.

Das Filtrat wird wegen vorhandenem basischen Calciumchlorid $CaCl_2 . CaO$ alkalisch reagiren. Man versetze deshalb mit etwas Phosphorsäure, um eine schwach saure Reaktion zu erzeugen. Fügt man nun eine Lösung von Natriumphosphat hinzu, so scheidet sich sekundäres Calciumphosphat aus und Natriumchlorid geht in Lösung.

$$\underset{\text{Calciumchlorid}}{CaCl_2} + \underset{\text{Sekundäres Natriumphosphat 358}}{Na_2HPO_4 . 12\,H_2O} = \underset{\text{Sekundäres Calciumphosphat 172}}{CaHPO_4 . 2\,H_2O} + \underset{\text{Natriumchlorid}}{2\,NaCl} + \underset{\text{Wasser.}}{10\,H_2O}$$

Das Natriumchlorid muss durch Auswaschen entfernt werden. So lange noch Natriumchlorid in der Waschflüssigkeit enthalten, erzeugt Silbernitratlösung eine weisse Fällung von Silberchlorid.

$$\underset{\text{Natriumchlorid}}{NaCl} + \underset{\text{Silbernitrat}}{AgNO_3} = \underset{\text{Silberchlorid}}{AgCl} + \underset{\text{Natriumnitrat.}}{NaNO_3}$$

Eigenschaften. Das Calciumphosphat stellt ein leichtes, weisses, krystallinisches, in Wasser kaum lösliches Pulver dar, das in kalter Essigsäure schwer löslich, in Salzsäure und Salpetersäure leicht löslich ist. Es bildet sich hierbei primäres Calciumphosphat neben Calciumchlorid, beziehungsweise Calciumnitrat. Ist Calciumcarbonat zugegen, so erfolgt Aufbrausen, indem Kohlensäureanhydrid entweicht.

$$\underset{\text{Sekundares Calciumphosphat}}{2(CaHPO_4 . 2\,H_2O)} + \underset{\text{Salpetersaure}}{2\,HNO_3} = \underset{\text{Primäres Calciumphosphat}}{Ca(H_2PO_4)_2} + \underset{\text{Calciumnitrat}}{Ca(NO_3)_2} + \underset{\text{Wasser.}}{4\,H_2O}$$

Werden 2 g des Präparats in 10 ccm Salpetersäure und 28 ccm Wasser gelöst, wobei sich primäres Calciumphosphat und Calciumnitrat bildet (siehe oben), und 10 ccm dieser Lösung mit verdünnter Ammoniakflüssigkeit vorsichtig neutralisirt, so entsteht auf Zusatz von

Silbernitrat ein gelber Niederschlag von tertiärem Silberphosphat. Da letzterer sowohl in Ammoniak wie in Salpetersäure löslich ist, so muss die Lösung vor der Fällung genau mit Ammoniak neutralisirt werden, wodurch die überschüssige Salpetersäure gebunden und Ammoniumphosphat und das Doppelsalz: Calcium-Ammoniumphosphat gebildet wird.

$$\underset{\text{Primares Calciumphosphat}}{Ca(H_2PO_4)_2} + \underset{\text{Ammoniak}}{4\,NH_3} = \underset{\text{Calcium-Ammoniumphosphat}}{Ca(NH_4)PO_4} + \underset{\text{Ammoniumphosphat.}}{(NH_4)_3PO_4}$$

$$\underset{\text{Calcium-Ammoniumphosphat}}{Ca(NH_4)PO_4} + \underset{\text{Ammoniumphosphat}}{(NH_4)_3PO_4} + \underset{\text{Silbernitrat}}{6\,AgNO_3} = \underset{\text{Tertiares Silberphosphat}}{2\,Ag_3PO_4} + \underset{\text{Ammoniumnitrat}}{4(NH_4)NO_3} + \underset{\text{Calciumnitrat.}}{Ca(NO_3)_2}$$

Werden 10 ccm obiger salpetersauren Lösung des Präparats mit überschüssiger Natriumacetatlösung versetzt, so erzeugt Ammoniumoxalatlösung einen weissen Niederschlag von Calciumoxalat. Durch das Natriumacetat wird die überschüssige Salpetersäure, in welcher Calciumoxalat löslich ist, entfernt, indem sich Natriumnitrat bildet und Essigsäure frei wird.

$$\underset{\text{Salpetersaure}}{HNO_3} + \underset{\text{Natriumacetat}}{NaC_2H_3O_2} = \underset{\text{Natriumnitrat}}{NaNO_3} + \underset{\text{Essigsäure.}}{C_2H_4O_2}$$

$$\underset{\text{Primares Calciumphosphat}}{Ca(H_2PO_4)_2} + \underset{\text{Ammoniumoxalat}}{(NH_4)_2C_2O_4} + \underset{\text{Wasser}}{H_2O} = \underset{\text{Calciumoxalat}}{CaC_2O_4 \cdot H_2O} + \underset{\text{Primares Ammoniumphosphat.}}{2(NH_4)H_2PO_4}$$

Wird Calciumphosphat mit Silbernitratlösung befeuchtet, so wird es gelb, indem sich sekundäres Silberphosphat bildet (a). Wird das Präparat aber auf dem Platinbleche längere Zeit geglüht, so geht es in Calciumpyrophosphat (b) über und bleibt nun, mit Silbernitratlösung befeuchtet weiss, indem Silberpyrophosphat entsteht (c).

a) $$\underset{\text{Sekundäres Calciumphosphat}}{CaHPO_4 \cdot 2H_2O} + \underset{\text{Silbernitrat}}{2\,AgNO_3} = \underset{\text{Sekundares Silberphosphat}}{Ag_2HPO_4} + \underset{\text{Calciumnitrat}}{Ca(NO_3)_2} + \underset{\text{Wasser.}}{2\,H_2O}$$

b) $$\underset{\text{Sekundares Calciumphosphat}}{2(CaHPO_4 \cdot 2H_2O)} = \underset{\text{Calciumpyrophosphat}}{Ca_2P_2O_7} + \underset{\text{Wasser.}}{3\,H_2O}$$

c) $$\underset{\text{Calciumpyrophosphat}}{Ca_2P_2O_7} + \underset{\text{Silbernitrat}}{4\,AgNO_3} = \underset{\text{Silberpyrophosphat}}{Ag_4P_2O_7} + \underset{\text{Calciumnitrat.}}{2\,Ca(NO_3)_2}$$

Prüfung.

1. Man schüttle 1 g Calciumphosphat mit 3 ccm Zinnchlorürlösung; es darf im Laufe einer Stunde eine Färbung nicht eintreten. Enthält das Präparat Arsenverbindungen, so wird metallisches Arsen ausgeschieden und es entsteht eine braune Färbung.

$$\underset{\text{Arsensäure}}{As_2O_5} + \underset{\text{Zinnchlorür}}{5\,SnCl_2} + \underset{\text{Chlorwasserstoff}}{10\,HCl} = \underset{\text{Zinnchlorid}}{5\,SnCl_4} + \underset{\text{Wasser}}{5\,H_2O} + \underset{\text{Arsen.}}{As_2}$$

2. Man schüttle 0,5 g Calciumphosphat mit 9,5 g Wasser, filtrire, säure das Filtrat mit Essigsäure an und versetze mit Baryumnitratlösung; es darf keine Veränderung hervorgebracht werden. Enthält das Präparat ein Sulfat, so scheidet sich weisses Baryumsulfat ab. Da das Calciumphosphat spurenweise in Wasser löslich ist, so könnte sich Baryumphosphat ausscheiden, wenn nicht zuvor mit Essigsäure angesäuert würde.

$$\underset{\text{Calciumsulfat}}{CaSO_4} + \underset{\text{Baryumnitrat}}{Ba(NO_3)_2} = \underset{\text{Baryumsulfat}}{BaSO_4} + \underset{\text{Calciumnitrat.}}{Ca(NO_3)_2}$$

3. Man löse 1 g des Präparats in 6 ccm Salpetersäure und 13 g Wasser, wobei primäres Calciumphosphat und Calciumnitrat in Lösung gehen (siehe bei den Eigenschaften), und versetze

a) die Hälfte der Lösung mit Silbernitratlösung; sie darf nach 2 Minuten nur opalisirend getrübt werden. Eine stärkere Trübung würde einen zu hohen Gehalt an Natriumchlorid anzeigen.
Formel siehe beim Vorgang.

b) Die andere Hälfte der Lösung versetze man mit überschüssiger Ammoniakflüssigkeit; es soll sich ein rein weisser Niederschlag von tertiärem Calciumphosphat ausscheiden, während sekundäres Ammoniumphosphat in Lösung geht.

$$\underset{\text{Primäres Calciumphosphat}}{3\,Ca(H_2PO_4)_2} + \underset{\text{Ammoniak}}{8\,NH_3} = \underset{\text{Tertiäres Calciumphosphat}}{Ca_3(PO_4)_2} + \underset{\text{Sekundäres Ammoniumphosphat.}}{4\,(NH_4)_2HPO_4}$$

Man versetze nun mit Schwefelwasserstoffwasser; es darf sich der rein weisse Niederschlag nicht schmutzig färben, was der Fall ist, sobald Metalle, wie Kupfer, Blei, Eisen zugegen sind, welche sich dem Niederschlag als Metallsulfide beimengen.

$$\underset{\text{Ferrinitrat}}{Fe_2(NO_3)_6} + \underset{\text{Ammoniak}}{6\,NH_3} + \underset{\text{Schwefelwasserstoff}}{3\,H_2S} = \underset{\text{Eisensulfid}}{2\,FeS} + \underset{\text{Ammoniumnitrat}}{6\,(NH_4)NO_3} + \underset{\text{Schwefel.}}{S}$$

4. Der Glühverlust betrage 25 bis 26 von 100 Theilen.

Man erhitze 1 g Calciumphosphat in einem tarirten Porzellantiegel zum Glühen; der Rückstand wiege 0,74 bis 0,75 g. Beim Glühen entweicht nämlich Wasser und Calciumpyrophosphat bleibt zurück.

$$\underset{\substack{\text{Sekundares Calciumphosphat} \\ 2\,.\,172}}{2(CaHPO_4\,.\,2\,H_2O)} = \underset{\substack{\text{Calciumpyro-} \\ \text{phosphat} \\ 254}}{Ca_2P_2O_7} + \underset{\substack{\text{Wasser.} \\ 5\,.\,18}}{5\,H_2O}$$

Siehe bei den stöchiometrischen Berechnungen No. 4 und 5.

Bleibt ein grösserer Rückstand als 0,75 g, so enthält das Präparat tertiäres Calciumphosphat beigemengt, das beim Glühen keinen Verlust erleidet.

Stöchiometrische Berechnungen.

1. Berechnung der Menge 25procentiger Salzsäure, welche zur Lösung von 50 g Calciumcarbonat nöthig ist, siehe bei Calcium carbonicum praecipitatum S. 68.

2. Wie viel Natriumphosphat ist nöthig, um die von 50 g Calciumcarbonat erhaltene Menge Calciumchlorid als sekundäres Calciumphosphat zu fällen?

1 Molekül Calciumchlorid, entsprechend 1 Molekül Calciumcarbonat (100 Gewichtstheile), braucht 1 Molekül Natriumphosphat (358 Gewichtstheile) zur Fällung.

$$\underset{CaCO_3}{100} : \underset{Na_2HPO_4\,.\,12H_2O}{358} = \underset{CaCO_3}{50} : x$$

$$x = 179 \text{ g } Na_2HPO_4\,.\,12\,H_2O.$$

Die von 50 g Calciumcarbonat erhaltene Menge Calciumchlorid braucht 179 g Natriumphosphat zur Fällung.

3. Wie viel sekundäres Calciumphosphat erhält man von 50 g Calciumcarbonat?

1 Molekül Calciumcarbonat (100 Gewichtstheile) entspricht 1 Molekül sekundärem Calciumphosphat (172 Gewichtstheile).

$$\underset{CaCO_3}{100} : \underset{CaHPO_4\,.\,2H_2O}{172} = \underset{CaCO_3}{50} : x$$

$$x = 86 \text{ g } CaHPO_4\,.\,2\,H_2O.$$

50 g Calciumcarbonat geben 86 g sekundäres Calciumphosphat.

4. Wie viel Calciumpyrophosphat bleibt beim Glühen von 1 g Calciumphosphat zurück?

2 Moleküle sekundäres Calciumphosphat (2 . 172 Gewichtstheile) entsprechen 1 Molekül Calciumpyrophosphat (254 Gewichtstheile).

$$\begin{array}{ccccccc} 2(CaHPO_4 . 2H_2O) & & Ca_2P_2O_7 & & CaHPO_4 . 2H_2O & & \\ 344 & : & 254 & = & 1 & : & x \end{array}$$

$$x = 0{,}738 \text{ g } Ca_2P_2O_7.$$

1 g sekundäres Calciumphosphat liefert beim Glühen 0,738 g Calciumpyrophosphat.

5. Wie viel Procent Wasser verliert das sekundäre Calciumphosphat beim Glühen?

2 Moleküle sekundäres Calciumphosphat (2 . 172 Gewichtstheile) verlieren 5 Moleküle Wasser (5 . 18 Gewichtstheile) beim Glühen.

$$\begin{array}{ccccccc} 2(CaHPO_4 . 2H_2O) & & 5H_2O & & CaHPO_4 . 2H_2O & & \\ 344 & : & 90 & = & 100 & : & x \end{array}$$

$$x = 26{,}16\,\%\ H_2O.$$

Das sekundäre Calciumphosphat verliert 26,16 % Wasser beim Glühen.

Chininum Ferro-citricum.

Ferro-Chininum citricum. Eisenchinincitrat. Chinineisencitrat. Chininferricitrat.

Darstellung. In eine flachen Porzellanschale bringe man 6 g Citronensäure, 500 g Wasser und 3 g gepulvertes Eisen, erhitze im Dampfbade unter Umrühren, bis keine Wasserstoffgas-Entwickelung mehr stattfindet und digerire sodann die Mischung eine Zeit lang unter zeitweiligem Ersatz des verdampften Wassers, bis sie eine rothbraune Farbe angenommen hat. Man filtrire und verdampfe das Filtrat zur dünnen Sirupkonsistenz. Mit der erkalteten Flüssigkeit reibe man feuchtes, frisch gefälltes und ausgewaschenes Chininhydrat zusammen, so dass eine gleichmässige Mischung entstehe.

Das Chininhydrat stelle man dar, indem man 1,33 g Chininsulfat in mit Schwefelsäure angesäuertem Wasser auflöst, die Lösung mit überschüssiger Natronlauge fällt, den Niederschlag auf ein Filter bringt und gut auswäscht.

Man erwärme nun gelinde, bis das Chininhydrat sich in der Eisenlösung vollständig gelöst hat, giesse die Lösung in kleinen Portionen auf Glasplatten, streiche sie mit einem Glasstab auseinander und trockne bei gelinder Wärme, bis das Präparat sich leicht von der Glasplatte mittels eines Messers abkratzen lässt, worauf man es in einem wohlverschlossenen, vor Licht geschützten Glase aufbewahrt.

Vorgang. Wird Eisen mit einer Lösung von Citronensäure erwärmt, so bildet sich zuerst ein schwerlösliches, krystallinisches Gemenge von Ferro- und Ferricitrat unter Freiwerden von Wasserstoffgas. Bei längerem Digeriren geht dieses Gemenge in eine amorphe, leicht lösliche Verbindung über, welche mehr Ferricitrat enthält, als ersteres.

$$\underset{\text{Citronensaure}}{2\,C_6H_8O_7} + \underset{\text{Eisen}}{3\,Fe} = \underset{\text{Ferrocitrat}}{Fe_3(C_6H_5O_7)_2} + \underset{\text{Wasserstoff.}}{3\,H_2}$$

$$\underset{\text{Ferrocitrat}}{2[Fe_3(C_6H_5O_7)_2]} + \underset{\text{Citronensaure}}{2\,C_6H_8O_7} + \underset{\text{Sauerstoff}}{3\,O} = \underset{\text{Ferricitrat}}{3[Fe_2(C_6H_5O_7)_2]} + \underset{\text{Wasser.}}{3\,H_2O}$$

Wird Chininsulfat in mit Schwefelsäure angesäuertem Wasser gelöst, so löst sich saures Chininsulfat; auf Zusatz von Natronlauge fällt Chininhydrat heraus.

$$\underset{\text{Saures Chininsulfat}}{C_{20}H_{24}N_2O_2 . H_2SO_4} + \underset{\text{Natriumhydroxyd}}{2\,NaOH} + \underset{\text{Wasser}}{2\,H_2O} = \underset{\text{Chininhydrat}}{C_{20}H_{24}N_2O_2 . 3\,H_2O} + \underset{\text{Natriumsulfat.}}{Na_2SO_4}$$

Wird frisch gefälltes Chininhydrat mit der Lösung von Ferricitrat erwärmt, so löst sich Chinincitrat unter Bildung von basischem Ferricitrat.

$$\underset{\text{Ferricitrat}}{2[Fe_2(C_6H_5O_7)_2]} + \underset{\text{Chininhydrat}}{2(C_{20}H_{24}N_2O_2 . 3\,H_2O)}$$
$$= \underset{\text{Basisches Ferricitrat}}{[Fe_2(C_6H_5O_7)_2 + Fe_2(OH)_6]} + \underset{\text{Chinincitrat.}}{2(C_{20}H_{24}N_2O_2 . C_6H_8O_7)}$$

Das Präparat stellt also ein Gemenge von Ferrocitrat, Ferricitrat, basischem Ferricitrat und Chinincitrat dar.

Aufbewahrung. Da das Sonnenlicht reducirend auf das Ferricitrat einwirkt, so muss das Präparat in einem vor Licht geschützten Glase aufbewahrt werden.

Eigenschaften. Das Eisenchinincitrat stellt glänzende, durchscheinende, dunkelrothbraune Blättchen von eisenartigem und bitterem Geschmacke dar, in 100 Theilen 9 bis 10 Theile Chinin enthaltend. In Wasser ist es zwar langsam, jedoch in jedem Verhältniss löslich, dagegen wenig löslich in Weingeist.

Werden 0,5 g des Präparats in 50 ccm Wasser gelöst, die Lösung mit Salzsäure angesäuert und je 10 ccm dieser Lösung

a) mit Kaliumferrocyanidlösung und

b) mit Kaliumferricyanidlösung versetzt,

so entsteht in beiden Fällen eine blaue Fällung, weil sowohl ein Ferrisalz, wie Ferrosalz zugegen ist. Kaliumferrocyanid erzeugt nämlich mit Ferrisalz einen blauen Niederschlag von Ferriferrocyanür (Berlinerblau) (a), Kaliumferricyanid mit Ferrosalz einen solchen von Ferroferricyanid (Turnbullsblau) (b).

a) $$\underset{\text{Ferricitrat}}{2[Fe_2(C_6H_5O_7)_2]} + \underset{\text{Kaliumferrocyanid}}{3[K_4(FeCy_6)]} = \underset{\text{Ferriferrocyanür (Berlinerblau)}}{Fe_4(FeCy_6)_3} + \underset{\text{Kaliumcitrat.}}{4K_3C_6H_5O_7}$$

b) $$\underset{\text{Ferrocitrat}}{Fe_3(C_6H_5O_7)_2} + \underset{\text{Kaliumferricyanid}}{2[K_3(FeCy_6)]} = \underset{\text{Ferroferricyanid (Turnbullsblau)}}{Fe_3(FeCy_6)_2} + \underset{\text{Kaliumcitrat.}}{2K_3C_6H_5O_7}$$

c) 10 ccm obiger Lösung werden durch Jodlösung braun gefällt, indem sich Jodchinin ausscheidet.

Prüfung.

1. Man löse 1 g des Präparats in 4 ccm Wasser und versetze die Lösung mit Natronlauge bis zur stark alkalischen Reaktion, wobei sich Ferrihydroxyd, $Fe_2(OH)_6$, und Chininhydrat, $C_{20}H_{24}N_2O_2 . 3H_2O$, ausscheidet. Man füge nun 7 ccm Aether hinzu, vermische die Flüssigkeiten mittels schwachem Schütteln, lasse die wässrige Flüssigkeit absetzen, hebe die Aetherschicht mit einer Pipette ab und wiederhole diese Operation noch 2 Mal mit je 7 ccm Aether. Die vereinigten Aetherauszüge, welche das Chininhydrat gelöst enthalten, verdampfe man in einem tarirten Schälchen und trockne den Rückstand bei 100^0, wobei das Chininhydrat das Wasser verliert. Das zurückbleibende Chinin muss mindestens 0,09 g betragen.

2. Zur Prüfung auf fremde Nebenalkaloide, wie Cinchonin, Cinchonidin, Chinidin, Hydrochinin, scheide man aus 20 g Eisenchinincitrat das Chinin in obiger Weise (No. 1) ab, löse dasselbe in der 20fachen Menge Weingeist auf, neutralisire die Lösung mit verdünnter Schwefelsäure und verdampfe zur Krystallisation. Die gesammelten Krystalle trockne man bei niedriger Temperatur und lasse sie bei 40 bis 50^0 völlig verwittern.

2 g dieses Salzes übergiesse man in einer Probirröhre mit 20 ccm Wasser und stelle das Ganze eine halbe Stunde lang unter häufigem Umschütteln in ein auf 60 bis 65^0 erwärmtes Wasserbad. Hierauf bringe man die Röhre in Wasser von 15^0 und lasse sie

unter häufigem Umschütteln 2 Stunden lang stehen. Alsdann filtrire man durch ein aus bestem Filtrirpapier gefertigtes Filter von 7 ccm Durchmesser, bringe 5 ccm des 15° zeigenden Filtrats in ein trocknes Probirröhrchen und mische allmälig Ammoniakflüssigkeit von 15° zu, bis der entstehende Niederschlag wieder klar gelöst ist. Die hierzu erforderliche Menge Ammoniakflüssigkeit darf nicht mehr als 4 ccm betragen, widrigenfalls verunreinigende Sulfate der Nebenalkaloide, wie Chinchonin, Chinchonidin, Chinidin, Hydrochinin zugegen sind.

Die Prüfung auf diese Verunreinigung beruht darauf, dass die Sulfate der Nebenalkaloide in kaltem Wasser weit löslicher sind, als das Chininsulfat und dass die freien Nebenalkaloide in Ammoniakflüssigkeit weniger löslich sind als das Chinin. Eine kalt gesättigte Lösung von reinem Chininsulfat wird daher eine geringere Menge Alkaloid enthalten, als eine solche, welche mit Nebenalkaloiden verunreinigt ist. Auf Zusatz von Ammoniakflüssigkeit fallen die freien Alkaloide aus der gesättigen Lösung heraus, werden aber vom überschüssigen Ammoniak wieder gelöst. Je mehr Alkaloidsulfate die Lösung enthält, desto mehr wird man Ammoniakflüssigkeit zur Fällung und Wiederauflösung gebrauchen. Ein mit Nebenalkaloiden verunreinigtes Chininsulfat wird also mehr Ammoniakflüssigkeit zum Auflösen der gefällten Alkaloide bedürfen als reines Chininsulfat.

$$\underset{\text{Chininsulfat}}{(C_{20}H_{24}N_2O_2)_2 \cdot H_2SO_4} + \underset{\text{Ammoniak}}{2\,NH_3} = \underset{\text{Chinin}}{2\,C_{20}H_{24}N_2O_2} + \underset{\text{Ammoniumsulfat.}}{(NH_4)_2SO_4}$$

Collodium.

Collodium.

Darstellung. In eine Porzellanschale wiege man 80 g rohe Salpetersäure von 1,400 specifischem Gewicht und füge unter Umrühren in dünnem Strahle 93 g Schwefelsäure von 1,836 bis 1,84 specifischem Gewichte hinzu. Nachdem die Mischung in einem Glase oder Topfe auf 20° abgekühlt ist, drücke man 10 g gereinigte Baumwolle mit Hülfe eines Porzellanspatels oder Glasstabes in das Säuregemisch und sehe darauf, dass alle Theile der Baumwolle gut von der Säure durchtränkt werden. Ist alle Baumwolle eingetragen, so decke man das Gefäss mit einem Deckel zu und lasse bei 15 bis 20° ca. 15 Stunden lang stehen. Nach dieser Zeit fülle man das Gefäss mit Wasser, rühre mit einem Glasstabe um, giesse die Flüssigkeit ab und wiederhole diese Operation mehrere Male. Dann bringe man die Baumwolle in ein Gefäss, in welchem sich eine grössere Menge Wasser befindet, zerzupfe die Wolle mit den Händen, drücke sie dann aus, schütte das Wasser hinweg, bringe die Wolle wieder mit einer neuen Menge Wasser zusammen, wasche sie wieder aus, indem man namentlich die harten Knoten auseinanderzupft und wiederhole diese Operationen so oft, bis das Waschwasser nicht mehr sauer reagirt und ein an die Wolle gedrücktes Lackmuspapier nicht mehr geröthet wird. Schliesslich wasche man die Wolle mit destillirtem Wasser aus, presse sie mit den Händen aus, zerzupfe sie möglichst sorgfältig und trockne sie auf Fliesspapier ausgebreitet an einem lauwarmen Orte (bei 25°) aus.

10 g dieser getrockneten Collodiumwolle bringe man in eine Flasche, durchfeuchte sie mit 30 g Weingeist und füge dann 210 g Aether hinzu. Man lasse die Mischung so lange unter öfterem Umschütteln stehen, bis eine vollständige Lösung der Collodiumwolle stattgefunden hat, worauf man das Collodium absetzen lässt. Nach vollständiger Klärung giesse man die Flüssigkeit von dem Bodensatze klar ab.

Vorgang. Die Baumwolle ist nahezu reine Cellulose, $C_6H_{10}O_5$. Wird dieselbe mit starker Salpetersäure behandelt, so werden in derselben ein oder mehrere Wasserstoffatome durch die Gruppe NO_2 ersetzt. Je nach der Stärke der Salpetersäure, nach der Temperatur, welche bei der Einwirkung stattfindet, je nach der Länge der Einwirkung, entstehen verschiedene Cellulosenitrate. Es sind dieses Salpetersäureäther der Cellulose und unterscheiden sich von den Nitroverbindungen, bei denen ebenfalls Wasserstoffatome durch NO_2-Gruppen ersetzt werden, dadurch, dass erstere mit ätzenden Alkalien oder mit Ferrochlorid behandelt, die Salpetersäurereste unter Rückbildung von Cellulose wieder abgeben, was Nitroverbindungen nicht thun. Auch ist die Struktur der Salpetersäureäther von der der Nitroverbindungen verschieden. Bei ersteren ist nämlich die Gruppe NO_2 durch ein Sauerstoffatom an Kohlenstoff gebunden, $—O.NO_2$, während bei den Nitroverbindungen das Stickstoffatom von dem Kohlenstoff direkt gebunden wird. Die wichtigsten Cellulosenitrate sind:

Cellulosedinitrat: $C_6H_8O_3\begin{cases}ONO_2\\ONO_2\end{cases}$

Cellulosetrinitrat: $C_6H_7O_2\begin{cases}ONO_2\\ONO_2\\ONO_2\end{cases}$

Cellulosepentanitrat: $C_6H_5(ONO_2)_5$

Die Mischung von Salpetersäure mit Schwefelsäure bezweckt, der Salpetersäure eine stärkere Koncentration zu geben, indem die Schwefelsäure wasserentziehend wirkt.

Wird die Baumwolle, wie oben beschrieben, mit einem Gemenge von Salpetersäure und Schwefelsäure behandelt, so bildet sich ein Gemenge von Cellulosedinitrat und Cellulosetrinitrat, Colloxylin genannt. Dieses ist in einem Gemisch von Weingeist und Aether löslich, und die Lösung stellt das Collodium dar. Lässt man eine stärker koncentrirte Salpetersäure auf Baumwolle einwirken, oder findet die Einwirkung der Säure auf die Baumwolle länger als vorgeschrieben oder bei höherer Temperatur statt, so bildet sich Cellulosepentanitrat, Pyroxylin oder Schiessbaumwolle genannt. Diese löst sich in einem Gemenge von Aether und Weingeist nicht mehr auf.

Besitzt die Salpetersäure ein geringeres specifisches Gewicht als 1,38, so wird die Baumwolle von derselben gelöst. Es sind daher die specifischen Gewichte der Säuren genau zu beobachten.

Eigenschaften. Das Collodium bildet eine farblose oder nur schwach gelblich gefärbte, neutrale Flüssigkeit von Sirupsdicke, in dünnen Schichten, nach dem Verdunsten des Aetherweingeistes ein farbloses, fest zusammenhängendes Häutchen hinterlassend.

Aufbewahrung. Das Collodium bewahre man in mit Korkstopfen gut verschlossenen Flaschen an einem kühlen Orte auf.

Cuprum sulfuricum.

Cuprum sulfuricum purum. Kupfersulfat. Krystallisirtes Cuprisulfat. Reiner Kupfervitriol.

$$CuSO_4 . 5H_2O = SO_2 < {}^{O}_{O} Cu + 5H_2O.$$

Darstellung. 30 g Kupferblech, welches man durch Abreiben gut gereinigt und in kleine Stückchen zerschnitten hat, übergiesse man in einem Kolben mit 100 g Wasser und füge ein erkaltetes, durch Glaswolle filtrirtes Gemisch von 50 g englischer Schwefelsäure und 100 g Wasser hinzu. Man erwärme den Kolben auf dem Sandbade und setze in kleinen Portionen 80 g Salpetersäure hinzu. Findet keine Einwirkung mehr statt, so erwärme man die Flüssigkeit zum Sieden und filtrire noch heiss in eine Porzellanschale. Die nach einem Tage abgeschiedenen Krystalle sammle man auf einem Trichter, wasche sie mit etwas kaltem Wasser ab, verdampfe die Mutterlauge nochmals bis zur Salzhautbildung und lasse krystallisiren. Die letzte Mutterlauge, welche die Verunreinigungen des Kupfers wie Eisen, Zink, Nickel etc. und freie Schwefelsäure enthält, liefert keine reinen Krystalle mehr und wird entfernt. Die vereinigten Krystalle trockne man zwischen Fliesspapier bei gewöhnlicher Temperatur.

Vorgang. Wird Kupfer mit verdünnter Schwefelsäure und Salpetersäure erwärmt, so löst sich Kupfersulfat auf und Stickoxyd wird frei, welches aus der Luft Sauerstoff aufnimmt und als Stickstoffdioxyd entweicht.

$$\underset{\substack{\text{Kupfer}\\3.63,3}}{3\,Cu} + \underset{\substack{\text{Schwefelsäure}\\3.98}}{3\,H_2SO_4} + \underset{\substack{\text{Salpetersäure}\\2.63}}{2\,HNO_3} + \underset{\text{Wasser}}{11\,H_2O} = \underset{\substack{\text{Kupfersulfat}\\3.249,3}}{3(CuSO_4 . 5\,H_2O)} + \underset{\text{Stickoxyd.}}{2\,NO}$$

Aufbewahrung. Das Kupfersulfat muss vorsichtig und in einem gut verschlossenen Gefässe aufbewahrt werden, da die Krystalle an der Luft allmälig oberflächlich verwittern.

Eigenschaften. Dasselbe stellt blaue, durchsichtige Krystalle dar, welche 5 Moleküle Krystallwasser enthalten. In trockner Luft verwittern sie wenig; beim Erhitzen auf 100^0 verlieren sie 4 Moleküle Krystallwasser; bei 200^0 geht alles Wasser weg und es hinterbleibt ein weisses Pulver, welches aus der Luft wieder Wasser anzieht und dann wieder blau wird. Die Krystalle lösen sich in 3,5 Theilen kaltem und 1 Theil siedendem Wasser, nicht in Weingeist.

Werden 2 g Kupfersulfat in 20 ccm Wasser gelöst, so erhält man eine sauer reagirende Lösung. Je 10 ccm der Lösung geben

a) mit Baryumnitratlösung einen weissen, in Salzsäure unlöslichen Niederschlag von Baryumsulfat und Kupfernitrat geht in Lösung.

$$\underset{\text{Kupfersulfat}}{CuSO_4 . 5\,H_2O} + \underset{\text{Baryumnitrat}}{Ba(NO_3)_2} = \underset{\text{Baryumsulfat}}{BaSO_4} + \underset{\text{Kupfernitrat}}{Cu(NO_3)_2} + \underset{\text{Wasser.}}{5\,H_2O}$$

b) mit Ammoniakflüssigkeit im Ueberschusse eine klare, tiefblaue Flüssigkeit, indem sich Kupfersulfat-Ammoniak, $CuSO_4 + 4\,NH_3$, bildet. Wird die Ammoniakflüssigkeit tropfenweise zugefügt, so scheidet sich zuerst basisches Kupfersulfat aus, welches sich im Ueberschusse von Ammoniak als Kupfersulfat-Ammoniak löst.

Prüfung. Man löse 1 g Kupfersulfat in 20 ccm Wasser und leite in die Lösung so lange Schwefelwasserstoff ein, bis alles Kupfer als Kupfersulfid gefällt ist (a), welches man abfiltrirt. Das Filtrat muss farblos sein, ein Beweis, dass alles Kupfer abgeschieden wurde.

a) Die Hälfte des Filtrats versetze man mit überschüssigem Ammoniak. Enthält das Präparat Eisen oder Zink, so werden diese aus der sauren Flüssigkeit durch Schwefelwasserstoff nicht gefällt. Wird aber das Filtrat mit Ammoniak versetzt, so wird, da Schwefelwasserstoff im Filtrate gelöst ist, das Eisen als schwarzes Ferrosulfid, das Zink als weisses Zinksulfid gefällt (b).

a) $CuSO_4 . 5H_2O + H_2S = CuS + H_2SO_4 + 5H_2O$

Kupfersulfat, Schwefelwasserstoff, Kupfersulfid, Schwefelsaure, Wasser.

b) $ZnSO_4 + H_2S + 2NH_3 = ZnS + (NH_4)_2SO_4$

Zinksulfat, Schwefelwasserstoff, Ammoniak, Zinksulfid, Ammoniumsulfat.

b) Die andere Hälfte des Filtrats erhitze man zur Verjagung des Schwefelwasserstoffs zum Kochen, filtrire, wenn nöthig, verdampfe in einem Porzellantiegel und bringe zum schwachen Glühen. Es soll kein feuerbeständiger Rückstand bleiben. Das Filtrat enthält nämlich nur Schwefelsäure (siehe oben) und diese entweicht beim Glühen in weissen, schweren Dämpfen. Enthält das Präparat Eisen-, Zink-, Calcium-, Magnesium-, oder Natriumsulfat, so bleiben diese zurück, da sie durch Schwefelwasserstoff nicht gefällt werden, und daher in das Filtrat übergehen.

Stöchiometrische Berechnungen.

1. Wie viel 95procentige Schwefelsäure und wie viel 25procentige Salpetersäure sind nöthig, um 30 g Kupfer als Kupfersulfat aufzulösen?

1 Atom Kupfer (63,3 Gewichtstheile) braucht 1 Molekül Schwefelsäure (98 Gewichtstheile) und 3 Atome Kupfer (3 . 63,3 Gewichtstheile) brauchen 2 Moleküle Salpetersäure (2 . 63 Gewichtstheile).

$$\begin{array}{ccccc} Cu & & H_2SO_4 & & Cu \\ 63,3 & : & 98 & = & 30 : x \end{array}$$

$$x = 46,44 \text{ g } H_2SO_4.$$

Diese Menge H_2SO_4 entspricht 95procentiger Schwefelsäure:

$$95 : 100 = 46,44 : x$$

$$x = 48,8 \text{ g}.$$

$$\begin{array}{ccccccc} 3\,Cu & & 2\,HNO_3 & & Cu & & \\ 189{,}9 & : & 126 & = & 30 & : & x \end{array}$$

$$x = 19{,}9\ g\ HNO_3.$$

Diese Menge HNO_3 entspricht $4 \times 19{,}9 = 79{,}6$ g 25procentiger Salpetersäure.

30 g Kupfer bedürfen 48,8 g 95procentiger Schwefelsäure und 79,6 g 25procentiger Salpetersäure zur Lösung.

2. Wie viel krystallisirtes Kupfersulfat erhält man von 30 g Kupfer?

1 Atom Kupfer (63,3 Gewichtstheile) entspricht 1 Molekül Kupfersulfat (249,3 Gewichtstheile).

$$\begin{array}{ccccccc} Cu & & CuSO_4 . 5\,H_2O & & Cu & & \\ 63{,}3 & : & 249{,}3 & = & 30 & : & x \end{array}$$

$$x = 118{,}1\ g\ CuSO_4 . 5\,H_2O.$$

30 g Kupfer liefern 118,1 g krystallisirtes Kupfersulfat.

3. Wie viel Procent Krystallwasser enthält das krystallisirte Kupfersulfat?

1 Molekül Kupfersulfat (249,3 Gewichtstheile) enthält 5 Moleküle Wasser (5 . 18 Gewichtstheile).

$$\begin{array}{ccccccc} CuSO_4 . 5\,H_2O & & 5\,H_2O & & CuSO_4 . 5\,H_2O & & \\ 249{,}3 & : & 90 & = & 100 & : & x \end{array}$$

$$x = 36{,}1\ g\ H_2O.$$

Das krystallisirte Kupfersulfat enthält 36,1 Procent Krystallwasser.

Emplastrum Lithargyri.

Emplastrum Plumbi simplex. Emplastrum diachylon simplex. Bleipflaster.

Darstellung. 1 kg gemeines Olivenöl und 1 kg Schweineschmalz bringe man in einen geräumigen, kupfernen Kessel, erhitze gelinde über Kohlenfeuer, bis hineingespritztes Wasser in der geschmolzenen Masse ein Prasseln erzeugt, nehme sodann den Kessel vom Feuer und füge 1 kg Bleiglätte hinzu, welche man zuvor durch ein Sieb geschlagen und mit ca. 200 ccm Wasser angerührt hat. Nachdem alles gut durcheinander gerührt ist, setze man den Kessel wieder auf das Feuer und bringe die Mischung unter beständigem Umrühren mit einem hölzernen Spatel zum Kochen. Man setze nun von Zeit zu Zeit ca. 30 ccm warmes destillirtes Wasser hinzu und trage Sorge, dass die Bleiglätte sich nicht an den Boden des Kessels ansetzt, weshalb man fortwährend umrühren muss, und zwar mit der breiten Seite des Spatels auf dem Boden des Kessels. Wird beim Zufügen von Wasser ein starkes Poltern wahrgenommen, so ist dieses ein Beweis, dass die Masse zu heiss geworden, weil es an Wasser gemangelt hat. Man nehme in diesem Falle den Kessel vom Feuer, rühre vorsichtig um, füge eine neue Quantität Wasser hinzu, und setze dann das Erhitzen fort. So lange die Masse hoch aufschäumt, und die Dämpfe keinen stechenden Geruch besitzen, fehlt es nicht an Wasser. Sobald aber das Schäumen nachlässt, muss Wasser hinzugesetzt werden, weil bei Wassermangel die Temperatur schnell steigt und dadurch ein Braunwerden des Pflasters veranlasst wird. Auch der unangenehme, stechende Geruch der Dämpfe zeigt an, dass eine zu starke Erhitzung stattfindet. Die Mischung ist anfänglich röthlich, wird dann weisslich grau und zuletzt weisslich. Das Kochen muss so lange fortgesetzt werden, bis die Pflasterbildung beendigt ist und das Pflaster die nöthige Härte erlangt hat, was man daran erkennt, dass man einige Tropfen des Pflasters in kaltes Wasser giesst, in welchem es erkaltet eine plastische Masse bildet, welche sich zwischen den Fingern kneten lässt, ohne denselben anzuhängen.

Das noch warme Pflaster giesse man in warmes Wasser und befreie es durch wiederholtes Durchkneten vom Glycerin. Will man das Pflaster möglichst vom Wasser befreien, so erwärme man es längere Zeit im Dampfapparate mit gespannten Wasserdämpfen.

Vorgang. Fette sind Gemenge zusammengesetzter Aether des Glycerins mit Fettsäuren, namentlich der Palmitinsäure, Stearinsäure und Oelsäure. Diese Verbindungen heissen Glyceride. Da das Glycerin ein dreiatomiger Alkohol ist, $C_3H_5(OH)_3$, so heisst das Glycerid der Palmitinsäure auch Tripalmitin, das der Stearinsäure Tristearin und das der Oelsäure Triolein.

Die Formel des Tripalmitins ist: $C_3H_5(O \, . \, C_{16}H_{31}O)_3$,
die des Tristearins: $C_3H_5(O \, . \, C_{18}H_{35}O)_3$,
die des Trioleins: $C_3H_5(O \, . \, C_{18}H_{33}O)_3$.

Das Schweinefett besteht aus ungefähr 40% Tristearin und Tripalmitin und gegen 60% Triolein, das Olivenöl aus 75% Triolein und etwa 25% Tripalmitin und Triarachin, einem Glyceride der Arachinsäure.

Werden Fette mit ätzenden Alkalien oder alkalischen Erden bei Gegenwart von Wasser gekocht, so verbinden sich die Fettsäuren mit den Metallen der Alkalien oder der alkalischen Erden zu Seifen und Glycerin wird frei. Werden Fette mit Bleioxyd und Wasser gekocht, so verbinden sich die Fettsäuren mit dem Blei zu einem Pflaster und Glycerin wird in Freiheit gesetzt. Das Bleipflaster stellt also ein Gemenge von Bleisalzen der Palmitinsäure, Stearinsäure, Oelsäure und Arachinsäure dar. So zerlegt sich das Tristearin bei der Pflasterbildung nach der Formel:

$$\underset{\text{Tristearin}}{2[C_3H_5(O\,.\,C_{18}H_{35}O)_3]} + \underset{\text{Bleioxyd}}{3\,PbO} + \underset{\text{Wasser}}{3\,H_2O} = \underset{\text{Stearinsaures Blei}}{3[Pb(C_{18}H_{35}O_2)_2]} + \underset{\text{Glycerin.}}{2\,C_3H_5(OH)_3}$$

Auf analoge Weise werden die Glyceride der Palmitinsäure, Oelsäure und Arachinsäure beim Kochen mit Bleioxyd und Wasser zerlegt.

Eigenschaften und Prüfung. Das Bleipflaster soll gelblichweiss sein. Ein röthliches Aussehen würde einen Gehalt an Mennige anzeigen. Auch darf das Pflaster ungelöste Bleiglätte nicht mehr enthalten. Letztere würde ebenso wie Mennige und metallisches Blei beim Auflösen einer Probe des Pflasters in heissem Terpentinöl zurückbleiben.

Ferrum carbonicum saccharatum.

Zuckerhaltiges Ferrocarbonat.

Darstellung. 50 g Ferrosulfat löse man in 200 g siedenden Wassers, filtrire in eine etwa $1^1/_2$ Liter fassende Glasflasche, in welcher sich eine klare Lösung von 35 g Natriumbicarbonat in 500 g ausgekochtem und auf 50^0 abgekühltem Wasser befindet, schliesse sodann die Flasche, bewege sie langsam hin und her, um den Inhalt zu mischen, fülle die Flasche mit heissem Wasser bis an den Hals, verschliesse sie lose und lasse den Niederschlag absetzen. Die über dem Niederschlag stehende Flüssigkeit ziehe man mittels eines Hebers ab, fülle die Flasche wiederum mit abgekochtem und bis 50^0 abgekühltem Wasser bis zum Halse, lasse den Niederschlag wieder absetzen, ziehe die überstehende Flüssigkeit abermals ab, und wiederhole dieses so oft, bis die abgezogene Flüssigkeit durch Baryumnitratlösung kaum noch getrübt wird. Das Auswaschen soll möglichst beschleunigt werden, damit nicht eine grössere Menge Ferrocarbonat in Ferrihydroxyd verwandelt wird.

Den von der Flüssigkeit möglichst befreiten Niederschlag bringe man in eine Porzellanschale, in welcher sich 10 g fein gepulverter Milchzucker und 30 g mittelfein gepulverter Zucker befindet, spüle die Flasche mit 25 g Weingeist nach, verdampfe die Mischung im Dampfbade zur Trockne, zerreibe sie zu Pulver und mische noch so viel gut ausgetrocknetes Zuckerpulver hinzu, bis das Gesammtgewicht 100 g beträgt.

Vorgang. Kommt eine wässerige Lösung von Ferrosulfat mit einer wässerigen Lösung von Natriumbicarbonat zusammen, so entsteht ein weisser Niederschlag von Ferrocarbonat unter Entweichen von Kohlensäureanhydrid und Bildung von Natriumsulfat und Wasser.

$$\underset{\substack{\text{Ferrosulfat} \\ 278}}{FeSO_4 . 7H_2O} + \underset{\substack{\text{Natrium-} \\ \text{bicarbonat} \\ 2\ 84}}{2NaHCO_3} = \underset{\substack{\text{Ferro-} \\ \text{carbonat} \\ 116}}{FeCO_3} + \underset{\substack{\text{Natrium-} \\ \text{sulfat}}}{Na_2SO_4} + \underset{\substack{\text{Kohlen-} \\ \text{säureanhydrid}}}{CO_2} + \underset{\text{Wasser.}}{8H_2O}$$

Das weisse Ferrocarbonat wird alsbald grauweiss und dann graugrün, da es sehr grosse Neigung besitzt, Sauerstoff aus der Luft aufzunehmen und sich unter Entweichen von Kohlensäureanhydrid zum Theil in Ferrihydroxyd zu verwandeln. Um diese Oxydation möglichst hintanzuhalten verwendet man zur Fällung des Ferrosulfats Natriumbicarbonat, weil die dabei frei werdende Kohlensäure die Luft aus dem Gefässe treibt, sowie zum Auflösen des Ferrosulfats und Natriumbicarbonats und zum Auswaschen des Niederschlags ausgekochtes und dadurch von Luft befreites Wasser. Auch füllt man beim Auswaschen des Niederschlags das Gefäss stets ganz voll mit heissem Wasser, um die Luft daraus zu verdrängen. Die Oxydation des Ferrocarbonats durch den Sauerstoff der Luft erfolgt nach folgender Formel:

$$\underset{\text{Ferrocarbonat}}{2FeCO_3} + \underset{\substack{\text{Sauer-} \\ \text{stoff}}}{O} + \underset{\text{Wasser}}{3H_2O} = \underset{\text{Ferrihydroxyd}}{Fe_2(OH)_6} + \underset{\substack{\text{Kohlen-} \\ \text{saureanhydrid.}}}{2CO_2}$$

Auch das Eindampfen des Niederschlags mit Zucker bezweckt den Einfluss des Sauerstoffs der Luft zu verringern, und das Ferrocarbonat haltbarer zu machen. Ebenso verhindert der Weingeist, welcher zum Nachspülen der Flasche verwendet wird, beim Eindampfen die Einwirkung des Sauerstoffs der Luft. Das Auswaschen des Niederschlags wird so lange fortgesetzt, bis nur mehr eine geringe Spur von Natriumsulfat vorhanden ist, und daher in dem Waschwasser durch Baryumnitratlösung nur mehr eine geringe Trübung von Baryumsulfat entsteht.

$$\underset{\text{Natriumsulfat}}{Na_2SO_4} + \underset{\text{Baryumnitrat}}{Ba(NO_3)_2} = \underset{\text{Baryumsulfat}}{BaSO_4} + \underset{\text{Natriumnitrat.}}{2NaNO_3}$$

Eigenschaften. Das Präparat stellt ein grünlichgraues, mittelfeines, süsses Pulver dar, schwach nach Eisen schmeckend, in 100 Theilen 9,5 bis 10 Theile Eisen enthaltend.

In Salzsäure ist es unter reichlicher Kohlensäureentwickelung zu einer grünlichgelben Flüssigkeit, welche Zucker, Ferrochlorid und auch etwas Ferrichlorid enthält, löslich, da es neben Ferrocarbonat stets etwas Ferrihydroxyd enthält. Findet kein starkes Aufbrausen statt, so ist das Präparat zersetzt, indem es sich zum grösseren Theil durch den Sauerstoff der Luft zu Ferrihydroxyd oxydirt hat.

Formel siehe oben.

$$\underset{\text{Ferrocarbonat}}{FeCO_3} + \underset{\text{Chlorwasserstoff}}{2HCl} = \underset{\text{Ferrochlorid}}{FeCl_2} + \underset{\text{Kohlensaureanhydrid}}{CO_2} + \underset{\text{Wasser.}}{H_2O}$$

$$\underset{\text{Ferrihydroxyd}}{Fe_2(OH)_6} + \underset{\text{Chlorwasserstoff}}{6HCl} = \underset{\text{Ferrichlorid}}{Fe_2Cl_6} + \underset{\text{Wasser.}}{6H_2O}$$

Die mit Wasser verdünnte salzsaure Lösung giebt sowohl mit Kaliumferrocyanid-, als mit Kaliumferricyanidlösung einen blauen Niederschlag.

Ferrichlorid erzeugt nämlich mit Kaliumferrocyanid einen blauen Niederschlag von Ferriferrocyanür (Berlinerblau) (a), Ferrochlorid mit Kaliumferricyanid einen solchen von Ferriferrocyanid (Turnbullsblau) (b).

$$a)\quad \underset{\text{Ferrichlorid}}{2Fe_2Cl_6} + \underset{\text{Kaliumferrocyanid}}{3[K_4(FeCy_6)]} = \underset{\text{Ferriferrocyanür (Berlinerblau)}}{Fe_4(FeCy_6)_3} + \underset{\text{Kaliumchlorid.}}{12KCl}$$

$$b)\quad \underset{\text{Ferrochlorid}}{3FeCl_2} + \underset{\text{Kaliumferricyanid}}{2K_3(FeCy_6)} = \underset{\text{Ferroferricyanid (Turnbullsblau)}}{Fe_3(FeCy_6)_2} + \underset{\text{Kaliumchlorid}}{6KCl}$$

Prüfung.

1. Man löse 0,2 g des Präparats in ca. 2 ccm Wasser mit Hülfe einiger Tropfen Salzsäure, wobei sich Ferrochlorid und Ferrichlorid bildet (siehe oben), verdünne diese Lösung auf 10 ccm und versetze mit Baryumnitratlösung. Es darf nur eine schwache Trübung entstehen. Entsteht dadurch eine stärkere Trübung oder eine Fällung,

so wurde der Niederschlag zu wenig durch Auswaschen von Natriumsulfat befreit.

Formel siehe beim Vorgang.

2. Man löse 1 g des Präparats in 10 ccm verdünnter Schwefelsäure in der Wärme, wobei unter Kohlensäureentwickelung Ferrosulfat und, da das Präparat mehr oder weniger Ferrihydroxyd enthält, etwas Ferrisulfat gebildet wird.

$$FeCO_3 + H_2SO_4 = FeSO_4 + CO_2 + H_2O$$

Ferrocarbonat Schwefelsaure Ferrosulfat Kohlensaureanhydrid Wasser.

$$Fe_2(OH)_6 + 3H_2SO_4 = Fe_2(SO_4)_3 + 6H_2O$$

Ferrihydroxyd Schwefelsaure Ferrisulfat Wasser.

Nach dem Erkalten versetze man mit Kaliumpermanganatlösung (5 = 1000) bis zur schwachen bleibenden Röthung. Es wird dadurch das Ferrosulfat unter Mithilfe von Schwefelsäure in Ferrisulfat verwandelt unter Bildung von Manganosulfat und Kaliumsulfat.

$$10FeSO_4 + 2KMnO_4 + 8H_2SO_4 = 5[Fe_2(SO_4)_3] + 2MnSO_4 + K_2SO_4 + 8H_2O$$

Ferrosulfat Kaliumpermanganat Schwefelsaure Ferrisulfat Manganosulfat Kaliumsulfat Wasser.

Man bringe die Flüssigkeit in ein ca. 100 ccm fassendes Glas mit Glasstopfen, füge 1 g Kaliumjodid hinzu und lasse diese Mischung eine Stunde lang bei gewöhnlicher Wärme im geschlossenen Gefässe stehen. Das Kaliumjodid reducirt das Ferrisulfat zu Ferrosulfat unter Bildung von Kaliumsulfat und Freiwerden von Jod.

$$Fe_2(SO_4)_3 + 2KJ = 2FeSO_4 + K_2SO_4 + J_2$$

Ferrisulfat entsprechend 2 Atomen Fe = 2 . 56; Kaliumjodid; Ferrosulfat; Kaliumsulfat; Jod. 2 . 127

Hierauf bestimme man das frei gemachte Jod mittels Zehntel-Normal-Natriumthiosulfatlösung, indem man von letzterer Lösung so viel zufügt, dass die Flüssigkeit hellgelb erscheint, etwa 10 Tropfen Stärkelösung zusetzt und die blaue Flüssigkeit dann mit der Zehntel-Normal-Natriumthiosulfatlösung bis zur vollständigen Entfärbung titrirt. Es sollen bis zu diesem Punkte 17 bis 17,8 ccm Zehntel-Normal-Natriumthiosulfatlösung verbraucht werden. Es bildet sich hierbei Natriumjodid und Natriumtetrathionat. Gegen das Ende der Reaktion färbt sich die Flüssigkeit durch Einwirkung des Jods auf das Stärkemehl blau.

$$2(Na_2S_2O_3 . 5H_2O) + J_2 = 2NaJ + Na_2S_4O_6 + 10H_2O$$

Natriumthiosulfat	Jod	Natrium-	Natriumtetra-	Wasser.
2.248	2.127	jodid	thionat	

1 Molekül Natriumthiosulfat (248 Gewichtstheile) bindet 1 Atom Jod (127 Gewichtstheile).

Zehntel-Normal-Natrium-thiosulfatlösung		Natriumthiosulfat
1000 ccm	enthalten	24,8 g
1 „	enthält	0,0248 g
		Jod
1000 „	binden	12,7 g
1 „	bindet	0,0127 g
1 Atom Jod		1 Atom Eisen
127	entspricht	56
0,0127 g Jod	entsprechen	0,0056 g Eisen
Zehntel-Normal-Natrium-thiosulfatlosung		Eisen
1 ccm	entspricht	0,0056 g „
17 „	entsprechen $17 \times 0{,}0056 =$	0,0952 g „
17,8 „	„ $17{,}8 \times 0{,}0056 =$	0,09968 g „

Diese Menge Eisen soll in 1 g des Präparats enthalten sein; 100 g des letzteren sollen daher 9,52 bis 9,968 $^0/_0$ Eisen enthalten.

Aufbewahrung. Da das zuckerhaltige Ferrocarbonat durch Einwirkung des Sauerstoffs der Luft sich theilweise in Ferrihydroxyd verwandelt, so muss es in einem gut verschlossenen Glase aufbewahrt werden. Direktes Sonnenlicht wirkt der Oxydation des Eisens entgegen und es ist daher gut, das Präparat in farblosen Gläsern aufzubewahren.

Stöchiometrische Berechnungen.

1. Wie viel Natriumbicarbonat braucht man zur Fällung von 50 g Ferrosulfat?

1 Molekül Ferrosulfat (278 Gewichtstheile) braucht 2 Moleküle Natriumbicarbonat (2 . 84 Gewichtstheile) zur Fällung.

$$\begin{array}{ccccccc} FeSO_4 . 7H_2O & & 2NaHCO_3 & & FeSO_4 . 7H_2O & & \\ 278 & : & 168 & = & 50 & : & x \end{array}$$

$$x = 30{,}2 \text{ g } NaHCO_3.$$

Zur Fällung von 50 g Ferrosulfat sind 30,2 g Natriumbicarbonat nöthig.

2. Wie viel Procent Ferrocarbonat enthält das Präparat?

1 Molekül Ferrosulfat (278 Gewichtstheile) entspricht 1 Molekül Ferrocarbonat (116 Gewichtstheile).

Zur Darstellung von 100 g Ferrum carbonicum saccharatum werden 50 g Ferrosulfat gefällt.

$$\begin{array}{ccccccc} FeSO_4 . 7H_2O & & FeCO_3 & & FeSO_4 . 7H_2O & & \\ 278 & : & 116 & = & 50 & : & x \end{array}$$

$$x = 20{,}8 \text{ g } FeCO_3.$$

Das Präparat enthält $20{,}8\,^0/_0$ Ferrocarbonat.

3. Wie viel ccm Zehntel-Normal-Natriumthiosulfatlösung braucht 1 g des Präparats zum Titriren, wenn dasselbe $10\,^0/_0$ Eisen enthält?

0,0056 g Eisen entsprechen 1 ccm Zehntel-Normal-Natriumthiosulfatlösung.

Siehe oben bei Prüfung.

In 1 g des Präparats, welches $10\,^0/_0$ Eisen enthält, sind 0,1 g Eisen enthalten.

$$\begin{array}{ccccccc} Fe & & ccm & & Fe & & \\ 0{,}0056 & : & 1 & = & 0{,}1 & : & x \end{array}$$

$$x = 17{,}85 \text{ ccm}.$$

1 g des Präparats, welches $10\,^0/_0$ Eisen enthält, braucht 17,85 ccm Zehntel-Normal-Natriumthiosulfatlösung zur Titrirung.

Ferrum citricum oxydatum.

Citronensaures Eisenoxyd. Ferricitrat.

$$Fe_2(C_6H_5O_7)_2 + 6H_2O = \begin{array}{l} CH_2 \;-CO.O \\ \;| \\ C(OH)-CO.O \\ \;| \\ CH_2 \;-CO.O \end{array} \Big\rangle Fe + 3H_2O.$$

Darstellung. 25 g Ferrichloridlösung vermische man mit 200 g Wasser und giesse das Gemisch in 25 g Ammoniakflüssigkeit, welche zuvor mit 150 g Wasser verdünnt wurde. Die Flüssigkeit muss nach der Fällung noch deutlich nach Ammoniak riechen. Ist dieses nicht mehr der Fall, so setze man noch etwas verdünnte Ammoniakflüssigkeit zu. Den Niederschlag lasse man an einem, vor direktem Licht geschützten Ort absetzen, giesse die überstehende Flüssigkeit ab, rühre ihn wiederum mit kaltem Wasser an, lasse wieder absetzen, giesse die Flüssigkeit ab und wiederhole diese Operation so oft, bis eine Probe (einige ccm) des Waschwassers mit einigen Tropfen Salpetersäure angesäuert durch Silbernitratlösung höchstens opalisirend getrübt wird. Man bringe nun den Niederschlag auf ein angefeuchtetes, leinenes Seihetuch, lasse gut abtropfen, presse gelinde aus und trage ihn in ein Glas ein, in welchem sich eine Lösung von 9 g Citronensäure in 35 g Wasser befindet, worauf man bei gewöhnlicher Temperatur oder bei einer 50^0 nicht übersteigenden Wärme bis zur nahezu vollständigen Lösung stehen lässt. Hierauf filtrire man und dampfe das Filtrat bei einer 50^0 nicht übersteigenden Temperatur zur Sirupkonsistenz ein. Diesen Sirup streiche man mittels eines Pinsels auf horizontal liegende Glasplatten und trockne bei gleicher Wärme, bis das Salz in Blättchen vom Glase abspringt.

Vorgang. Wird eine verdünnte Ferrichloridlösung in verdünnte Ammoniakflüssigkeit bei gewöhnlicher Temperatur eingegossen, so scheidet sich Ferrihydroxyd von der Zusammensetzung $Fe_2(OH)_6$ aus, wenn alle Erwärmung vermieden wird und die Flüssigkeiten gehörig verdünnt sind. Im anderen Falle entstehen wasserärmere Hydroxyde, welche in schwachen Säuren wie Citronensäure unlöslich sind. Auch muss die Flüssigkeit nach der Fällung noch nach Ammoniak riechen, um die Bildung von basischem Ferrichlorid zu vermeiden. Aus demselben Grunde muss auch die Ferrichloridlösung in die verdünnte Ammoniakflüssigkeit eingegossen werden und nicht umgekehrt.

$$\underset{\substack{\text{Ferrichlorid}\\ \text{entspechend}\\ \text{2 Atomen Fe} = \\ 2\,.\,56}}{Fe_2Cl_6} + \underset{\substack{\text{Ammoniak}\\ 6\,.\,17}}{6\,NH_3} + \underset{\text{Wasser}}{6\,H_2O} = \underset{\text{Ferrihydroxyd}}{Fe_2(OH)_6} + \underset{\substack{\text{Ammonium-}\\ \text{chlorid.}}}{6\,NH_4Cl}$$

So lange in der Waschflüssigkeit Ammoniumchlorid enthalten, wird durch Silbernitratlösung eine weisse Fällung von Silberchlorid entstehen.

$$\underset{\substack{\text{Ammonium-}\\ \text{chlorid}}}{NH_4Cl} + \underset{\text{Silbernitrat}}{AgNO_3} = \underset{\text{Silberchlorid}}{AgCl} + \underset{\substack{\text{Ammonium-}\\ \text{nitrat.}}}{(NH_4)NO_3}$$

Wird Ferrihydroxyd einige Zeit mit einer Lösung von Citronensäure stehen gelassen, so löst sich ersteres unter Bildung von Ferricitrat auf.

$$2\underset{\substack{\text{Citronensäure}\\ 2\,.\,210}}{(C_6H_8O_7 + H_2O)} + \underset{\text{Ferrihydroxyd}}{Fe_2(OH)_6} = \underset{\substack{\text{Ferricitrat}\\ 598}}{[Fe_2(C_6H_5O_7)_2 + 6\,H_2O]} + \underset{\text{Wasser.}}{2\,H_2O}$$

Das Eindampfen der Lösung muss bei einer 50^0 nicht übersteigenden Temperatur geschehen, um ein in Wasser leicht lösliches Salz zu erhalten.

Aufbewahrung. Das Ferricitrat muss vor Licht geschützt aufbewahrt werden, indem direktes Sonnenlicht reducirend auf das Ferricitrat wirkt und es zum Theil in Ferrocitrat verwandelt.

Eigenschaften. Das Ferricitrat stellt dünne, durchscheinende Blättchen von rubinrother Farbe dar, von schwachem Eisengeschmack, beim Erhitzen unter Entwickelung eines eigenartigen Geruchs und Hinterlassung von Eisenoxyd verkohlend, in 100 Theilen 19 bis 20 Theile Eisen enthaltend. Es ist in siedendem Wasser leicht, in kaltem Wasser nur langsam, aber vollständig löslich. Die Lösungen röthen blaues Lackmuspapier.

Man löse 7 g Ferricitrat in 63 g Wasser und versetze je 10 ccm dieser Lösung

a) mit Ammoniakflüssigkeit; es entsteht keine Fällung, indem sich eine leicht lösliche Doppelverbindung von Ferricitrat und Ammoniumcitrat bildet.

b) mit Kaliumferrocyanidlösung; es entsteht zunächst eine tiefblaue Färbung, welche auf Zusatz von Salzsäure sich in einen tiefblauen Niederschlag von Ferriferrocyanür (Berlinerblau) verwandelt.

$$2[\underset{\text{Ferricitrat}}{Fe_2(C_6H_5O_7)_2} + 6H_2O] + \underset{\text{Kaliumferrocyanid}}{3K_4(FeCy_6)} = \underset{\substack{\text{Ferriferrocyanür}\\\text{(Berlinerblau)}}}{Fe_4(FeCy_6)_3}$$

$$+ \underset{\text{Kaliumcitrat}}{4[K_3(C_6H_5O_7)]} + \underset{\text{Wasser,}}{12H_2O}$$

c) mit überschüssiger Kalilauge; es entsteht ein gelbrother Niederschlag von Ferrihydroxyd, und Kaliumcitrat ist in Lösung.

$$[\underset{\text{Ferricitrat}}{Fe_2(C_6H_5O_7)_2} + 6H_2O] + \underset{\substack{\text{Kaliumhydr-}\\\text{oxyd}}}{6KOH} = \underset{\text{Ferrihydroxyd}}{Fe_2(OH)_6} + \underset{\text{Kaliumcitrat}}{2[K_3(C_6H_5O_7)]}$$

$$+ \underset{\text{Wasser.}}{6H_2O}$$

Wird das Ferrihydroxyd abfiltrirt, das Filtrat mit Essigsäure schwach angesäuert, mit Calciumchloridlösung versetzt und zum Sieden erhitzt, so scheidet sich allmälig ein weisser, krystallinischer Niederschlag von Calciumcitrat aus, weil dieses in heissem Wasser schwerer löslich ist, als in kaltem.

$$\underset{\text{Kaliumcitrat}}{2[K_3(C_6H_5O_7)]} + \underset{\text{Calciumchlorid}}{3\,CaCl_2} + \underset{\text{Wasser}}{4\,H_2O} = \underset{\text{Calciumcitrat}}{[Ca_3(C_6H_5O_7)_2 + 4\,H_2O]} + \underset{\text{Kaliumchlorid.}}{6\,KCl}$$

Prüfung.

1. Je 10 ccm obiger wässriger Lösung versetze man

a) mit Silbernitratlösung nach Ansäuren mit Salpetersäure; es darf höchstens eine opalisirende Trübung von Silberchlorid entstehen. Eine stärkere Trübung oder Fällung würde anzeigen, dass der Niederschlag zu wenig durch Auswaschen von Ammoniumchlorid befreit wurde. Formel siehe beim Vorgang.

b) mit Kaliumferricyanidlösung; die Lösung darf nicht verändert oder höchstens blaugrün gefärbt werden. Ist ein grösserer Gehalt von Ferrocitrat vorhanden, entstanden durch die Einwirkung des direkten Lichts, so entsteht dadurch ein blauer Niederschlag von Ferroferricyanid (Turnbullsblau)

$$\underset{\text{Ferrocitrat}}{Fe_3(C_6H_5O_7)_2} + \underset{\text{Kaliumferricyanid}}{2[K_3(FeCy_6)]} = \underset{\text{Ferroferricyanid (Turnbullsblau)}}{Fe_3(FeCy_6)_2} + \underset{\text{Kaliümcitrat,}}{2[K_3(C_6H_5O_7)]}$$

c) mit überschüssiger Kalilauge, filtrire das sich ausscheidende Ferrihydroxyd ab (siehe bei den Eigenschaften!) und säure das Filtrat mit Essigsäure schwach an. Enthält das Präparat Ferritartrat, so geht Kaliumtartrat in Lösung (a). Nach Ansäuern mit Essigsäure scheidet sich nach längerem Stehen saures Kaliumtartrat (Weinstein) ab (b).

a) $$\underset{\text{Ferritartrat}}{Fe_2(C_4H_4O_6)_3} + \underset{\text{Kaliumhydroxyd}}{6\,KOH} = \underset{\text{Ferrihydroxyd}}{Fe_2(OH)_6} + \underset{\text{Kaliumtartrat.}}{3[K_2(C_4H_4O_6)]}$$

b) $$\underset{\text{Kaliumtartrat}}{K_2(C_4H_4O_6)} + \underset{\text{Essigsaure}}{C_2H_4O_2} = \underset{\text{Saures Kaliumtartrat}}{KC_4H_5O_6} + \underset{\text{Kaliumacetat.}}{KC_2H_3O_2}$$

2. Man glühe 0,5 g Ferricitrat bis zum Verbrennen der Kohle, befeuchte den Rückstand mit Wasser und bringe rothes Lackmuspapier damit in Berührung, welches nicht gebläut werden darf.

Beim Glühen bleibt nämlich Ferriferrooxyd, Fe_3O_4, zurück. Enthält das Präparat ein Alkalisalz, so reagirt der Rückstand alkalisch.

3. 0,5 g Ferricitrat löse man in 2 ccm Salzsäure und 15 ccm Wasser in der Wärme, wobei Ferrichlorid gebildet wird.

$$[Fe_2(C_6H_5O_7)_2 + 6H_2O] + 6HCl = Fe_2Cl_6 + 2C_6H_8O_7 + 6H_2O$$

Ferricitrat entsprechend 2 Atomen Fe = 2 . 56 — Chlorwasserstoff — Ferrichlorid — Citronensaure — Wasser.

Die Lösung lasse man erkalten, bringe sie in ein Glas mit Glasstopfen, setze 1 g Kaliumjodid hinzu und lasse die Mischung bei gewöhnlicher Wärme im verschlossenen Glase eine Stunde lang stehen. Das Ferrichlorid macht aus dem Kaliumjodid Jod frei unter Bildung von Ferrochlorid und Kaliumchlorid.

$$Fe_2Cl_6 + 2KJ = 2FeCl_2 + 2KCl + J_2$$

Ferrichlorid — Kaliumjodid — Ferrochlorid — Kaliumchlorid — Jod. 2 . 127

Das freie Jod bestimme man mit Zehntel-Normal-Natriumthiosulfatlösung, indem man von letzterer Lösung so viel hinzufügt, bis die Flüssigkeit hellgelb geworden, worauf man etwa 10 Tropfen Stärkelösung zusetzt. Die blaue Flüssigkeit versetze man weiter mit Zehntel-Normal-Natriumthiosulfatlösung, bis sie gerade farblos geworden. Es sollen bis zu diesem Punkte 17 bis 18 ccm obiger Lösung verbraucht werden.

Bei der Bindung des Jods durch Natriumthiosulfat bildet sich Natriumjodid und Natriumtetrathionat.

$$2(Na_2S_2O_3 . 5H_2O) + J_2 = 2NaJ + Na_2S_4O_6 + 10H_2O$$

Natriumthiosulfat 2 . 248 — Jod 2 . 127 — Natriumjodid — Natriumtetrathionat — Wasser.

1 Molekül Natriumthiosulfat (248 Gewichtstheile) bindet 1 Atom Jod (127 Gewichtstheile).

Zehntel-Normal-Natriumthiosulfatlosung		Natriumthiosulfat
1000 ccm	enthalten	24,8 g
1 „	enthält	0,0248 g
		Jod
1000 „	binden	12,7 g
1 „	bindet	0,0127 g.

1 Molekül Ferricitrat, entsprechend 2 Atomen Eisen, bildet 1 Molekül Ferrichlorid.

1 Molekül Ferrichlorid macht 2 Atome Jod frei.

1 Atom Jod		1 Atom Eisen
127	entspricht	56
0,0127 g Jod	entsprechen	0,0056 g Eisen
Zehntel-Normal-Natrium-thiosulfatlosung		
1 ccm	entspricht	0,0056 g „
17 „	entsprechen $17 \times 0{,}0056 = 0{,}0952$ g „	
18 „	„ $18 \times 0{,}0056 = 0{,}1008$ g „	

Diese Menge Eisen soll in 0,5 g des Präparats enthalten sein; 100 g des letzteren sollen daher $200 \times 0{,}0952$ bis $0{,}1008 = 19{,}04$ bis 20,16 % Eisen enthalten.

Stöchiometrische Berechnungen.

1. Wie viel 10procentige Ammoniakflüssigkeit ist nöthig, um 25 g Ferrichloridlösung zu fällen?

Die Ferrichloridlösung enthält 10 % Eisen; in 25 g sind daher 2,5 g Eisen enthalten.

1 Molekül Ferrichlorid entspricht 2 Atomen Eisen und braucht 6 Moleküle Ammoniak zur Fällung.

1 Atom Eisen (56 Gewichtstheile) braucht 3 Atome Ammoniak (3 . 17 Gewichtstheile) zur Fällung.

$$\begin{array}{ccccccc} Fe & & 3NH_3 & & Fe & & \\ 56 & : & 51 & = & 2{,}5 & : & x \end{array}$$
$$x = 2{,}27 \text{ g } NH_3.$$

Diese Menge Ammoniak entspricht 22,7 g 10procentiger Ammoniakflüssigkeit.

Zur Fällung von 25 g Ferrichloridlösung sind 22,7 g 10procentige Ammoniakflüssigkeit nöthig.

2. Wie viel Citronensäure braucht man zur Lösung des Ferrihydroxyds, welches man von 25 g Ferrichloridlösung erhält?

25 g Ferrichloridlösung enthalten 2,5 g Eisen.

1 Molekül Ferrichlorid, entsprechend 2 Atomen Eisen, giebt 1 Molekül Ferrihydroxyd, und dieses braucht 2 Moleküle Citronensäure zur Lösung.

1 Atom Eisen (56 Gewichtstheile) braucht 1 Molekül Citronensäure (210 Gewichtstheile) zur Lösung.

$$\begin{array}{ccccccc} Fe & & C_6H_8O_7 . H_2O & & Fe & & \\ 56 & : & 210 & = & 2{,}5 & : & x \end{array}$$
$$x = 9{,}37 \text{ g } C_6H_8O_7 . H_2O.$$

Das von 25 g Ferrichloridlösung erhaltene Ferrihydroxyd braucht 9,37 g Citronensäure zur Lösung.

3. Wie viel Ferricitrat erhält man von 25 g Ferrichloridlösung?

25 g Ferrichloridlösung enthalten 2,5 g Eisen.

1 Molekül Ferrichlorid, entsprechend 2 Atomen Eisen (2 . 56 Gewichtstheile), giebt 1 Molekül Ferrihydroxyd und dieses liefert 1 Molekül Ferricitrat (598 Gewichtstheile).

$$\begin{matrix} 2Fe & Fe_2(C_6H_5O_7)_2 . 6H_2O & Fe \\ 112 : & 598 = & 2,5 : x \end{matrix}$$

$$x = 13,35 \text{ g } Fe_2(C_6H_5O_7)_2 . 6H_2O.$$

25 g Ferrichloridlösung liefern 13,35 g Ferricitrat.

Ferrum lacticum.

Milchsaures Eisenoxydul. Ferrolactat.

$$Fe(C_3H_5O_3)_2 + 3H_2O = \left[C_2H_4\begin{cases}OH\\CO.O\end{cases}\right]_2 Fe + 3H_2O$$

Darstellung. 1 Liter abgerahmte Milch lasse man bei mittlerer Temperatur in einem offenen Gefässe so lange stehen, bis dieselbe geronnen ist, worauf man den Käsestoff abcolirt.

500 g dieser sauren Molke bringe man in ein cylindrisches Glas, das nur $^2/_3$ damit angefüllt sein darf, und setze 25 g Milchzucker hinzu. Andererseits zerreibe man 60 g krystallisirtes Natriumcarbonat und bringe dieses in ein zu verschliessendes Glas. Mit diesem Natriumcarbonat neutralisire man die saure Molke und lasse sie dann bei einer Temperatur von 25 bis 35° stehen. Nach 1 bis 2 Tagen wird die Flüssigkeit wieder sauer reagiren und man neutralisire sie dann wiederum mit Natriumcarbonat. Dieses wiederhole man alle 1 bis 2 Tage, indem man von Zeit zu Zeit die verdunstende Flüssigkeit ersetzt. Reagirt die Flüssigkeit selbst nach 4tägigem Stehen nicht mehr sauer, so säure man sie mit einigen Tropfen Schwefelsäure an, füge das Weisse von einem Ei hinzu, koche einmal auf und colire durch ein flanellenes Tuch. Die Colatur dampfe man in einer Porzellanschale so weit ein, dass sie ungefähr 125 g beträgt und versetze sie sogleich mit einer heissen Lösung von Ferrosulfat in der doppelten Menge Wasser. Man verwende hierzu so viel Ferrosulfat, als man Natriumcarbonat zur Sättigung der Molke gebraucht hat. Die beim Vermischen der beiden Lösungen sich ausscheidenden schmutzig braunen Flocken entferne man, indem man die noch heisse Flüssig-

keit sogleich durch Flanell colirt und stelle dann die Colatur einen Tag an einen kühlen Ort. Den sich ausscheidenden Krystallbrei bringe man auf ein leinenes Colatorium, lasse die Mutterlauge abtropfen, wasche mit wenig kaltem Wasser und zuletzt mit Weingeist nach und presse die Krystalle stark aus. Den ganzen, nicht zerstückelten Presskuchen trockne man zwischen Fliesspapier bei gelinder Wärme im Trockenschranke. Ist die Aussenseite des getrockneten Presskuchens mit braunem Ferrilactat überzogen, so schabe man dieses ab und zerreibe dann die Masse zu einem Pulver.

Vorgang. Die Milch besteht im Wesentlichen aus Wasser, Fett, Casein, Eiweiss, Milchzucker und anorganischen Salzen. Das Fett ist in Gestalt mikroskopisch kleiner Tröpfchen in der Milch emulsionsartig suspendirt. Lässt man die Milch ruhig stehen, so sammelt sich auf der Oberfläche der grösste Theil des Fettes als Rahm ab und kann abgenommen werden. Lässt man die abgerahmte Milch einige Zeit lang an der Luft stehen, so nimmt sie eine saure Reaktion an und gerinnt, indem das Casein sich ausscheidet. Das Casein ist in der Milch an neutrales Alkaliphosphat gebunden und dadurch gelöst. Indem sich ein Theil Casein beim Stehen der Milch an der Luft zersetzt, wird ein Theil Milchzucker veranlasst, sich in Milchsäure zu verwandeln und diese verbindet sich mit einem Theil der Base des neutralen Alkaliphospats und verwandelt letzteres in ein saures Salz, welches das Casein nicht mehr in Lösung halten kann.

$$\underset{\text{Milchzucker}}{C_6H_{12}O_6} = \underset{\text{Milchsäure.}}{2(C_3H_6O_3)}$$

Die vom Casein befreite Milch wird Molke genannt. Diese enthält Milchzucker, eine geringe Menge Casein und Fett und die anorganischen Salze gelöst. Lässt man diese saure Molke bei 25 bis 35^0 an der Luft stehen, so beginnt die Milchsäuregährung, indem sich durch die Einwirkung von Mikroorganismen, namentlich des Milchsäure-Bacillus der Milchzucker in Milchsäure verwandelt. Nebenbei treten aber auch noch andere Zersetzungsprodukte wie Alkohol, Buttersäure, Mannit, Gummi auf und es findet stets eine Entwickelung von Kohlensäure statt. Die sich bildende Milchsäure muss alsbald nach ihrer Entstehung durch Neutralisation mit Natriumcarbonat abgestumpft werden, wenn sich eine neue Menge Milchsäure bilden soll. Geschieht dieses nicht, so geht die Milchsäuregährung in die Buttersäuregährung über, indem sich die Milchsäure unter Entwickelung von Kohlensäure und Wasserstoff in Buttersäure verwandelt. Um die Menge der Milchsäure zu vermehren, setzt man der sauren Molke noch Milchzucker zu.

Wird die Milchsäure mit Natriumcarbonat gesättigt, so bildet sich Natriumlactat.

$$\underset{\substack{\text{Milchsäure}\\2.90}}{2\left[C_2H_4\begin{cases}OH\\CO.OH\end{cases}\right]} + \underset{\substack{\text{Natriumcarbonat}\\286}}{Na_2CO_3.10H_2O} = \underset{\substack{\text{Natriumlactat.}\\2.112}}{2\left[C_2H_4\begin{cases}OH\\CO.ONa\end{cases}\right]}$$
$$+ \underset{\substack{\text{Kohlen-}\\\text{saureanhydrid}}}{CO_2} + \underset{\text{Wasser.}}{11H_2O}$$

Versetzt man eine koncentrirte Lösung von Natriumlactat mit einer koncentrirten Lösung von Ferrosulfat, so scheidet sich beim Erkalten Ferrolactat krystallinisch aus.

$$\underset{\substack{\text{Natriumlactat}\\2.112}}{2\left[C_2H_4\begin{cases}OH\\CO.ONa\end{cases}\right]} + \underset{\substack{\text{Ferrosulfat}\\278}}{FeSO_4.7H_2O} = \underset{\substack{\text{Ferrolactat}\\288}}{\left[\left(C_2H_4\begin{cases}OH\\CO.O\end{cases}\right)_2Fe+3H_2O\right]}$$
$$+ \underset{\text{Natriumsulfat}}{Na_2SO_4} + \underset{\text{Wasser.}}{4H_2O}$$

Aufbewahrung. Da feuchte Luft die Bildung von braunem, basischen Ferrilactat veranlasst, so ist das Ferrolactat in gut verschlossenen Gefässen aufzubewahren. Direktes Sonnenlicht verhindert wie bei allen Ferrosalzen die Oxydation desselben.

Eigenschaften. Das Ferrolactat stellt grünlichweisse, aus kleinen nadelförmigen Krystallen bestehende Krusten oder ein krystallinisches Pulver dar von eigenthümlichem, aber nicht scharf ausgeprägtem Geruche. Es löst sich beim Schütteln langsam in etwa 40 Theilen kaltem, in 12 Theilen siedendem Wasser, kaum in Weingeist.

Löst man 0,3 g Ferrolactat in 20 g vorher ausgekochtem Wasser, so erhält man eine grünlichgelbe, sauer reagirende Lösung. Versetzt man je die Hälfte dieser Lösung

a) mit Kaliumferricyanidlösung, so entsteht sofort ein dunkelblauer Niederschlag von Ferroferricyanid (Turnbullsblau).

$$\underset{\text{Ferrolactat}}{3\left[\left(C_2H_4\begin{cases}OH\\CO.O\end{cases}\right)_2Fe\right]} + \underset{\text{Kaliumferricyanid}}{2[K_3(FeCy_6)]} = \underset{\text{Ferroferricyanid}}{Fe_3(FeCy_6)_2}$$
$$+ \underset{\text{Kaliumlactat.}}{6\left(C_2H_4\begin{cases}OH\\CO.OK\end{cases}\right)}$$

b) mit Kaliumferrocyanidlösung, so darf nur ein hellblauer Niederschlag von Ferroferricyanid, $Fe_2(FeCy_6)$, entstehen. Ist eine grössere Menge von Ferrilactat zugegen, so entsteht ein dunkelblauer Niederschlag von Ferriferrocyanür (Berlinerblau).

$$2\left[\left(C_2H_4\begin{cases}OH\\CO.O\end{cases}\right)_6 Fe_2\right] + 3K_4(FeCy_6) = Fe_4(FeCy_6)_3 + 12\left(C_2H_4\begin{cases}OH\\CO.OK\end{cases}\right)$$

Ferrilactat, Kaliumferrocyanid, Ferriferrocyanür (Berlinerblau), Kaliumtartrat.

Wird eine kleine Menge Ferrolactat auf dem Platinbleche geglüht, so entwickelt sich ein caramelähnlicher Geruch.

Prüfung.

1. Man löse 2 g Ferrolactat in 98 g ausgekochtem Wasser.

a) 10 ccm dieser Lösung versetze man mit Bleiacetatlösung; es darf nur eine weissliche, opalisirende Trübung entstehen. Eine stärkere weissliche Trübung würde Salze fremder Säuren, wie Ferrosulfat, Ferrotartrat, Ferrocitrat, Ferromalat anzeigen.

$$C_4H_4FeO_6 + Pb(C_2H_3O_2)_2 = C_4H_4PbO_6 + Fe(C_2H_3O_2)_2$$

Ferrotartrat, Bleiacetat, Bleitartrat, Ferroacetat.

b) Man säure 10 ccm der Lösung mit einigen Tropfen Salzsäure an und versetze mit Schwefelwasserstoffwasser. Es darf nur eine weissliche, opalisirende Trübung eintreten. Eine stärkere weisse Trübung würde einen zu hohen Gehalt an Ferrilactat, eine dunkle Färbung fremde Metalle wie Kupfer, Blei anzeigen.

$$\left(C_2H_4\begin{cases}OH\\CO.O\end{cases}\right)_6 Fe_2 + H_2S = 2\left[\left(C_2H_4\begin{cases}OH\\CO.O\end{cases}\right)_2 Fe\right] + S + 2\left(C_2H_4\begin{cases}OH\\CO.OH\end{cases}\right)$$

Ferrilactat, Schwefelwasserstoff, Ferrolactat, Schwefel, Milchsäure.

c) 20 ccm der wässrigen Lösung säure man mit einigen Tropfen Salpetersäure an und versetze je 10 ccm der Lösung α) mit Baryumnitratlösung; es darf nur eine weissliche Trübung eintreten. Eine stärkere Trübung würde einen zu hohen Gehalt an Sulfaten, wie Ferrosulfat, Natriumsulfat anzeigen.

$$\underset{\text{Ferrosulfat}}{FeSO_4} + \underset{\text{Baryumnitrat}}{Ba(NO_3)_2} = \underset{\text{Baryumsulfat}}{BaSO_4} + \underset{\text{Ferronitrat.}}{Fe(NO_3)_2}$$

β) mit Silbernitratlösung; es darf nur eine opalisirende Trübung eintreten. Eine stärkere Trübung würde einen zu hohen Gehalt an Chloriden, wie Ferrochlorid, Natriumchlorid anzeigen.

$$\underset{\text{Ferrochlorid}}{FeCl_2} + \underset{\text{Silbernitrat}}{2\,AgNO_3} = \underset{\text{Silberchlorid}}{2\,AgCl} + \underset{\text{Ferronitrat.}}{Fe(NO_3)_2}$$

d) 30 ccm der wässrigen Lösung versetze man mit 3 ccm verdünnter Schwefelsäure und koche etwa 5 Minuten lang. Der halb erkalteten Flüssigkeit füge man Natronlauge im Ueberschusse zu, filtriere und erhitze das Filtrat mit alkalischer Kupfertartratlösung. Es darf sich kein rother Niederschlag abscheiden. Es würde dieses die Anwesenheit von Kohlenhydraten, wie Rohrzucker, Milchzucker, Traubenzucker, Dextrin etc. anzeigen.

Milchzucker und Traubenzucker vermögen beim Erhitzen alkalische Kupfertartratlösung unter Abscheidung von Kupferoxydul zu reduciren, während Rohrzucker und Dextrin dieses nicht vermögen. Diese müssen erst durch Kochen mit verdünnter Schwefelsäure in reducirende Kohlenhydrate umgewandelt werden. Aus dem Rohrzucker entsteht dadurch unter Aufnahme von Wasser Invertzucker, ein Gemenge von Traubenzucker und Fruchtzucker (a), aus dem Dextrin Traubenzucker (b).

a) $$\underset{\text{Rohrzucker}}{C_{12}H_{22}O_{11}} + \underset{\text{Wasser}}{H_2O} = \underset{\text{Invertzucker.}}{2\,C_6H_{12}O_6}$$

b) $$\underset{\text{Dextrin}}{C_6H_{10}O_5} + \underset{\text{Wasser}}{H_2O} = \underset{\text{Traubenzucker.}}{C_6H_{12}O_6}$$

Die alkalische Kupfertartratlösung wird in der Weise bereitet, dass man vor dem Gebrauche eine Kupfersulfatlösung mit einer alkalischen Natrium-Kaliumtartratlösung vermischt. Es bildet sich hierbei überbasisches Kupfer-Natrium-Kaliumtartrat.

$$CuSO_4 + 2\,NaOH + C_2H_2(OH)_2\begin{cases}CO\,.\,OK\\CO\,.\,ONa\end{cases} = C_2H_2(O_2Cu)\begin{cases}CO\,.\,OK\\CO\,.\,ONa\end{cases}$$

Kupfersulfat — Natriumhydroxyd — Natrium-Kaliumtartrat — Ueberbasisches Kupfer-Natrium-Kaliumtartrat

$$+ Na_2SO_4 + 2\,H_2O$$

Natriumsulfat — Wasser.

Auf obige Lösung wirken Traubenzucker und Milchzucker beim Erhitzen reducirend, indem sich rothes Kupferoxydul ausscheidet und unbekannte Oxydationsprodukte dieser Kohlenhydrate entstehen.

$$2\left[C_2H_2(O_2Cu)\begin{cases}CO\,.\,OK\\CO\,.\,ONa\end{cases}\right] + C_6H_{12}O_6 + 2\,H_2O = Cu_2O +$$

Ueberbasisches Kupfer-Natrium-Kaliumtartrat — Traubenzucker — Wasser — Kupferoxydul

$$2\left[C_2H_2(OH)_2\begin{cases}CO\,.\,OK\\CO\,.\,ONa\end{cases}\right] + \text{Oxydationsprodukte des Traubenzuckers.}$$

Natrium-Kaliumtartrat

2. Man zerreibe eine kleine Menge Ferrolactat in einem Porzellanschälchen mit Schwefelsäure; es darf weder sofort Gasentwickelung, noch nach längerem Stehen eine Bräunung der Schwefelsäure eintreten. Eine Gasentwickelung würde die Anwesenheit von Carbonaten, eine Bräunung der Schwefelsäure organische Stoffe, wie Zucker, Gummi, Weinsäure etc. anzeigen.

3. Man befeuchte 1 g Ferrolactat mit etwa 10 Tropfen Salpetersäure in einem Porzellantiegel und glühe. Es bleibt Ferrioxyd zurück, welches nicht weniger als 0,27 g wiegen soll.

2 Moleküle Ferrolactat (2 . 288 Gewichtstheile) entsprechen 1 Molekül Ferrioxyd (160 Gewichtstheile). 1 g Ferrolactat muss daher $\frac{160}{576}$ = 0,27 g Ferrioxyd liefern.

4. Obigen Glührückstand bringe man mit befeuchtetem rothen Lackmuspapier in Berührung. Dasselbe darf nicht gebläut werden. Es würde dieses Alkalicarbonate anzeigen.

5. Man ziehe den Glührückstand mit Wasser aus, filtrire und verdunste 1 Tropfen des Filtrats auf einer Glasplatte. Es darf kein Rückstand bleiben, es würde dieses Alkalisalze anzeigen.

Stöchiometrische Berechnungen.

1. Wenn sich aus 500 g saurer Molke und 25 g Milchzucker 36 g Milchsäure bilden, wie viel krystallisirtes Natriumcarbonat braucht man zur Sättigung dieser Milchsäure?

2 Moleküle Milchsäure (2 . 90 Gewichtstheile) brauchen 1 Molekül krystallisirtes Natriumcarbonat (286 Gewichtstheile) zur Sättigung.

$$\begin{array}{ccccccc} 2C_3H_6O_3 & & Na_2CO_3 . 10H_2O & & C_3H_6O_3 & & \\ 180 & : & 286 & = & 36 & : & x \end{array}$$

$$x = 56 \text{ g } Na_2CO_3 . 10H_2O.$$

36 g Milchsäure brauchen 56 g krystallisirtes Natriumcarbonat zur Sättigung.

2. Wie viel Natriumlactat erhält man von 36 g Milchsäure und wie viel krystallisirtes Ferrosulfat ist zur Zersetzung dieses Salzes nöthig?

1 Molekül Milchsäure (90 Gewichtstheile) entspricht 1 Molekül Natriumlactat (112 Gewichtstheile).

$$\begin{array}{ccccccc} C_3H_6O_3 & & C_3H_5NaO_3 & & C_3H_6O_3 & & \\ 90 & : & 112 & = & 36 & : & x \end{array}$$

$$x = 44{,}8 \text{ g } C_3H_5NaO_3.$$

2 Moleküle Natriumlactat (2 . 112 Gewichtstheile) brauchen 1 Molekül krystallisirtes Ferrosulfat (278 Gewichtstheile) zur Zersetzung.

$$\begin{array}{ccccccc} 2C_3H_5NaO_3 & & FeSO_4 . 7H_2O & & C_3H_5NaO_3 & & \\ 224 & : & 278 & = & 44{,}8 & : & x \end{array}$$

$$x = 55{,}6 \text{ g } FeSO_4 . 7H_2O.$$

36 g Milchsäure liefern 44,8 g Natriumlactat und diese brauchen 55,6 g krystallisirtes Ferrosulfat zur Zersetzung.

3. Wie viel Ferrolactat erhält man von 36 g Milchsäure?

2 Moleküle Milchsäure entsprechen 2 Molekülen Natriumlactat und diese 1 Molekül Ferrolactat.

2 Moleküle Milchsäure (2 . 90 Gewichtstheile) entsprechen daher 1 Molekül Ferrolactat (288 Gewichtstheile).

$$\begin{array}{ccccccc} 2C_3H_6O_3 & & (C_3H_5O_3)_2Fe . 3H_2O & & C_3H_6O_3 & & \\ 180 & : & 288 & = & 36 & : & x \end{array}$$

$$x = 57{,}8 \text{ g } (C_3H_5O_3)_2Fe . 3H_2O.$$

36 g Milchsäure liefern 57,8 g Ferrolactat. In der Praxis erhält man bedeutend weniger Ferrolactat, da ein Theil in der Mutterlauge gelöst bleibt.

Ferrum oxydatum saccharatum.

Ferrum oxydatum saccharatum solubile. Ferrisaccharat. Eisenzucker.

Darstellung. 26 g Natriumcarbonat löse man in 150 g heissen Wassers, lasse vollständig erkalten und filtrire die Lösung. Andererseits verdünne man 30 g Ferrichloridlösung mit 150 g Wasser in einem etwa $1^1/_2$ Liter fassenden Gefässe und setze obige Natriumcarbonatlösung portionenweise unter Umrühren hinzu mit der Vorsicht, dass bis gegen Ende der Fällung der entstehende Niederschlag beim Umrühren jedes Mal wieder verschwinde. Gegen das Ende der Fällung verschwindet der entstehende Niederschlag nicht mehr und es wird zuletzt alles Eisen ausgefällt. Nachdem die Fällung vollendet, füge man etwa 1 Liter kaltes Wasser hinzu, lasse den Niederschlag absetzen, giesse die überstehende Flüssigkeit ab, rühre den Niederschlag wiederum mit kaltem Wasser an, lasse absetzen, giesse die Flüssigkeit ab und wiederhole diese Operation so oft, bis eine Probe des Waschwassers mit 5 Raumtheilen Wasser verdünnt und mit Salpetersäure angesäuert durch Silbernitratlösung nicht mehr als opalisirend getrübt wird. Sodann wird der Niederschlag auf ein angefeuchtetes, leinenes Kolirtuch gebracht, abtropfen gelassen und gelinde ausgedrückt, indem man ihn unter eine Presse bringt, welche man sehr langsam und vorsichtig anzieht. Den noch feuchten Niederschlag mische man in einer Porzellanschale mit 50 g mittelfein gepulverten Zucker durch Verreiben, so dass keine Klümpchen mehr vorhanden sind, setze ca. 3 g Natronlauge zu und erhitze auf dem Wasserbade bis zur vollständigen klaren Lösung. Sollte die Lösung nicht klar werden, so setze man noch 1 bis 2 g Natronlauge hinzu. Man verdampfe nun unter Umrühren zur Trockne, zerreibe den Rückstand zu einem mittelfeinen Pulver und vermische dieses mit noch so viel trockenem Zuckerpulver, dass das Gewicht der Gesammtmenge 100 g beträgt.

Vorgang. Wird eine Lösung von Ferrichlorid mit einer Lösung von Natriumcarbonat in kleinen Portionen versetzt, so entweicht beim Umrühren Kohlensäureanhydrid und es entsteht ein Niederschlag von Ferrihydroxyd, der sich aber, so lange noch eine hinreichende Menge Ferrichlorid zugegen ist, als basisches Ferrichlorid (Ferrioxychlorid) wieder löst. Ist aber die grössere Menge Natriumcarbonatlösung zugesetzt, so löst sich das Ferrihydroxyd nicht mehr auf und alles Eisen scheidet sich auf weiteren Zusatz von Natriumcarbonatlösung als Ferrihydroxyd aus.

$$\underset{\substack{\text{Ferrichlorid}\\\text{entsprechend}\\\text{2 Atomen Fe =}\\\text{2 . 56}}}{Fe_2Cl_6} + \underset{\substack{\text{Natriumcarbonat}\\\text{3 . 286}}}{3(Na_2CO_3 + 10H_2O)} = \underset{\text{Ferrihydroxyd}}{Fe_2(OH)_6} + \underset{\substack{\text{Natrium-}\\\text{chlorid}}}{6NaCl}$$

$$+ \underset{\substack{\text{Kohlen-}\\\text{saureanhydrid}}}{3CO_2} + \underset{\text{Wasser.}}{27H_2O}$$

Das Auswaschen des Niederschlags muss so lange fortgesetzt werden, bis eine verdünnte Probe durch Silbernitratlösung nur mehr ganz wenig getrübt wird, bis also nur mehr ganz schwache Spuren von Natriumchlorid zugegen sind.

$$\underset{\substack{\text{Natrium-}\\\text{chlorid}}}{NaCl} + \underset{\text{Silbernitrat}}{AgNO_3} = \underset{\substack{\text{Silber-}\\\text{chlorid}}}{AgCl} + \underset{\text{Natriumnitrat.}}{NaNO_3}$$

Wird der abgepresste, noch feuchte Niederschlag mit Zucker und etwas Natronlauge erwärmt, so geht er in Lösung, indem sich diese Stoffe zu Natriumferrisaccharat chemisch verbinden. Die chemische Formel dieser Verbindung ist nicht festgestellt.

Aufbewahrung. Da das Licht reducirend auf den Eisenzucker einwirkt, so soll derselbe vor Licht geschützt aufbewahrt werden. Das Arzneibuch schreibt dieses jedoch nicht vor.

Eigenschaften. Der Eisenzucker stellt ein rothbraunes, süsses Pulver dar, schwach nach Eisen schmeckend, in 100 Theilen mindestens 2,8 Theile Eisen enthaltend.

1 Theil Eisenzucker gebe mit 20 Theilen heissen Wassers eine völlig klare, rothbraune, kaum alkalisch reagirende Lösung, welche durch Kaliumferrocyanidlösung allein nicht verändert wird, auf Zusatz von Salzsäure aber zuerst schmutzig grün gefärbt, dann rein blau gefällt wird. Das Eisen kann nämlich in dem Eisenzucker durch die meisten Reagentien nicht nachgewiesen werden. Wird aber die Verbindung durch Salzsäure aufgehoben, wobei Ferrichlorid und Natriumchlorid gebildet wird, so erzeugt Kaliumferrocyanidlösung zuerst eine schmutzig grüne Färbung, bis nämlich die Umwandlung in Ferrichlorid

völlig stattgefunden hat, dann aber eine blaue Fällung von Ferriferrocyanür (Berlinerblau).

$$\underset{\text{Ferrichlorid}}{2\,Fe_2Cl_6} + \underset{\text{Kaliumferrocyanid}}{3\,K_4(FeCy_6)} = \underset{\substack{\text{Ferriferrocyanür}\\\text{(Berlinerblau)}}}{Fe_4(FeCy_6)_3} + \underset{\text{Kaliumchlorid.}}{12\,KCl}$$

Prüfung.

1. Man löse 0,5 g des Präparats in 9,5 ccm Wasser, erhitze die Lösung mit 2 g verdünnter Salpetersäure, welche die Verbindung unter Bildung von Ferrinitrat und Natriumnitrat zerlegt, lasse erkalten, und versetze die Flüssigkeit mit Silbernitratlösung; es darf nur eine opalisirende Trübung entstehen. Eine stärkere Trübung oder Fällung würde anzeigen, dass das Ferrihydroxyd nicht hinreichend durch Auswaschen vom Natriumchlorid getrennt wurde.

Chemische Formel siehe beim Vorgang!

2. 1 g des Präparats übergiesse man mit 5 ccm Salzsäure, verdünne die Lösung nach dem Verschwinden der rothbraunen Farbe mit 20 ccm Wasser, bringe dieselbe in ein Glas mit Glasstopfen, füge 1 g Kaliumjodid hinzu, und lasse das Gemisch bei gewöhnlicher Wärme im geschlossenen Gefässe eine Stunde lang stehen.

Die Salzsäure löst das Eisen als Ferrichlorid auf, welches sich mit dem Kaliumjodid umsetzt in Ferrochlorid, Kaliumchlorid und freies Jod.

$$\underset{\substack{\text{Ferrichlorid}\\\text{entsprechend}\\\text{2 Atomen}\\\text{Fe = 2 . 56}}}{Fe_2Cl_6} + \underset{\substack{\text{Kalium-}\\\text{jodid}}}{2\,KJ} = \underset{\substack{\text{Ferro-}\\\text{chlorid}}}{2\,FeCl_2} + \underset{\substack{\text{Kalium-}\\\text{chlorid}}}{2\,KCl} + \underset{\substack{\text{Jod.}\\\text{2 . 127}}}{J_2}$$

Hierauf versetze man mit so viel Zehntel-Normal-Natriumthiosulfatlösung, bis die Flüssigkeit hellgelb geworden, füge etwa 10 Tropfen Stärkelösung hinzu, und weiter so viel Zehntel-Normal-Natriumthiosulfatlösung, bis die blau gewordene Flüssigkeit gerade entfärbt wird. Es müssen bis zu diesem Punkte 5 bis 5,3 ccm Zehntel-Normal-Natriumthiosulfatlösung verbraucht werden. Es bildet sich hierbei Natriumjodid und Natriumtetrathionat.

$$\underset{\substack{\text{Jod}\\\text{2 . 127}}}{J_2} + \underset{\substack{\text{Natriumthiosulfat}\\\text{2 . 248}}}{2(Na_2S_2O_3 . 5\,H_2O)} = \underset{\substack{\text{Natrium-}\\\text{jodid}}}{2\,NaJ} + \underset{\substack{\text{Natrium-}\\\text{tetrathionat}}}{Na_2S_4O_6} + \underset{\text{Wasser.}}{10\,H_2O}$$

1 Molekül Natriumthiosulfat (248 Gewichtstheile) bindet 1 Atom Jod (127 Gewichtstheile).

Zehntel-Normal-Natriumthiosulfatlösung		Natriumthiosulfat
1000 ccm	enthalten	24,8 g
1 „	enthält	0,0248 g
		Jod
1000 „	binden	12,7 g
1 „	bindet	0,0127 g
1 Atom Jod		1 Atom Eisen
127	entspricht	56
0,0127 g Jod	entsprechen	0,0056 g Eisen
Zehntel-Normal-Natriumthiosulfatlösung		
1 ccm	entspricht	0,0056 g „
5 „	entsprechen $5 \times 0,0056 = 0,028$ g „	
5,3 „	entsprechen $5,3 \times 0,0056 = 0,02968$ g „	

Diese Menge Eisen soll in 1 g Eisenzucker enthalten sein; 100 g des letzteren müssen daher 2,8 bis 2,968 % Eisen enthalten.

Zur Darstellung von 100 g Eisenzucker werden 30 g Ferrichloridlösung verwendet, und diese enthalten 3 g Eisen. Da aber eine geringe Menge Eisen bei der Darstellung des Eisenzuckers stets verloren geht, so begnügt sich das Arzneibuch mit 2,8 bis 2,968 % Eisen.

Stöchiometrische Berechnung.

Wie viel Natriumcarbonat braucht man zur Fällung von 30 g Ferrichloridlösung?

30 g Ferrichloridlösung enthalten 3 g Eisen.

1 Molekül Ferrichlorid, entsprechend 2 Atomen Eisen (2 . 56 Gewichtstheile), braucht 3 Moleküle Natriumcarbonat (3 . 286 Gewichtstheile) zur Fällung.

$$\begin{array}{ccccc} 2Fe & & 3(Na_2CO_3 . 10H_2O) & & Fe \\ 112 & : & 858 & = & 3 : x \end{array}$$

$$x = 22,98 \text{ g } Na_2CO_3 . 10H_2O.$$

30 g Ferrichloridlösung brauchen 22,98 g Natriumcarbonat zur Fällung.

Ferrum sulfuricum.

Schwefelsaures Eisenoxydul. Ferrosulfat. Reiner Eisenvitriol.

$$FeSO_4 . 7H_2O = SO_2 <^{O}_{O} Fe + 7H_2O.$$

Darstellung. In einem etwa 500 ccm fassenden Glaskolben mische man 45 g concentrirte Schwefelsäure mit 120 g Wasser, indem man erstere in dünnem Strahle unter Bewegung des Kolbens in das Wasser eingiesst. In die noch warme Mischung bringe man 30 g Eisendraht, welchen man zuvor mit Bimsstein abgerieben und in kleine Stückchen zerschnitten hatte. Man lasse nun so lange stehen, bis sich nur mehr wenig Glasbläschen in der Flüssigkeit zeigen und trage Sorge, dass die Temperatur nicht unter 25^0 herabgeht. Die Operation nehme man wegen der Spuren von Arsen- und Schwefelwasserstoff, welche sich neben Wasserstoff entwickeln, im Freien vor.

Findet nur mehr schwache Gasentwickelung statt, so filtrire man in ein Gefäss, in welchem sich 60 g Weingeist befinden, welchen man während der Filtration in kreisende Bewegung versetzt. Das ausgeschiedene Krystallmehl sammle man auf einen leinenen Kolatorium, wasche es mit verdünntem Weingeist aus, um die freie Schwefelsäure zu entfernen, presse sodann aus und trockne es auf Filtrirpapier ausgebreitet, am besten im direkten Sonnenlichte, an der Luft. Das trockne Salz ist sofort in trockne, nicht zu grosse Gläser zu bringen, die dicht zu verschliessen sind.

Vorgang. Wird Eisen mit verdünnter Schwefelsäure zusammengebracht, so löst sich Ferrosulfat und Wasserstoffgas entweicht.

$$\underset{\substack{\text{Eisen} \\ 56}}{Fe} + \underset{\substack{\text{Schwefel-} \\ \text{saure} \\ 98}}{H_2SO_4} + \underset{\text{Wasser}}{7\,H_2O} = \underset{\substack{\text{Ferrosulfat} \\ 278}}{FeSO_4 \,.\, 7\,H_2O} + \underset{\substack{\text{Wasser-} \\ \text{stoff.}}}{H_2}$$

Besitzt die Lösung des Ferrosulfats, welche in Weingeist filtrirt wird, eine Temperatur von 15 bis 30^0, so scheidet sich das Ferrosulfat mit 7 Molekülen Krystallwasser aus, weil das Salz in Weingeist unlöslich ist. Besitzt sie eine höhere Temperatur als 30^0, so besitzt das sich ausscheidende Salz nur 5 und 6 Moleküle Krystallwasser.

Die vorgeschriebene Menge Schwefelsäure reicht nicht aus, um alles Eisen aufzulösen. Trotzdem wird bei dieser Darstellungsweise nicht alle Schwefelsäure an das Eisen gebunden, so dass die Ferrosulfatlösung noch etwas freie Schwefelsäure enthält. Wäre letzteres nicht der Fall, und wäre alles Eisen gelöst, so würde die Oxydation des Ferrosulfats zu Ferrisulfat sofort erfolgen.

Da direktes Sonnenlicht reducirend auf das Ferrisulfat einwirkt, so kann beim Trocknen des Salzes im Sonnenlichte keine Oxydation des Ferrosulfats stattfinden. Um aber eine theilweise Verwitterung des Salzes zu verhindern, darf das Salz nicht zu lange an der Sonne liegen bleiben und muss dasselbe sofort nach dem Trocknen in ein trocknes, gut zu verschliessendes Gefäss gebracht werden.

Aufbewahrung. Das Ferrosulfat besitzt, besonders im feuchten Zustande grosse Neigung, sich zu oxydiren. Es muss daher das trockene Salz vor Feuchtigkeit geschützt in gut verschlossenen, nicht zu grossen Gläsern aufbewahrt werden.

Eigenschaften. Das Ferrosulfat stellt ein krystallinisches, an trockner Luft verwitterndes Pulver dar, welches sich in 1,8 Theilen Wasser mit grünlichblauer Farbe löst.

Versetzt man 10 ccm einer sehr verdünnten Lösung (z. B. 0,1 g des Salzes in 50 ccm Wasser) mit Kaliumferricyanidlösung, so entsteht ein tiefblauer Niederschlag an Ferroferricyanid (Turnbullsblau).

$$\underset{\text{Ferrosulfat}}{3\,FeSO_4} + \underset{\text{Kaliumferricyanid}}{2\,[K_3(FeCy_6)]} = \underset{\text{Ferroferricyanid}}{Fe_3(FeCy_6)_2} + \underset{\text{Kaliumsulfat.}}{3\,K_2SO_4}$$

10 ccm obiger verdünnter Lösung geben mit Baryumnitratlösung einen weissen Niederschlag von Baryumsulfat, der in Salzsäure unlöslich ist.

$$\underset{\text{Ferrosulfat}}{FeSO_4} + \underset{\text{Baryumnitrat}}{Ba(NO_3)_2} = \underset{\text{Baryumsulfat}}{BaSO_4} + \underset{\text{Ferronitrat.}}{Fe(NO_3)_2}$$

Prüfung.

1. Man löse 1 g des Präparats in 19 ccm ausgekochtem und abgekühltem Wasser; die Lösung sei klar, von grünlichblauer Farbe und fast ohne Wirkung auf blaues Lackmuspapier.

Ist die Lösung braungelb oder scheidet sich ein gelber Absatz aus, und wird blaues Lackmuspapier stark geröthet, so hat eine theilweise Oxydation stattgefunden, indem sich unlösliches basisches Ferrisulfat gebildet und Schwefelsäure frei geworden ist.

$$\underset{\text{Ferrosulfat}}{2(FeSO_4\,.\,7\,H_2O)} + \underset{\text{Sauerstoff}}{O} = \underset{\text{Basisches Ferrisulfat}}{Fe_2SO_4(OH)_4} + \underset{\text{Schwefelsaure}}{H_2SO_4} + \underset{\text{Wasser.}}{11\,H_2O}$$

2. Man löse 2 g des Salzes in etwa 30 ccm Wasser, füge verdünnte Schwefelsäure hinzu und erwärme mit einigen Tropfen Salpetersäure, wodurch das Ferrosulfat in Ferrisulfat übergeführt und Stickoxyd frei wird, welches aber aus der Luft Sauerstoff anzieht und als Stickstoffdioxyd in gelben Dämpfen entweicht.

$$\underset{\text{Ferrosulfat}}{6\,FeSO_4} + \underset{\text{Schwefelsaure}}{3\,H_2SO_4} + \underset{\text{Salpetersaure}}{2\,HNO_3} = \underset{\text{Ferrisulfat}}{3\,Fe_2(SO_4)_3} + \underset{\text{Stickoxyd}}{2\,NO} + \underset{\text{Wasser}}{4\,H_2O}$$

Oder man behandle obige wässrige Lösung mit Bromwasser, wobei Ferrisulfat und Ferribromid gebildet werden.

$$\underset{\text{Ferrosulfat}}{6\,FeSO_4} + \underset{\text{Brom}}{6\,Br} = \underset{\text{Ferrisulfat}}{2\,Fe_2(SO_4)_3} + \underset{\text{Ferribromid.}}{Fe_2Br_6}$$

Man versetze die Lösung des Ferrisulfats und im letzteren Falle auch des Ferribromids mit überschüssiger Ammoniakflüssigkeit; es scheidet sich Ferrihydroxyd aus und Ammoniumsulfat, beziehungsweise auch Ammoniumbromid geht in Lösung.

$$\underset{\text{Ferrisulfat}}{Fe_2(SO_4)_3} + \underset{\text{Ferribromid}}{Fe_2Br_6} + \underset{\text{Wasser}}{12\,H_2O} + \underset{\text{Ammoniak}}{12\,NH_3} = \underset{\text{Ferrihydroxyd}}{2\,Fe_2(OH)_6}$$
$$+ \underset{\text{Ammoniumsulfat}}{3\,(NH_4)_2SO_4} + \underset{\text{Ammoniumbromid.}}{6\,NH_4Br}$$

Den Niederschlag von Ferrihydroxyd filtrire man ab.

a) Das Filtrat muss farblos erscheinen. Enthält das Präparat Kupfersulfat, so löst sich dieses auf Zusatz von Ammoniak als Kupfersulfat-Ammoniak, $CuSO_4 + 4\,NH_3$, und das Filtrat erscheint blau.

b) 10 ccm obigen Filtrats versetze man mit Schwefelwasserstoffwasser, wodurch keine Veränderung entstehen darf. Enthält das Präparat Zinksulfat, so geht dieses auf Zusatz von überschüssigem Ammoniak als Zinkoxyd-Ammonium in Lösung (α) und im Filtrate entsteht durch Schwefelwasserstoff ein weisser Niederschlag von Zinksulfid (β).

α) $$\underset{\text{Zinksulfat}}{ZnSO_4} + \underset{\text{Ammoniak}}{4\,NH_3} + \underset{\text{Wasser}}{2\,H_2O} = \underset{\text{Zinkoxyd-Ammonium}}{Zn(ONH_4)_2} + \underset{\text{Ammoniumsulfat.}}{(NH_4)_2SO_4}$$

β) $$\underset{\text{Zinkoxyd-Ammonium}}{Zn(ONH_4)_2} + \underset{\text{Schwefelwasserstoff}}{3\,H_2S} = \underset{\text{Zinksulfid}}{ZnS} + \underset{\text{Ammoniumhydrosulfid}}{2\,(NH_4 . SH)} + \underset{\text{Wasser.}}{2\,H_2O}$$

c) Einige ccm obigen Filtrats verdampfe man in einem Porzellantiegel zur Trockne und glühe den Rückstand; er muss sich hierbei vollständig verflüchtigen. Ein wägbarer Rückstand würde von Salzen der Alkalien oder des Magnesiums herrühren.

Stöchiometrische Berechnungen.

1. Wie viel Eisen vermögen 45 g 98procentige Schwefelsäure in Ferrosulfat zu verwandeln?

45 g 98procentige Schwefelsäure enthalten $\frac{45 \cdot 98}{100} = 44{,}1 \text{g} H_2SO_4$.

1 Molekül Schwefelsäure (98 Gewichtstheile) verbindet sich mit 1 Atom Eisen (56 Gewichtstheile) zu Ferrosulfat.

$$\begin{array}{ccccccc} H_2SO_4 & & Fe & & H_2SO_4 & & \\ 98 & : & 56 & = & 44{,}1 & : & x \end{array}$$

$$x = 25{,}2 \text{ g Fe}.$$

45 g 98procentige Schwefelsäure vermögen 25,2 g Eisen in Ferrosulfat zu verwandeln. Da aber nach obiger Vorschrift die Einwirkung der Schwefelsäure auf das Eisen nicht durch längeres Erwärmen unterstützt wird, so wird die Schwefelsäure nicht vollständig an das Eisen gebunden, sondern es bleibt ein Theil der ersteren ungebunden; es wird sich weniger Eisen auflösen, als obiger Berechnung entspricht.

2. Wie viel krystallisirtes Ferrosulfat erhält man von 25 g Eisen?

1 Atom Eisen (56 Gewichtstheile) entspricht 1 Molekül krystallisirten Ferrosulfat (278 Gewichtstheile).

$$\begin{array}{ccccccc} Fe & & FeSO_4 \cdot 7H_2O & & Fe & & \\ 56 & : & 278 & = & 25 & : & x \end{array}$$

$$x = 124{,}1 \text{ g } FeSO_4 \cdot 7H_2O.$$

25 g Eisen geben 124,1 g krystallisirtes Ferrosulfat.

Nach obiger Vorschrift wird man weit weniger Ferrosulfat erhalten, da die Lösung des Eisens nicht durch Erwärmung unterstützt und daher die Schwefelsäure nicht vollständig an das Eisen gebunden wird.

3. Wie viel Procent Krystallwasser und wasserfreies Ferrosulfat enthält das Salz von der Formel $FeSO_4 \cdot 7H_2O$?

1 Molekül Ferrosulfat (278 Gewichtstheile) enthält 1 Molekül wasserfreies Ferrosulfat (152 Gewichtstheile) und 7 Moleküle Krystallwasser (7 . 18 Gewichtstheile).

$$\begin{array}{ccccccc} FeSO_4 \cdot 7H_2O & & FeSO_4 & & FeSO_4 \cdot 7H_2O & & \\ 278 & : & 152 & = & 100 & : & x \end{array}$$

$$x = 54{,}68 \text{ g } FeSO_4.$$

$$\begin{array}{ccccccc} & & 7H_2O & & & & \\ 278 & : & 126 & = & 100 & : & x \end{array}$$

$$x = 45{,}32 \text{ g } H_2O.$$

Das krystallisirte Ferrosulfat besteht aus 54,68 % wasserfreiem Ferrosulfat und 45,32 % Wasser.

Ferrum sulfuricum siccum.

Entwässertes Ferrosulfat.

Darstellung. 100 g Ferrosulfat breite man auf Filtrirpapier etwa einen halben Centimeter hoch locker aus, decke ein Filtrirpapier darüber und lasse einige Zeit bei einer Temperatur von 20 bis 30° liegen. Es findet dabei eine oberflächliche Verwitterung statt. Hierauf bringe man das Salz in eine tarirte Porzellanschale, erwärme unter bisweiligem Umrühren auf dem Wasserbade und zuletzt auf dem Sandbade bei ca. 120°, bis der Rückstand 65 bis 64 g beträgt, worauf man das Salz zu einem mittelfeinen Pulver zerreibt und in einem gut verschlossenen Gefässe aufbewahrt.

Vorgang. Wird krystallisirtes Ferrosulfat im Wasserbade erwärmt, so schmilzt dasselbe in seinem Krystallwasser. Um dieses zu vermeiden, lässt man das Salz zuerst oberflächlich verwittern. Es schmilzt dann, im Wasserbade erwärmt, nicht mehr. Hat dasselbe einen Gewichtsverlust von 35 bis 36 g erlitten, so besitzt es noch ungefähr $1^1/_2$ Molekül Krystallwasser.

Aufbewahrung. Da das Salz begierig Feuchtigkeit aus der Luft anzieht, so muss es in einem gut verschlossenen Gefässe aufbewahrt werden.

Eigenschaften. Das entwässerte Ferrosulfat stellt ein weisses Pulver dar, das sich in Wasser langsam, aber ohne Rückstand löst. Ist die Lösung nicht klar, so enthält das Präparat basisches Ferrisulfat.

Prüfung.

1. Das Präparat entspreche den Anforderungen, welche in Betreff der Reinheit an das Ferrosulfat gestellt werden. Es sei also frei von basischem Ferrisulfat, Kupfersulfat, Zinksulfat, von Salzen der Alkalien und Erden.

Siehe beim vorhergehenden Präparat.

2. Man löse 0,2 g des Präparats in 10 ccm verdünnter Schwefelsäure und versetze die Lösung mit Kaliumpermanganatlösung (5 = 1000) bis zur bleibenden Röthung, wodurch das Ferrosulfat unter Mithülfe von Schwefelsäure in Ferrisulfat verwandelt wird unter gleichzeitiger Bildung von Manganosulfat und Kaliumsulfat.

$$\underset{\text{Ferrosulfat}}{10\,FeSO_4} + \underset{\text{Kaliumpermanganat}}{2\,KMnO_4} + \underset{\text{Schwefelsäure}}{8\,H_2SO_4} = \underset{\text{Ferrisulfat}}{5\,Fe_2(SO_4)_3} + \underset{\text{Manganosulfat}}{2\,MnSO_4}$$

$$+ \underset{\text{Kaliumsulfat}}{K_2SO_4} + \underset{\text{Wasser.}}{8\,H_2O.}$$

Ist die Lösung nach einigen Minuten nicht wieder entfärbt, so setze man einige Tropfen Weingeist hinzu, welcher durch das Kaliumpermanganat zu Essigsäure oxydirt wird, wobei Entfärbung der Flüssigkeit stattfindet.

$$\underset{\text{Aethylalkohol}}{3(C_2H_5 . OH)} + \underset{\text{Kaliumpermanganat}}{2KMnO_4} + \underset{\text{Schwefelsäure}}{2H_2SO_4} = \underset{\text{Essigsäure}}{3C_2H_4O_2} + \underset{\text{Kaliumsulfat}}{K_2SO_4} + \underset{\text{Manganosulfat}}{MnSO_4} + \underset{\text{Wasser.}}{5H_2O}$$

Die entfärbte Flüssigkeit bringe man in ein mit Glasstopfen versehenes Glas, setze 1 g Kaliumjodid hinzu und lasse die Mischung bei gewöhnlicher Wärme in geschlossenem Gefässe eine Stunde lang stehen.

Das Ferrisulfat macht aus dem Kaliumjodid das Jod frei unter Bildung von Kaliumsulfat und Ferrosulfat.

$$\underset{\substack{\text{Ferrisulfat} \\ \text{entprechend} \\ \text{2 Atomen Fe} = \\ 2 . 56}}{Fe_2(SO_4)_3} + \underset{\text{Kaliumjodid}}{2KJ} = \underset{\text{Ferrosulfat}}{2FeSO_4} + \underset{\text{Kaliumsulfat}}{K_2SO_4} + \underset{\substack{\text{Jod.} \\ 2 . 127}}{J_2}$$

Hierauf füge man so viel Zehntel-Normal-Natriumthiosulfatlösung hinzu, bis die Flüssigkeit hellgelb geworden, setze etwa 10 Tropfen Stärkelösung zu und weiter Zehntel-Normal-Natriumthiosulfatlösung, bis die blau gewordene Flüssigkeit gerade entfärbt wird. Es sollen bis zu diesem Punkte 10,8 ccm Zehntel-Normal-Natriumthiosulfatlösung verbraucht werden. Es bildet sich Natriumjodid und Natriumtetrathionat.

$$\underset{\substack{\text{Natriumthiosulfat} \\ 2 . 248}}{2(Na_2S_2O_3 . 5H_2O)} + \underset{\substack{\text{Jod} \\ 2 . 127}}{J_2} = \underset{\text{Natriumjodid}}{2NaJ} + \underset{\text{Natriumtetrathionat}}{Na_2S_4O_6} + \underset{\text{Wasser.}}{10H_2O}$$

1 Molekül Natriumthiosulfat (248 Gewichtstheile) bindet 1 Atom Jod (127 Gewichtstheile).

Zehntel-Normal-Natriumthiosulfatlösung		Natriumthiosulfat
1000 ccm	enthalten	24,8 g
1 „	enthält	0,0248 g
		Jod
1000 „	binden	12,7 g
1 „	bindet	0,0127 g

1 Atom Jod		1 Atom Eisen
127	entspricht	56
0,0127 g Jod	entsprechen	0,0056 g Eisen
Zehntel-Normal-Natrium-thiosulfatlösung		
1 ccm	entspricht	0,0056 g „
10,8 „	entsprechen $10,8 \times 0,0056 = 0,06048$ g „	

Diese Menge Eisen soll in 0,2 g des Präparats enthalten sein. In 100 g sollen daher enthalten sein:

$$500 \times 0,06048 = 30,24\,^0/_0 \text{ Eisen.}$$

Stöchiometrische Berechnungen.

1. Wie viel Procent wasserfreies Ferrosulfat und Wasser enthält das entwässerte Ferrosulfat?

Das krystallisirte Ferrosulfat besteht aus

54,68 $^0/_0$ wasserfreien Ferrosulfat und
45,32 $^0/_0$ Wasser.

Siehe beim vorigen Präparat.

Von letzterem sind beim Entwässern 35 bis 36 $^0/_0$ entwichen und es bleiben somit:
45,32 — 35 bis 36 = 10,32 bis 9,32 g Wasser, welche in 65 bis 64 g des entwässerten Ferrosulfats enthalten sind.

Die procentische Zusammensetzung berechnet sich:

$$65 : 10,32 = 100 : x \quad x = 15,88 \text{ bis}$$
$$64 : 9,32 = 100 : x \quad x = 14,57$$

Procent Wasser.

Für wasserfreies Ferrosulfat bleibt:

$$100 - 15,88 = 84,12 \text{ bis}$$
$$100 - 14,57 = 85,43\,^0/_0.$$

Das entwässerte Ferrosulfat enthält:

84,12	bis 85,43 $^0/_0$	wasserfreies Salz und
15,88	bis 14,57 $^0/_0$	Wasser
100,0	100,0	

2. Welche chemische Formel entspricht dem entwässerten Ferrosulfat?

Die procentische Zusammensetzung des Salzes beträgt:

84,12 bis 85,43 $^0/_0$ wasserfreies Salz und
15,88 bis 14,57 $^0/_0$ Wasser.

Siehe Nr. 1.

Dividirt man die procentische Zusammensetzung mit den entsprechenden Molekulargewichten, so erhält man folgende Quotienten:

$$\text{Wasserfreies Salz: } \frac{84,12}{152} = 0,55 \text{ bis}$$

$$\frac{85,43}{152} = 0,56$$

$$\text{Wasser: } \frac{15,88}{18} = 0,88 \text{ bis}$$

$$\frac{14,57}{18} = 0,81.$$

Die Quotienten verhalten sich:

$$0,55 : 0,88 = 1 : x \quad x = 1,6 \text{ bis}$$

$$0,56 : 0,81 = 1 : x \quad x = 1,4.$$

Das entwässerte Ferrosulfat enthält daher im Mittel $1^1/_2$ Molekül Wasser und es kommt ihm die Formel $2 FeSO_4 . 3 H_2O$ zu.

Hydrargyrum bijodatum.

Hydrargyrum bijodatum rubrum. Hydrargyrum jodatum rubrum. Deuterojodüretum Hydrargyri. Mercurius jodatus ruber. Quecksilberjodid. Rothes Jodquecksilber.

HgJ_2.

Darstellung. 10 g Quecksilberchlorid löse man in 200 g warmem Wasser, filtrire, wenn nöthig und lasse erkalten. In diese Lösung schütte man unter Umrühren eine Lösung von 12,5 g Kaliumjodid in 40 g Wasser. Nachdem sich der Niederschlag an einem dunkeln Ort abgesetzt hat, giesse man die überstehende Flüssigkeit ab, sammle den Niederschlag auf ein Filter, wasche denselben so lange mit Wasser aus, bis das Filtrat durch Silbernitratlösung nur mehr schwach opalisirend getrübt wird und trockne ihn, vor Licht geschützt, bei einer Temperatur von 25 bis 30°.

Vorgang. Kommt Quecksilberchloridlösung mit Kaliumjodidlösung zusammen, so scheidet sich rothes Quecksilberjodid aus und Kaliumchlorid geht in Lösung.

$$HgCl_2 + 2 KJ = HgJ_2 + 2 KCl$$

$HgCl_2$	$2 KJ$	HgJ_2	$2 KCl$
Quecksilberchlorid	Kaliumjodid	Quecksilberjodid	Kaliumchlorid.
271	2.166	454	

Da überschüssiges Kaliumjodid lösend auf das Quecksilberjodid unter Bildung eines Doppelsalzes einwirkt und ein Ueberschuss von Quecksilberchlorid auch die Bildung von schwer löslichen chloridhaltigen Jodid, $HgJ_2 . 2HgCl_2$, veranlasst, so sind die Gewichtsverhältnisse bei der Fällung genau einzuhalten.

Das Auswaschen des Niederschlags muss so lange fortgesetzt werden, bis das Waschwasser durch Silbernitratlösung nur noch opalisirend getrübt wird, bis also nahezu alles Kaliumchlorid entfernt ist.

$$\underset{\text{Kaliumchlorid}}{KCl} + \underset{\text{Silbernitrat}}{AgNO_3} = \underset{\text{Silberchlorid}}{AgCl} + \underset{\text{Kaliumnitrat.}}{KNO_3}$$

Aufbewahrung. Da das Quecksilberjodid durch Einwirkung des Lichts eine Zersetzung erleidet und ein helleres Aussehen bekommt, so muss dasselbe vor Licht geschützt und wegen seiner grossen Giftigkeit im Giftschranke aufbewahrt werden.

Eigenschaften. Das Quecksilberjodid stellt ein scharlachrothes Pulver dar, das beim Erhitzen im Probirrohre gelb wird, indem es in die gelbe Modifikation übergeht, dann schmilzt und sich verflüchtigt. Es löst sich in 130 Theilen kaltem und 20 Theilen siedendem Weingeist und ist in Wasser kaum löslich.

Prüfung.

1. Man erhitze 0,2 g Quecksilberjodid in einem trockenen Probirrohre. Es muss sich vollständig verflüchtigen. Ein Rückstand würde fremde Beimengungen, Mennige, Ocker, Kaliumchlorid etc. anzeigen.

2. Man löse 0,5 g des Präparats in 10 g siedendem Weingeist und lasse erkalten. Die Lösung muss farblos sein und darf blaues Lackmuspapier nicht röthen. Letzteres würde einen Gehalt von Quecksilberchlorid anzeigen.

Ein in siedendem Weingeist unlöslicher Rückstand könnte von Quecksilberjodür, Quecksilberoxyd, Mennige, Ocker etc. herrühren.

3. Man schüttle 1 g des Präparats mit 20 ccm Wasser und filtrire.

a) 10 ccm des Filtrats versetze man mit der doppelten Menge Schwefelwasserstoffwasser. Es darf nur eine schwache Färbung von Quecksilbersulfid entstehen, weil Spuren von Quecksilberjodid im Wasser löslich sind.

Entsteht eine dunkle Fällung von Quecksilbersulfid, so enthält das Präparat Quecksilberchlorid.

$$\underset{\text{Quecksilberchlorid}}{HgCl_2} + \underset{\text{Schwefelwasserstoff}}{H_2S} = \underset{\text{Quecksilbersulfid}}{HgS} + \underset{\text{Chlorwasserstoff.}}{2\,HCl}$$

b) 10 ccm des Filtrats versetze man mit Silbernitratlösung, wodurch nur eine schwach opalisirende gelbliche Trübung von Silberjodid entstehen darf, weil Quecksilberjodid spurenweise in Wasser löslich ist. Ist aber Quecksilberchlorid oder ein anderes Chlorid oder Jodid in der Lösung enthalten, so entsteht eine stärkere Trübung oder Fällung von Silberchlorid, beziehungsweise Jodid.

$$\underset{\text{Quecksilberchlorid}}{HgCl_2} + \underset{\text{Silbernitrat}}{2\,AgNO_3} = \underset{\text{Silberchlorid}}{2\,AgCl} + \underset{\text{Mercurinitrat.}}{Hg(NO_3)_2}$$

Stöchiometrische Berechnungen.

1. Wie viel Kaliumjodid braucht man zur Fällung von 10 g Quecksilberchlorid?

1 Molekül Quecksilberchlorid (271 Gewichtstheile) braucht 2 Moleküle Kaliumjodid (2 . 166 Gewichtstheile) zur Fällung.

$$\overset{HgCl_2}{271} : \overset{2KJ}{332} = \overset{HgCl_2}{10} : x$$

$$x = 12{,}25\ KJ.$$

10 g Quecksilberchlorid brauchen 12,25 g Kaliumjodid zur Fällung.

2. Wie viel Quecksilberjodid erhält man von 10 g Quecksilberchlorid?

1 Molekül Quecksilberchlorid (271 Gewichtstheile) entspricht 1 Molekül Quecksilberjodid (454 Gewichtstheile).

$$\overset{HgCl_2}{271} : \overset{HgJ_2}{454} = \overset{HgCl_2}{10} : x$$

$$x = 16{,}75\ HgJ_2.$$

10 g Quecksilberchlorid geben 16,75 g Quecksilberjodid.

Hydrargyrum chloratum.

Hydrargyrum chloratum mite laevigatum. Hydrargyrum muriaticum mite. Mercurius dulcis. Calomel. Quecksilberchlorür. Mercurochlorid.

Hg_2Cl_2.

Darstellung. 40 g Quecksilberchlorid zerreibe man in einer Porzellanschale unter Befeuchten mit etwas Weingeist ganz fein, füge 30 g metallisches Quecksilber hinzu und setze das Verreiben so lange fort, bis man mit freiem Auge keine Quecksilberkügelchen mehr wahrnimmt. Man bringe sodann das feuchte, graue Gemenge in eine Porzellanschale und erhitze unter bisweiligem Umrühren in einem Sandbade, bis die Mischung hellgelb geworden und alle Feuchtigkeit verjagt ist, was man daran erkennt, dass sich ein darübergehaltener Kolben am Boden weiss beschlägt. Die Operation muss an einem zugigen Orte vorgenommen werden, da ausser Feuchtigkeit auch überschüssiges Quecksilber und etwas Quecksilberchlorid sich verflüchtigt.

Nachdem man erkalten gelassen, zerreibe man die Masse zu einem Pulver und bringe dieses in Arzneigläser, die etwa $^1/_4$ damit angefüllt sein dürfen, stelle diese in ein Sandbad so ein, dass der Sand etwas höher steht, als das zu sublimirende Pulver im Glase, verschliesse die Oeffnungen der Gläser lose mit Kreidestopfen und erhitze das Sandbad allmälig stärker, bis der Boden der Arzneigläser, wenn man von oben hineinsieht, vollkommen leer erscheint. Man ziehe sodann die Gläser aus dem Sandbade heraus, überfahre den unteren Theil derselben mit einem nassen Tuche, so dass der Boden abspringt, lasse den oberen Theil, in welchem sich der sublimirte Calomel in Krusten abgelagert hat, einen Tag liegen, worauf die Krusten sich leicht vom Glase abstossen lassen.

Diese Krusten bringe man in einen rauhen Porzellanmörser, zerreibe sie mit etwas destillirtem Wasser ganz fein, fülle den Mörser zu $^2/_3$ mit kaltem Wasser, rühre um, lasse einen Augenblick stehen, und giesse dann die Flüssigkeit sammt dem aufgeschlämmten Pulver in ein Becherglas. Den gröberen Bodensatz reibe man wiederum eine Zeit lang, rühre ihn wieder mit Wasser an, giesse in das Becherglas ab und wiederhole diese Operation so oft, bis kein gröberer Rückstand mehr bleibt. Man giesse dann die Flüssigkeit durch ein doppeltes Filter, bringe auch das abgeschlämmte Pulver darauf und wasche letzteres so lange mit kaltem Wasser aus, bis das Filtrat durch Aetzammoniak keine Trübung mehr erleidet. Das Filter sammt Inhalt trockne man bei gelinder Wärme und zerreibe den Calomel zu einem Pulver.

Vorgang. Wird Quecksilberchlorid mit Quecksilber zusammengerieben und das Gemisch erwärmt, so bildet sich Quecksilberchlorür (Mercurochlorid).

$$\underset{\substack{\text{Quecksilber-}\\\text{chlorid}\\271}}{HgCl_2} + \underset{\substack{\text{Queck-}\\\text{silber}\\200}}{Hg} = \underset{\substack{\text{Quecksilber-}\\\text{chlorür.}\\471}}{Hg_2Cl_2}$$

Die Sublimation hat den Zweck, den Calomel von weniger flüchtigen Stoffen, welche am Boden der Sublimationsgefässe zurückbleiben, zu trennen. Durch das Schlämmen und Auswaschen wird noch beigemengtes Quecksilberchlorid entfernt. So lange noch letzteres vorhanden, erzeugt Ammoniak im Filtrate eine weisse Trübung von Mercuri-Ammoniumchlorid.

$$\underset{\substack{\text{Quecksilber-}\\\text{chlorid}}}{HgCl_2} + \underset{\text{Ammoniak}}{2\,NH_3} = \underset{\substack{\text{Mercuriammonium-}\\\text{chlorid}}}{NH_2HgCl} + \underset{\substack{\text{Ammonium-}\\\text{chlorid.}}}{NH_4Cl}$$

Aufbewahrung. Der Calomel muss vorsichtig, vor Licht geschützt, aufbewahrt werden. Am Lichte wird derselbe grau, indem ein Theil in Quecksilberchlorid und Quecksilber zerfällt. Dieselbe Zersetzung erleidet der Calomel bei Gegenwart von organischen Stoffen und Feuchtigkeit.

$$\underset{\substack{\text{Quecksilber-}\\\text{chlorür}}}{Hg_2Cl_2} = \underset{\substack{\text{Quecksilber-}\\\text{chlorid}}}{HgCl_2} + \underset{\substack{\text{Queck-}\\\text{silber.}}}{Hg}$$

Eigenschaften. Der Calomel stellt ein gelblichweisses, aus sublimirtem Quecksilberchlorür hergestelltes, bei hundertfacher Vergrösserung deutlich krystallinisches, feinst geschlämmtes Pulver dar. In Wasser und Weingeist ist es unlöslich, beim Erhitzen im Probirrohre, ohne zu schmelzen, flüchtig.

Prüfung.

1. Man bringe eine minimale Probe des Calomels mit Wasser befeuchtet unter das Mikroskop und betrachte dieselbe bei 100facher Vergrösserung.

Besteht das Präparat aus sublimirtem Calomel, so zeigen sich vereinzelte kleinere und grössere Krystallbruchstücke, während der als Dampf niedergeschlagene Calomel kleinere durchsichtige Kryställchen und der auf nassem Wege niedergeschlagene ganz kleine Partikelchen zeigt.

2. Man erhitze eine Probe im Probirrohre. Sie muss sich, ohne zu schmelzen, vollständig verflüchtigen und im kälteren Theile der Röhre als gelbliches, beim Erkalten weisses Sublimat anlegen. Ein Rückstand würde fremde Beimengungen, wie Natriumchlorid, Bleichlorid, Kieselsäure etc. anzeigen.

3. Man übergiesse eine Probe mit Natronlauge; es tritt Schwärzung ein; erwärmt man nun die Mischung, so darf kein Geruch nach Ammoniak auftreten.

Wird Quecksilberchlorür mit Ammoniak übergossen, so entsteht schwarzes Quecksilberoxydul und Natriumchlorid (a).

Enthält der Calomel eine Ammoniumverbindung wie weissen Präcipitat (Mercuriammoniumchlorid), so würde sich beim Erwärmen mit Natronlauge Ammoniak entwickeln unter Bildung von Quecksilberoxyd und Natriumchlorid (b).

a) $$\underset{\text{Quecksilber-chlorür}}{Hg_2Cl_2} + \underset{\text{Natrium-hydroxyd}}{2\,NaOH} = \underset{\text{Quecksilber-oxydul}}{Hg_2O} + \underset{\text{Natrium-chlorid}}{2\,NaCl} + \underset{\text{Wasser}}{H_2O}$$

b) $$\underset{\text{Mercuri-ammonium-chlorid}}{NH_2HgCl} + \underset{\text{Natrium-hydroxyd}}{NaOH} = \underset{\text{Ammoniak}}{NH_3} + \underset{\text{Queck-silberoxyd}}{HgO} + \underset{\text{Natrium-chlorid.}}{NaCl}$$

4. Man schüttle 1 g Calomel mit 10 ccm kaltem Wasser und filtrire durch ein doppeltes Filter.

a) Die eine Hälfte des Filtrats werde mit Silbernitratlösung versetzt, wodurch keine Veränderung entstehe. Eine weisse Trübung würde Quecksilberchlorid anzeigen, indem sich Silberchlorid ausscheidet.

$$\underset{\text{Quecksilber-chlorid}}{HgCl_2} + \underset{\text{Silbernitrat}}{2\,AgNO_3} = \underset{\text{Silberchlorid}}{2\,AgCl} + \underset{\text{Mercurinitrat.}}{Hg(NO_3)_2}$$

b) Die andere Hälfte des Filtrats versetze man mit Schwefelwasserstoffwasser. Bei Gegenwart von Quecksilberchlorid würde eine dunkle Färbung oder Fällung von Quecksilbersulfid entstehen.

$$\underset{\text{Quecksilber-chlorid}}{HgCl_2} + \underset{\text{Schwefel-wasserstoff}}{H_2S} = \underset{\text{Queck-silber-sulfid}}{HgS} + \underset{\text{Chlorwasser-stoff.}}{2\,HCl}$$

Stöchiometrische Berechnungen.

1. Wie viel Quecksilber brauchen 40 g Quecksilberchlorid zur Bildung von Quecksilberchlorür?

1 Molekül Quecksilberchlorid (271 Gewichtstheile) braucht 1 Atom Quecksilber (200 Gewichtstheile).

$$\begin{array}{ccccccc} HgCl_2 & & Hg & & HgCl_2 & & \\ 271 & : & 200 & = & 40 & : & x \end{array}$$

$$x = 29{,}52 \text{ g Hg}.$$

40 g Quecksilberchlorid brauchen 29,52 g Quecksilber zur Bildung von Quecksilberchlorür.

2. Wie viel Quecksilberchlorür erhält man beim Zusammenreiben und Sublimiren von 40 g Quecksilberchlorid und 30 g Quecksilber?

1 Molekül Quecksilberchlorid (271 Gewichtstheile) entspricht 1 Molekül Quecksilberchlorür (471 Gewichtstheile).

$$\begin{array}{ccccccc} HgCl_2 & & Hg_2Cl_2 & & HgCl_2 & & \\ 271 & : & 471 & = & 40 & : & x \end{array}$$

$$x = 69{,}52 \text{ g } Hg_2Cl_2.$$

40 g Quecksilberchlorid geben mit 30 g Quecksilber sublimirt 69,52 g Quecksilberchlorür.

Hydrargyrum cyanatum.

Cyanquecksilber. Quecksilbercyanid. Mercuricyanid.

$$\mathbf{Hg(CN)_2 = HgCy_2}.$$

Darstellung. 30 g Kaliumferrocyanid löse man in 300 g heissen Wassers und filtrire die Lösung. Das Filtrat giesse man unter Umrühren in ein Gemisch von 54 g Ferrichloridlösung und 360 g Wasser. Den dadurch entstehenden blauen Niederschlag, welcher den Namen Berlinerblau führt, lasse man absetzen, giesse die überstehende Flüssigkeit ab und rühre den Niederschlag mit heissem Wasser, dem man etwas Salzsäure zugefügt hat, an. Nachdem sich derselbe wiederum gesetzt hat, giesse man die Flüssigkeit wieder ab und wiederhole dieses Auswaschen mit heissem salzsäurehaltigem Wasser noch ein paar Mal, worauf man den Niederschlag einige Mal mit reinem heissem Wasser auswäscht. Man bringe den Niederschlag auf ein leinenes Kolatorium und setze das Auswaschen mit reinem Wasser so lange fort, bis eine Probe des Waschwassers durch Silbernitratlösung nicht mehr getrübt wird. Ist dieses der Fall, so lasse man gut abtropfen, bringe den Niederschlag noch feucht in eine Porzellanschale, streiche ihn in derselben auseinander und trockne ihn bei gelinder Wärme aus.

1 Theil Berlinerblau reibe man mit 2 Theilen Quecksilberoxyd innig zusammen, bringe das Gemisch in eine Porzellanschale, übergiesse es mit 20 Theilen Wasser und erhitze auf dem Wasserbade unter Ersatz des verdampfenden Wassers etwa 1 Stunde, worauf man die Mischung über freiem Feuer kocht, bis die blaue Farbe verschwunden ist. Sollte dieses nach 10 Minuten noch nicht eingetreten sein, so füge man noch etwas Quecksilberoxyd hinzu. Man filtrire sodann von dem schwarzen Niederschlag ab, koche letzteren noch einmal mit Wasser aus und filtrire. Die vereinigten Filtrate übersättige man mit Blausäure, wobei sich noch einmal etwas Eisen abscheidet, welches man abfiltrirt, und verdampfe zur Krystallisation. Die Krystalle sammle man auf einen Trichter, und trockne sie, auf Fliesspapier ausgebreitet, bei niedriger Temperatur. Aus der Mutterlauge lassen sich durch Eindampfen weitere Krystalle erhalten.

Die kleine, zum Ansäuern des Filtrats nöthige Menge Blausäure bereite man sich ex tempore in der Weise, dass man 2 g Kaliumcyanid in 40 g verdünntem Weingeist löst und 4,6 g Weinsäure zusetzt. Man lasse 1 Stunde lang in einem verschlossenen Glase unter öfterem Umschütteln stehen und filtrire.

Vorgang. Wird eine Lösung von Kaliumferrocyanid in eine verdünnte Ferrichloridlösung eingetragen, so scheidet sich ein blauer Niederschlag von Ferriferrocyanür (Berlinerblau) aus.

$$\underset{\substack{\text{Kaliumferrocyanid} \\ 3\,.\,422}}{3[K_4(FeCy_6) + 3H_2O]} + \underset{\substack{\text{Ferrichlorid} \\ 2\,.\,325}}{2Fe_2Cl_6} = \underset{\text{Ferriferrocyanür}}{[Fe_4(FeCy_6)_3 + xH_2O]} + \underset{\substack{\text{Kalium-} \\ \text{chlorid.}}}{12KCl}$$

Der Niederschlag ist stets kalihaltig und muss deshalb zuerst mit salzsäurehaltigem Wasser ausgewaschen werden. Das Auswaschen auf dem Kolatorium muss so lange fortgesetzt werden, bis in der Waschflüssigkeit kein Chlor mehr durch Silbernitrat nachgewiesen werden kann.

Das Berlinerblau enthält im trocknen Zustande immer noch mehr oder weniger Wasser gebunden. Man kann dasselbe nicht vollkommen durch Erhitzen entfernen, ohne dass nicht eine theilweise Zersetzung der Verbindung erfolgt.

Wird ein Gemenge von Ferriferrocyanür und Quecksilberoxyd mit Wasser gekocht, so scheidet sich schwarzes Ferroferrihydroxyd aus und Mercuricyanid geht in Lösung.

$$\underset{\text{Ferriferrocyanur}}{[Fe_4(FeCy_6)_3 + xH_2O]} + \underset{\substack{\text{Queck-}\\\text{silberoxyd}\\9.216}}{9\,HgO} = \underset{\substack{\text{Mercuricyanid}\\9.252}}{9\,HgCy_2}$$

$$+ \underset{\text{Ferroferrihydroxyd.}}{[3\,FeO + 2\,Fe_2O_3 + xH_2O]}$$

Man erhält auf diese Weise eine Lösung von basischem Mercuricyanid, welche beim Verdunsten einen röthlichen Niederschlag, bestehend aus Quecksilberoxyd und etwas Mercuricyanid, ausscheidet. Um neutrales Mercuricyanid zu erhalten, muss das Filtrat mit Blausäure (Cyanwasserstoffsäure) übersättigt und dann erst zur Krystallisation eingedampft werden.

Die Bildung der Cyanwasserstoffsäure aus Kaliumcyanid und Weinsäure erfolgt unter Abscheidung von saurem Kaliumtartrat.

$$\underset{\substack{\text{Kalium-}\\\text{cyanid}\\65}}{KCy} + \underset{\substack{\text{Weinsaure}\\150}}{C_4H_6O_6} = \underset{\substack{\text{Saures}\\\text{Kaliumtartrat}}}{C_4H_5KO_6} + \underset{\substack{\text{Cyan-}\\\text{wasserstoff.}\\27}}{HCy}$$

Aufbewahrung. Da das Mercuricyanid sehr giftig wirkt, so muss es im Giftschrank aufbewahrt werden.

Eigenschaften. Das Mercuricyanid stellt farblose, durchscheinende, säulenförmige Krystalle dar, welche sich in 12,8 Theilen kaltem, 3 Theilen siedendem Wasser und 14,5 Theilen Weingeist lösen, in Aether aber schwer löslich sind.

Vermischt man 0,2 g Mercuricyanid mit 0,2 g Jod und erhitzt das Gemenge schwach in einem Probirrohr, so erhält man zuerst ein gelbes, später roth werdendes Sublimat von Mercurijodid, und darüber lagern sich weisse, nadelförmige Krystalle von Jodcyan.

$$\underset{\text{Mercuricyanid}}{HgCy_2} + \underset{\text{Jod}}{4\,J} = \underset{\text{Mercurijodid}}{HgJ_2} + \underset{\text{Jodcyan.}}{2\,CyJ}$$

Prüfung.

1. Man löse 0,2 g Mercuricyanid in 3,8 g Wasser. Die Lösung muss neutral reagiren, darf daher weder blaues noch rothes Lackmuspapier verändern. Versetzt man diese Lösung mit 4 bis 5 Tropfen

Silbernitratlösung, so darf keine weisse Fällung entstehen. Enthält das Präparat Mercurichlorid, so entsteht eine weisse Fällung von Silberchlorid.

$$\underset{\text{Mercurichlorid}}{HgCl_2} + \underset{\text{Silbernitrat}}{2\,AgNO_3} = \underset{\text{Silberchlorid}}{2\,AgCl} + \underset{\text{Mercurinitrat.}}{Hg(NO_3)_2}$$

2. Man erhitze eine sehr kleine Menge, etwa 0,1 g zerriebenes Mercuricyanid auf dem Platinbleche; es darf kein Rückstand bleiben. Ein Rückstand würde von fremden Metallen herrühren.

Stöchiometrische Berechnungen.

1. Wie viel Ferrichloridlösung, welche 29 % Ferrichlorid enthält, braucht man zur Fällung von 30 g Kaliumferrocyanid?

3 Moleküle Kaliumferrocyanid (3 . 422 Gewichtstheile) brauchen 2 Moleküle Ferrichlorid (2 . 325 Gewichtstheile) zur Fällung.

$$\begin{array}{ccccccc} 3[K_4(FeCy_6)\,.\,3H_2O] & & 2Fe_2Cl_6 & & K_4(FeCy_6)\,.\,3H_2O & & \\ 1266 & : & 650 & = & 30 & : & x \end{array}$$

$$x = 15{,}4\text{ g } Fe_2Cl_6.$$

Diese Menge Ferrichlorid entspricht 29 procentiger Ferrichloridlösung:

$$29 : 100 = 15{,}4 : x$$

$$x = 53{,}1\text{ g}.$$

30 g Kaliumferrocyanid brauchen 53,1 g Ferrichloridlösung zur Fällung.

2. Wie viel Mercuricyanid erhält man von 40 g Quecksilberoxyd?

1 Molekül Quecksilberoxyd (216 Gewichtstheile) entspricht 1 Molekül Mercuricyanid (252 Gewichtstheile).

$$\begin{array}{ccccccc} HgO & & HgCy_2 & & HgO & & \\ 216 & : & 252 & = & 40 & : & x \end{array}$$

$$x = 46{,}6\text{ g } HgCy_2.$$

40 g Quecksilberoxyd liefern 46,6 g Mercuricyanid.

3. Wie viel Weinsäure ist nöthig, um 2 g Kaliumcyanid zu zersetzen?

1 Molekül Kaliumcyanid (65 Gewichtstheile) braucht 1 Molekül Weinsäure (150 Gewichtstheile).

$$\begin{array}{ccccccc} KCy & & C_4H_6O_6 & & KCy & & \\ 65 & : & 150 & = & 2 & : & x \end{array}$$

$$x = 4{,}6\text{ g } C_4H_6O_6.$$

2 g Kaliumcyanid brauchen 4,6 g Weinsäure zur Zersetzung.

4. Welchen Blausäuregehalt besitzt die Lösung, wenn in 40 g verdünntem Weingeist 2 g Kaliumcyanid durch Weinsäure zersetzt werden?

1 Molekül Kaliumcyanid (65 Gewichtstheile) entspricht 1 Molekül Cyanwasserstoff (27 Gewichtstheile).

$$\begin{array}{ccccccc} KCy & & HCy & & KCy & & \\ 65 & : & 27 & = & 2 & : & x \end{array}$$

$$x = 0{,}83 \text{ g HCy}.$$

Diese Menge Cyanwasserstoff ist in 40 g Weingeist enthalten, in 100 g sind daher enthalten:

$$40 : 100 = 0{,}83 : x$$

$$x = 2{,}07 \text{ g Cyanwasserstoff}.$$

Wenn 2 g Kaliumcyanid in 40 g verdünnten Weingeist durch Weinsäure zersetzt werden, so enthält die Lösung 2,07 % Blausäure.

Hydrargyrum oxydatum.

Hydrargyrum oxydatum rubrum. Mercurius praecipitatus ruber. Quecksilberoxyd. Mercurioxyd. Rother Präcipitat.

HgO.

Darstellung. 30 g reines Quecksilber erwärme man mit 100 g Salpetersäure in einem Kolben im Wasserbade, bis alles Quecksilber aufgelöst ist, bringe die Lösung in eine Porzellanschale und verdampfe sie auf dem Sandbade unter Umrühren mit einem Porzellanspatel zur Trockne. Den trocknen Rückstand zerreibe man in einem Porzellanmörser zu einem Pulver, füge 30 g Quecksilber hinzu und mische unter Besprengung mit ein paar Tropfen Wasser, bis sich keine Quecksilberkügelchen mehr wahrnehmen lassen. Ist dieses der Fall, so bringe man das Gemisch in eine flache Porzellanschale in eine dünne Schichte und erhitze auf dem Sandbade an einem zugigen Orte unter Umrühren mit einem Porzellanspatel so lange, bis sich keine rothen Dämpfe mehr zeigen und das Pulver eine bläulichschwarze Farbe angenommen hat. Das nach dem Erkalten rothgelbe Pulver reibe man portionenweise mit sehr verdünnter Aetznatronlauge recht fein ab, bringe es mit der Flüssigkeit in ein Glas und lasse unter zeitweiligem Umschütteln einen Tag lang stehen. Nach dieser Zeit giesse man die Flüssigkeit ab, wasche das Pulver einige Male durch Auf- und Abgiessen von Wasser aus, bringe es sodann auf ein doppeltes, angefeuchtetes Filter und wasche so lange mit Wasser aus, bis das Filtrat nicht mehr auf Salpetersäure reagirt. Um dieses zu prüfen, vermische man 2 ccm des Filtrats mit 2 ccm Schwefelsäure, lasse erkalten und schichte 1 ccm Ferrosulfatlösung darauf. Es darf keine braune Zone zwischen beiden Flüssigkeiten entstehen.

Das Filter sammt Inhalt trockne man bei gelinder Wärme unter Lichtabschluss.

Vorgang. Wird Quecksilber mit Salpetersäure erwärmt, so löst sich ersteres als Mercuronitrat und Mercurinitrat unter Freiwerden von Stickoxyd auf, welch letzteres aber sogleich Sauerstoff aus der Luft anzieht und als Stickstoffdioxyd in gelben Dämpfen entweicht.

$$\underset{\text{Quecksilber}}{6\,Hg} + \underset{\text{Salpetersaure}}{8\,HNO_3} = \underset{\text{Mercuronitrat}}{3[Hg_2(NO_3)_2]} + \underset{\text{Stickoxyd}}{2\,NO} + \underset{\text{Wasser.}}{4\,H_2O}$$

$$\underset{\substack{\text{Quecksilber}\\ 3\ 200}}{3\,Hg} + \underset{\substack{\text{Salpetersaure}\\ 8\,.\,63}}{8\,HNO_3} = \underset{\text{Mercurinitrat}}{3[Hg(NO_3)_2]} + \underset{\text{Stickoxyd}}{2\,NO} + \underset{\text{Wasser}}{4\,H_2O}$$

Beim Eindampfen der Lösung zur Trockne wird das Mercuronitrat durch die Salpetersäure in Mercurinitrat verwandelt und letzteres verliert beim Erhitzen einen Theil Salpetersäure und geht zum grössten Theil in basische Mercurinitrate, z. B. $[Hg(NO_3)_2 + 2\,HgO]$, über.

Wird dieses basische Salz einer stärkeren Hitze ausgesetzt, so entweicht Stickstoffdioxyd und Sauerstoff und Quecksilberoxyd bleibt zurück. Um nun den dabei freiwerdenden Sauerstoff zu verwerthen, wird das trockne basische Mercurinitrat mit so viel Quecksilber gemengt, als es bereits enthält und erhitzt. Es entsteht zunächst ein Gemenge von basischem Mercuronitrat und Quecksilber.

$$\underset{\text{Basisches Mercurinitrat}}{[Hg(NO_3)_2 + 2\,HgO]} + \underset{\text{Quecksilber}}{3\,Hg} = \underset{\text{Basisches Mercuronitrat}}{[Hg_2(NO_3)_2 + 2\,HgO]} + \underset{\text{Quecksilber.}}{2\,Hg}$$

Bei stärkerem Erhitzen dieses Gemenges entweicht Stickoxyd, welches sogleich Sauerstoff aus der Luft anzieht und gelbe Dämpfe bildet und Quecksilberoxyd bleibt zurück.

$$\underset{\substack{\text{Basisches Mercuronitrat}\\ \text{entsprechend 4 Atomen}\\ \text{Quecksilber} =\\ 4\,.\,200}}{[Hg_2(NO_3)_2 + 2\,HgO]} + \underset{\substack{\text{Quecksilber}\\ 2\,.\,200}}{2\,Hg} = \underset{\substack{\text{Quecksilberoxyd}\\ 6\,.\,216}}{6\,HgO} + \underset{\text{Stickoxyd.}}{2\,NO}$$

Da das Quecksilberoxyd meist noch etwas basisches Mercurinitrat beigemengt enthält und dieses durch stärkeres und anhaltendes Erhitzen wegen der Zersetzung des Quecksilberoxyds in höherer Temperatur nicht zersetzt werden kann, so behandelt man das Quecksilberoxyd mit verdünnter Natronlauge, wodurch Quecksilberoxyd und Natriumnitrat gebildet wird.

$$[Hg(NO_3)_2 + 2HgO] + 2NaOH = 3HgO + 2NaNO_3 + H_2O$$

Basisches Mercurinitrat — Natriumhydroxyd — Quecksilberoxyd — Natriumnitrat — Wasser.

Die Prüfung des Waschwassers auf Salpetersäure siehe bei Prüfung Nr. 4.

Aufbewahrung. Das Quecksilberoxyd muss wegen seiner Giftigkeit sehr vorsichtig (im Giftschrank) und wegen seiner Zersetzbarkeit im direkten Lichte (in Quecksilber und Sauerstoff) vor Licht geschützt aufbewahrt werden.

Eigenschaften. Das Quecksilberoxyd stellt ein gelblichrothes, krystallinisches, feinst geschlämmtes Pulver dar. In Wasser ist es fast ganz unlöslich, in verdünnter Salz- oder Salpetersäure leicht löslich unter Bildung von Mercurichlorid (a), beziehungsweise Mercurinitrat (b).

a) $$HgO + 2HCl = HgCl_2 + H_2O$$

Quecksilberoxyd — Chlorwasserstoff — Mercurichlorid — Wasser.

b) $$HgO + 2HNO_3 = Hg(NO_3)_2 + H_2O$$

Quecksilberoxyd — Salpetersaure — Mercurinitrat — Wasser.

Beim Erhitzen im Probirrohre ist es unter Abscheidung von Quecksilber und Freiwerden von Sauerstoff flüchtig.

$$HgO = Hg + O$$

Quecksilberoxyd — Quecksilber — Sauerstoff.

Prüfung.

1. Man mische 3 ccm Salzsäure mit 3 ccm Wasser und füge 0,5 g Quecksilberoxyd hinzu. Es muss vollständige Lösung stattfinden.

Formel siehe bei den Eigenschaften.

Enthält das Präparat Quecksilberoxydul, so bildet sich weisses Mercurochlorid (Calomel).

$$Hg_2O + 2HCl = Hg_2Cl_2 + H_2O$$

Quecksilberoxydul — Chlorwasserstoff — Mercurochlorid — Wasser

Bei Gegenwart von metallischem Quecksilber entsteht eine graue Trübung. Sonstige Beimengungen, wie Bleioxyd, Mennige, Ziegelmehl bleiben ungelöst zurück.

2. Man mische 4 ccm Salpetersäure mit 4 ccm Wasser und füge 0,5 g Quecksilberoxyd hinzu, welches sich vollkommen löse.

Formel siehe bei den Eigenschaften.

Fremde Metalle, wie Zinn, Antimon bleiben ungelöst.

3. Man schüttle 1 g Quecksilberoxyd mit einer Lösung von 1 g Oxalsäure in 9 g Wasser längere Zeit zusammen. Die rothe Farbe des Quecksilberoxyds darf nicht heller werden durch Entstehung von weissen Mercurioxalat. Letzteres bildet sich beim Schütteln von gelbem Quecksilberoxyd (auf nassem Weg dargestelltes) mit Oxalsäurelösung.

$$\underset{\text{Quecksilberoxyd}}{HgO} + \underset{\text{Oxalsäure}}{C_2H_2O_4} = \underset{\text{Mercurioxalat}}{HgC_2O_4} + \underset{\text{Wasser.}}{H_2O}$$

4. Man schüttle 1 g Quecksilberoxyd mit 2 ccm Wasser, vermische mit 2 ccm Schwefelsäure, lasse absetzen und schichte auf die noch heisse Flüssigkeit 1 ccm Ferrosulfatlösung; es darf sich auch nach längerem Stehen keine braune Zone zwischen beiden Flüssigkeiten zeigen.

Enthält das Präparat basisches Mercurinitrat, so macht die Schwefelsäure die Salpetersäure frei unter Bildung von Mercurisulfat (a). Die Salpetersäure oxydirt einen Theil Ferrosulfat zu Ferrisulfat, wird dadurch zu Stickoxyd (b) und dieses verbindet sich mit einem anderen Theil Ferrosulfat zu der braunen Verbindung $FeSO_4 + NO$.

a) $$\underset{\text{Basisches Mercurinitrat}}{[Hg(NO_3)_2 + 2HgO]} + \underset{\text{Schwefelsäure}}{3H_2SO_4} = \underset{\text{Mercurisulfat}}{3HgSO_4} + \underset{\text{Salpetersäure}}{2HNO_3} + \underset{\text{Wasser.}}{2H_2O}$$

b) $$\underset{\text{Ferrosulfat}}{6FeSO_4} + \underset{\text{Salpetersäure}}{2HNO_3} + \underset{\text{Schwefelsäure}}{3H_2SO_4} = \underset{\text{Ferrisulfat}}{3Fe_2(SO_4)_3} + \underset{\text{Stickoxyd}}{2NO} + \underset{\text{Wasser.}}{4H_2O}$$

5. Man löse 0,1 g Quecksilberoxyd in 2 ccm verdünnter Salpetersäure, wobei Mercurinitrat in Lösung geht und bringe die Lösung mit Wasser auf 10 ccm.

Formel siehe bei den Eigenschaften.

Die Lösung sei klar und werde durch Silbernitratlösung nur opalisirend getrübt. Eine trübe Lösung würde fremde Beimengungen, eine stärkere Trübung durch Silbernitrat einen Gehalt an Mercurichlorid anzeigen.

$$\underset{\text{Mercurichlorid}}{HgCl_2} + \underset{\text{Silbernitrat}}{2AgNO_3} = \underset{\text{Silberchlorid}}{2AgCl} + \underset{\text{Mercurinitrat.}}{Hg(NO_3)_2}$$

Stöchiometrische Berechnungen.

1. Wie viel 25procentige Salpetersäure ist nöthig, um 30 g Quecksilber in Mercurinitrat zu verwandeln?

3 Atome Quecksilber (3.200 Gewichtstheile) brauchen 8 Moleküle Salpetersäure (8.63 Gewichtstheile).

$$\begin{array}{ccccccc} 3\,Hg & & 8\,HNO_3 & & Hg & & \\ 600 & : & 504 & = & 30 & : & x \end{array}$$

$$x = 25{,}2\ g\ HNO_3.$$

Diese Menge Salpetersäure entspricht $4 \times 25{,}2 = 100{,}8$ g 25procentige Säure.

30 g Quecksilber brauchen 100,8 g 25procentige Salpetersäure zur Bildung von Mercurinitrat.

2. Wie viel Quecksilberoxyd erhält man von 60 g Quecksilber?

1 Atom Quecksilber (200 Gewichtstheile) entspricht 1 Molekül Quecksilberoxyd (216 Gewichtstheile).

$$\begin{array}{ccccccc} Hg & & HgO & & Hg & & \\ 200 & : & 216 & = & 60 & : & x \end{array}$$

$$x = 64{,}8\ g\ HgO.$$

60 g Quecksilber liefern 64,8 g Quecksilberoxyd.

Hydrargyrum oxydatum via humida paratum.

Hydrargyrum oxydatum flavum. Gelbes Quecksilberoxyd. Gelbes Mercurioxyd. Präcipitirtes Quecksilberoxyd.

HgO.

Darstellung. 20 g Quecksilberchlorid löse man in 200 g warmem Wasser, filtrire die Lösung und giesse das Filtrat langsam unter Umrühren in eine kalte Mischung von 60 g Natronlauge und 100 g Wasser. Die Mischung lasse man eine Stunde lang unter öfterem Umrühren bei mässiger Wärme vor direktem Licht geschützt stehen, giesse die überstehende Flüssigkeit, nachdem sich der Niederschlag abgesetzt hat, ab, rühre den Niederschlag wieder mit Wasser an, lasse abermals absetzen, giesse die Flüssigkeit ab und wiederhole diese Operation so oft, bis die Flüssigkeit, mit Salpetersäure angesäuert, durch Silbernitratlösung nur mehr wenig getrübt wird. Ist dieses der Fall, so sammle man den Niederschlag auf einem Filter und wasche denselben so lange mit lauwarmen Wasser aus, bis das Filtrat durch Silbernitratlösung nicht mehr getrübt wird. Das Filter sammt Inhalt trockne man bei 30° unter Lichtabschluss.

Vorgang. Wird Quecksilberchloridlösung in verdünnte Natronlauge gegossen, so scheidet sich gelbes, amorphes Quecksilberoxyd aus und Natriumchlorid geht in Lösung.

$$\underset{\substack{\text{Quecksilber-}\\\text{chlorid}\\271}}{HgCl_2} + \underset{\substack{\text{Natrium-}\\\text{hydroxyd}\\2.40}}{2\,NaOH} = \underset{\substack{\text{Quecksilber-}\\\text{oxyd}\\216}}{HgO} + \underset{\substack{\text{Natrium-}\\\text{chlorid}}}{2\,NaCl} + \underset{\text{Wasser.}}{H_2O}$$

Das Natriumchlorid wird durch Auswaschen des Niederschlags entfernt. So lange noch Natriumchlorid im Filtrat gelöst ist, entsteht durch Silbernitratlösung eine weisse Fällung von Silberchlorid.

$$\underset{\substack{\text{Natrium-}\\\text{chlorid}}}{NaCl} + \underset{\text{Silbernitrat}}{AgNO_3} = \underset{\substack{\text{Silber-}\\\text{chlorid}}}{AgCl} + \underset{\text{Natriumnitrat.}}{NaNO_3}$$

Die Quecksilberchloridlösung muss in die Natronlauge gegossen werden, nicht umgekehrt, damit sich keine basische Verbindung, Quecksilberoxychlorid ($HgCl_2 + xHgO$) bildet. Auch ist die Mischung vor dem Sammeln des Niederschlags eine Stunde lang unter öfterem Umrühren stehen zu lassen, damit das Quecksilberchlorid vollständig in Quecksilberoxyd übergeführt und eine etwa gebildete basische Verbindung zersetzt wird. Die Fällung soll bei mittlerer Temperatur stattfinden, damit der Niederschlag eine möglichst feine Vertheilung besitzt.

Aufbewahrung. Das gelbe Quecksilberoxyd muss wegen seiner Giftigkeit sehr vorsichtig (im Giftschrank) und wegen seiner Zersetzung im direkten Lichte (in Quecksilber und Sauerstoff) vor Licht geschützt aufbewahrt werden.

Eigenschaften. Das gelbe Quecksilberoxyd stellt ein gelbes, amorphes Pulver dar, das in Wasser fast ganz unlöslich ist, in verdünnter Salzsäure oder Salpetersäure sich leicht löst. Im ersteren Falle bildet sich Quecksilberchlorid (a), im letzteren Falle Mercurinitrat (b).

$$a)\quad \underset{\substack{\text{Queck-}\\\text{silberoxyd}}}{HgO} + \underset{\substack{\text{Chlorwasser-}\\\text{stoff}}}{2\,HCl} = \underset{\substack{\text{Queck-}\\\text{silberchlorid}}}{HgCl_2} + \underset{\text{Wasser.}}{H_2O}$$

$$b)\quad \underset{\substack{\text{Queck-}\\\text{silberoxyd}}}{HgO} + \underset{\text{Salpetersäure}}{2\,HNO_3} = \underset{\text{Mercurinitrat}}{Hg(NO_3)_2} + \underset{\text{Wasser.}}{H_2O}$$

Beim Erhitzen im Probirrohre ist es unter Abscheidung von Quecksilber und Entwickelung von Sauerstoff flüchtig.

$$\underset{\text{Quecksilberoxyd}}{HgO} = \underset{\text{Quecksilber}}{Hg} + \underset{\text{Sauerstoff.}}{O}$$

Prüfung.

1. Man erhitze eine Probe im Probirrohre. Ein Rückstand würde fremde Beimengungen, Ocker, Mennige, Ziegelmehl etc. anzeigen.

2. Man mische 3 ccm Salzsäure mit 3 ccm Wasser und füge 0,5 g des Präparats hinzu. Es muss eine klare Lösung von Quecksilberchlorid stattfinden.

Siehe bei den Eigenschaften!

3. Man mische 5 ccm Salpetersäure mit 5 ccm Wasser und füge 0,5 g des Präparats hinzu. Es muss eine klare Lösung von Mercurinitrat geben.

Siehe bei den Eigenschaften!

4. Man schüttle 1 g des Präparats mit einer Lösung von 1 g Oxalsäure in 9 g Wasser einige Zeit; es entstehe allmälig weisses Mercurioxalat. Das auf trocknem Wege bereitete Quecksilberoxyd geht diese Verbindung nicht ein.

$$\underset{\text{Quecksilberoxyd}}{HgO} + \underset{\text{Oxalsaure}}{C_2H_2O_4} = \underset{\text{Mercurioxalat}}{HgC_2O_4} + \underset{\text{Wasser.}}{H_2O}$$

5. Man löse 0,1 g des Präparats in 2 ccm verdünnter Salpetersäure, wobei Mercurinitrat in Lösung geht (siehe bei den Eigenschaften!) und bringe die Lösung mit Wasser auf 10 ccm. Die Lösung sei klar und werde durch Silbernitratlösung nur opalisirend getrübt. Eine stärkere Trübung würde einen Gehalt an Quecksilberchlorid anzeigen, indem Silberchlorid gefällt wird.

$$\underset{\text{Quecksilberchlorid}}{HgCl_2} + \underset{\text{Silbernitrat}}{2AgNO_3} = \underset{\text{Silberchlorid}}{2AgCl} + \underset{\text{Mercurinitrat.}}{Hg(NO_3)_2}$$

Stöchiometrische Berechnungen.

1. Wie viel 15procentige Natronlauge ist zur Fällung von 20 g Quecksilberchlorid nöthig?

1 Molekül Quecksilberchlorid (271 Gewichtstheile) bedarf 2 Moleküle Natriumhydroxyd (2 . 40 Gewichtstheile) zur Fällung.

$$\underset{271}{HgCl_2} : \underset{80}{2NaOH} = \underset{20}{HgCl_2} : x$$

$$x = 5{,}9 \text{ g } NaOH.$$

Diese Menge Natriumhydroxyd entspricht 15procentiger Natronlauge:

$$15 : 100 = 5,9 : x$$
$$x = 39,33 \text{ g}.$$

20 g Quecksilberchlorid brauchen 39,33 g 15procentige Natronlauge zur Fällung. Das Arzneibuch lässt einen Ueberschuss von Natronlauge zur Fällung verwenden.

2. Wie viel Quecksilberoxyd erhält man von 20 g Quecksilberchlorid?

1 Molekül Quecksilberchlorid (271 Gewichtstheile) entspricht 1 Molekül Quecksilberoxyd (216 Gewichtstheile).

$$\begin{array}{ccccccc} HgCl_2 & & HgO & & HgCl_2 & & \\ 271 & : & 216 & = & 20 & : & x \end{array}$$
$$x = 15,94 \text{ g } HgO.$$

20 g Quecksilberchlorid liefern 15,94 g Quecksilberoxyd.

Hydrargyrum praecipitatum album.

Hydrargyrum amidato-bichloratum. Hydrargyrum bichloratum ammoniatum. Mercurius praecipitatus albus. Weisser Quecksilberpräcipitat. Weisser Präcipitat. Mercuriammoniumchlorid.

$HgClNH_2$.

Darstellung. 30 g Quecksilberchlorid löse man in 600 g warmen Wasser auf, filtrire die Lösung, wasche das Filter mit Wasser nach und füge nach dem Erkalten der Lösung unter Umrühren nach und nach 45 g Ammoniakflüssigkeit hinzu oder so viel, dass die Flüssigkeit alkalisch reagirt und schwach nach Ammoniak riecht. Nachdem sich der Niederschlag abgesetzt hat, bringe man ihn auf ein Filter, welches über ein leinenes, angefeuchtetes Kolirtuch ausgebreitet ist, lasse die Flüssigkeit abtropfen und wasche den Niederschlag durch allmäliges Aufgiessen von 270 g Wasser aus. Man lasse gut abtropfen, bringe dann das Kolirtuch sammt Filter auf eine mehrfache Lage von Filtrirpapier und trockne vor Licht geschützt bei einer 30° nicht übersteigenden Temperatur. Erscheint der Niederschlag trocken, so zerreibe man ihn, und trockne ihn noch einige Zeit bei 30° aus.

Vorgang. Wird Quecksilberchloridlösung mit überschüssiger Ammoniakflüssigkeit versetzt, so bindet 1 Atom Chlor des Quecksilberchlorids 1 Atom Wasserstoff des Ammoniaks zu Chlorwasserstoff, welch' letzterer sich mit einem anderen Theil Ammoniak zu Ammoniumchlorid vereinigt, das in Lösung geht. Das seines Wasserstoffs beraubte Ammoniak, nun Amid NH_2, verbindet sich mit dem seines Chlors theilweise beraubten Quecksilberchlorid zu unlöslichem Mercuriammoniumchlorid $HgClNH_2$.

$$HgCl_2 + 2\,NH_3 = NH_4Cl + HgClNH_2$$

$HgCl_2$	$2\,NH_3$	NH_4Cl	$HgClNH_2$
Quecksilberchlorid 271	Ammoniak 2 17	Ammoniumchlorid	Mercuriammoniumchlorid. 251,5

Das Mercuriammoniumchlorid kann betrachtet werden als Ammoniumchlorid, in welchem 2 Atome Wasserstoff durch 1 Atom des zweiwerthigen Quecksilbers vertreten sind, oder als Quecksilberchlorid, in welchem 1 Atom Chlor durch die einwerthige Atomgruppe NH_2, Amid, ersetzt ist.

Da die Zusammensetzung des Präparats von der Koncentration und Temperatur der Quecksilberchloridlösung und von der Menge Wasser, welche zum Auswaschen des Niederschlags verwendet wurde, sowie davon, ob die Quecksilberchloridlösung in die Ammoniakflüssigkeit oder umgekehrt gegossen wurde, abhängt, so muss die Vorschrift des Arzneibuches genau eingehalten werden.

Wird der Niederschlag mit viel kaltem Wasser ausgewaschen, so geht Ammoniumchlorid in Lösung und der Niederschlag färbt sich gelb, indem sich Oxydimercuriammoniumchlorid bildet. Letztere Verbindung kann als eine Verbindung von Mercuriammoniumchlorid mit Quecksilberoxyd betrachtet werden. Schneller noch geht diese Umwandlung des weissen Präcipitats von statten, wenn man zum Auswaschen warmes Wasser benützt.

$$2\,HgClNH_2 + H_2O = HgO\,.\,HgClNH_2 + NH_4Cl$$

$2\,HgClNH_2$	H_2O	$HgO\,.\,HgClNH_2$	NH_4Cl
Mercuriammoniumchlorid	Wasser	Oxydimercuriammoniumchlorid	Ammoniumchlorid.

Auch darf das Präparat nur bei niedriger Temperatur getrocknet werden, um eine Zersetzung desselben zu vermeiden.

Aufbewahrung. Der weisse Präcipitat muss wegen seiner Giftigkeit sehr vorsichtig (im Giftschrank) und wegen seiner Zersetzung im direkten Lichte vor Licht geschützt aufbewahrt werden; derselbe färbt sich nämlich am Lichte gelblich unter theilweiser Bildung von Quecksilberchlorür.

Eigenschaften. Das Präparat stellt eine weisse Masse oder ein amorphes Pulver dar, das in Wasser fast ganz unlöslich ist, in erwärmter Salpetersäure sich aber leicht löst unter Bildung von Mercurinitrat, Ammoniumnitrat und Quecksilberchlorid.

$$\underset{\text{Mercuriammonium-chlorid}}{2\,HgClNH_2} + \underset{\text{Salpetersäure}}{4\,HNO_3} = \underset{\text{Mercurinitrat}}{Hg(NO_3)_2} + \underset{\text{Ammoniumnitrat}}{2\,(NH_4)NO_3} + \underset{\text{Quecksilberchlorid.}}{HgCl_2}$$

Wird der weisse Präcipitat mit Natronlauge erwärmt, so scheidet sich unter Entwickelung von Ammoniak gelbes Quecksilberoxyd aus.

$$\underset{\text{Mercuri-ammoniumchlorid}}{HgClNH_2} + \underset{\text{Natrium-hydroxyd}}{NaOH} = \underset{\text{Ammoniak}}{NH_3} + \underset{\text{Quecksilberoxyd}}{HgO} + \underset{\text{Natriumchlorid.}}{NaCl}$$

Prüfung.

1. Man erhitze eine kleine Probe im Probirrohre; sie sei ohne zu schmelzen vollständig flüchtig, indem die Verbindung in Quecksilberchlorür, Stickstoff und Ammoniak zerfällt.

$$\underset{\text{Mercuriammonium-chlorid}}{6\,HgClNH_2} = \underset{\text{Quecksilberchlorür}}{3\,Hg_2Cl_2} + \underset{\text{Stickstoff}}{N_2} + \underset{\text{Ammoniak.}}{4\,NH_3}$$

Ein vorhergehendes Schmelzen würde eine unrichtige Darstellungsweise, ein Rückstand fremde Beimengungen anzeigen.

2. Man verdünne 5 ccm Salpetersäure mit 5 ccm Wasser, füge 0,2 g des Präparats hinzu und erwärme. Es findet vollkommene Lösung unter Bildung von Mercurinitrat, Ammoniumnitrat und Quecksilberchlorid statt.

Formel siehe bei den Eigenschaften.

Ein Rückstand könnte von Quecksilberchlorür oder anderen fremden Beimengungen herrühren.

Stöchiometrische Berechnungen.

1. Wie viel 10procentige Ammoniakflüssigkeit braucht man zur Fällung von 30 g Quecksilberchlorid?

1 Molekül Quecksilberchlorid (271 Gewichtstheile) braucht 2 Moleküle Ammoniak (2 . 17 Gewichtstheile) zur Fällung.

$$\begin{array}{ccccccc} HgCl_2 & & 2\,NH_3 & & HgCl_2 & & \\ 271 & : & 34 & = & 30 & : & x \end{array}$$

$$x = 3{,}76\ g\ NH_3.$$

Diese Menge Ammoniak entspricht 37,6 g 10procentiger Ammoniakflüssigkeit.

30 g Quecksilberchlorid brauchen 37,6 g 10procentiger Ammoniakflüssigkeit zur Fällung.

2. Wie viel Mercuriammoniumchlorid erhält man von 30 g Quecksilberchlorid?

1 Molekül Quecksilberchlorid (271 Gewichtstheile) entspricht 1 Molekül Mercuriammoniumchlorid (251,5 Gewichtstheile).

$$\begin{array}{ccccccc} HgCl_2 & & HgClNH_2 & & HgCl_2 & & \\ 271 & : & 251,5 & = & 30 & : & x \end{array}$$

$$x = 27,8 \text{ g } HgClNH_2.$$

30 g Quecksilberchlorid geben 27,8 g Mercuriammoniumchlorid.

Jodoformium.

Carboneum jodatum. Jodoform.

CHJ_3.

Darstellung. In einem Kolben löse man 30 g krystallisirtes Natriumcarbonat in 150 g Wasser, füge 15 g Weingeist von 90 bis 91 % hinzu und erwärme im Wasserbade auf 60 bis 80°. Zu dieser Flüssigkeit setze man in kleinen Portionen unter Umschwenken 15 g zerriebenes Jod hinzu, indem man die Temperatur der Flüssigkeit nahezu gleich erhält und stets erst wieder eine neue Portion Jod hinzufügt, wenn die Flüssigkeit farblos geworden. Ist alles Jod eingetragen und ist die Flüssigkeit farblos, so lasse man erkalten und stelle einen Tag an einen schattigen Ort bei Seite. Hierauf sammle man das ausgeschiedene Jodoform auf einem Filter, und wasche dasselbe so lange mit kaltem Wasser aus, bis eine Probe des Waschwassers mit Salpetersäure angesäuert durch Silbernitratlösung nicht mehr getrübt wird. Ist dieses der Fall, so bringe man das Filter sammt Inhalt zwischen Fliesspapier und trockne bei gewöhnlicher Temperatur unter Abhaltung von Licht.

Um aus der Mutterlauge noch weiter Jodoform zu erhalten, löse man in derselben wiederum 30 g krystallisirtes Natriumcarbonat, füge 15 g Weingeist hinzu und erwärme die Flüssigkeit in einem Kolben auf 60 bis 80°, worauf man einen langsamen Strom von Chlorgas einleitet. Man setze das Einleiten von Chlor so lange fort, als an der Entwickelungsstelle des Chlors in der Flüssigkeit eine Ausscheidung von Jod stattfindet, welches aber stets wieder unter Bildung von Jodoform gebunden wird, wodurch eine Entfärbung der Flüssigkeit veranlasst wird. Ein Ueberschuss von Chlor ist zu vermeiden. Nachdem die Flüssigkeit erkaltet und mehrere Stunden gestanden ist, filtrire man das ausgeschiedene Jodoform ab, und behandle es, wie das zuerst erhaltene.

Zur Gewinnung des in der Mutterlauge noch vorhandenen Jods, kann man dieselbe auf Natriumjodid verarbeiten. Zu diesem Zwecke dampfe man die Mutterlauge zur Trockne ein, vermische den Salzrückstand mit dem zehnten Gewichte Holzkohlenpulver und trage das Gemisch in einen rothglühenden Schmelztiegel portionenweise ein. Findet kein Aufblähen der Masse mehr statt, so lasse man erkalten, zerreibe den Glührückstand möglichst fein und ziehe ihn 2 Mal mit erwärmten Weingeist aus. Das Filtrat verdampfe man im Wasserbade, bis sich das Salz auszuscheiden beginnt, worauf man es unter beständigem Rühren zur Trockne bringt.

Vorgang. Der chemische Process, welcher bei der Jodoformbildung stattfindet, lässt sich nicht durch eine einfache Gleichung veranschaulichen. Man nimmt an, dass, wenn Weingeist und Jod in alkalischer Flüssigkeit erwärmt werden, sich zuerst unterjodige Säure und Natriumjodid bildet.

$$\underset{\text{Natrium-carbonat}}{Na_2CO_3} + \underset{\text{Jod}}{J_2} + \underset{\text{Wasser}}{H_2O} = \underset{\text{Unter-jodige Saure}}{HOJ} + \underset{\text{Natrium-jodid}}{NaJ} + \underset{\text{Natrium-hydrocarbonat.}}{NaHCO_3}$$

Ein Theil der unterjodigen Säure oxydirt den Weingeist zu Aldehyd, wobei Jodwasserstoff entsteht.

$$\underset{\text{Unterjodige Saure}}{HOJ} + \underset{\text{Aethylalkohol}}{(CH_3 - CH_2 . OH)} = \underset{\text{Aldehyd}}{(CH_3 - COH)} + \underset{\text{Jod-wasserstoff}}{HJ} + \underset{\text{Wasser.}}{H_2O}$$

Unterjodige Säure und Jodwasserstoff zerlegen sich in Jod und Wasser.

$$\underset{\text{Unterjodige Säure.}}{HOJ} + \underset{\text{Jod-wasserstoff}}{HJ} = \underset{\text{Wasser}}{H_2O} + \underset{\text{Jod.}}{J_2}$$

Das sich wieder bildende Jod und die noch vorhandene unterjodige Säure verwandeln das Aldehyd in Jodal, eine dem Chloral entsprechende Verbindung.

$$\underset{\text{Aldehyd}}{(CH_3 - COH)} + \underset{\text{Jod}}{6J} + \underset{\text{Unterjodige Saure}}{3HOJ} = \underset{\text{Jodal}}{(CJ_3 - COH)} + \underset{\text{Jod}}{6J} + \underset{\text{Wasser.}}{3H_2O}$$

Das Jodal setzt sich mit dem Natriumhydrocarbonat um in Jodoform und Natriumformiat und Kohlensäureanhydrid entweicht.

$$\underset{\text{Jodal}}{(CJ_3 - COH)} + \underset{\substack{\text{Natrium-}\\\text{hydrocarbonat}}}{NaHCO_3} = \underset{\text{Jodoform}}{CHJ_3} + \underset{\substack{\text{Natrium-}\\\text{formiat}}}{CHNaO_2} + \underset{\substack{\text{Kohlen-}\\\text{säureanhydrid.}}}{CO_2}$$

Das Jodoform ist so lange auszuwaschen, bis demselben kein Natriumjodid mehr anhängt, so dass eine angesäuerte Probe des Waschwassers durch Silbernitratlösung nicht mehr getrübt wird.

$$\underset{\substack{\text{Natrium-}\\\text{jodid}}}{NaJ} + \underset{\text{Silbernitrat}}{AgNO_3} = \underset{\substack{\text{Silber-}\\\text{jodid}}}{AgJ} + \underset{\substack{\text{Natrium-}\\\text{nitrat.}}}{NaNO_3}$$

Es wird auf diese Weise nur gegen $20\,^0/_0$ des Jods als Jodoform erhalten und gegen $80\,^0/_0$ bleiben als Natriumjodid und Natriumjodat in der Mutterlauge. Um daraus noch weiter Jodoform zu erhalten, leitet man in die erwärmte, mit Natriumcarbonat und Weingeist nochmals versetzte Mutterlauge einen Strom von Chlorgas ein. Das Chlor macht aus dem Natriumjodid das Jod frei unter Bildung von Natriumchlorid und das frei gewordene Jod setzt sich mit dem Natriumcarbonat und Weingeist wieder theilweise in Jodoform um. Man erhält nochmals 20 bis $30\,^0/_0$ des angewendeten Jods Jodoform, so dass also insgesammt gegen 40 bis $50\,^0/_0$ Jodoform erhalten werden.

In der Mutterlauge ist im Wesentlichen Natriumchlorid, Natriumjodid und Natriumjodat enthalten. Um letzteres ebenfalls in Natriumjodid umzuwandeln, glüht man die zur Trockne verdampfte Mutterlauge mit Kohlenpulver, wobei Kohlenoxyd entweicht.

$$\underset{\substack{\text{Natrium-}\\\text{jodat}}}{NaJO_3} + \underset{\substack{\text{Kohlen-}\\\text{stoff}}}{3\,C} = \underset{\substack{\text{Natrium-}\\\text{jodid}}}{NaJ} + \underset{\substack{\text{Kohlen-}\\\text{oxyd.}}}{3\,CO}$$

Behandelt man den Glührückstand mit Weingeist, so löst sich das Natriumjodid auf und wird durch Eindampfen der Lösung gewonnen, während überschüssige Kohle und Natriumchlorid ungelöst bleiben.

Aufbewahrung. Das Jodoform muss vorsichtig aufbewahrt werden. Da direktes Sonnenlicht allmälig eine Zersetzung des Jodoforms unter Abscheidung von Jod bewirkt, so empfiehlt es sich, das Jodoform vor Licht geschützt aufzubewahren.

Eigenschaften. Das Jodoform stellt kleine, glänzende, fettig anzufühlende Blättchen oder Tafeln oder auch ein mehr oder minder feines, kystallinisches Pulver von citronengelber Farbe, von durchdringendem, etwas safranartigem Geruche dar. Es schmilzt bei nahezu 120°, ist mit den Dämpfen des siedenden Wassers flüchtig, fast unlöslich in Wasser, löslich in 50 Theilen kaltem und ungefähr 10 Theilen siedendem Weingeist, und in 5,2 Theilen Aether.

Prüfung.

1. Man erhitze 1 g Jodoform in einem Porzellanschälchen und glühe zuletzt. Es muss sich vollkommen verflüchtigen. Ein Rückstand würde die Anwesenheit anorganischer Salze wie Alkalichloride oder -jodide anzeigen.

2. Man schüttle 1 g Jodoform mit 10 g Wasser eine Minute lang und filtrire. Das Filtrat sei farblos. Ein gelb gefärbtes Filtrat würde Pikrinsäure anzeigen.

Je die Hälfte des Filtrats versetze man

a) mit Silbernitratlösung; es darf sofort nur eine opalisirende Trübung auftreten. Eine stärkere Trübung würde einen zu grossen Gehalt an Chloriden oder Jodiden anzeigen.

$$\underset{\text{Natriumchlorid}}{NaCl} + \underset{\text{Silbernitrat}}{AgNO_3} = \underset{\text{Silberchlorid}}{AgCl} + \underset{\text{Natriumnitrat.}}{NaNO_3}$$

b) mit Baryumnitratlösung; es darf keine Veränderung erfolgen. Eine Trübung könnte von Alkalicarbonaten oder Sulfaten herrühren, indem sich im ersteren Falle Baryumcarbonat, im letzteren Baryumsulfat ausscheidet. Ersterer Niederschlag ist in Salpetersäure löslich, letzterer nicht.

$$\underset{\text{Natriumcarbonat}}{Na_2CO_3} + \underset{\text{Baryumnitrat}}{Ba(NO_3)_2} = \underset{\text{Baryumcarbonat}}{BaCO_3} + \underset{\text{Natriumnitrat.}}{2\,NaNO_3}$$

Kalium aceticum.

Terra foliata Tartari. Kaliumacetat. Essigsaures Kalium.

$$C_2H_3KO_2 = CH_3 - CO.OK.$$

Darstellung. 300 g verdünnte Essigsäure bringe man in eine geräumige Porzellanschale und trage allmälig 150 g zerriebenes reines Kaliumbicarbonat ein. Man erhitze sodann bis nahe zum Sieden, um alle Kohlensäure auszutreiben und bringe die Flüssigkeit durch Hinzuügen von etwas Kaliumbicarbonat oder verdünnter Essigsäure zur schwach alkalischen Reaktion oder Neutralisation. Um darauf zu prüfen, verdünne man eine Probe mit der doppelten Menge Wasser und tauche blaues Lackmuspapier ein. Wird dasselbe geröthet, so muss noch etwas Kaliumbicarbonat zugefügt werden; andererseits muss Essigsäure zugefügt werden, wenn rothes Lackmuspapier beim Eintauchen sogleich stark gebläut wird. Die verdünnte Probe soll rothes Lackmuspapier nur allmälig schwach bläuen, oder blaues und rothes Lackmuspapier gar nicht verändern.

Ist letzteres der Fall, so filtrire man die Flüssigkeit, säure mit etwas Essigsäure an, verdampfe über freiem Feuer bis eine Ausscheidung des Salzes beginnt, füge dann nochmals einige Tropfen Essigsäure zu und verdampfe auf dem Sandbade bis zur Trockne. Gegen das Ende rühre man mit einem Porzellanspatel fortwährend um. Das staubtrockne, krümelige Salz fülle man sogleich in ein trocknes, erwärmtes Glas und verschliesse dasselbe gut.

Vorgang. Wird verdünnte Essigsäure mit Kaliumbicarbonat gesättigt, so geht Kaliumacetat in Lösung und Kohlensäureanhydrid entweicht.

$$\underset{\substack{\text{Essigsaure}\\60}}{C_2H_4O_2} + \underset{\substack{\text{Kalium-}\\\text{bicarbonat}\\100}}{KHCO_3} = \underset{\substack{\text{Kaliumacetat}\\98}}{C_2H_3KO_2} + \underset{\substack{\text{Kohlen-}\\\text{saureanhydrid}}}{CO_2} + \underset{\text{Wasser.}}{H_2O}$$

Die Erhitzung der Lösung bis nahe zum Sieden bezweckt, die Kohlensäure zu vertreiben, welche blaues Lackmuspapier auch röthet. Auch wird dadurch das der Essigsäure zuweilen anhängende Empyreuma verflüchtigt. Da das Salz beim Eindampfen Essigsäure verliert, so muss die Lösung desselben während des Eindampfens ein paar Mal mit Essigsäure versetzt werden. Das Salz darf nicht zu stark erhitzt werden, indem es sonst eine Zersetzung erleidet unter Bildung von Aceton.

Aufbewahrung. Da das Kaliumacetat begierig Feuchtigkeit aus der Luft anzieht, so ist dasselbe in einem gut verschlossenen Glase aufzubewahren.

Eigenschaften. Das Kaliumacetat stellt ein weisses, etwas glänzendes, an der Luft zerfliessendes, in 0,36 Theilen Wasser und in 1,4 Theilen Weingeist lösliches Pulver dar.

Versetzt man die wässrige Lösung

a) mit Ferrichloridlösung, so färbt sie sich dunkelroth, indem Ferriacetat in Lösung geht.

$$\underset{\text{Ferrichloid}}{Fe_2Cl_6} + \underset{\text{Kaliumacetat}}{6C_2H_3KO_2} = \underset{\substack{\text{Kalium-}\\\text{chlorid}}}{6KCl} + \underset{\text{Ferriacetat}}{Fe_2(C_2H_3O_2)_6}$$

b) mit Weinsäurelösung, so entsteht ein weisser, krystallinischer Niederschlag von saurem Kaliumtartrat.

$$\underset{\text{Kaliumacetat}}{C_2H_3KO_2} + \underset{\text{Weinsäure}}{C_4H_6O_6} = \underset{\text{Saures Kaliumtartrat}}{C_4H_5KO_6} + \underset{\text{Essigsäure.}}{C_2H_4O_2}$$

Prüfung.

1. Man löse 2 g des Salzes in 4 g Wasser, tauche rothes Lackmuspapier ein und füge einige Tropfen Phenolphtaleinlösung hinzu. Das rothe Lackmuspapier darf sich nur langsam bläuen, durch Phenolphtaleinlösung darf aber keine rothe Färbung der Lösung entstehen. Die Lösung darf also nur schwach alkalisch reagiren. Wird Lackmuspapier sofort stark gebläut, und erzeugt Phenolphtaleinlösung eine rothe Färbung, so enthält das Salz zu viel Kaliumcarbonat.

2. Man löse 3 g des Salzes in 57 g Wasser.

a) 10 ccm dieser Lösung versetze man mit der doppelten Menge Schwefelwasserstoffwasser; es darf keine Veränderung entstehen. Eine dunkle Färbung oder Fällung zeigt Metalle (Kupfer, Blei) an.

$$\underset{\text{Bleiacetat}}{Pb(C_2H_3O_2)_2} + \underset{\text{Schwefelwasserstoff}}{H_2S} = \underset{\text{Bleisulfid}}{PbS} + \underset{\text{Essigsäure.}}{2\,C_2H_4O_2}$$

b) 20 ccm der Lösung säure man mit einigen Tropfen Salpetersäure an und versetze je 10 ccm

α) mit Baryumnitratlösung; es darf keine Veränderung entstehen. Entsteht eine weisse Trübung, so ist ein Sulfat zugegen.

$$\underset{\text{Kaliumsulfat}}{K_2SO_4} + \underset{\text{Baryumnitrat}}{Ba(NO_3)_2} = \underset{\text{Baryumsulfat}}{BaSO_4} + \underset{\text{Kaliumnitrat.}}{2\,KNO_3}$$

β) mit Silbernitratlösung; es darf nur opalisirende Trübung eintreten. Entsteht eine stärkere Trübung, so enthält das Salz ein Chlorid.

$$\underset{\text{Kaliumchlorid}}{KCl} + \underset{\text{Silbernitrat}}{AgNO_3} = \underset{\text{Silberchlorid}}{AgCl} + \underset{\text{Kaliumnitrat.}}{KNO_3}$$

c) 20 ccm der Lösung versetze man mit 0,5 ccm Kaliumferrocyanidlösung. Ist Kupfer zugegen, so entsteht eine rothe Färbung von Kupferferrocyanid (a), bei Gegenwart von Eisen erfolgt Blaufärbung, indem sich Ferriferrocyanür (Berlinerblau) bildet (b).

a) $2[Cu(C_2H_3O_2)_2] + K_4(FeCy_6) = Cu_2(FeCy_6) + 4C_2H_3KO_2$
Kupferacetat Kaliumferrocyanid Kupferferrocyanid Kaliumacetat.

b) $2[Fe_2(C_2H_3O_2)_6] + 3K_4(FeCy_6) = Fe_4(FeCy_6)_3 + 12C_2H_3KO_2$
Ferriacetat Kaliumferrocyanid Ferriferrocyanür (Berlinerblau) Kaliumacetat.

Stöchiometrische Berechnungen.

1. Wie viel Kaliumbicarbonat braucht man zur Sättigung von 300 g 30procentiger Essigsäure?

300 g 30procentige Essigsäure enthalten 90 g Essigsäure.

1 Molekül Essigsäure (60 Gewichtstheile) braucht 1 Molekül Kaliumbicarbonat (100 Gewichtstheile) zur Sättigung.

$$\begin{matrix} C_2H_4O_2 & & KHCO_3 & & C_2H_4O_2 & & \\ 60 & : & 100 & = & 90 & : & x \end{matrix}$$
$$x = 150\,g\ KHCO_3.$$

300 g 30procentige Essigsäure brauchen 150 g Kaliumbicarbonat zur Sättigung.

2. Wie viel Kaliumacetat erhält man von 300 g 30procentiger Essigsäure?

1 Molekül Essigsäure (60 Gewichtstheile) entspricht 1 Molekül Kaliumacetat (98 Gewichtstheile).

$$\begin{matrix} C_2H_4O_2 & & C_2H_3KO_2 & & C_2H_4O_2 & & \\ 60 & : & 98 & = & 90 & : & x \end{matrix}$$
$$x = 147\,g\ C_2H_3KO_2.$$

Von 300 g 30procentiger Essigsäure erhält man 147 g Kaliumacetat.

Kalium bromatum.

Kaliumbromid. Bromkalium.

KBr.

Darstellung. 10 g Eisenfeile bringe man mit 80 g Wasser in ein Kölbchen und füge in kleinen Portionen unter Abkühlung und fortwährendem Umschwenken 18 g Brom hinzu. Die grünliche Flüssigkeit filtrire man von dem überschüssigen Eisen ab, wasche das Filter gut aus und füge dem Filtrate allmälig unter Umschütteln 6 g Brom hinzu. Diese Lösung von Ferroferribromid bringe man in eine Porzellanschale, erhitze sie zum Sieden und setze langsam eine Auflösung von 21 g Kaliumcarbonat in 200 g Wasser hinzu. Die Flüssigkeit muss nun schwach alkalisch reagiren, indem sie rothes Lackmuspapier nur allmälig schwach bläut. Ist dieses nicht der Fall, so setze man noch etwas Kaliumcarbonatlösung zu. Man lasse nun noch einige Zeit kochen, um den Niederschlag kompakter zu machen, lasse absetzen, filtrire die überstehende Flüssigkeit ab und koche den Niederschlag nochmals mit Wasser aus, worauf man die Flüssigkeit wiederum abfiltrirt und den Niederschlag auf dem Filter mit heissem Wasser auswascht. Die beiden vermischten Filtrate verdampfe man auf dem Wasserbade zur Krystallisation. Beim Verdampfen der Lösung wird sich meist noch etwas Eisen abscheiden und es ist daher die Lauge nochmals zu filtriren. Die Krystalle sammle man auf einem Trichter, lasse gut abtropfen und trockne sie bei gelinder Wärme auf Papier ausgebreitet.

Die Mutterlauge neutralisire man mit Bromwasserstoffsäure, verdampfe zur Krystallisation und behandle die Krystalle wie angegeben.

Eine wässrige Bromwasserstoffsäure erhält man, indem man Schwefelwasserstoff in Bromwasser einleitet, den abgeschiedenen Schwefel abfiltrirt und das Filtrat zur Verjagung des absorbirten Schwefelwasserstoffs gelinde erwärmt.

Um den Krystallen des Kaliumbromids ein glänzendes Aussehen zu geben, erhitze man sie einige Zeit auf 80 bis 100°.

Verdampft man die Lösung des Kaliumbromids, bis sich ein Theil des Salzes in der Wärme auszuscheiden beginnt, und rührt dann bis zum Erkalten, so scheidet sich das Salz in kleinen Krystallen aus, welche man auf einem Trichter sammelt, von der Mutterlauge durch Abtropfenlassen befreit und auf Papier ausgebreitet, bei gelinder Wärme trocknet.

Vorgang. Kommt Eisen unter Wasser mit Brom zusammen, so geht Ferrobromid in Lösung.

$$3\,Fe + 3\,Br_2 = 3\,FeBr_2$$

$3\,Fe$	$3\,Br_2$	$3\,FeBr_2$
Eisen	Brom	Ferrobromid.
3.56	6.80	

Kommt die Lösung des Ferrobromids mit einer entsprechenden Menge Brom zusammen, so bildet sich Ferroferribromid.

$$3\,FeBr_2 + Br_2 = Fe_3Br_8$$

$3\,FeBr_2$	Br_2	Fe_3Br_8
Ferrobromid	Brom	Ferroferribromid.
	2.80	

Versetzt man die kochende Lösung von Ferroferribromid mit einer Lösung von Kaliumcarbonat, so scheidet sich Eisenoxyduloxydhydrat ab und Kaliumbromid geht in Lösung.

$$Fe_3Br_8 + 4K_2CO_3 + xH_2O = (Fe_3O_4 + xH_2O) + 8KBr$$

Fe_3Br_8	$4K_2CO_3$	xH_2O	$(Fe_3O_4 + xH_2O)$	$8KBr$
Ferroferribromid	Kaliumcarbonat 4.138	Wasser	Eisenoxyduloxydhydrat	Kaliumbromid 8.119,1.

Wird die etwas Kaliumcarbonat enthaltende und daher alkalisch reagirende Mutterlauge mit Bromwasserstoffsäure neutralisirt, so bildet sich Kaliumbromid und Kohlensäureanhydrid entweicht.

$$K_2CO_3 + 2HBr = 2KBr + CO_2 + H_2O$$

K_2CO_3	$2HBr$	$2KBr$	CO_2	H_2O
Kaliumcarbonat	Bromwasserstoff	Kaliumbromid	Kohlensäureanhydrid	Wasser.

Die Bildung der Bromwasserstoffsäure beim Einleiten von Schwefelwasserstoff in Bromwasser erfolgt unter Abscheidung von Schwefel.

$$Br_2 + H_2S = 2HBr + S$$

Br_2	H_2S	$2HBr$	S
Brom	Schwefelwasserstoff	Bromwasserstoff	Schwefel.

Eigenschaften. Das Kaliumbromid stellt weisse, würfelförmige, glänzende, luftbeständige Krystalle dar, die in 2 Theilen Wasser und in etwa 200 Theilen Weingeist löslich sind.

Wird 1 g des Salzes in 19 g Wasser gelöst, die Hälfte der Lösung mit wenig Chlorwasser versetzt und mit Aether oder Chloroform geschüttelt, so färben sich letztere rothgelb. Das Chlor macht nämlich das Brom aus dem Kaliumbromid frei und dieses löst sich in Aether oder Chloroform mit rothgelber Farbe.

Ein Ueberschuss von Chlor ist zu vermeiden, da sich sonst farbloses Chlorbrom bildet.

$$KBr + Cl = KCl + Br$$

KBr	Cl	KCl	Br
Kaliumbromid	Chlor	Kaliumchlorid	Brom.

$$Br + Cl = BrCl$$

Br	Cl	$BrCl$
Brom	Chlor	Chlorbrom.

Versetzt man die andere Hälfte der wässrigen Lösung mit Weinsäurelösung, so scheidet sich nach kurzer Zeit ein weisser, krystallinischer Niederschlag von saurem Kaliumtartrat aus.

$$KBr + C_4H_6O_6 = C_4H_5KO_6 + HBr$$

KBr	$C_4H_6O_6$	$C_4H_5KO_6$	HBr
Kaliumbromid	Weinsaure	Saures Kaliumtartrat	Bromwasserstoff.

Prüfung.

1. Man erhitze ein Körnchen des Salzes am Platindraht in einer Weingeistflamme. Die Flamme muss sich von Beginn an violett färben. Enthält das Salz Natriumbromid, so färbt sich die Flamme sogleich gelb.

2. Man zerreibe einige Krystalle des Salzes.

a) Einen Theil des Salzes breite man in einer Porzellanschale aus und füge einige Tropfen verdünnter Schwefelsäure zu. Färbt sich das Salz gelb, so enthält dasselbe Kaliumbromat. Die Schwefelsäure macht nämlich aus dem Kaliumbromid Bromwasserstoff (a), und aus dem Kaliumbromat Bromsäure frei (b). Bromwasserstoff und Bromsäure zerlegen sich in Brom und Wasser (c).

a) $KBr + H_2SO_4 = KHSO_4 + HBr$

Kaliumbromid, Schwefelsäure, Saures Kaliumsulfat, Bromwasserstoff.

b) $KBrO_3 + H_2SO_4 = KHSO_4 + HBrO_3$

Kaliumbromat, Schwefelsäure, Saures Kaliumsulfat, Bromsäure.

c) $HBrO_3 + 5HBr = 6Br + 3H_2O$

Bromsäure, Bromwasserstoff, Brom, Wasser.

b) Die andere Hälfte des zerriebenen Salzes bringe man auf ein angefeuchtetes rothes Lackmuspapier. Enthält das Salz mehr als Spuren von Kaliumcarbonat, so wird das Papier sofort violettblau gefärbt.

3. Man löse 4 g des Salzes in 76 g Wasser.

A) Je 10 ccm der Lösung versetze man

a) mit der doppelten Menge Schwefelwasserstoffwasser, wodurch keine Veränderung entstehe. Sind Metalle, wie Kupfer, Blei zugegen, so entsteht eine dunkle Fällung von Metallsulfid.

$$CuBr_2 + H_2S = CuS + 2HBr$$

Kupferbromid, Schwefelwasserstoff, Kupfersulfid, Bromwasserstoff.

b) mit Baryumnitratlösung; es darf keine Veränderung entstehen. Eine weisse Trübung würde von Sulfat herrühren.

$$K_2SO_4 + Ba(NO_3)_2 = BaSO_4 + 2KNO_3$$

Kaliumsulfat, Baryumnitrat, Baryumsulfat, Kaliumnitrat.

c) mit verdünnter Schwefelsäure; es darf keine weisse Trübung entstehen, was Baryumbromid anzeigen würde.

$$\underset{\text{Baryumbromid}}{BaBr_2} + \underset{\text{Schwefelsaure}}{H_2SO_4} = \underset{\text{Baryumsulfat}}{BaSO_4} + \underset{\text{Bromwasserstoff.}}{2HBr}$$

B) 5 ccm der wässrigen Lösung versetze man mit 1 Tropfen Ferrichloridlösung und sodann mit Stärkelösung; es darf keine blaue Färbung eintreten. Ist Kaliumjodid zugegen, so setzt Ferrichlorid Jod in Freiheit unter Bildung von Ferrochlorid und Kaliumchlorid. Das freie Jod verbindet sich mit der Stärke zur blauen Jodstärke.

$$\underset{\text{Ferrichlorid}}{Fe_2Cl_6} + \underset{\text{Kaliumjodid}}{2KJ} = \underset{\text{Ferrochlorid}}{2FeCl_2} + \underset{\text{Jod}}{J_2} + \underset{\text{Kaliumchlorid.}}{2KCl}$$

C) 20 ccm der wässrigen Lösung versetze man mit 0,5 ccm Kaliumferrocyanidlösung; es darf keine Veränderung eintreten. Enthält das Salz Ferribromid, so entsteht ein blauer Niederschlag von Ferriferrocyanür (Berlinerblau).

$$\underset{\text{Ferribromid}}{2Fe_2Br_6} + \underset{\text{Kaliumferrocyanid}}{3K_4(FeCy_6)} = \underset{\text{Ferriferrocyanur (Berlinerblau)}}{Fe_4(FeCy_6)_3} + \underset{\text{Kaliumbromid.}}{12KBr}$$

4. Man zerreibe ungefähr 5 g des Salzes und trockne sie einige Stunden bei 100^0. 3 g dieses getrockneten Salzes bringe man in einen Messkolben von 100 ccm Inhalt, löse sie in Wasser und bringe die Lösung mit Wasser auf 100 ccm. Von dieser gut gemischten Lösung pipettire man 10 ccm ab, versetze sie mit einigen Tropfen Kaliumchromatlösung und füge dann so viel Zehntel-Normal-Silbernitratlösung hinzu, bis die Flüssigkeit beim Umschütteln bleibend roth gefärbt ist. Es dürfen bis zu diesem Punkte nicht mehr als 25,4 ccm Zehntel-Normal-Silbernitratlösung verbraucht werden.

10 ccm der wässrigen Lösung des Kaliumbromids enthalten 0,3 g des Salzes aufgelöst. Wird diese Lösung mit Zehntel-Normal-Silbernitratlösung versetzt, so scheidet sich Silberbromid aus.

$$\underset{\substack{\text{Kaliumbromid}\\ 119,1}}{KBr} + \underset{\substack{\text{Silbernitrat}\\ 170}}{AgNO_3} = \underset{\text{Silberbromid}}{AgBr} + \underset{\text{Kaliumnitrat.}}{KNO_3}$$

Bei weiterem Zusatz von Silberlösung wird aus dem Kaliumchromat rothes Silberchromat gefällt.

$$\underset{\text{Kaliumchromat}}{K_2CrO_4} + \underset{\text{Silbernitrat}}{2AgNO_3} = \underset{\text{Silberchromat}}{Ag_2CrO_4} + \underset{\text{Kaliumnitrat.}}{2KNO_3}$$

So lange aber noch Kaliumbromid zugegen, verschwindet das rothe Silberchromat beim Umrühren wieder, indem sich Kaliumchromat und Silberbromid bildet.

$$\underset{\text{Silberchromat}}{Ag_2CrO_4} + \underset{\text{Kaliumbromid}}{2KBr} = \underset{\text{Silberbromid}}{2AgBr} + \underset{\text{Kaliumchromat.}}{K_2CrO_4}$$

Erst wenn alles Brom an das Silber gebunden ist, bleibt das Silberchromat beim Umrühren unzersetzt und die Flüssigkeit erscheint roth.

1 Molekül Kaliumbromid (119,1 Gewichtstheile) braucht 1 Molekül Silbernitrat (170 Gewichtstheile) zur Fällung.

Zehntel-Normal-Silberlosung		Silbernitrat.
1000 ccm	enthalten	17 g.
1 „	enthält	0,017 g.
		Ammoniumbromid.
1000 „	fällen	11,91 g.
1 „	fällt	0,01191 g.

0,3 g Kaliumbromid brauchen daher zur Fällung:

$$\begin{array}{ccccccc} \text{KBr} & & \text{ccm} & & \text{KBr} & & \\ 0{,}01191 & : & 1 & = & 0{,}3 & : & x \end{array}$$

$$x = 25{,}18 \text{ ccm Zehntel-Normal-Silbernitratlösung.}$$

Das Arzneibuch gestattet einen Verbrauch von 25,4 ccm, somit um 0,22 ccm mehr, weil eine geringe Menge Kaliumchlorid im Präparate geduldet wird.

Das Kaliumchlorid setzt sich mit dem Silbernitrat auf ganz analoge Weise um wie das Kaliumbromid, indem Silberchlorid gefällt wird und Kaliumnitrat in Lösung geht.

$$\underset{\substack{\text{Kaliumchlorid} \\ 74{,}5}}{KCl} + \underset{\substack{\text{Silbernitrat} \\ 170}}{AgNO_3} = \underset{\text{Silberchlorid}}{AgCl} + \underset{\text{Kaliumchlorid.}}{KCl}$$

Zehntel-Normal-Silberlosung		Kaliumchlorid
1000 ccm	fällen	7,45 g.
1 „	fällt	0,00745 g.

Da aber das Molekulargewicht des Kaliumchlorids (= 74,5) weit niedriger ist als das des Kaliumbromids (= 119,1), so wird man, wenn das Präparat Kaliumchlorid enthält, mehr Zehntel-Normal-Silberintratlösung zur Fällung gebrauchen, als zu einem reinen Präparat.

Man findet die Menge Zehntel-Normal-Silbernitratlösung, welche zur Fällung von Kaliumchlorid verwendet wird, durch folgende Gleichung:

Die Differenz der Molekulargewichte des Kaliumchlorids und Kaliumbromids (119,1 — 74,5 = 44,6) verhält sich zum Molekulargewicht des Kaliumbromids (119,1), wie der Mehrverbrauch der Zehntel-Normal-Silbernitratlösung als 25,18 ccm (bei einem Verbrauch von 25,4 ccm = 0,22) : x.

$$44{,}6 : 119{,}1 = 0{,}22 : x$$
$$x = 0{,}58 \text{ ccm.}$$

Diese Menge Zehntel-Normal-Silbernitratlösung wird zur Fällung des Kaliumchlorids verwendet. Da 1 ccm der Zehntel-Normal-Silbernitratlösung 0,00745 g Kaliumchlorid zu fällen vermag, so fällt obige Menge 0,58 × 0,00745 = 0,00432 g Kaliumchlorid, welche in 0,3 g des Präparats enthalten sein dürfen. In 100 g des Präparats dürfen daher enthalten sein:

$$0{,}3 : 0{,}00432 = 100 : x$$
$$x = 1{,}44\,\% \text{ Kaliumchlorid.}$$

Stöchiometrische Berechnungen.

1. Wie viel Brom braucht man, um das aus 18 g Brom erhaltene Ferrobromid in Ferroferribromid zu verwandeln?

1 Molekül Ferroferribromid, welches 8 Atome Brom enthält, ist entstanden aus 3 Molekülen Ferrobromid, welche 6 Atome Brom enthalten. Es müssen also noch 2 Atome Brom hinzugefügt werden. Für 3 Atome Brom (3 . 80 Gewichtstheile) ist also noch 1 Atom Brom (80 Gewichtstheile) hinzuzufügen.

$$\begin{array}{ccccccc} 3Br & & Br & & Br & & \\ 240 & : & 80 & = & 18 & : & x \end{array}$$
$$x = 6 \text{ g Brom.}$$

Zu dem aus 18 g Brom entstandenen Ferrobromid sind noch 6 g Brom hinzuzufügen, um daraus Ferroferribromid zu bilden.

2. Wie viel Kaliumcarbonat braucht man zur Fällung des aus 24 g Brom erhaltenen Ferroferribromids?

1 Molekül Ferroferribromid, welches 8 Atome Brom enthält, braucht 4 Moleküle Kaliumcarbonat zur Fällung. 2 Atome Brom (2 . 80 Gewichtstheile) entsprechen daher 1 Molekül Kaliumcarbonat (138 Gewichtstheile).

$$\begin{array}{ccccccc} 2Br & & K_2CO_3 & & Br & & \\ 160 & : & 138 & = & 24 & : & x \end{array}$$
$$x = 20,7\,g\,K_2CO_3.$$

Zur Fällung des aus 24 g Brom erhaltenen Ferroferribromids braucht man 20,7 g Kaliumcarbonat.

3. Wie viel Kaliumbromid erhält man von 24 g Brom?

1 Atom Brom (80 Gewichtstheile) entspricht 1 Molekül Kaliumbromid (119,1 Gewichtstheile).

$$\begin{array}{ccccccc} Br & & KBr & & Br & & \\ 80 & : & 119,1 & = & 24 & : & x \end{array}$$
$$x = 35,72\,g\,KBr.$$

Von 24 g Brom erhält man 35,72 g Kaliumbromid.

Kalium jodatum.

Jodkalium. Kaliumjodid.

KJ.

Darstellung. In ein Kölbchen bringe man 10 g Eisenfeile und 80 g Wasser und setze unter Umschwenken in kleinen Portionen 30 g zerriebenes Jod hinzu mit der Vorsicht, dass sich die Flüssigkeit nicht zu stark erwärme. Ist die Flüssigkeit zuletzt gelbbraun, so erwärme man gelinde, bis sie blassgrün geworden. Man filtrire von ungelösten Eisen ab, wasche das Filter gut aus und füge dem Filtrate in kleinen Mengen 10 g zerriebenes Jod unter Umschwenken hinzu, welches sich unter Bildung von Ferroferrijodid auflöst.

In einer Porzellanschale löse man sodann 32 g Kaliumbicarbonat in 300 g Wasser, bringe die Lösung zum Kochen und setze unter Umrühren in dünnem Strahle obige Ferroferrijodidlösung hinzu. Die Flüssigkeit soll nun neutral oder schwach alkalisch reagiren. Wird blaues Lackmuspapier beim Eintauchen geröthet, so muss noch etwas Kaliumbicarbonatlösung hinzugefügt werden, bis rothes Lackmuspapier nur allmälig schwach gebläut wird. Sollte die Flüssigkeit rothes Lackmuspapier sofort stark bläuen, so muss dieselbe mit Jodwasserstoffsäure nahezu neutralisirt werden.

Eine verdünnte Jodwasserstoffsäure erhält man, indem man eine kleine Menge Jod in Kaliumjodidlösung auflöst und in die Lösung Schwefelwasserstoff einleitet. Nachdem man das absorbirte Schwefelwasserstoffgas durch gelindes Erwärmen verjagt hat, filtrire man den abgeschiedenen Schwefel ab.

Obige neutrale oder schwach alkalisch reagirende Flüssigkeit koche man noch etwa 5 Minuten, um den Niederschlag kompakter zu machen, lasse letzteren absetzen, filtrire die obenstehende Flüssigkeit ab und koche den Niederschlag noch einmal mit Wasser aus, worauf man die Flüssigkeit wieder abfiltrirt und den Niederschlag auf dem Filter mit warmem Wasser gut auswascht. Die vereinigten Filtrate verdampfe man auf dem Sandbade in einer flachen Schale bis zur Salzhautbildung und stelle dann 24 Stunden bei Seite. Sollte beim Verdampfen der Lösung sich noch etwas Eisenoxyd abscheiden, so muss nochmals filtrirt werden. Die ausgeschiedenen Krystalle sammle man auf einen Trichter, lasse gut abtropfen und trockne sie zwischen Fliesspapier. Die Mutterlauge verdampfe man wiederum zur Krystallisation und behandle die Krystalle wie oben.

Sollte die Mutterlauge stark alkalisch reagiren, so neutralisire man sie vor dem Verdampfen mit Jodwasserstoffsäure. Wenn nöthig werden die Krystalle durch Umkrystallisiren gereinigt.

Vorgang. Kommt Jod und Eisen in Wasser zusammen, so vereinigen sich beide zu Ferrojodid, welches in Lösung geht.

$$\underset{\substack{\text{Eisen}\\56}}{Fe} + \underset{\substack{\text{Jod}\\2\,.\,127}}{J_2} = \underset{\substack{\text{Ferro-}\\\text{jodid.}}}{FeJ_2}$$

Wird in die Ferrojodidlösung Jod eingetragen, so löst sich dieses unter Bildung von Ferroferrijodid auf.

$$\underset{\text{Ferrojodid}}{3FeJ_2} + \underset{\substack{\text{Jod}\\2\,.\,127}}{J_2} = \underset{\substack{\text{Ferroferri-}\\\text{jodid.}}}{Fe_3J_8}$$

Versetzt man eine Lösung von Kaliumbicarbonat mit der Ferroferrijodidlösung, so scheidet sich Eisenoxyduloxydhydrat aus, Kohlensäureanhydrid entweicht und Kaliumjodid ist in Lösung.

$$\underset{\substack{\text{Ferroferri-}\\\text{jodid}}}{Fe_3J_8} + \underset{\substack{\text{Kalium-}\\\text{bicarbonat}}}{8KHCO_3} + \underset{\text{Wasser}}{xH_2O} = \underset{\text{Eisenoxyduloxydhydrat}}{(Fe_3O_4 + xH_2O)} + \underset{\substack{\text{Kohlen-}\\\text{säureanhydrid}}}{8CO_2} + \underset{\substack{\text{Kalium-}\\\text{jodid.}}}{8KJ}$$

Leitet man in eine Jodlösung Schwefelwasserstoff ein, so wird Schwefel abgeschieden und Jodwasserstoff geht in Lösung.

$$\underset{\text{Jod}}{J_2} + \underset{\substack{\text{Schwefel-}\\\text{wasserstoff}}}{H_2S} = \underset{\substack{\text{Jod-}\\\text{wasser-}\\\text{stoff}}}{2HJ} + \underset{\text{Schwefel.}}{S}$$

10*

Versetzt man die Kaliumcarbonat haltende und daher alkalisch reagirende Lösung des Kaliumjodids mit Jodwasserstoffsäure, so wird selbe neutralisirt, indem sich Kaliumjodid bildet und Kohlensäureanhydrid entweicht.

$$K_2CO_3 + 2HJ = 2KJ + CO_2 + H_2O$$

Kalium-carbonat, Jod-wasserstoff, Kalium-jodid, Kohlen-säure-anhydrid, Wasser.

Aufbewahrung. Das Kaliumjodid muss vorsichtig, vor Licht geschützt an einem trocknen Orte, in einem mit Glasstopfen verschlossenen Glase aufbewahrt werden. Wirkt feuchte Luft und direktes Licht darauf ein, so zersetzt es sich und färbt sich gelb, indem unter Aufnahme von Kohlensäure eine geringe Menge Jod in Freiheit gesetzt wird.

Eigenschaften. Das Kaliumjodid stellt weisse, würfelförmige, an der Luft nicht feucht werdende Krystalle von scharf salzigem und hinterher bitterem Geschmacke dar, die in 0,75 Theilen Wasser und in 12 Theilen Weingeist löslich sind.

Wird die wässrige Lösung mit wenig Chlorwasser versetzt und mit Chloroform geschüttelt, so färbt sich letzteres violett. Das Chlorwasser macht aus dem Kaliumjodid das Jod frei und dieses löst sich im Chloroform mit violetter Farbe. Ein Ueberschuss von Chlor ist zu vermeiden, indem sich sonst farbloses Chlorjod JCl bildet.

$$KJ + Cl = KCl + J$$

Kalium-jodid, Chlor, Kalium-chlorid, Jod.

Mit Weinsäurelösung versetzt giebt die nicht zu verdünnte Lösung allmälig einen weissen, krystallinischen Niederschlag von saurem Kaliumtartrat.

$$KJ + C_4H_6O_6 = C_4H_5KO_6 + HJ$$

Kalium-jodid, Weinsäure, Saures Kaliumtartrat, Jod-wasser-stoff.

Prüfung.

1. Man zerreibe einige Krystalle des Kaliumjodids;
   a) einige Körnchen des Salzes erhitze man am Platindrahte in einer Weingeistflamme; das Salz muss die Flamme von Anfang an violett färben. Eine sogleich auftretende gelbe Färbung würde einen Gehalt an Natriumjodid anzeigen. Ein solches Präparat zieht gerne Feuchtigkeit an;
   b) eine Probe bringe man auf mit ausgekochtem Wasser befeuchtetes rothes Lackmuspapier; es darf dieses nicht

sofort violettblau gefärbt werden, was der Fall wäre, wenn das Präparat mehr als Spuren von Kaliumcarbonat enthielte.

2. Man löse 3 g Kaliumjodid in 57 g Wasser.

A) Je 10 ccm der Lösung versetze man

a) mit der doppelten Menge Schwefelwasserstoffwasser; es darf keine Veränderung eintreten. Sind Metalle, wie Kupfer, Blei zugegen, so entsteht eine dunkle Färbung oder Fällung von Metallsulfid.

$$\underset{\text{Bleijodid}}{PbJ_2} + \underset{\text{Schwefelwasserstoff}}{H_2S} = \underset{\text{Bleisulfid}}{PbS} + \underset{\text{Jodwasserstoff.}}{2HJ}$$

b) mit Baryumnitratlösung; es darf keine weisse Trübung erfolgen, was Kaliumsulfat anzeigen würde.

$$\underset{\text{Kaliumsulfat}}{K_2SO_4} + \underset{\text{Baryumnitrat}}{Ba(NO_3)_2} = \underset{\text{Baryumsulfat}}{BaSO_4} + \underset{\text{Kaliumnitrat.}}{2KNO_3}$$

c) mit 1 Körnchen Ferrosulfat und 1 Tropfen Ferrichloridlösung, erwärme nach Zusatz von 1 ccm Natronlauge gelinde und übersättige dann mit Salzsäure. Es darf keine blaue Färbung eintreten.

Enthält das Kaliumjodid Kaliumcyanid, so bildet letzteres beim Erwärmen mit Ferrosulfat in alkalischer Lösung Kaliumferrocyanid (a), welches mit dem Ferrichlorid Ferriferrocyanür (Berlinerblau) liefert (b).

Da das überschüssig zugesetzte Ferrosulfat und Ferrichlorid durch die Natronlauge als Eisenoxyduloxydhydrat gefällt wird (c), so kommt die blaue Farbe des Berlinerblau erst zum Vorschein, wenn mit Salzsäure übersättigt wird, welche das Eisenoxyduloxydhydrat als Ferrichlorid und Ferrochlorid auflöst (d).

a) $$\underset{\text{Kaliumcyanid}}{6KCy} + \underset{\text{Ferrosulfat}}{FeSO_4} = \underset{\text{Kaliumferrocyanid}}{K_4(FeCy_6)} + \underset{\text{Kaliumsulfat.}}{K_2SO_4}$$

b) $$\underset{\text{Kaliumferrocyanid}}{3[K_4(FeCy_6)]} + \underset{\text{Ferrichlorid}}{2Fe_2Cl_6} = \underset{\text{Ferriferrocyanür}}{Fe_4(FeCy_6)_3} + \underset{\text{Kaliumchlorid.}}{12KCl}$$

c) $$\underset{\text{Ferrichlorid}}{Fe_2Cl_6} + \underset{\text{Ferrosulfat}}{FeSO_4} + \underset{\text{Wasser}}{xH_2O} + \underset{\text{Natriumhydroxyd}}{8NaOH} = \underset{\text{Eisenoxyduloxydhydrat}}{(Fe_3O_4 + xH_2O)}$$
$$+ \underset{\text{Natriumchlorid}}{6NaCl} + \underset{\text{Natriumsulfat.}}{Na_2SO_4}.$$

d) $$\underset{\text{Eisenoxyduloxydhydrat}}{(Fe_3O_4 + xH_2O)} + \underset{\text{Chlorwasserstoff}}{8HCl} = \underset{\text{Ferrichlorid}}{Fe_2Cl_6} + \underset{\text{Ferrochlorid}}{FeCl_2} + \underset{\text{Wasser}}{xH_2O}$$

B) 20 ccm obiger wässrigen Lösung versetze man mit 0,5 ccm Kaliumferrocyanid; es darf keine Veränderung entstehen. Ist Eisen zugegen, so entsteht eine Blaufärbung, indem sich Ferriferrocyanür (Berlinerblau) bildet.

$$\underset{\text{Ferrijodid}}{2\,Fe_2J_6} + \underset{\text{Kaliumferrocyanid}}{3\,K_4(FeCy_6)} = \underset{\text{Ferriferrocyanür}}{Fe_4(FeCy_6)_3} + \underset{\text{Kaliumjodid.}}{12\,KJ}$$

3. Man bringe etwa 20 ccm Wasser zum Kochen und lasse wieder erkalten. In 9,5 g dieses Wassers löse man sofort 0,5 g Kaliumjodid, setze einige Tropfen einer frisch bereiteten Stärkelösung und verdünnte Schwefelsäure zu. Es darf sofort keine blaue Färbung entstehen.

Enthält das Kaliumjodid Kaliumjodat, so setzt die Schwefelsäure aus letzterem Jodsäure in Freiheit und aus ersterem Jodwasserstoff unter Bildung von saurem Kaliumsulfat (a). Jodsäure und Jodwasserstoff zersetzen sich aber in freies Jod und Wasser (b). Das Jod verbindet sich mit der Stärke zur blauen Jodstärke.

Das Wasser muss frisch ausgekocht sein, weil Luft und Kohlensäure haltiges Wasser für sich zersetzend auf das Kaliumjodid einwirkt und Jod in Freiheit setzen könnte.

a) $$\underset{\text{Kaliumjodid}}{5\,KJ} + \underset{\text{Kaliumjodat}}{KJO_3} + \underset{\text{Schwefelsäure}}{6\,H_2SO_4} = \underset{\text{Jodwasserstoff}}{5\,HJ} + \underset{\text{Jodsäure}}{HJO_3} + \underset{\text{Saures Kaliumsulfat.}}{6\,KHSO_4}$$

b) $$\underset{\text{Jodwasserstoff}}{5\,HJ} + \underset{\text{Jodsäure}}{HJO_3} = \underset{\text{Jod}}{6\,J} + \underset{\text{Wasser.}}{3\,H_2O}$$

4. Man erwärme 1 g des Salzes mit 5 ccm Natronlauge sowie mit je 0,5 g Zinkfeile und Eisenpulver; es darf sich kein Geruch nach Ammoniak bemerkbar machen.

Wird Zinkfeile mit Natronlauge erwärmt, so entwickelt sich Wasserstoff unter Bildung von Zinkoxydnatrium (a). Die Gegenwart von Eisen befördert diese Reaktion. Enthält das Kaliumjodid Kaliumnitrat, so reducirt der nascirende Wasserstoff die Salpetersäure zu Ammoniak (b).

a) $$\underset{\text{Zink}}{Zn} + \underset{\text{Natriumhydroxyd}}{2\,NaOH} = \underset{\text{Zinkoxydnatrium}}{Zn(ONa)_2} + \underset{\text{Wasserstoff.}}{H_2}$$

b) $$\underset{\text{Kaliumnitrat}}{KNO_3} + \underset{\text{Wasserstoff}}{4\,H_2} = \underset{\text{Kaliumhydroxyd}}{KOH} + \underset{\text{Ammoniak}}{NH_3} + \underset{\text{Wasser.}}{2\,H_2O}$$

5. Man löse 0,2 g Kaliumjodid in 2 ccm Ammoniakflüssigkeit, vermische mit 13 ccm Zehntel-Normal-Silbernitratlösung unter Umschütteln, filtrire, und übersättige das Filtrat mit Salpetersäure. Es darf innerhalb 10 Minuten weder bis zur Undurchsichtigkeit getrübt noch dunkel gefärbt werden.

Wird eine Lösung von Kaliumjodid in Ammoniakflüssigkeit mit Silbernitratlösung versetzt, so scheidet sich Silberjodid aus, weil es in Ammoniakflüssigkeit unlöslich ist. Ist aber Kaliumchlorid oder -bromid zugegen, so entsteht auf ganz analoge Weise Silberchlorid- oder -bromid, welche aber in Ammoniak löslich sind und beim Uebersättigen des Filtrats mit Salpetersäure sich ausscheiden. Entsteht innerhalb 10 Minuten eine undurchsichtige Trübung, so enthält das Kaliumjodid einen zu hohen Gehalt an Chlorid oder Bromid.

$$KJ + AgNO_3 = AgJ + KNO_3$$

KJ	$AgNO_3$	AgJ	KNO_3
Kaliumjodid 166	Silbernitrat 170	Silberjodid	Kaliumnitrat.

$$KCl + AgNO_3 = AgCl + KNO_3$$

KCl	$AgNO_3$	$AgCl$	KNO_3
Kaliumchlorid 74,5	Silbernitrat 170	Silberchlorid	Kaliumnitrat.

Enthält das Kaliumjodid Kaliumthiosulfat, so entsteht auf Zusatz von Silbernitrat Silberthiosulfat, welches in Ammoniak löslich ist (a). Wird das Filtrat mit Salpetersäure übersättigt, so zerfällt das Silberthiosulfat in Schwefelsäure und sich ausscheidendes schwarzes Silbersulfid (b).

a) $$K_2S_2O_3 + 2\,AgNO_3 = Ag_2S_2O_3 + 2\,KNO_3$$

$K_2S_2O_3$	$AgNO_3$	$Ag_2S_2O_3$	KNO_3
Kaliumthiosulfat	Silbernitrat	Silberthiosulfat	Kaliumnitrat.

b) $$Ag_2S_2O_3 + H_2O = Ag_2S + H_2SO_4$$

$Ag_2S_2O_3$	H_2O	Ag_2S	H_2SO_4
Silberthiosulfat	Wasser	Silbersulfid	Schwefelsaure.

Stöchiometrische Berechnungen.

1. Wie viel Jod muss man zu der aus 30 g Jod erhaltenen Menge Ferrojodid noch hinzufügen, um Ferroferrijodid zu bilden?

1 Molekül Ferroferrijodid enthält 8 Atome Jod und ist aus 3 Molekülen Ferrojodid, welche 6 Atome Jod enthalten, entstanden. Es müssen daher noch 2 Atome Jod hinzugefügt werden. Auf 3 Atome

Jod (3 . 127 Gewichtstheile) ist noch 1 Atom Jod (127 Gewichtstheile) hinzuzufügen.

$$\begin{matrix} 3J & & J & & J & & \\ 381 & : & 127 & = & 30 & : & x \end{matrix}$$
$$x = 10\,g\,J.$$

Die aus 30 g Jod gebildete Menge Ferrojodid braucht noch 10 g Jod zur Bildung von Ferroferrijodid.

2. Wie viel Kaliumbicarbonat braucht man zur Fällung der von 40 g Jod erhaltenen Menge Ferroferrijodid?

1 Molekül Ferroferrijodid, welches 8 Atome Jod enthält, braucht 8 Moleküle Kaliumbicarbonat zur Fällung. 1 Atom Jod (127 Gewichtstheile) entspricht daher 1 Molekül Kaliumbicarbonat (100 Gewichtstheile).

$$\begin{matrix} J & & KHCO_3 & & J & & \\ 127 & : & 100 & = & 40 & : & x \end{matrix}$$
$$x = 31{,}5\,g\,KHCO_3.$$

Die von 40 g Jod erhaltene Menge Ferroferrijodid braucht 31,5 g Kaliumbicarbonat zur Fällung.

3. Wie viel Kaliumjodid erhält man von 40 g Jod?

1 Atom Jod (127 Gewichtstheile) entspricht 1 Molekül Kaliumjodid (166 Gewichtstheile).

$$\begin{matrix} J & & KJ & & J & & \\ 127 & : & 166 & = & 40 & : & x \end{matrix}$$
$$x = 52{,}28\,g\,KJ.$$

40 g Jod geben 52,28 g Kaliumjodid.

4. Wie viel ccm Zehntel-Normal-Silbernitratlösung braucht man zur Fällung von 0,2 g Kaliumjodid?

1 Molekül Kaliumjodid (166 Gewichtstheile) braucht 1 Molekül Silbernitrat (170 Gewichtstheile) zur Fällung.

Die Zehntel-Normal-Silbernitratlösung enthält im Liter 17 g Silbernitrat gelöst. In 1 ccm ist also 0,017 g Silbernitrat gelöst und diese Menge vermag 0,0166 g Kaliumjodid zu fällen.

0,2 g Kaliumjodid brauchen daher zur Fällung:

$$\begin{matrix} KJ & & ccm & & KJ & & \\ 0{,}0166 & : & 1 & = & 0{,}2 & : & x \end{matrix}$$
$$x = 12{,}05 \text{ ccm Zehntel-Normal-Silbernitratlösung.}$$

Das Arzneibuch lässt die Lösung von 0,2 g Kaliumjodid mit 13 ccm Zehntel-Normal-Silbernitratlösung vermischen, indem es eine geringe Menge Kaliumchlorid und Kaliumbromid im Kaliumjodid gestattet. Enthält nämlich das Kaliumjodid Kaliumchlorid oder -bromid, so braucht es etwas mehr Silbernitrat zur vollständigen Zersetzung als das reine Salz, weil das Kaliumchlorid und -bromid ein viel niedrigeres Molekulargewicht besitzen als das Kaliumjodid.

Kalium sulfuratum.

Hepar sulfuris. Schwefelleber. Kalischwefelleber.

Darstellung. 50 g Schwefel mische man mit 100 g Pottasche, bringe das Gemisch in ein eisernes, nicht emaillirtes Gefäss, das nur zur Hälfte damit angefüllt sein darf und erhitze dasselbe in einem Windofen nicht zu stark, nachdem man einen Deckel auf das Gefäss gesetzt hat. Die Masse soll beim Erhitzen nicht dünnflüssig, sondern nur zähflüssig werden. Das Erhitzen setze man unter bisweiligem Umrühren mit einem eisernen Spatel so lange fort, bis sich keine Kohlensäurebläschen auf der geschmolzenen Masse mehr zeigen, und eine herausgenommene Probe sich ohne Abscheidung von Schwefel in Wasser löst. Der Deckel ist nach dem Umrühren stets wieder sofort aufzusetzen, damit der sich entzündende Schwefel wieder alsbald verlöscht. Man giesse sodann den Inhalt des Gefässes auf eine eiserne Platte oder auf Stein aus, zerschlage die erstarrte, noch heisse Masse in grobe Stücke und bringe sie sogleich in gut ausgetrocknete und wohl zu verschliessende Gefässe.

Vorgang. Wird Pottasche (Kaliumcarbonat) mit Schwefel mässig bis zur Austreibung der Kohlensäure erhitzt, so bildet sich Kaliumtrisulfid und Kaliumthiosulfat.

$$3K_2CO_3 + 8S = K_2S_2O_3 + 2K_2S_3 + 3CO_2$$

$3K_2CO_3$	$8S$	$K_2S_2O_3$	$2K_2S_3$	$3CO_2$
Kalium-carbonat 3.138	Schwefel 8.32	Kalium-thiosulfat	Kalium-trisulfid	Kohlen-säure-anhydrid.

Die Schwefelleber soll vorzüglich aus Kaliumtrisulfid und Kaliumthiosulfat bestehen. Erhitzt man aber zu stark, so dass die Masse dünnflüssig wird, so verwandelt sich das Kaliumthiosulfat in Kaliumpentasulfid und Kaliumsulfat.

$$4K_2S_2O_3 = K_2S_5 + 3K_2SO_4$$

$4K_2S_2O_3$	K_2S_5	$3K_2SO_4$
Kalium-thiosulfat	Kalium-pentasulfid	Kalium-sulfat

Das Kaliumpentasulfid zersetzt sich aber bei der hohen Temperatur in Kaliumtrisulfid und Schwefel, welch' letzterer verbrennt.

$$\underset{\text{Kalium-pentasulfid}}{K_2S_5} = \underset{\text{Kalium-trisulfid}}{K_2S_3} + \underset{\text{Schwefel.}}{S_2}$$

Aufbewahrung. Die Schwefelleber muss in gut verschlossenen Gefässen aufbewahrt werden, indem sie bei Zutritt von Luft unter Aufnahme von Wasser, Sauerstoff und Kohlensäure zersetzt wird. Es entweicht hierbei Schwefelwasserstoff, Schwefel wird frei und Kaliumcarbonat, Kaliumthiosulfat und Kaliumsulfat werden gebildet.

$$\underset{\text{Kalium-trisulfid}}{3K_2S_3} + \underset{\text{Kohlen-saure-anhydrid}}{CO_2} + \underset{\text{Wasser}}{H_2O} + \underset{\text{Sauer-stoff}}{7O} = \underset{\text{Kalium-carbonat}}{K_2CO_3} + \underset{\text{Kalium-thiosulfat}}{K_2S_2O_3} + \underset{\text{Kalium-sulfat}}{K_2SO_4}$$

$$+ \underset{\text{Schwefel-wasser-stoff}}{H_2S} + \underset{\text{Schwefel.}}{5S}$$

Eigenschaften. Die Schwefelleber stellt leberbraune, später gelbgrüne Bruchstücke dar, welche schwach nach Schwefelwasserstoff riechen, an feuchter Luft zerfliessen und sich in 2 Theilen Wasser bis auf einen geringen Rückstand zu einer alkalischen, gelbgrünen, etwas trüben Flüssigkeit lösen.

Prüfung.

1. Man löse 5 g Schwefelleber in 10 g Wasser. Sie muss sich nahezu vollständig auflösen. Ein grösserer Rückstand würde anzeigen, dass die Schwefelleber unter dem Einfluss der Luft eine Zersetzung erfahren.

Siehe bei Aufbewahrung.

2. Man löse 1 g Schwefelleber in 19 g Wasser und erhitze die Lösung mit überschüssiger Essigsäure; es soll sich unter Abscheidung von Schwefel reichlich Schwefelwasserstoff entwickeln.

Das Kaliumtrisulfid bildet nämlich mit der Essigsäure Kaliumacetat, Schwefelwasserstoff und Schwefel scheidet sich ab (a). Das Kaliumthiosulfat zerfällt mit der Essigsäure in Kaliumacetat, Schwefligsäureanhydrid und Schwefel (b). Ein Theil des Schwefelwasserstoffs zerlegt sich mit dem Schwefligsäureanhydrid in Schwefel und Wasser (c).

$$\text{a)}\ \underset{\text{Kalium-trisulfid}}{K_2S_3} + \underset{\text{Essigsäure}}{2C_2H_4O_2} = \underset{\text{Kaliumacetat}}{2C_2H_3KO_2} + \underset{\text{Schwefel-wasser-stoff}}{H_2S} + \underset{\text{Schwefel.}}{S_2}$$

b) $2K_2S_2O_3 + 4C_2H_4O_2 = 4C_2H_3KO_2 + 2H_2O + 2SO_2 + S_2$

Kalium-thiosulfat | Essigsaure | Kaliumacetat | Wasser | Schweflig-saure-anhydrid | Schwefel.

c) $2SO_2 + 4H_2S = 4H_2O + 3S_2$

Schwetlig-säure-anhydrid | Schwefel-wasser-stoff | Wasser | Schwefel.

3. Die mit Essigsäure erhitzte wässrige Lösung gebe ein Filtrat, welches nach dem Erkalten auf Zusatz von Weinsäurelösung einen weissen, krystallinischen Niederschlag von saurem Kaliumtartrat fallen lässt.

$$C_2H_3KO_2 + C_4H_6O_6 = C_4H_5KO_6 + C_2H_4O_2$$

Kaliumacetat | Weinsaure | Saures Kalium-tartrat | Essigsäure.

Stöchiometrische Berechnungen.

Wie viel Schwefel brauchen 100 g Kaliumcarbonat zur Bildung von Kaliumtrisulfid und Kaliumthiosulfat?

3 Moleküle Kaliumcarbonat (3 . 138 Gewichtstheile) brauchen 8 Moleküle Schwefel (8 . 32 Gewichtstheile).

$$\begin{array}{ccccccc} 3K_2CO_3 & & 8S & & K_2CO_3 & & \\ 414 & : & 256 & = & 100 & : & x \end{array}$$

$$x = 61{,}83 \text{ g S.}$$

100 g Kaliumcarbonat brauchen 61,83 g Schwefel zur Bildung von Kaliumtrisulfid und Kaliumthiosulfat.

Kalium tartaricum.

Tartarus tartarisatus. Kaliumtartrat. Weinsaures Kalium.

$$C_4H_4K_2O_6 = \begin{array}{l} CH(OH)-CO.OK \\ | \\ CH(OH)-CO.OK. \end{array}$$

Darstellung. In einer Porzellanschale löse man 60 g Kaliumbicarbonat in 200 g Wasser in der Wärme auf, erhitze die Lösung bis nahe zum Sieden, und füge dann in kleinen Portionen 112 g kalkfreien Weinstein hinzu oder so viel, dass die Flüssigkeit nur mehr schwach alkalisch reagiert, d. i. rothes Lackmuspapier nur allmälig schwach bläut. Ist dieses der Fall, so filtrire man die Flüssigkeit noch warm und dampfe das Filtrat in einer Porzellanschale im Wasser- oder schwach erhitzten Sandbade so weit ein, bis sich am Rande der Flüssigkeit krystallinische Ausscheidungen zeigen, worauf man 3 bis 4 Tage an einem kühlen Orte stehen lässt. Die ausgeschiedenen Krystalle sammle man auf einem Trichter und lasse gut abtropfen. Die Mutterlauge dampfe man auf dem Wasser- oder Sandbade auf etwa $^1/_3$ ihres Volumens ein, und stelle wieder zur Krystallisation bei Seite. Die vereinigten Krystalle trockne man bei gelinder Wärme.

Um aus der letzten Mutterlauge, aus der sich nur mehr gefärbte Krystalle ausscheiden, den Weinstein wieder zu gewinnen, verdünne man sie mit Wasser, filtrire und setze dem Filtrate so lange verdünnte reine Salzsäure zu, als sich Weinstein niederschlägt, den man auf einem Filter sammelt, auswäscht und trocknet.

Vorgang. Die Weinsäure $C_4H_6O_6$ ist eine zweibasische Säure, da sie zwei durch Metall vertretbare Wasserstoffatome besitzt. Sie bildet zwei Reihen von Salzen, nämlich neutrale und saure. So ist der Weinstein saures Kaliumtartrat, in welchem nur 1 Wasserstoffatom der Weinsäure durch Kalium vertreten ist. Im neutralen Kaliumtartrat aber sind beide Wasserstoffe durch Kalium vertreten.

Wird eine Lösung von Kaliumbicarbonat mit Weinstein gesättigt, so wird das zweite, durch Metall vertretbare Wasserstoffatom des sauren Kaliumtartrats durch Kalium vertreten, und es entsteht neutrales Kaliumtartrat unter Freiwerden von Kohlensäureanhydrid.

$$C_4H_5KO_6 + KHCO_3 = C_4H_4K_2O_6 + CO_2 + H_2O$$

$C_4H_5KO_6$	$KHCO_3$	$C_4H_4K_2O_6$	CO_2	H_2O
Saures Kaliumtartrat	Kaliumbicarbonat	Neutrales Kaliumtartrat	Kohlensäureanhydrid	Wasser.
188	100	226		

Wird die letzte Mutterlauge mit Salzsäure versetzt, so scheidet sich saures Kaliumtartrat aus und Kaliumchlorid geht in Lösung.

$$C_4H_4K_2O_6 + HCl = C_4H_5KO_6 + KCl$$

$C_4H_4K_2O_6$	HCl	$C_4H_5KO_6$	KCl
Neutrales Kaliumtartrat	Chlorwasserstoff	Saures Kaliumtartrat	Kaliumchlorid.

Aufbewahrung. Da das Kaliumtartrat aus der Luft Feuchtigkeit anzieht, ohne aber zu zerfliessen, so muss dasselbe in einem gut verschlossenen Gefässe aufbewahrt werden.

Eigenschaften. Das Kaliumtartrat stellt farblose, durchscheinende, luftbeständige Krystalle dar, die in 0,7 Theilen Wasser, in Weingeist aber nur wenig löslich sind, beim Erhitzen unter Entwickelung von Karamelgeruch verkohlen und dann einen alkalisch reagirenden, die Flamme violett färbenden Rückstand von Kaliumcarbonat hinterlassen.

Wird 1 g Kaliumtartrat in 5 g Wasser gelöst und die Lösung mit verdünnter Essigsäure geschüttelt, so scheidet sich ein weisser krystallinischer Niederschlag von saurem Kaliumtartrat aus (a). Derselbe löst sich in Natronlauge wieder auf, indem sich Kalium-Natriumtartrat bildet (b).

$$\text{a)}\quad \underset{\text{Kaliumtartrat}}{C_4H_4K_2O_6} + \underset{\text{Essigsaure}}{C_2H_4O_2} = \underset{\text{Saures Kaliumtartrat}}{C_4H_5KO_6} + \underset{\text{Kaliumacetat}}{C_2H_3KO_2}$$

$$\text{b)}\quad \underset{\text{Saures Kaliumtartrat}}{C_4H_5KO_6} + \underset{\text{Natriumhydroxyd}}{NaOH} = \underset{\text{Kalium-Natriumtartrat}}{C_4H_4KNaO_6} + \underset{\text{Wasser.}}{H_2O}.$$

Prüfung.

1. Man löse 1 g des Salzes in 10 ccm Wasser und schüttle die Lösung mit 5 ccm verdünnter Essigsäure; es scheidet sich saures Kaliumtartrat aus. (Siehe bei den Eigenschaften!) Die von dem ausgeschiedenen Krystallmehl durch Abgiessen getrennte Flüssigkeit verdünne man mit gleich viel Wasser und setze 8 Tropfen Ammoniumoxalatlösung zu. Es darf innerhalb 1 Minute keine Veränderung eintreten.

Enthält das Präparat mehr als Spuren von Calciumtartrat, so entsteht auf Zusatz von Ammoniumoxalat innerhalb 1 Minute eine weisse Fällung von Calciumoxalat.

$$\underset{\text{Calciumtartrat}}{C_4H_4CaO_6} + \underset{\text{Ammoniumoxalat}}{(NH_4)_2C_2O_4} + \underset{\text{Wasser}}{H_2O} = \underset{\text{Calciumoxalat}}{CaC_2O_4 \,.\, H_2O} + \underset{\text{Ammoniumtartrat.}}{C_4H_4(NH_4)_2O_6}$$

2. Man löse 3 g Kaliumtartrat in 57 g Wasser und prüfe die Lösung auf ihre Neutralität, indem man rothes und blaues Lackmuspapier eintaucht. Wird rothes Lackmuspapier sofort stark gebläut, so ist Kaliumcarbonat zugegen, wird dagegen blaues Lackmuspapier geröthet, so wurde der Weinstein nicht vollkommen neutralisirt.

a) Je 10 ccm der wässrigen Lösung versetze man

α) mit der doppelten Menge Schwefelwasserstoffwasser; es darf keine Veränderung eintreten. Eine dunkle Färbung oder Fällung würde Metalle (Kupfer, Blei) anzeigen.

$$\underset{\text{Kupfertartrat}}{C_4H_4CuO_6} + \underset{\text{Schwefelwasserstoff}}{H_2S} = \underset{\text{Kupfersulfid}}{CuS} + \underset{\text{Weinsaure}}{C_4H_6O_6}$$

β) mit einigen Tropfen Salpetersäure und dann mit Silbernitratlösung. Es darf nur opalisirende Trübung entstehen. Eine stärkere Trübung würde mehr als Spuren von Chlorid anzeigen.

$$\underset{\text{Kaliumchlorid}}{KCl} + \underset{\text{Silbernitrat}}{AgNO_3} = \underset{\text{Silberchlorid}}{AgCl} + \underset{\text{Kaliumnitrat.}}{KNO_3}$$

b) 20 ccm obiger wässrigen Lösung versetze man mit 0,5 ccm Kaliumferrocyanidlösung. Es darf weder Roth- noch Blaufärbung entstehen. Eine Rothfärbung würde einen Kupfergehalt anzeigen, indem sich Kupferferrocyanid ausscheidet (a), eine Blaufärbung einen Eisengehalt, indem sich Ferriferrocyanür (Berlinerblau) (b) bildet.

a) $$\underset{\text{Kupfertartrat}}{2\,C_4H_4CuO_6} + \underset{\text{Kaliumferrocyanid}}{K_4(FeCy_6)} = \underset{\text{Kupferferrocyanid}}{Cu_2(FeCy_6)} + \underset{\text{Kaliumtartrat.}}{2\,C_4H_4K_2O_6}$$

b) $$\underset{\text{Ferritartrat}}{2[Fe_2(C_4H_4O_6)_3]} + \underset{\text{Kaliumferrocyanid}}{3\,K_4(FeCy_6)} = \underset{\text{Ferriferrocyanür}}{Fe_4(FeCy_6)_3} + \underset{\text{Kaliumtartrat.}}{6\,C_4H_4K_2O_6}$$

3. Man erwärme einige zerriebene Krystalle mit Natronlauge; es darf kein Geruch nach Ammoniak auftreten. Es würde dieses die Gegenwart einer Ammoniumverbindung, wie Kalium-Ammoniumtartrat anzeigen.

$$\underset{\text{Kalium-Ammoniumtartrat}}{C_4H_4K(NH_4)O_6} + \underset{\text{Natriumhydroxyd}}{NaOH} = \underset{\text{Ammoniak}}{NH_3} + \underset{\text{Kalium-Natriumtartrat}}{C_4H_4KNaO_6} + \underset{\text{Wasser.}}{H_2O}$$

Stöchiometrische Berechnungen.

1. Wie viel Weinstein braucht man zur Sättigung von 60 g Kaliumbicarbonat?

1 Molekül Kaliumbicarbonat (100 Gewichtstheile) braucht 1 Molekül saures Kaliumtartrat (188 Gewichtstheile) zur Sättigung.

$$\begin{array}{ccccccc} KHCO_3 & & C_4H_5KO_6 & & KHCO_3 & & \\ 100 & : & 188 & = & 60 & : & x \end{array}$$

$$x = 112{,}8 \text{ g } C_4H_5KO_6.$$

60 g Kaliumbicarbonat brauchen 112,8 g saures Kaliumtartrat zur Sättigung.

2. Wie viel Kaliumtartrat erhält man von 112 g saurem Kaliumtartrat?

1 Molekül saures Kaliumtartrat (188 Gewichtstheile) entspricht 1 Molekül Kaliumtartrat (226 Gewichtstheile).

$$\begin{array}{ccccccc} C_4H_5KO_6 & & C_4H_4K_2O_6 & & C_4H_5KO_6 & & \\ 188 & : & 226 & = & 112 & : & x \end{array}$$

$$x = 134{,}6\ g\ C_4H_4K_2O_6.$$

112 g saures Kaliumtartrat liefern 134,6 g Kaliumtartrat.

Liquor Aluminii acetici.

Essigsaure Thonerdelösung. Aluminiumacetatlösung.

$$\mathbf{Al_2(OH)_2(C_2H_3O_2)_4 + x\ aq. = Al_2(OH)_2(CH_3 - CO.O)_4 + x\ aq.}$$

Darstellung. 120 g Aluminiumsulfat löse man in 320 g kaltem Wasser in einem geräumigen Glase, das nur $^2/_3$ damit angefüllt sein darf, füge 144 g verdünnte Essigsäure zu und trage in diese Flüssigkeit portionenweise unter beständigem Umrühren 52 g Calciumcarbonat, das mit 80 g Wasser angerührt wurde, ein. Die Mischung lasse man 24 Stunden lang bei gewöhnlicher Temperatur unter bisweiligem Umrühren stehen, worauf man den Niederschlag auf ein leinenes Kolirtuch bringt und stark auspresst, ohne denselben auszuwaschen. Die kolirte Flüssigkeit lasse man einige Tage an einem kühlen Orte stehen und filtrire.

Vorgang. Kommt Essigsäure und Calciumcarbonat im vorgeschriebenen Verhältniss zusammen, so vermag erstere nur $^2/_3$ des Calciumcarbonats in Calciumacetat zu verwandeln, wobei Kohlensäureanhydrid entweicht (a). Das Calciumacetat setzt sich mit $^2/_3$ des Aluminiumsulfats um in unlösliches Calciumsulfat und lösliches Aluminiumacetat (b). Das letzte Drittel Aluminiumsulfat wird durch das unzersetzte Drittel Calciumcarbonat in Calciumsulfat und Aluminiumhydroxyd umgesetzt unter Entweichen von Kohlensäureanhydrid (c). Das Aluminiumacetat und Aluminiumhydroxyd verbinden sich zu löslichem basischem Aluminium-Zweidrittelacetat (d), welches im Liquor gelöst ist.

a) $$\underset{\text{Calcium-carbonat}}{9\,CaCO_3} + \underset{\text{Essigsäure}}{12\,C_2H_4O_2} = \underset{\text{Calciumacetat}}{6\,Ca(C_2H_3O_2)_2} + \underset{\text{Calcium-carbonat}}{3\,CaCO_3}$$

$$+ \underset{\text{Kohlensäureanhydrid}}{6\,CO_2} + \underset{\text{Wasser.}}{6\,H_2O}$$

b) $6\,Ca(C_2H_3O_2)_2 + 3[Al_2(SO_4)_3 . 18\,H_2O] = 2[Al_2(C_2H_3O_2)_6]$
Calciumacetat — Aluminiumsulfat — Aluminiumacetat

$+ 6\,CaSO_4 + 36\,H_2O + Al_2(SO_4)_3 . 18\,H_2O$
Calciumsulfat — Wasser — Aluminiumsulfat.

c) $Al_2(SO_4)_3 . 18\,H_2O + 3\,CaCO_3 = Al_2(OH)_6 + 3\,CaSO_4$
Aluminiumsulfat — Calcium-carbonat — Aluminium-hydroxyd — Calcium-sulfat

$+ 3\,CO_2 + 15\,H_2O$
Kohlen-säure-anhydrid — Wasser.

d) $Al_2(OH)_6 + 2[Al_2(C_2H_3O_2)_6] = 3[Al_2(OH)_2(C_2H_3O_2)_4]$
Aluminium-hydroxyd — Aluminiumacetat — Basisches Aluminium-Zweidrittelacetat.

Der chemische Vorgang lässt sich auch durch eine Gleichung veranschaulichen:

$$Al_2(SO_4)_3 . 18\,H_2O + 3\,CaCO_3 + 4\,C_2H_4O_2 = 3(CaSO_4 . 2\,H_2O)$$
Aluminiumsulfat 666,6 — Calcium-carbonat 3 . 100 — Essigsäure 4 . 60 — Calciumsulfat

$$+ Al_2(OH)_2(C_2H_3O_2)_4 + 3\,CO_2 + 13\,H_2O$$
Basisches Aluminium-Zweidrittelacetat 324,6 — Kohlen-säure-anhydrid — Wasser.

Bei der Darstellung des Liquors muss jede Erwärmung vermieden werden, welche zur Bildung von unlöslichem basischem Aluminium-Eindrittelacetat, $Al_2(OH)_4(C_2H_3O_2)_2$, Veranlassung giebt.

Aufbewahrung. Der Liquor muss an einem kühlen Orte aufbewahrt werden, um die Bildung und Ausscheidung von basischem Aluminium-Eindrittelacetat möglichst zu vermeiden.

Eigenschaften. Der Liquor stellt eine klare, farblose Flüssigkeit von 1,044 bis 1,046 specifischem Gewichte dar, welche in 100 Theilen 7,5 bis 8 Theile basisches Aluminiumacetat enthält. Sie riecht schwach nach Essigsäure und besitzt einen süsslich zusammenziehenden Geschmack. Sie gerinnt beim Erhitzen im Wasserbade nach Zusatz von 0,02 Theilen Kaliumsulfat, indem sich Aluminiumhydroxyd ausscheidet, und eine Verbindung von neutralem Aluminiumacetat und Kaliumsulfat in Lösung geht. Nach dem Erkalten wird sie in kurzer Zeit wieder flüssig und klar, indem Rückbildung zu basischem Aluminium-Zweidrittelacetat stattfindet.

$$3[Al_2(OH)_2(C_2H_3O_2)_4] + 2K_2SO_4 = 2[Al_2(C_2H_3O_2)_6 + K_2SO_4] + Al_2(OH)_6.$$

Basisches Aluminium-Zweidrittelacetat — Kaliumsulfat — Aluminiumacetat und Kaliumsulfat — Aluminiumhydroxyd.

Prüfung.

1. Man mische 10 g des Liquors mit 20 ccm Schwefelwasserstoffwasser; es darf keine Veränderung erfolgen. Eine dunkle Färbung oder Fällung würde von Metallen, wie Kupfer, Blei, eine weisse von Zink herrühren.

$$Pb(C_2H_3O_2)_2 + H_2S = PbS + 2C_2H_4O_2$$

Bleiacetat — Schwefelwasserstoff — Bleisulfid — Essigsäure.

2. Man vermische 5 ccm des Liquors mit 10 ccm Weingeist es darf sofort nur Opalisirung, aber kein Niederschlag erfolgen. Letzteres würde basisches Aluminium-Eindrittelacetat oder unzersetztes Aluminiumsulfat anzeigen.

3. Man verdünne 10 g des Liquors mit 100 g Wasser, versetze mit überschüssiger Ammoniakflüssigkeit, erwärme zur Vertreibung des Ammoniaks, filtrire, wasche den Niederschlag gut aus, trockne ihn und glühe bis zum konstanten Gewicht. Dasselbe muss 0,25 bis 0,30 betragen.

Ammoniak scheidet aus dem Liquor Aluminiumhydroxyd aus (a), welches nach dem Auswaschen, Trocknen und Glühen unter Wasserverlust in Aluminiumoxyd verwandelt wird (b).

a) $$Al_2(OH)_2(C_2H_3O_2)_4 + 4NH_3 + 4H_2O = Al_2(OH)_6 + 4(NH_4)C_2H_3O_2$$

Basisches Aluminium-Zweidrittelacetat 324,6 — Ammoniak — Wasser — Aluminiumhydroxyd — Ammoniumacetat

b) $$Al_2(OH)_6 = Al_2O_3 + 3H_2O$$

Aluminiumhydroxyd — Aluminiumoxyd 102,6 — Wasser

Stöchiometrische Berechnungen.

1. Wie viel Calciumcarbonat und wie viel 30procentige Essigsäure ist nöthig, um aus 120 g Aluminiumsulfat basisches Aluminium-Zweidrittelacetat zu erhalten?

1 Molekül Aluminiumsulfat (666,6 Gewichtstheile) braucht 3 Moleküle Calciumcarbonat (3 . 100 Gewichtstheile) und 4 Moleküle Essigsäure (4 . 60 Gewichtstheile).

$$\begin{array}{ccccccc} Al_2(SO_4)_3 . 18H_2O & & 3CaCO_3 & & Al_2(SO_4)_3 . 18H_2O & & \\ 666{,}6 & : & 300 & = & 120 & : & x \end{array}$$

$$x = 54 \text{ g } CaCO_3.$$

$$\begin{array}{ccccccc} & & 4C_2H_4O_2 & & & & \\ 666{,}6 & : & 240 & = & 120 & : & x \end{array}$$

$$x = 43{,}2 \text{ g } C_2H_4O_2.$$

Diese Menge Essigsäure entspricht 30procentiger Essigsäure:

$$30 : 100 = 43{,}2 : x$$

$$x = 144 \text{ g}.$$

Um 120 g Aluminiumsulfat in basisches Aluminium-Zweidrittelacetat zu verwandeln, sind 54 g Calciumcarbonat und 144 g 30procentige Essigsäure nöthig.

2. Welch' essigsaures Salz des Aluminiums kann sich bilden, wenn für 120 g Aluminiumsulfat 144 g 30procentige Essigsäure verwendet wird?

Um aus 1 Molekül Aluminiumsulfat (666,6 Gewichtstheile) neutrales Aluminiumacetat zu bilden, sind 6 Moleküle Essigsäure (6 . 60 Gewichtstheile) nöthig. 120 g des ersteren brauchen daher:

$$\begin{array}{ccccccc} Al_2(SO_4)_3 . 18H_2O & & 6C_2H_4O_2 & & Al_2(SO_4)_3 . 18H_2O & & \\ 666{,}6 & : & 360 & = & 120 & : & x \end{array}$$

$$x = 64{,}8 \text{ g } C_2H_4O_2.$$

Diese Menge Essigsäure entspricht 30procentiger Essigsäure:

$$30 : 100 = 64{,}8 : x$$

$$x = 216 \text{ g}.$$

Nachdem für 120 g Aluminiumsulfat nur 144 g 30procentige Essigsäure verwendet wurden, so fehlen zur Bildung des neutralen Aluminiumacetats 216 — 144 = 72 g, d. i. ein Drittel Essigsäure. Es kann sich daher nur basisches Aluminium-Zweidrittelacetat bilden.

3. Wie viel Aluminiumoxyd erhält man von 10 g des Liquors, wenn derselbe 7,5 bis 8 Procent basisches Aluminium-Zweidrittelacetat enthält?

1 Molekül basisches Aluminium-Zweidrittelacetat (324,6 Gewichtstheile) entspricht 1 Molekül Aluminiumoxyd (102,6 Gewichtstheile).

$$\begin{array}{ccccccc} Al_2(OH)_2(C_2H_3O_2)_4 & & Al_2O_3 & & Al_2(OH)_2(C_2H_3O_2)_4 & & \\ 324{,}6 & : & 102{,}6 & = & 0{,}75 \text{ bis } 0{,}8 & : & x \end{array}$$

$$x = 0{,}237 \text{ bis } 0{,}253 \text{ g } Al_2O_3.$$

Von 10 g des Liquors, welcher 7,5 bis 8 Procent basisches Aluminium-Zweidrittelacetat enthält, erhält man 0,237 bis 0,253 g Aluminiumoxyd.

Das Arzneibuch verlangt, dass 10 g des Liquors bei obigem Procentgehalt an basischem Aluminium-Zweidrittelacetat 0,25 bis 0,30 Aluminiumoxyd geben. Dieses würde aber einem Procentgehalt von 7,9 bis 9,49 des basischen Salzes entsprechen (siehe nächste Frage!)

4. Wie viel Procent basisches Aluminium-Zweidrittelacetat enthält der Liquor, wenn 10 g desselben 0,25 bis 0,30 Aluminiumoxyd geben?

100 g des Liquors geben 2,5 bis 3,0 g Aluminiumoxyd.

1 Molekül Aluminiumoxyd (102,6 Gewichtstheile) entspricht 1 Molekül basisches Aluminium-Zweidrittelacetat (324,6 Gewichtstheile).

$$\begin{array}{ccccc} Al_2O_3 & & Al_2(OH)_2(C_2H_3O_2)_4 & & Al_2O_3 \\ 102{,}6 & : & 324{,}6 & = & 2{,}5 \text{ bis } 3{,}0 : x \end{array}$$

$$x = 7{,}9 \text{ bis } 9{,}49 \text{ g } Al_2(OH)_2(C_2H_3O_2)_4.$$

Wenn 10 g des Liquors 0,25 bis 0,30 Aluminiumoxyd geben, so enthält der Liquor 7,9 bis 9,49 Procent basisches Aluminium-Zweidrittelacetat.

Liquor Ammonii acetici.

Liquor s. Spiritus Mindereri. Ammoniumacetatlösung. Essigsaure Ammoniumflüssigkeit.

$$(NH_4)C_2H_3O_2 + xaq. = CH_3—CO.O(NH_4) + xaq.$$

Darstellung. 200 g Ammoniakflüssigkeit bringe man in einen Glaskolben und füge in kleinen Portionen 240 g verdünnte Essigsäure hinzu mit der Vorsicht, dass sich die Flüssigkeit nicht zu stark erhitze. Sollte letzteres der Fall sein, so kühle man das Gefäss ab. Man bringe hierauf die Flüssigkeit in eine Porzellanschale, erhitze zum Sieden und lasse einige Minuten sieden. Nachdem die Flüssigkeit erkaltet ist, wird dieselbe etwas sauer reagiren. Man füge daher noch so viel Ammoniakflüssigkeit (etwa 3 bis 4 g) hinzu, bis Neutralisation eintritt oder empfindliches blaues Lackmuspapier nur noch sehr schwach geröthet wird. Man filtrire und verdünne mit der erforderlichen Menge Wasser auf ein specifisches Gewicht von 1,032 bis 1,034.

Vorgang. Wird Ammoniakflüssigkeit mit Essigsäure neutralisirt, so bildet sich Ammoniumacetat.

$$\underset{\substack{\text{Essigsäure}\\60}}{C_2H_4O_2} + \underset{\substack{\text{Ammoniak}\\17}}{NH_3} = \underset{\substack{\text{Ammoniumacetat.}\\77}}{(NH_4)C_2H_3O_2}$$

Das Kochen der Flüssigkeit bezweckt die Verjagung der empyreumatischen Stoffe, welche in der Ammoniakflüssigkeit oder Essigsäure als Verunreinigung enthalten sein können.

Aufbewahrung. Der Liquor soll an einem kühlen Orte in vollgefüllten Gläsern aufbewahrt werden, damit derselbe keine saure Reaktion annimmt.

Eigenschaften. Die Ammoniumacetatlösung stellt eine klare, farblose, vollkommen flüchtige, neutrale oder kaum saure Flüssigkeit dar, welche in 100 Theilen 15 Theile Ammoniumacetat enthält.

Prüfung.

1. Man tauche rothes und blaues Lackmuspapier in den Liquor. Beide Farben sollen unverändert bleiben, oder es darf das blaue Papier nur sehr schwach geröthet werden.

2. Je 10 ccm des Liquors versetze man:

   a) mit 20 ccm Schwefelwasserstoffwasser; es darf keine Veränderung stattfinden. Metalle, wie Kupfer, Blei, Zink würden eine Färbung oder Fällung von Metallsulfiden veranlassen.

$$\underset{\text{Zinkacetat}}{Zn(C_2H_3O_2)_2} + \underset{\substack{\text{Schwefel-}\\\text{wasserstoff}}}{H_2S} = \underset{\substack{\text{Zink-}\\\text{sulfid}}}{ZnS} + \underset{\text{Essigsaure.}}{2\,C_2H_4O_2}$$

   b) mit Baryumnitratlösung; es darf keine Veränderung eintreten. Bei Gegenwart eines Sulfats würde eine weisse Trübung von Baryumsulfat entstehen.

$$\underset{\text{Ammoniumsulfat}}{(NH_4)_2SO_4} + \underset{\text{Baryumnitrat}}{Ba(NO_3)_2} = \underset{\text{Baryumsulfat}}{BaSO_4} + \underset{\text{Ammoniumnitrat.}}{2\,(NH_4)NO_3}$$

   c) mit einigen Tropfen Salpetersäure und mit Silbernitratlösung. Es darf nur eine opalisirende Trübung entstehen. Eine stärkere Trübung würde einen zu hohen Gehalt an Chloriden anzeigen.

$$\underset{\substack{\text{Ammonium-}\\\text{chlorid}}}{NH_4Cl} + \underset{\text{Silbernitrat}}{AgNO_3} = \underset{\substack{\text{Silber-}\\\text{chlorid}}}{AgCl} + \underset{\text{Ammoniumnitrat.}}{(NH_4)NO_3}$$

Stöchiometrische Berechnungen.

1. Wie viel 30procentige Essigsäure ist zur Neutralisation von 200 g Ammoniakflüssigkeit nöthig?

200 g Ammoniakflüssigkeit enthalten 20 g Ammoniak.

1 Molekül Ammoniak (17 Gewichtstheile) braucht 1 Molekül Essigsäure (60 Gewichtstheile) zur Neutralisation.

$$\begin{array}{ccccccc} NH_3 & & C_2H_4O_2 & & NH_3 & & \\ 17 & : & 60 & = & 20 & : & x \end{array}$$

$$x = 70{,}6 \text{ g } C_2H_4O_2.$$

Diese Menge Essigsäure entspricht 30procentiger Essigsäure:

$$30 : 100 = 70{,}6 : x$$
$$x = 235{,}3 \text{ g}.$$

200 g Ammoniakflüssigkeit brauchen 235,3 g 30procentige Essigsäure zur Neutralisation.

2. Wie viel Ammoniumacetatlösung erhält man von 200 g Ammoniakflüssigkeit, wenn erstere 15 % Ammoniumacetat enthält?

200 g Ammoniakflüssigkeit enthalten 20 g Ammoniak.

1 Molekül Ammoniak (17 Gewichtstheile) entspricht 1 Molekül Ammoniumacetat (77 Gewichtstheile).

$$\begin{array}{ccccccc} NH_3 & & (NH_4)C_2H_3O_2 & & NH_3 & & \\ 17 & : & 77 & = & 20 & : & x \end{array}$$

$$x = 90{,}6 \text{ g } (NH_4)C_2H_3O_2.$$

Diese Menge Ammoniumacetat entspricht 15procentiger Ammoniumacetatlösung:

$$15 : 100 = 90{,}6 : x$$
$$x = 604 \text{ g}.$$

200 g Ammoniakflüssigkeit geben 604 g 15procentige Ammoniumacetatlösung.

Liquor Ferri jodati.

Eisenjodürlösung. Ferrojodidlösung.

$$FeJ_2 + xH_2O.$$

Darstellung. In ein Kölbchen bringe man 10 g Wasser und 8,2 g zerriebenes Jod und trage nach und nach in kleinen Portionen so viel gepulvertes Eisen unter fortwährendem Umschwenken des Kölbchens ein, bis eine nahezu farblose, schwach grünliche Lösung entstanden ist. Sollte sich die Flüssigkeit zu stark erwärmen, so tauche man das Kölbchen in kaltes Wasser ein. Man filtrire sodann durch ein kleines, mit Wasser angefeuchtetes Filter und bringe, wenn nöthig, das Filtrat durch Nachwaschen des Filters auf 20 g.

2 Theile dieser Ferrojodidlösung entsprechen 1 Theil Ferrojodid. So enthalten die nach obiger Vorschrift bereiteten 20 g Ferrojodidlösung 10 g Ferrojodid. Will man z. B. eine 6 g Ferrojodid enthaltende Lösung erhalten, so trage man in 6 g Wasser und 4,92 g Jod überschüssiges Eisen ein und bringe das Filtrat auf 12 g. Da aber stets eine geringe Menge Flüssigkeit im Filter und Rückstand zurückbleibt, so wird die Ferrojodidlösung nicht genau der Hälfte Ferrojodid entsprechen. Ist Ferrojodid in einer grösseren Menge Flüssigkeit zu lösen, so lässt sich durch gutes Auswaschen des Filters und Rückstandes alles Ferrojodid in Lösung bringen.

Die Ferrojodidlösung ist stets frisch zu bereiten, weil sie sich an der Luft schnell unter Abscheidung von Jod und Bildung von basischem Ferrijodid zersetzt. Eine Mischung von Ferrojodidlösung mit Zuckersirup stellt den Sirupus Ferri jodati dar.

Will man trocknes Ferrojodid, so dampfe man die Ferrojodidlösung in einer eisernen Schale ein.

Vorgang. Kommt Jod bei Gegenwart von Wasser mit überschüssigem, metallischem Eisen zusammen, so geht Ferrojodid in Lösung.

$$\underset{\substack{\text{Eisen} \\ 56}}{Fe} + \underset{\substack{\text{Jod} \\ 2\,.\,127}}{2J} = \underset{\substack{\text{Ferrojodid.} \\ 310}}{FeJ_2}$$

Das Eindampfen der Lösung zur Trockne muss in einer eisernen Schale geschehen, weil beim Eindampfen in einer Porzellanschale eine Zersetzung des Ferrojodids unter Abscheidung von Jod stattfindet.

Stöchiometrische Berechnungen.

1. Wie viel Eisen brauchen 8,2 g Jod zur Bildung von Ferrojodid?

2 Atome Jod (2 . 127 Gewichtstheile) brauchen 1 Atom Eisen (56 Gewichtstheile).

$$\begin{array}{c} 2J \quad\; Fe \quad\;\; J \\ 254 : 56 = 8{,}2 : x \\ x = 1{,}8\ g\ Fe. \end{array}$$

8,2 g Jod brauchen 1,8 g Eisen zur Bildung von Ferrojodid. In der Praxis wendet man jedoch einen Ueberschuss von Eisen an.

2. Wie viel Ferrojodid erhält man von 8,2 g Jod?

2 Atome Jod (2 . 127 Gewichtstheile) entsprechen 1 Molekül Ferrojodid (310 Gewichtstheile).

$$\begin{array}{ccccc} 2J & & FeJ_2 & & J \\ 254 & : & 310 = & 8,2 & : x \end{array}$$

$$x = 10 \text{ g } FeJ_2.$$

8,2 g Jod geben 10 g Ferrojodid.

Liquor Ferri oxychlorati.

Flüssiges Eisenoxychlorid.

$$\mathbf{Fe_2Cl_6 + 8Fe_2(OH)_6 + xaq.}$$

Darstellung. 70 g Ferrichloridlösung verdünne man mit 320 g Wasser und trage das Gemisch unter beständigem Umrühren in eine Mischung von 70 g Ammoniakflüssigkeit und 640 g Wasser ein. Nach der Fällung muss die Flüssigkeit noch nach Ammoniak riechen. Ist letzteres nicht der Fall, so setze man noch etwas verdünnte Ammoniakflüssigkeit zu. Nachdem sich der Niederschlag abgesetzt hat, giesse man die überstehende Flüssigkeit ab, rühre den Niederschlag nochmals mit kaltem Wasser an, lasse wiederum absetzen und giesse die Flüssigkeit ab. Den Niederschlag bringe man sodann auf ein leinenes, mit Wasser angefeuchtetes Kolatorium und wasche denselben möglichst schnell, vor direktem Lichte geschützt, so lange mit kaltem Wasser aus, bis eine Probe des Waschwassers mit Salpetersäure angesäuert durch Silbernitratlösung nicht mehr getrübt wird. Man lasse sodann die Flüssigkeit abtropfen, schlage das Kolirtuch sammt Inhalt in ein Filtrirpapier ein und presse anfangs sehr gelinde und langsam, zuletzt bei stärkerem Drucke aus, bis keine Flüssigkeit mehr abläuft. Man entferne dann den Niederschlag mittels eines hölzernen oder beinernen Spatels vom Kolirtuch, bringe ihn in ein Glas, füge 6 g Salzsäure hinzu und lasse an einem kühlen, schattigen Orte 3 Tage lang stehen, indem man von Zeit zu Zeit umschüttelt. Sollte die Lösung in dieser Zeit noch nicht vollkommen erfolgt sein, so erwärme man ganz gelinde. Man verdünne hierauf mit so viel Wasser, dass das specifische Gewicht der Flüssigkeit 1,050 betrage. Die Flüssigkeit wird etwa 180 bis 190 g wiegen.

Vorgang. Wird Ferrichloridlösung mit Ammoniakflüssigkeit, beide gehörig verdünnt, in der Kälte zusammengebracht, so scheidet sich Ferrihydroxyd aus und Ammoniumchlorid ist in Lösung.

$$\underset{\substack{\text{Ferrichlorid}\\\text{entsprechend}\\\text{2 Atomen Eisen} =\\ 2 . 56}}{Fe_2Cl_6} + \underset{\substack{\text{Ammoniak}\\ 6 . 17}}{6\,NH_3} + \underset{\text{Wasser}}{6\,H_2O} = \underset{\substack{\text{Ferrihydroxyd}\\ 214}}{Fe_2(OH)_6} + \underset{\substack{\text{Ammonium-}\\\text{chlorid.}}}{6\,NH_4Cl}$$

Damit sich bei der Fällung keine wasserärmeren Ferrihydroxyde bilden, welche in Salzsäure nicht löslich sind, muss die Fällung bei niedriger Temperatur stattfinden und muss das Auswaschen des Niederschlags an einem vor direktem Lichte geschützten Orte vorgenommen werden; auch muss die Ferrichloridlösung und die Ammoniakflüssigkeit bei der Fällung gehörig verdünnt sein, damit nicht durch die chemische Einwirkung Erwärmung stattfindet.

Das Ammoniumchlorid ist durch Auswaschen vom Niederschlag zu trennen. So lange noch Ammoniumchlorid im Waschwasser enthalten ist, entsteht auf Zusatz von Silbernitratlösung eine weisse Trübung von Silberchlorid.

$$\underset{\substack{\text{Ammonium-}\\\text{chlorid}}}{NH_4Cl} + \underset{\text{Silbernitrat}}{AgNO_3} = \underset{\substack{\text{Silber-}\\\text{chlorid}}}{AgCl} + \underset{\text{Ammoniumnitrat.}}{(NH_4)NO_3}$$

Wird der ausgepresste Niederschlag mit einer kleinen Menge Salzsäure versetzt, so löst sich ein kleiner Theil des Ferrihydroxyds als Ferrichlorid auf.

$$\underset{\substack{\text{Ferrihydroxyd}\\ 214}}{Fe_2(OH)_6} + \underset{\substack{\text{Chlor-}\\\text{wasserstoff}\\ 6 . 36{,}5}}{6\,HCl} = \underset{\substack{\text{Ferrichlorid}\\ 325}}{Fe_2Cl_6} + \underset{\text{Wasser.}}{6\,H_2O}$$

Das gebildete Ferrichlorid löst den anderen Theil Ferrihydroxyd bei längerem Stehen als Ferrioxychlorid auf.

Der Liquor Ferri oxychlorati darf an Stelle von Liquor Ferri oxydati dialysati verwendet werden, weil derselbe die Verbindung von Ferrichlorid und Ferrihydroxyd in demselben Verhältniss gelöst enthält, als letzterer.

Den Liquor Ferri oxydati dialysati erhält man, indem man eine Auflösung von Ferrihydroxyd in Ferrichloridlösung in den Dialysator bringt. Es diffundirt eine gewisse Menge Ferrichlorid, während der

Rest, mit Ferrihydroxyd zu Ferrioxychlorid verbunden, nicht diffundirt und das gewünschte Präparat darstellt.

Aufbewahrung. Der Liquor muss an einem schattigen, kühlen Orte in dunkeln Gläsern aufbewahrt werden, da direktes Sonnen- oder Tageslicht das Ferrioxychlorid zersetzt und sich Ferrihydroxyd ausscheidet.

Eigenschaften. Das flüssige Ferrioxychlorid stellt eine braunrothe, klare, geruchlose Flüssigkeit dar von wenig zusammenziehendem Geschmacke, welche in 100 Theilen nahezu 3,5 Theile Eisen enthält.

Da die Ferrichloridlösung 10 Procent Eisen enthält, so sind in 70 g derselben 7 g Eisen enthalten. Man wird daher von 70 g Ferrichloridlösung nahezu 200 g flüssige Ferrioxychloridlösung erhalten.

Prüfung. Man verdünne 1 ccm des Präparats mit 19 ccm Wasser und setze hierauf 1 Tropfen Salpetersäure und 1 Tropfen Silbernitratlösung zu. Die Flüssigkeit muss bei durchfallendem Lichte klar erscheinen.

Das in dem Präparate enthaltene Chlor des Ferrichlorids wird nämlich durch Silbernitrat nicht gefällt, weil das Ferrichlorid an eine bestimmte Menge Ferrihydroxyd gebunden ist. Ist aber eine zu geringe Menge Ferrihydroxyd gelöst, so wird das Chlor durch Silbernitrat als Silberchlorid gefällt und es entsteht eine weisse, undurchsichtige Trübung. Dasselbe ist der Fall, wenn nach der Fällung des Ferrihydroxyds das Ammoniumchlorid nicht vollständig durch Auswaschen entfernt wurde.

Formel siehe beim Vorgang.

Stöchiometrische Berechnungen.

1. Wie viel 10procentige Ammoniakflüssigkeit ist nöthig, um 70 g Ferrichloridlösung zu fällen?

1 Molekül Ferrichlorid, entsprechend 2 Atomen Eisen, braucht 6 Moleküle Ammoniak zur Fällung:

1 Atom Eisen (56 Gewichtstheile) entspricht daher 3 Molekülen Ammoniak (3 . 17 Gewichtstheile).

70 g Ferrichloridlösung enthalten 7 g Eisen.

$$\begin{matrix} Fe & & 3NH_3 & & Fe & & \\ 56 & : & 51 & = & 7 & : & x \end{matrix}$$

$$x = 6{,}37 \text{ g } NH_3.$$

Diese Menge Ammoniak entspricht 63,7 g 10procentiger Ammoniakflüssigkeit.

70 g Ferrichloridlösung brauchen 63,7 g 10procentige Ammoniakflüssigkeit zur Fällung.

2. Wie viel Ferrihydroxyd geben 70 g Ferrichloridlösung, wie viel Ferrihydroxyd vermögen 6 g 25procentige Salzsäure aufzulösen und wie viel Ferrichlorid bildet sich dabei?

1 Molekül Ferrichlorid, entsprechend 2 Atomen Eisen (2 . 56 Gewichtstheile), entspricht 1 Molekül Ferrihydroxyd (214 Gewichtstheile).

70 g Ferrichloridlösung enthalten 7 g Eisen.

$$\begin{array}{ccccccc} 2Fe & & Fe_2(OH)_6 & & Fe & & \\ 112 & : & 214 & = & 7 & : & x \end{array}$$
$$x = 13{,}37 \text{ g } Fe_2(OH)_6.$$

1 Molekül Ferrihydroxyd (214 Gewichtstheile) braucht 6 Moleküle Chlorwasserstoff (6 . 36,5 Gewichtstheile) zur Lösung.

6 g 25procentige Salzsäure enthalten 1,5 g Chlorwasserstoff.

$$\begin{array}{ccccccc} 6HCl & & Fe_2(OH)_6 & & HCl & & \\ 219 & : & 214 & = & 1{,}5 & : & x \end{array}$$
$$x = 1{,}46 \text{ g } Fe_2(OH)_6.$$

1 Molekül Ferrihydroxyd (214 Gewichtstheile) entspricht 1 Molekül Ferrichlorid (325 Gewichtstheile).

1,46 g Ferrihydroxyd liefern:

$$\begin{array}{ccccccc} Fe_2(OH)_6 & & Fe_2Cl_6 & & Fe_2(OH)_6 & & \\ 214 & : & 325 & = & 1{,}46 & : & x \end{array}$$
$$x = 2{,}21 \text{ g } Fe_2Cl_6.$$

70 g Ferrichloridlösung geben 13,37 g Ferrihydroxyd. Von diesen werden 1,46 g durch 6 g Salzsäure zu 2,21 g Ferrichlorid gelöst.

3. Welche chemische Formel besitzt das Ferrioxychlorid?

Nachdem von den 13,37 g Ferrihydroxyd 1,46 g von der Salzsäure zu 2,21 g Ferrichlorid gelöst wurden, so sind in der Verbindung noch

$$13{,}37 - 1{,}46 = 11{,}91 \text{ g Ferrihydroxyd}$$

enthalten. Das Gewicht des gebildeten Ferrioxychlorids beträgt demnach

$$11{,}91 + 2{,}21 = 14{,}12 \text{ g}.$$

Die procentische Zusammensetzung des Ferrioxychlorids berechnet sich:

$$\begin{array}{ccccccc} & & Fe_2Cl_6 & & & & \\ 14{,}12 & : & 2{,}21 & = & 100 & : & x \end{array}$$

$$x = 15{,}65\,\%\ Fe_2Cl_6.$$

$$\begin{array}{ccccccc} & & Fe_2(OH)_6 & & & & \\ 14{,}12 & : & 11{,}91 & = & 100 & : & x \end{array}$$

$$x = 84{,}35\,\%\ Fe_2(OH)_6.$$

Dividirt man die procentische Zusammensetzung durch die entsprechenden Molekulargewichte, so erhält man die Quotienten:

$$Fe_2Cl_6 = \frac{15{,}65}{325} = 0{,}048$$

$$Fe_2(OH)_6 = \frac{84{,}35}{214} = 0{,}394.$$

Die Quotienten verhalten sich nahezu wie 1 : 8 und dem Ferrioxychlorid kommt daher die Formel $Fe_2Cl_6 + 8\,Fe_2(OH)_6$ zu.

Liquor Ferri sesquichlorati.

Ferrum sesquichloratum solutum. Ferrichloridlösung. Eisenchloridlösung.

$$\mathbf{Fe_2Cl_6 + xaq.}$$

Darstellung. 50 g dünnen Eisendraht reibe man mit Fliesspapier ab, um das anhängende Fett zu entfernen, zerschneide ihn in kleine Stücke, bringe diese in einen geräumigen Kolben und übergiesse sie mit 200 g Salzsäure, worauf man im Wasserbade erwärmt, bis sich nur mehr wenige Gasbläschen an der Oberfläche der Flüssigkeit zeigen. Um Verlust zu vermeiden, verschliesse man die Oeffnung des Kolbens mit einem Glastrichter. Die Operation ist am besten im Freien vorzunehmen, da das sich entwickelnde Wasserstoffgas sehr übelriechend und meist auch giftig ist. Findet im Wasserbade keine Einwirkung mehr statt, so erwärme man den Kolben auf dem Sandbade bis zum Aufkochen des Inhalts und filtrire die warme Lösung durch ein tarirtes Filter, welches man mit Wasser angefeuchtet hat. Man bringe auch alles ungelöste Eisen auf das Filter, indem man es mit warmem Wasser aus dem Kolben spült, und wasche es mit warmem Wasser mittels einer Spritzflasche gut ab. Das Filter sammt dem Inhalt wird getrocknet und gewogen. Man erfährt auf diese Weise das Gewicht des nicht gelösten Eisens und wenn man dieses von 50 in Abzug bringt, das Gewicht des Eisens, welches von der Salzsäure gelöst wurde.

Auf je 100 g des aufgelösten Eisens füge man 260 g Salzsäure und 135 g Salpetersäure zur Eisenlösung.

Haben sich z. B. von den 50 g Eisen 35 g aufgelöst, so findet man die Menge der zuzusetzenden Salz- und Salpetersäure durch die Gleichungen:

$$\begin{matrix} \text{Fe} & & \text{Salzsäure} & & \text{Fe} & & \\ 100 & : & 260 & = & 35 & : & x \end{matrix}$$

$$x = 93 \text{ g Salzsäure.}$$

$$\begin{matrix} & & \text{Salpetersäure} & & & & \\ 100 & : & 135 & = & 35 & : & x \end{matrix}$$

$$x = 47{,}25 \text{ g Salpetersäure.}$$

Es sind also zur Eisenlösung 93 g Salzsäure und 47,25 g Salpetersäure hinzuzufügen, worauf man den Kolben, der nicht ganz bis zur Hälfte seines Rauminhaltes mit der Flüssigkeit angefüllt sein darf, im Wasserbade so lange erhitzt, bis die Flüssigkeit eine röthlichbraune Farbe angenommen hat und ein Tropfen der Flüssigkeit in einer sehr verdünnten Kaliumferricyanidlösung keinen blauen Niederschlag, sondern nur mehr eine braune Färbung hervorbringt. Die Krystalle von Kaliumferricyanid sind, bevor man sie auflöst, mit Wasser abzuspülen.

Man bringe nun die Flüssigkeit in eine tarirte Porzellanschale und dampfe auf dem Wasserbade so weit ein, bis das Gewicht des Rückstandes auf je 100 g darin aufgelösten Eisens 483 g beträgt. Enthält z. B. die Flüssigkeit 35 g Eisen gelöst, so muss der Verdampfungsrückstand $\frac{35 . 483}{100} = 169$ g betragen. Man verdünne wiederum mit Wasser und verdampfe nochmals auf das frühere Gewicht. Dieses Verdünnen und Abdampfen der Flüssigkeit wiederhole man so oft, bis alle Salpetersäure und salpetrige Säure entfernt ist. Um dieses zu erkennen, vermische man etwa 10 Tropfen der Eisenlösung mit 2 ccm Wasser, setze Ammoniakflüssigkeit im Ueberschusse zu, filtrire und menge 2 ccm des Filtrats mit 2 ccm Schwefelsäure. Nachdem das Gemisch erkaltet ist, schichte man 1 ccm Ferrosulfatlösung darüber.

Es darf sich zwischen beiden Flüssigkeiten keine braune Zone zeigen. Ist dieses der Fall, so verdünne man die Flüssigkeit mit so viel Wasser, dass ihr Gewicht das Zehnfache von dem darin aufgelösten Eisen betrage. Haben sich z. B. 35 g Eisen aufgelöst, so muss das Gewicht der Flüssigkeit 350 g betragen.

Vorgang. Wird Eisen in Salzsäure aufgelöst, so bildet sich Ferrochlorid und Wasserstoff entweicht.

$$\underset{\substack{\text{Eisen}\\56}}{Fe} + \underset{\substack{\text{Chlorwasser-}\\\text{stoff}\\2.36,5}}{2\,HCl} = \underset{\substack{\text{Ferro-}\\\text{chlorid}\\127}}{FeCl_2} + \underset{\substack{\text{Wasser-}\\\text{stoff}}}{H_2}$$

Da das Eisen chemisch gebundenen Kohlenstoff, sowie auch meist Spuren von Schwefel und Arsen enthält, so entweicht mit dem Wasserstoff auch übelriechender Kohlenwasserstoff, sowie Schwefel- und Arsenwasserstoff. Damit sich die das Eisen verunreinigenden Metalle nicht ebenfalls auflösen, wird Eisen im Ueberschusse mit Salzsäure zusammengebracht.

Um das Ferrochlorid in Ferrichlorid zu verwandeln, setzt man der Ferrochloridlösung eine Mischung von Salzsäure und Salpetersäure zu. Die Salpetersäure oxydirt den Wasserstoff des Chlorwasserstoffs zu Wasser und wird dadurch zu Stickoxyd, welches Sauerstoff aus der Luft aufnimmt und als Stickstoffdioxyd entweicht, während das Chlor des Chlorwasserstoffs an das Ferrochlorid tritt und Ferrichlorid bildet.

$$\underset{\substack{\text{Ferrochlorid}\\6.127}}{6\,FeCl_2} + \underset{\substack{\text{Chlor-}\\\text{wasserstoff}\\6.36,5}}{6\,HCl} + \underset{\substack{\text{Salpetersaure}\\2.63}}{2\,HNO_3} = \underset{\substack{\text{Ferrichlorid}\\3.325}}{3\,Fe_2Cl_6} + \underset{\text{Wasser}}{4\,H_2O} + \underset{\text{Stickoxyd}}{2\,NO}$$

Die Ferrochloridlösung nimmt während des Erhitzens mit Salzsäure und Salpetersäure eine braune Färbung an, indem sich das Stickoxyd mit dem Ferrochlorid verbindet, welche Verbindung aber durch längeres Erhitzen wieder aufgehoben wird. Am Ende der Reaktion nimmt die Flüssigkeit eine röthlichbraune Farbe an.

Zur Prüfung auf Ferrochlorid bringt man einen Tropfen der Eisenlösung mit einer verdünnten Kaliumferricyanidlösung zusammen. Die Krystalle des Kaliumferricyanid sind vor ihrer Lösung mit Wasser abzuwaschen, weil sie durch die Einwirkung des Tageslichtes an der Oberfläche oft zu Kaliumferrocyanid reducirt sind. So lange noch

Ferrochlorid zugegen, entsteht mit Kaliumferricyanidlösung ein blauer Niederschlag von Ferroferricyanid (Turnbullsblau).

$$\underset{\text{Ferrochlorid}}{3\,FeCl_2} + \underset{\text{Kaliumferricyanid}}{2[K_3(FeCy_6)]} = \underset{\text{Ferroferricyanid}}{Fe_3(FeCy_6)_2} + \underset{\text{Kaliumchlorid.}}{6\,KCl}$$

Ist alles Ferrochlorid in Ferrichlorid verwandelt, so entsteht durch Kaliumferricyanid nur mehr eine braune Färbung.

Das mehrmalige Abdampfen der Eisenlösung auf ein bestimmtes Gewicht bezweckt, die überschüssige Salzsäure sowie Salpetersäure und salpetrige Säure zu verjagen.

Um die abgedampfte Flüssigkeit auf Salpetersäure oder salpetrige Säure zu prüfen, versetzt man eine verdünnte Lösung mit überschüssiger Ammoniakflüssigkeit. Es scheidet sich Ferrihydroxyd aus, welches man abfiltrirt und Ammoniumchlorid ist in Lösung.

$$\underset{\text{Ferrichlorid}}{Fe_2Cl_6} + \underset{\text{Ammoniak}}{6\,NH_3} + \underset{\text{Wasser}}{6\,H_2O} = \underset{\text{Ferrihydroxyd}}{Fe_2(OH)_6} + \underset{\text{Ammoniumchlorid.}}{6\,NH_4Cl}$$

Wird das Filtrat mit Schwefelsäure versetzt und auf die erkaltete Mischung Ferrosulfatlösung geschichtet, so wird, wenn Salpetersäure oder salpetrige Säure zugegen ist, eine braune Zone zwischen beiden Flüssigkeiten entstehen. Die Salpetersäure oder salpetrige Säure oxydirt nämlich einen Theil des Ferrosulfats zu Ferrisulfat, wird dadurch zu Stickoxyd und dieses verbindet sich mit einem anderen Theil Ferrosulfat zu der braunen Verbindung $FeSO_4 + NO$.

$$\underset{\text{Ferrosulfat}}{6\,FeSO_4} + \underset{\text{Salpetersäure}}{2\,HNO_3} + \underset{\text{Schwefelsäure}}{3\,H_2SO_4} = \underset{\text{Ferrisulfat}}{3\,Fe_2(SO_4)_3} + \underset{\text{Stickoxyd}}{2\,NO} + \underset{\text{Wasser.}}{4\,H_2O}$$

$$\underset{\text{Ferrosulfat}}{2\,FeSO_4} + \underset{\text{Schwefelsäure}}{H_2SO_4} + \underset{\text{Salpetrige Säure}}{2\,HNO_2} = \underset{\text{Ferrisulfat}}{Fe_2(SO_4)_3} + \underset{\text{Stickoxyd}}{2\,NO} + \underset{\text{Wasser.}}{2\,H_2O}$$

Beim mehrmaligen Abdampfen der Eisenlösung zerlegt sich eine kleine Menge Ferrichlorid, indem Chlorwasserstoff entweicht und Ferrihydroxyd gebildet wird, welches sich in der Ferrichloridlösung als Ferrioxychlorid auflöst.

Aufbewahrung. Die Ferrichloridlösung muss in vor Licht geschützten Gläsern aufbewahrt werden, weil das Tageslicht auf das Ferrichlorid reducirend einwirkt und dasselbe in Ferrochlorid unter Sauerstoffentwickelung verwandelt. Das dabei frei werdende Chlor (a) zerlegt nämlich das Wasser unter Bildung von Chlorwasserstoff und Freiwerden von Sauerstoff (b).

a) $Fe_2Cl_6 = 2\,FeCl_2 + Cl_2$
Ferrichlorid Ferrochlorid Chlor.

b) $Cl_2 + H_2O = 2\,HCl + O$
Chlor Wasser Chlorwasserstoff Sauerstoff.

Eigenschaften. Die Ferrichloridlösung stellt eine klare, tief gelbbraune Flüssigkeit von 1,280 bis 1,282 specifischem Gewichte dar, welche in 100 Theilen 10 Theile Eisen enthält.

Verdünnt man 2 ccm der Ferrichloridlösung mit ca. 20 ccm Wasser und versetzt je 10 ccm der Flüssigkeit

a) mit Silbernitratlösung, so erhält man eine weisse Fällung von Silberchlorid

$$Fe_2Cl_6 + 6\,AgNO_3 = 6\,AgCl + Fe_2(NO_3)_6$$
Ferrichlorid Silbernitrat Silberchlorid Ferrinitrat.

b) mit Kaliumferrocyanid, so entsteht ein tiefblauer Niederschlag von Ferriferrocyanür (Berlinerblau).

$$2\,Fe_2Cl_6 + 3[K_4(FeCy_6)] = Fe_4(FeCy_6)_3 + 12\,KCl$$
Ferrichlorid Kaliumferrocyanid Ferriferrocyanür Kaliumchlorid.

Prüfung.

1. Man breite einige Tropfen auf einer Glasplatte aus und halte einen mit Ammoniakflüssigkeit befeuchteten Glasstab darüber; es dürfen sich über der Flüssigkeit keine weissen Nebel bilden. Ist freie Salzsäure zugegen, so bilden sich weisse Nebel von Ammoniumchlorid.

$$HCl + NH_3 = NH_4Cl$$
Chlorwasserstoff Ammoniak Ammoniumchlorid.

2. Man halte einen mit Jodzinkstärkelösung befeuchteten Papierstreifen über die Oeffnung eines Gefässes, in welchem sich Ferrichloridlösung befindet. Der Papierstreifen darf sich nicht blau färben. Enthält das Präparat freies Chlor, so macht dieses das Jod aus dem Zinkjodid frei und ersteres vereinigt sich mit dem Stärkemehl zur blauen Jodstärke.

$$ZnJ_2 + Cl_2 = ZnCl_2 + J_2$$
Zinkjodid Chlor Zinkchlorid Jod.

3. Man versetze 1 ccm der Ferrichloridlösung mit 3 ccm Zinnchlorürlösung; es darf innerhalb einer Stunde eine Färbung nicht

eintreten. Das Ferrichlorid wird dadurch zu Ferrochlorid reducirt, was man an dem Hellerwerden der Flüssigkeit ersieht (a).

Ist Arsensäure zugegen, so wird diese durch das Zinnchlorür zu Arsen reducirt, welches die Flüssigkeit braun färbt, oder eine braune Ausscheidung bewirkt (b).

$$\text{a)}\quad \underset{\text{Ferrichlorid}}{Fe_2Cl_6} + \underset{\text{Zinnchlorür}}{SnCl_2} = \underset{\text{Ferrochlorid}}{2\,FeCl_2} + \underset{\text{Zinnchlorid.}}{SnCl_4}$$

$$\text{b)}\quad \underset{\text{Arsensäure}}{2\,H_3AsO_4} + \underset{\text{Zinnchlorür}}{SnCl_2} + \underset{\text{Chlorwasserstoff}}{2\,HCl} = \underset{\text{Arsen}}{As_2} + \underset{\text{Zinnchlorid}}{SnCl_4} + \underset{\text{Wasser.}}{4\,H_2O}$$

4. Man erhitze 3 Tropfen der Ferrichloridlösung mit 10 ccm Zehntel-Normal-Natriumthiosulfatlösung langsam zum Sieden und lasse erkalten; es sollen sich beim Erkalten einige Flöckchen von Ferrihydroxyd abscheiden.

Das Natriumthiosulfat bildet mit dem Ferrichlorid zunächst violettes Ferrithiosulfat (a), welches aber beim Erhitzen in farbloses Ferrothiosulfat und Ferrotetrathionat zerfällt (b). Die geringe Menge Ferrioxychlorid, welche in dem Liquor gelöst enthalten sein soll, wird aber durch das Natriumthiosulfat in der Weise zerlegt, dass nur das Ferrichlorid obige Zersetzung erleidet, während sich das Ferrihydroxyd in rothen Flöckchen abscheidet (c).

$$\text{a)}\quad \underset{\text{Ferrichlorid}}{2\,Fe_2Cl_6} + \underset{\text{Natriumthiosulfat}}{6\,Na_2S_2O_3} = \underset{\text{Ferrithiosulfat}}{2\,[Fe_2(S_2O_3)_3]} + \underset{\text{Natriumchlorid.}}{12\,NaCl}$$

$$\text{b)}\quad \underset{\text{Ferrithiosulfat}}{2\,[Fe_2(S_2O_3)_3]} = \underset{\text{Ferrothiosulfat}}{2\,FeS_2O_3} + \underset{\text{Ferrotetrasulfat.}}{2\,FeS_4O_6}$$

$$\text{c)}\quad \underset{\text{Ferrioxychlorid}}{2\,[Fe_2Cl_6 + Fe_2(OH)_6]} + \underset{\text{Natriumthiosulfat}}{6\,Na_2S_2O_3} = \underset{\text{Ferrithiosulfat}}{2\,[Fe_2(S_2O_3)_3]}$$
$$+ \underset{\text{Ferrihydroxyd}}{2\,Fe_2(OH)_6} + \underset{\text{Natriumchlorid.}}{12\,NaCl}$$

Enthält das Präparat freie Salzsäure, so entsteht auf Zusatz von Natriumthiosulfatlösung eine milchige Trübung, indem das Natriumthiosulfat unter Entwickelung von Schwefligsäureanhydrid und Abscheidung von Schwefel zerlegt wird.

$$\underset{\text{Natriumthiosulfat}}{Na_2S_2O_3} + \underset{\text{Chlorwasserstoff}}{2\,HCl} = \underset{\text{Natriumchlorid}}{2\,NaCl} + \underset{\text{Schwefligsaureanhydrid}}{SO_2} + \underset{\text{Schwefel}}{S} + \underset{\text{Wasser.}}{H_2O}$$

5. Man verdünne 1 g des Präparats mit 10 g Wasser, säure mit Salzsäure an und füge Kaliumferricyanidlösung hinzu (die Kalium-

ferricyanidkrystalle sind vor dem Auflösen mit Wasser abzuspülen, um etwa anhängendes Kaliumferrocyanid zu entfernen). Es darf keine blaue Färbung entstehen.

Enthält das Präparat Ferrochlorid, so entsteht auf Zusatz von Kaliumferricyanidlösung eine blaue Färbung von Ferroferricyanid (Turnbullsblau).

Formel siehe beim Vorgang.

6. Man verdünne 5 ccm des Präparats mit 20 ccm Wasser, versetze mit überschüssiger Ammoniakflüssigkeit (etwa 8 ccm), und filtrire den Niederschlag ab. Das Filtrat muss farblos sein.

Wird Ferrichloridlösung mit Ammoniak übersättigt, so scheidet sich Ferrihydroxyd aus und Ammoniumchlorid ist in Lösung.

Formel siehe beim Vorgang.

Enthält das Präparat Kupfer, so ist das Filtrat blau gefärbt, indem sich lösliches Kupferchlorid-Ammoniak, $CuCl_2 + 4NH_3$, bildet.

a) 5 ccm des Filtrats verdampfe man in einem Schälchen zur Trockne und glühe den Rückstand. Da das Filtrat nur Ammoniumchlorid gelöst enthalten soll, welches beim Glühen flüchtig ist, so darf kein Glührückstand bleiben. Ein solcher würde Alkalisalze anzeigen.

b) 2 ccm des Filtrats vermische man mit 2 ccm Schwefelsäure, lasse erkalten und schichte 1 ccm Ferrosulfatlösung darüber. Es darf zwischen beiden Flüssigkeiten keine braune Zone entstehen, was Salpetersäure oder salpetrige Säure anzeigen würde. Diese oxydiren nämlich einen Theil des Ferrosulfats zu Ferrisulfat, werden dadurch zu Stickoxyd, welches sich mit einem anderen Theil Ferrosulfat zu der braunen Verbindung, $FeSO_4 + NO$, vereinigt.

Formel siehe beim Vorgang.

c) 10 ccm des Filtrats übersättige man mit Essigsäure und versetze je 5 ccm der Flüssigkeit

α) mit Baryumnitratlösung; es darf keine Veränderung entstehen. Eine weisse Trübung würde Schwefelsäure anzeigen.

$$\underset{\text{Ammoniumsulfat}}{(NH_4)_2SO_4} + \underset{\text{Baryumnitrat}}{Ba(NO_3)_2} = \underset{\text{Baryumsulfat}}{BaSO_4} + \underset{\text{Ammoniumnitrat.}}{2(NH_4)NO_3}$$

β) mit Kaliumferrocyanidlösung, wodurch keine Veränderung entstehe.

Ist im Präparate Zink enthalten, so wird dieses durch überschüssiges Ammoniak als Zinkoxydammonium gelöst (a). Wird das mit Essigsäure angesäuerte Filtrat mit Kaliumferrocyanidlösung versetzt, so entsteht ein weisser Niederschlag von Zinkferrocyanid und Ammonium- und Kaliumacetat geht in Lösung (b).

a) $\underset{\text{Zinkchlorid}}{ZnCl_2} + \underset{\text{Ammoniak}}{4NH_3} + \underset{\text{Wasser}}{2H_2O} = \underset{\text{Zinkoxyd-Ammonium}}{Zn[O(NH_4)]_2} + \underset{\text{Ammoniumchlorid.}}{2NH_4Cl}$

b) $\underset{\text{Zinkoxyd-Ammonium}}{2Zn[O(NH_4)]_2} + \underset{\text{Kaliumferrocyanid}}{K_4(FeCy_6)} + \underset{\text{Essigsaure}}{8C_2H_4O_2} = \underset{\text{Zinkferrocyanid}}{Zn_2(FeCy_6)}$
$+ \underset{\text{Kaliumacetat}}{4C_2H_3KO_2} + \underset{\text{Ammoniumacetat}}{4[C_2H_3(NH_4)O_2]} + \underset{\text{Wasser.}}{4H_2O}$

Bei Gegenwart von Kupfer, das sich schon durch die blaue Farbe des Filtrats verräth, entsteht durch Kaliumferrocyanidlösung eine röthliche Färbung oder Fällung von Kupferferrocyanid, $Cu_2(FeCy_6)$.

Stöchiometrische Berechnungen.

1. Wie viel Eisen vermögen 200 g 25procentige Salzsäure aufzulösen?

200 g 25procentige Salzsäure enthalten 50 g Chlorwasserstoff.

2 Moleküle Chlorwasserstoff (2 . 36,5 Gewichtstheile) vermögen 1 Atom Eisen (56 Gewichtstheile) aufzulösen.

$$\begin{array}{ccccccc} 2HCl & & Fe & & HCl & & \\ 73 & : & 56 & = & 50 & : & x \end{array}$$
$$x = 38,35 \text{ g Fe.}$$

200 g 25procentige Salzsäure vermögen 38,35 g Eisen als Ferrochlorid zu lösen. Das Arzneibuch lässt einen Ueberschuss, nämlich 50 g, Eisen für 200 g Salzsäure verwenden, um die das Eisen verunreinigenden Metalle nicht in Auflösung zu bringen.

2. Wie viel 25procentige Salzsäure und 25procentige Salpetersäure braucht man, um das aus 100 g Eisen gebildete Ferrochlorid in Ferrichlorid zu verwandeln?

3 Moleküle Ferrochlorid, entsprechend 3 Atomen Eisen, bedürfen 3 Moleküle Chlorwasserstoff und 1 Molekül Salpetersäure.

1 Atom Eisen (56 Gewichtstheile) entspricht also 1 Molekül Salzsäure (3 . 36,5 Gewichtstheile) und 3 Atome Eisen (3 . 56 Gewichtstheile) entsprechen 1 Molekül Salpetersäure (63 Gewichtstheile).

$$\begin{array}{ccccccc} Fe & & HCl & & Fe & & \\ 56 & : & 36,5 & = & 100 & : & x \end{array}$$
$$x = 65,2 \text{ g HCl.}$$

Diese Menge Chlorwasserstoff entspricht $4 \times 65{,}2 = 260{,}8$ g 25procentiger Salzsäure.

$$\begin{array}{ccccccc} 3Fe & & HNO_3 & & Fe & & \\ 168 & : & 63 & = & 100 & : & x \end{array}$$

$$x = 37{,}5 \text{ g } HNO_3.$$

Diese Menge HNO_3 entspricht $4 \times 37{,}5 = 150$ g 25procentiger Salpetersäure.

Um das aus 100 g Eisen gebildete Ferrochlorid in Ferrichlorid zu verwandeln, braucht man 260,8 g 25procentige Salzsäure und 150 g 25procentige Salpetersäure.

Das Arzneibuch lässt etwas weniger Salpetersäure hierzu verwenden, nämlich auf 100 Theile Eisen 135 Theile Salpetersäure. Es reicht diese Menge auch hin, weil ein kleiner Theil des Ferrochlorids durch den Sauerstoff der Luft mit Hülfe von Salzsäure in Ferrichlorid verwandelt wird und auch das sich bildende Stickstoffdioxyd zur Bildung von Ferrichlorid beiträgt, indem es den Wasserstoff des Chlorwasserstoffs oxydirt und das Chlor desselben an das Ferrochlorid tritt.

3. Wie viel Procent Ferrichlorid enthält die Ferrichloridlösung?

Die Lösung soll das Zehnfache des aufgelösten Eisens betragen. 100 g Ferrichloridlösung enthalten demnach 10 g Eisen.

2 Atome Eisen (2 . 56 Gewichtstheile) entsprechen 1 Molekül Ferrichlorid (325 Gewichtstheile).

$$\begin{array}{ccccccc} 2Fe & & Fe_2Cl_6 & & Fe & & \\ 112 & : & 325 & = & 10 & : & x \end{array}$$

$$x = 29 \text{ g } Fe_2Cl_6.$$

In der Ferrichloridlösung, die 10% Eisen enthält, sind 29% Ferrichlorid gelöst.

Liquor Ferri subacetici.

Basisch-Ferriacetatlösung.

$$Fe_2(OH)_2(C_2H_3O_2)_4 + x\,aq. = Fe_2(OH)_2(CH_3 - CO.O)_4 + x\,aq.$$

Darstellung. 100 g Ferrichloridlösung verdünne man mit 500 g Wasser, andererseits 100 g Ammoniakflüssigkeit mit 2000 g Wasser. Erstere Flüssigkeit füge man zur letzteren unter beständigem Umrühren in dünnem Strahle mit der Vorsicht, dass die Flüssigkeit nach der Fällung noch alkalisch reagire. Ist dieses nicht mehr der Fall, so setze man noch etwas verdünnte Ammoniakflüssigkeit hinzu. Nachdem sich der Niederschlag abgesetzt, dekantire man die klare Flüssigkeit, rühre den Niederschlag nochmals mit kaltem Wasser an, und dekantire die Flüssigkeit nach einiger Zeit wiederum. Man bringe nun den Niederschlag auf ein leinenes, mit Wasser angefeuchtetes Kolatorium, und wasche ihn möglichst rasch, vor Licht geschützt, so lange mit kaltem Wasser aus, bis eine Probe des Waschwassers mit Salpetersäure angesäuert durch Silbernitrat nicht mehr getrübt wird. Ist dieses der Fall, so lasse man gut abtropfen, presse den Niederschlag anfangs sehr gelinde, später unter starkem Druck aus, bis keine Flüssigkeit mehr abläuft, entferne dann den Niederschlag von dem Kolatorium mittels eines hölzernen oder beinernen Spatels, und bringe ihn, in kleine Stückchen zerbrochen, in eine Flasche, in welcher er mit 80 g verdünnter Essigsäure übergossen wird. Man lasse an einem kühlen Ort, vom Lichte entfernt unter öfterem Umschütteln so lange stehen, bis sich der Niederschlag fast vollkommen gelöst hat oder nur mehr ein sehr geringer Rückstand hinterbleibt, worauf man die Lösung filtrirt und mit so viel Wasser verdünnt, dass das specifische Gewicht 1,087 bis 1,091 beträgt. Es wird dieses der Fall sein, wenn die Lösung ungefähr das doppelte Gewicht der in Arbeit genommenen Ferrichloridlösung, also 200 g beträgt.

Vorgang. Kommt Ferrichloridlösung und Ammoniakflüssigkeit, beide gehörig verdünnt in der Kälte zusammen, so scheidet sich Ferrihydroxyd von der Formel $Fe_2(OH)_6$ aus, und Ammoniumchlorid geht in Lösung.

$$Fe_2Cl_6 + 6\,NH_3 + 6\,H_2O = Fe_2(OH)_6 + 6\,NH_4Cl$$

Fe_2Cl_6	$6\,NH_3$	$6\,H_2O$	$Fe_2(OH)_6$	$6\,NH_4Cl$
Ferrichlorid entsprechend 2 Atomen Fe = 2 . 56	Ammoniak 6 . 17	Wasser	Ferrihydroxyd	Ammoniumchlorid.

Die Flüssigkeiten müssen gehörig verdünnt sein, damit bei der chemischen Einwirkung auf einander keine Erwärmung stattfindet, wodurch wasserärmere Ferrihydroxyde entstünden, die in Essigsäure nicht löslich sind. Auch muss die Ferrichloridlösung in die Ammoniakflüssigkeit gegossen werden, und nicht umgekehrt, weil in letzterem Falle unlösliche Ferrioxychloride sich bilden würden. — Das Ammoniumchlorid muss durch Auswaschen vollkommen entfernt werden. Es darf daher das Waschwasser durch Silbernitratlösung nicht mehr getrübt werden.

$$NH_4Cl + AgNO_3 = AgCl + (NH_4)NO_3$$

NH_4Cl	$AgNO_3$	$AgCl$	$(NH_4)NO_3$
Ammoniumchlorid	Silbernitrat	Silberchlorid	Ammoniumnitrat.

Wird das ausgepresste Ferrihydroxyd mit der vorgeschriebenen Menge Essigsäure in der Kälte behandelt, so löst sich ein basisches Salz, nämlich basisches Ferri-Zweidrittelacetat auf, da die Essigsäure nicht hinreicht ein neutrales Ferriacetat, $Fe_2(C_2H_3O_2)_6$, zu bilden.

$$\underset{\text{Ferrihydroxyd}}{Fe_2(OH)_6} + \underset{\substack{\text{Essigsäure}\\ 4\,.\,60}}{4\,C_2H_4O_2} = \underset{\text{Basisches Ferri-Zweidrittel-acetat}}{Fe_2(OH)_2(C_2H_3O_2)_4} + \underset{\text{Wasser.}}{4\,H_2O}$$

Aufbewahrung. Die Basisch-Ferriacetatlösung muss an einem kühlen, weder zu warmen noch zu kühlen Orte aufbewahrt werden. In der Wärme verdunstet Essigsäure und es scheidet sich unlösliches basisches Ferriacetat aus; in der Kälte finden ebenfalls Ausscheidungen von neutralem und basischem Ferriacetat statt. Auch muss die Lösung vor Licht geschützt aufbewahrt werden, weil direktes Licht einen Theil des Ferriacetats zu Ferroacetat reducirt.

Eigenschaften. Die Basisch-Ferriacetatlösung stellt eine rothbraune Flüssigkeit dar, welche schwach nach Essigsäure riecht, und in 100 Theilen 4,8 bis 5 Theile Eisen enthält. Dieselbe giebt in der Siedehitze allmälig einen rothbraunen Niederschlag von basischem Ferri-Eindrittelacetat, während neutrales Ferriacetat in Lösung geht.

$$\underset{\text{Basisches Ferri-Zweidrittelacetat}}{2[Fe_2(OH)_2(C_2H_3O_2)_4]} = \underset{\text{Basisches Ferri-Eindrittel-acetat}}{Fe_2(OH)_4(C_2H_3O_2)_2} + \underset{\text{Neutrales Ferriacetat.}}{Fe_2(C_2H_3O_2)_6}$$

Wird 1 ccm Basisch-Ferriacetatlösung mit 5 ccm Wasser verdünnt und 1 ccm Salzsäure hinzugefügt, so wird Ferrichlorid gebildet unter Freiwerden von Essigsäure (a); versetzt man nun mit Kaliumferrocyanidlösung, so entsteht ein blauer Niederschlag von Ferriferrocyanür (Berlinerblau) (b).

$$\text{a)}\quad \underset{\text{Basisches Ferri-Zweidrittel-acetat}}{Fe_2(OH)_2(C_2H_3O_2)_4} + \underset{\text{Chlorwasserstoff}}{6\,HCl} = \underset{\text{Ferrichlorid}}{Fe_2Cl_6} + \underset{\text{Essigsaure}}{4\,C_2H_4O_2} + \underset{\text{Wasser.}}{2\,H_2O}$$

$$\text{b)}\quad \underset{\text{Ferrichlorid}}{2\,Fe_2Cl_6} + \underset{\text{Kaliumferrocyanid}}{3\,K_4(FeCy_6)} = \underset{\text{Ferriferrocyanür}}{Fe_4(FeCy_6)_3} + \underset{\text{Kaliumchlorid.}}{12\,KCl}$$

Prüfung.

1. Man verdünne 8 g Basisch-Ferriacetatlösung mit 40 g Wasser.
   a) 5 ccm dieser Flüssigkeit versetze man mit etwas Salzsäure, wodurch Ferrichlorid gebildet wird (siehe bei den

Eigenschaften!) und hierauf mit Kaliumferricyanidlösung; es darf keine Blaufärbung eintreten.

Wäre durch Einwirkung des Lichtes ein Theil Ferriacetat zu Ferroacetat reducirt worden (a), so würde letzteres mit Salzsäure Ferrochlorid bilden (b), und dieses gäbe mit Kaliumferricyanid einen blauen Niederschlag von Ferroferricyanid (Turnbulls-Blau) (c).

a) $Fe_2(OH)_2(C_2H_3O_2)_4 = 2[Fe(C_2H_3O_2)_2] + H_2O + O$

Basisches Ferri-Zweidrittel-acetat — Ferroacetat — Wasser — Sauerstoff.

b) $Fe(C_2H_3O_2)_2 + 2HCl = FeCl_2 + 2C_2H_4O_2$

Ferroacetat — Chlorwasserstoff — Ferrochlorid — Essigsäure.

c) $3FeCl_2 + 2[K_3(FeCy_6)] = Fe_3(FeCy_6)_2 + 6KCl$

Ferrochlorid — Kaliumferricyanid — Ferroferricyanid — Kaliumchlorid.

b) 40 ccm der verdünnten Basisch-Ferriacetatlösung versetze man mit überschüssiger Ammoniakflüssigkeit, und filtrire. Es wird Ferrihydroxyd gefällt und Ammoniumacetat geht in Lösung.

$$Fe_2(OH)_2(C_2H_3O_2)_4 + 4NH_3 + 4H_2O = Fe_2(OH)_6$$

Basisches Ferri-Zweidrittel-acetat — Ammoniak — Wasser — Ferrihydroxyd

$$+ 4[(NH_4)C_2H_3O_2]$$

Ammoniumacetat.

Das Filtrat muss farblos sein. Enthält das Präparat Kupfer, so wird dieses durch Ammoniak nicht gefällt, sondern geht mit demselben eine Verbindung, Kupferacetat-Ammoniak, $Cu(C_2H_3O_2)_2 + 4NH_3$ ein, welche das Filtrat blau färbt.

α) 10 ccm des Filtrats versetze man mit der doppelten Menge Schwefelwasserstoffwasser. Es darf keine Veränderung erfolgen. Sind Metalle, wie Kupfer, Blei, zugegen, so entsteht eine dunkle Fällung von Metallsulfid.

(Kupferacetat zeigt sich schon durch die blaue Färbung des Filtrats, Bleiacetat wird durch Ammoniak erst nach einiger Zeit als basisches Salz gefällt, findet sich also im Filtrat.)

$$\underset{\text{Bleiacetat}}{Pb(C_2H_3O_2)_2} + \underset{\text{Schwefelwasserstoff}}{H_2S} = \underset{\text{Bleisulfid}}{PbS} + \underset{\text{Essigsaure.}}{2C_2H_4O_2}$$

Ist in dem Präparate Zinkacetat enthalten, so wird dieses durch Ammoniak im Ueberschusse nicht gefällt, sondern das Zink geht als Zinkoxydammonium in Lösung (a). Auf Zusatz von Schwefelwasserstoffwasser wird weisses Zinksulfid gefällt (b).

a) $$\underset{\text{Zinkacetat}}{Zn(C_2H_3O_2)_2} + \underset{\text{Ammoniak}}{4NH_3} + \underset{\text{Wasser}}{2H_2O} = \underset{\text{Zinkoxydammonium}}{Zn[O(NH_4)]_2} + \underset{\text{Ammoniumacetat}}{2(NH_4)C_2H_3O_2}$$

b) $$\underset{\text{Zinkoxydammonium}}{Zn[O(NH_4)]_2} + \underset{\text{Schwefelwasserstoff}}{3H_2S} = \underset{\text{Zinksulfid}}{ZnS} + \underset{\text{Ammoniumhydrosulfid}}{2(NH_4)SH} + \underset{\text{Wasser.}}{2H_2O}$$

β) 20 ccm des Filtrats versetze man mit 4 bis 5 Tropfen Salpetersäure.

Die eine Hälfte versetze man mit Baryumnitratlösung. Es darf keine Veränderung eintreten. Bei Gegenwart von Sulfaten würde sich Baryumsulfat ausscheiden.

$$\underset{\text{Ferrisulfat}}{Fe_2(SO_4)_3} + \underset{\text{Baryumnitrat}}{3Ba(NO_3)_2} = \underset{\text{Ferrinitrat}}{Fe_2(NO_3)_6} + \underset{\text{Baryumsulfat.}}{3BaSO_4}$$

Die andere Hälfte versetze man mit Silbernitratlösung. Es darf in 2 Minuten höchstens eine opalisirende Trübung entstehen. Eine stärkere Trübung würde mehr als Spuren von Chloriden anzeigen.

Chemische Formel siehe beim Vorgang.

γ) Einige Kubikcentimeter des Filtrats verdampfe man in einem Porzellantiegel zur Trockne und glühe den Rückstand. Da das Filtrat nur Ammoniumacetat enthalten soll, welches sich beim Glühen verflüchtigt, so zeigt ein Glührückstand fremde Salze (Alkali- oder Kalksalze) an.

2. Man vermische 5 ccm des Liquors mit 10 ccm Normal-Kalilauge. Es wird Ferrihydroxyd und eine geringe Menge basischer Ferriacetate gefällt und Kaliumacetat geht in Lösung.

$$Fe_2(OH)_2(C_2H_3O_2)_4 + 4KOH = Fe_2(OH)_6 + 4KC_2H_3O_2$$

Basisches Ferri-Zweidrittel-acetat, entsprechend 4 Molekülen Essigsäure 4.60	Kalium-hydroxyd 4.56	Ferrihydroxyd	Kaliumacetat.

Man filtrire den Niederschlag ab und versetze das Filtrat mit Schwefelwasserstoffwasser. Ist alles Eisen durch die Kalilauge gefällt, so wird nun im Filtrate kein Niederschlag erfolgen. Enthält das Präparat aber mehr Essigsäure, als der Vorschrift des Arzneibuches entspricht, ist z. B. neutrales Ferriacetat in Lösung, so genügt obige Menge Kalilauge nicht, alles Eisen zu fällen und es wird im Filtrate noch Ferriacetat enthalten sein. In diesem Falle wird Schwefelwasserstoffwasser im Filtrate einen schwarzen Niederschlag von Ferrosulfid erzeugen.

$$Fe_2(C_2H_3O_2)_6 + 3H_2S = 2FeS + 6C_2H_4O_2 + S$$

Ferriacetat	Schwefel-wasser-stoff	Ferro-sulfid	Essigsäure	Schwefel.

1 Molekül Essigsäure (60 Gewichtstheile) braucht 1 Molekül Kaliumhydroxyd (56 Gewichtstheile) zur Sättigung.

Normal-Kalilauge		Kaliumhydroxyd
1000 ccm	enthalten	56 g
1 „	enthält	0,056 g
		Essigsäure
1000 ccm	sättigen	60 g
1 „	sättigt	0,060 g
10 „	sättigen	0,6 g.

Diese Menge Essigsäure soll in 5 ccm des Liquors enthalten sein.

Da das specifische Gewicht des Liquors 1,087 bis 1,091 beträgt, so wiegen 5 ccm desselben:

$$5 \times 1{,}087 \text{ bis } 1{,}091 = 5{,}435 \text{ bis } 5{,}455 \text{ g.}$$

Da nach Vorschrift des Arzneibuches für 5 Theile Ferrichloridlösung, welche 0,5 g Eisen enthalten, 4 Theile verdünnte Essigsäure verwendet werden und 100 g des Liquors 4,8 bis 5 g Eisen enthalten sollen, so sind in 100 g des Liquors 38,4 bis 40 g verdünnte Essigsäure enthalten und obige 5,435 bis 5,455 g Liquor enthalten verdünnte Essigsäure:

$$100 : 38{,}4 = 5{,}435 : x \quad x = 2{,}087 \text{ g bis}$$
$$100 : 40 = 5{,}455 : x \quad x = 2{,}18 \text{ g.}$$

Diese Menge 30 procentige Essigsäure entspricht wasserfreier Essigsäure:

$$100 : 30 = 2{,}087 : x \quad x = 0{,}626 \text{ g bis}$$
$$100 : 30 = 2{,}18 : x \quad x = 0{,}654 \text{ g.}$$

Trotzdem 10 ccm Normal-Kalilauge nur 0,6 g Essigsäure zu sättigen vermögen, so genügt diese Menge doch, alles Eisen aus 5 ccm Liquor zu fällen, weil neben Ferrihydroxyd auch eine geringe Menge basisches Ferriacetat gefällt wird.

3. Man versetze 2 ccm des basischen Ferriacetats mit 1 ccm Salzsäure, verdünne nach dem Verschwinden der rothbraunen Färbung mit 20 ccm Wasser, füge 1 g Kaliumjodid hinzu und lasse das Gemisch bei gewöhnlicher Wärme in einem verschlossenen Glase eine Stunde lang stehen. Hierauf setze man so viel Zehntel-Normal-Natriumthiosulfatlösung hinzu, bis die Flüssigkeit hellgelb geworden, füge etwa 10 Tropfen Stärkelösung hinzu und weiter so viel Zehntel-Normal-Natriumthiosulfatlösung, bis die blau gewordene Flüssigkeit gerade farblos wird. Man soll bis zu diesem Punkte 18,5 bis 19,5 ccm Zehntel-Normal-Natriumthiosulfatlösung verbrauchen.

Die Salzsäure setzt sich mit dem basischen Ferriacetat um in Ferrichlorid und freie Essigsäure (a). Wird Ferrichlorid mit Kaliumjodid in Lösung zusammengebracht, so wird Jod frei unter Bildung von Ferrochlorid und Kaliumchlorid (b).

a) Siehe bei den Eigenschaften.

b) $Fe_2Cl_6 + 2\,KJ = 2\,FeCl_2 + 2\,KCl + 2\,J$

Fe_2Cl_6	$2\,KJ$	$2\,FeCl_2$	$2\,KCl$	$2\,J$
Ferrichlorid entsprechend 2 Atomen Fe = 2 . 56	Kaliumjodid	Ferrochlorid	Kaliumchlorid	Jod 2 . 127.

Das freigewordene Jod wird von dem Natriumthiosulfat gebunden unter Bildung von Natriumjodid und Natriumtetrathionat.

$$J_2 + 2(Na_2S_2O_3 . 5\,H_2O) = 2\,NaJ + Na_2S_4O_6 + 10\,H_2O$$

J_2	$2(Na_2S_2O_3 . 5\,H_2O)$	$2\,NaJ$	$Na_2S_4O_6$	$10\,H_2O$
Jod 2 . 127	Natriumthiosulfat 2 . 248	Natriumjodid	Natriumtetrathionat	Wasser.

1 Molekül Natriumthiosulfat (248 Gewichtstheile) bindet 1 Atom Jod (127 Gewichtstheile).

Zehntel-Normal-Natriumthiosulfatlosung		Natriumthiosulfat
1000 ccm	enthalten	24,8 g
1 „	enthält	0,0248 g
		Jod
1000 „	binden	12,7 g
1 „	bindet	0,0127 g.

1 Molekül basisches Ferriacetat giebt 1 Molekül Ferrichlorid.

1 Molekül Ferrichlorid, entsprechend 2 Atomen Eisen, macht 2 Atome Jod frei.

1 Atom Eisen		1 Atom Jod
56 g	entsprechen	127 g
0,0056 g Eisen	„	0,0127 g Jod
Zehntel-Normal-Natriumthiosulfatlosung		Eisen
1 ccm	entspricht	0,0056 g
18,5 „	entsprechen $18{,}5 \times 0{,}0056 =$	0,1036 g
19,5 „	„ $19{,}5 \times 0{,}0056 =$	0,1092 g.

Diese Menge Eisen soll in 2 ccm des Liquors enthalten sein. 2 ccm des Liquors wiegen unter Zugrundelegung des specifischen Gewichts:

$$2 \times 1{,}087 = 2{,}174 \text{ g bis}$$
$$2 \times 1{,}091 = 2{,}182 \text{ g.}$$

In 100 g des Liquors sind daher enthalten:

$$2{,}174 : 0{,}1036 = 100 : x \quad x = 4{,}77 \text{ g bis}$$
$$2{,}182 : 0{,}1092 = 100 : x \quad x = 5 \text{ g Eisen.}$$

Stöchiometrische Berechnungen.

1. Wie viel 10procentige Ammoniakflüssigkeit braucht man zur Fällung von 100 g Ferrichloridlösung?

100 g Ferrichloridlösung enthalten 10 g Eisen. 1 Molekül Ferrichlorid, entsprechend 2 Atomen Eisen, braucht 6 Moleküle Ammoniak zur Fällung. 1 Atom Eisen (56 Gewichtstheile) entspricht daher 3 Molekülen Ammoniak (3 . 17 Gewichtstheile).

$$\begin{matrix} Fe & 3NH_3 & & Fe & \\ 56 & : 51 & = & 10 & : x \end{matrix}$$
$$x = 9{,}1 \text{ g } NH_3.$$

Diese Menge Ammoniak entspricht 91 g 10procentiger Ammoniakflüssigkeit.

100 g Ferrichloridlösung brauchen 91 g 10procentiger Ammoniakflüssigkeit zur Fällung.

2. Wie viel 30procentige Essigsäure braucht man, um das aus 100 g Ferrichloridlösung erhaltene Ferrihydroxyd in basisches Ferri-Zweidrittelacetat zu verwandeln?

1 Molekül Ferrichlorid, entsprechend 2 Atomen Eisen, liefert 1 Molekül Ferrihydroxyd und dieses braucht 4 Moleküle Essigsäure zur Bildung von basischem Ferri-Zweidrittelacetat. 1 Atom Eisen (56 Gewichtstheile) entspricht daher 2 Molekülen Essigsäure (2 . 60 Gewichtstheile).

100 g Ferrichloridlösung enthalten 10 g Eisen.

$$\begin{array}{ccccc} Fe & & 2C_2H_4O_2 & & Fe \\ 56 & : & 120 & = & 10 : x \end{array}$$

$$x = 21{,}42 \text{ g } C_2H_4O_2.$$

Diese Menge Essigsäure entspricht 30procentiger Essigsäure:

$$30 : 100 = 21{,}42 : x$$
$$x = 71{,}3 \text{ g}.$$

Das aus 100 g Ferrichloridlösung erhaltene Ferrihydroxyd braucht 71,3 g 30procentige Essigsäure zur Bildung von basischem Ferri-Zweidrittelacetat. Das Arzneibuch schreibt 80 g verdünnte Essigsäure vor, also einen kleinen Ueberschuss, um die Bildung unlöslicher, basischer Ferriacetate zu verhindern.

3. Wie viel Normal-Kalilauge braucht man zur Bindung der in 5 ccm der basischen Ferri-Zweidrittelacetatlösung enthaltenen Menge Essigsäure, wenn die Lösung ein specifisches Gewicht von 1,091 besitzt?

5 ccm der Ferriacetatlösung von 1,091 specifischem Gewicht wiegen $5 \times 1{,}091 = 5{,}455$ g.

In 100 g Ferriacetatlösung sind 12 g Essigsäure enthalten (siehe bei Prüfung No. 2); also enthalten 5,455 g Ferriacetatlösung:

$$100 : 12 = 5{,}455 : x$$
$$x = 0{,}6546 \text{ g Essigsäure.}$$

1 ccm Normal-Kalilauge entspricht 0,06 g Essigsäure (siehe bei Prüfung No. 2).

Obige Menge Essigsäure brauchen:

$$0{,}06 : 1 = 0{,}6564 : x$$
$$x = 10{,}91 \text{ ccm Normal-Kalilauge.}$$

5 ccm der basischen Ferri-Zweidrittelacetatlösung von 1,091 specifischem Gewicht brauchen 10,91 ccm Normal-Kalilauge zur Bindung der in denselben enthaltenen Menge Essigsäure.

Liquor Kalii acetici.

Kali aceticum solutum. Liquor Terrae foliatae Tartari. Kaliumacetatlösung.

$$C_2H_3KO_2 + x\,aq = CH_3 - CO.OK + x\,aq.$$

Darstellung. In eine geräumige Porzellanschale bringe man 200 g verdünnte Essigsäure und trage in dieselbe nach und nach unter bisweiligem Umrühren 96 g zerriebenes Kaliumbicarbonat ein, indem man erst dann wieder eine neue Portion des letzteren zusetzt, wenn die stürmische Entwickelung der Kohlensäure nachgelassen hat. Ist alles Kaliumbicarbonat eingetragen, so erhitze man die Flüssigkeit zum Sieden und setze noch so viel Kaliumbicarbonat (ca. 4 g) zu, bis die Flüssigkeit neutral oder nur mehr schwach sauer reagirt.

Zur Prüfung der Flüssigkeit auf ihre Reaktion verdünne man eine Probe zuerst mit der doppelten Menge Wasser und tauche dann blaues und rothes Lackmuspapier ein. Beide Farben sollen sich nicht verändern oder höchstens blaues Papier ganz schwach geröthet werden. Wird blaues Lackmuspapier stark geröthet, so muss man der Flüssigkeit noch etwas Kaliumbicarbonat zusetzen, wird rothes Lackmuspapier gebläut, so ist noch etwas Essigsäure zuzufügen.

Man kann die zur Neutralisation nöthige Menge Kaliumbicarbonat auch auf die Weise bestimmen, dass man eine Probe der Flüssigkeit mit einem silbernen Löffel herausnimmt, dieselbe vollständig erkalten lässt und in dieselbe einen kleinen Krystall von Kaliumbicarbonat bringt. So lange noch eine lebhafte Entwickelung von Kohlensäurebläschen um den Krystall stattfindet, muss der Flüssigkeit noch Kaliumbicarbonat zugesetzt werden. Wenn sich jedoch nur mehr sehr vereinzelte Bläschen um den Krystall zeigen, ist die Neutralisation nahezu vollendet und die Flüssigkeit wird nur mehr sehr schwach sauer reagiren. Ist dieses der Fall, so lasse man die Flüssigkeit erkalten und verdünne sie mit so viel Wasser, dass das specifische Gewicht 1,176 bis 1,180 beträgt.

Vorgang. Wird Essigsäure mit Kaliumbicarbonat neutralisirt, so bildet sich Kaliumacetat und Wasser und Kohlensäureanhydrid entweicht.

$$\underset{\substack{\text{Essigsäure}\\60}}{C_2H_4O_2} + \underset{\substack{\text{Kalium-}\\\text{bicarbonat}\\100}}{KHCO_3} = \underset{\substack{\text{Kaliumacetat}\\98}}{C_2H_3KO_2} + \underset{\text{Wasser}}{H_2O} + \underset{\substack{\text{Kohlen-}\\\text{säure-}\\\text{anhydrid.}}}{CO_2}$$

Das Erhitzen der Flüssigkeit zum Kochen bezweckt die Austreibung der Kohlensäure, welche blaues Lackmuspapier ebenfalls röthet, und die Vertreibung von Empyreuma, welches der Essigsäure zuweilen anhängt.

Eigenschaften. Die Kaliumacetatlösung stellt eine klare, farblose Flüssigkeit dar, welche in 3 Theilen 1 Theil Kaliumacetat enthält.

Prüfung.

1. Man verdünne 15 ccm der Kaliumacetatlösung mit 15 ccm Wasser. Je 10 ccm der Flüssigkeit versetze man

a) mit der doppelten Menge Schwefelwasserstoffwasser; es darf keine Veränderung eintreten. Eine dunkle Färbung oder Fällung würde Metalle, wie Kupfer, Blei, eine weisse Zink anzeigen.

$$\underset{\text{Bleiacetat}}{Pb(C_2H_3O_2)_2} + \underset{\substack{\text{Schwefel-}\\\text{wasserstoff}}}{H_2S} = \underset{\text{Bleisulfid}}{PbS} + \underset{\text{Essigsäure.}}{2\,C_2H_4O_2}$$

b) mit Baryumnitratlösung; es darf keine weisse Trübung oder Fällung entstehen. Enthält die Kaliumacetatlösung ein Sulfat, so scheidet sich weisses Baryumsulfat (a) aus, enthält sie Kaliumcarbonat, so fällt weisses Baryumcarbonat heraus (b). Letzterer Niederschlag ist zum Unterschied von ersterem in Salzsäure löslich.

a) $$\underset{\text{Kaliumsulfat}}{K_2SO_4} + \underset{\text{Baryumnitrat}}{Ba(NO_3)_2} = \underset{\text{Baryumsulfat}}{BaSO_4} + \underset{\text{Kaliumnitrat.}}{2\,KNO_3}$$

b) $$\underset{\substack{\text{Kalium-}\\\text{carbonat}}}{K_2CO_3} + \underset{\text{Baryumnitrat}}{Ba(NO_3)_2} = \underset{\substack{\text{Baryum-}\\\text{carbonat}}}{BaCO_3} + \underset{\text{Kaliumnitrat.}}{2\,KNO_3}$$

c) mit einigen Tropfen Salpetersäure und mit Silbernitratlösung; es darf höchstens opalisirende Trübung entstehen. Eine stärkere Trübung würde einen zu grossen Gehalt an Chloriden anzeigen.

$$\underset{\substack{\text{Kalium-}\\\text{chlorid}}}{KCl} + \underset{\text{Silbernitrat}}{AgNO_3} = \underset{\substack{\text{Silber-}\\\text{chlorid}}}{AgCl} + \underset{\text{Kaliumnitrat.}}{KNO_3}$$

2. Die Flüssigkeit soll frei von brenzlichem Geruche sein.

Stöchiometrische Berechnungen.

Siehe bei Kalium aceticum.

Wie viel 30procentige Essigsäure braucht man zur Darstellung von 500 g Liquor Kalii acetici, wenn derselbe in 3 Theilen 1 Theil Kaliumacetat enthält?

In 500 g der Kaliumacetatlösung sind $\frac{500}{3} = 166{,}66$ g Kaliumacetat enthalten.

1 Molekül Kaliumacetat (98 Gewichtstheile) entspricht 1 Molekül Essigsäure (60 Gewichtstheile).

$$\underset{98}{C_2H_3KO_2} : \underset{60}{C_2H_4O_2} = \underset{166{,}66}{C_2H_3KO_2} : x$$

$$x = 102 \text{ g } C_2H_4O_2.$$

Diese Menge Essigsäure entspricht 30procentiger Essigsäure:

$$30 : 100 = 102 : x$$
$$x = 340 \text{ g}.$$

Zur Darstellung von 500 g Liquor Kalii acetici sind 340 g 30procentige Essigsäure nöthig.

Liquor Kalii arsenicosi.

Solutio arsenicalis Fowleri. Solutio Fowleri. Kaliumarsenitlösung. Fowlersche Lösung.

$$KAsO_2 + x\,aq.$$

Darstellung. In eine Probirröhre bringe man 1 g Arsenigsäureanhydrid mit 1 g Kaliumcarbonat und 1 g Wasser und koche über einer kleinen, direkten Flamme, bis völlige Lösung des Arsenigsäureanhydrids erfolgt ist. Man füge sodann 40 g Wasser hinzu, lasse erkalten, setze weiter 10 g Weingeist und 5 g Lavendelspiritus und so viel Wasser hinzu, dass das Gesammtgewicht der Flüssigkeit 100 g betrage, worauf man filtrire.

Vorgang. Wird Arsenigsäureanhydrid mit Kaliumcarbonat und Wasser gekocht, so wird ersteres als Kaliummetarsenit gelöst und Kohlensäureanhydrid entweicht.

$$\underset{\substack{\text{Arsenigsäure-}\\\text{anhydrid}\\198}}{As_2O_3} + \underset{\substack{\text{Kalium-}\\\text{carbonat}\\138}}{K_2CO_3} = \underset{\substack{\text{Kalium-}\\\text{metarsenit}}}{2KAsO_2} + \underset{\substack{\text{Kohlen-}\\\text{säure-}\\\text{anhydrid.}}}{CO_2}$$

Eigenschaften. Die Fowlersche Lösung stellt eine klare, farblose, stark alkalische Flüssigkeit dar, welche in 100 Theilen 1 Theil arsenige Säure enthält. Werden 5 ccm der Lösung mit 5 bis 6 Tropfen Salzsäure angesäuert und dann mit der doppelten Menge Schwefelwasserstoffwasser versetzt, so scheidet sich ein gelber Niederschlag von Arsentrisulfid aus.

$$2KAsO_2 + 2HCl + 3H_2S = As_2S_3 + 2KCl + 4H_2O$$

$2KAsO_2$	$2HCl$	$3H_2S$	As_2S_3	$2KCl$	$4H_2O$
Kalium-metarsenit	Chlorwasser-stoff	Schwefel-wasserstoff	Arsen-trisulfid	Kalium-chlorid	Wasser.

Prüfung.

1. Man säure 5 ccm der Fowlerschen Lösung mit ca. 15 Tropfen Salzsäure an, wodurch keine gelbe Färbung oder Fällung entstehe.

Enthält das zur Auflösung benutzte Arsenigsäureanhydrid Arsentrisulfid, so löst sich letzteres in der alkalischen Flüssigkeit als Kaliummetasulfarsenit und Kaliummetarsenit auf (a). Beim Ansäuern der Lösung mit Salzsäure scheidet sich Arsentrisulfid wieder aus (b).

a) $$2As_2S_3 + 2K_2CO_3 = 3KAsS_2 + KAsO_2 + 2CO_2$$

$2As_2S_3$	$2K_2CO_3$	$3KAsS_2$	$KAsO_2$	$2CO_2$
Arsentrisulfid	Kalium-carbonat	Kaliummeta-sulfarsenit	Kalium-metarsenit	Kohlen-säure-anhydrid.

b) $$3KAsS_2 + KAsO_2 + 4HCl = 2As_2S_3 + 4KCl$$

$3KAsS_2$	$KAsO_2$	$4HCl$	$2As_2S_3$	$4KCl$
Kaliummeta-sulfarsenit	Kalium-metarsenit	Chlorwasser-stoff	Arsen-trisulfid	Kalium-chlorid.

2. Man mische 5 ccm der Fowlerschen Lösung mit einer Lösung von 1 g Natriumbicarbonat in 20 ccm Wasser, füge einige Tropfen Stärkelösung hinzu und dann so lange Zehntel-Normal-Jodlösung, als letztere beim Umschütteln entfärbt wird. Es müssen hierzu 10 ccm Zehntel-Normal-Jodlösung verbraucht werden; auf einen weiteren Zusatz von 0,1 ccm Zehntel-Normal-Jodlösung entstehe eine blaue Färbung, welche nicht sofort wieder verschwinde.

Diese Prüfung auf den Gehalt an Arsenigsäureanhydrid beruht darauf, dass Jod die arsenige Säure in alkalischer Lösung in Arsensäure überführt und die braune Farbe der Jodlösung beim Umschütteln verschwindet. Ist alles Arsen zu Arsensäure oxydirt, so wird der nächste Tropfen Jodlösung die Flüssigkeit blau färben, weil das Jod sich mit dem Stärkemehl zur blauen Jodstärke vereinigt.

$$As_2O_3 + 4J + 4NaHCO_3 = As_2O_5 + 4NaJ + 4CO_2 + 2H_2O$$

As_2O_3	$4J$	$4NaHCO_3$	As_2O_5	$4NaJ$	$4CO_2$	$2H_2O$
Arsenig-saure-anhydrid 198	Jod 4.127	Natriumbicarbonat	Arsen-säure-anhydrid	Natrium-jodid	Kohlen-säure-anhydrid	Wasser.

1 Molekül Arsenigsäureanhydrid braucht 4 Atome Jod zur Oxydation. 1 Atom Jod (127 Gewichtstheile) vermag $^1/_4$ Molekül Arsenigsäureanhydrid $\left(\frac{198}{4} = 49{,}5 \text{ Gewichtstheile}\right)$ zu oxydiren.

Zehntel-Normal-Jodlösung		Jod
1000 ccm	enthalten	12,7 g
1 „	enthält	0,0127 g
		Arsenigsäureanhydrid
1000 ccm	oxydiren	4,95 g
1 „	oxydirt	0,00495 g
10 „	oxydiren	0,0495 g
10,1 „	„	0,049995 g.

Diese Menge Arsenigsäureanhydrid soll in 5 ccm des Liquors enthalten sein; 100 ccm des letzteren enthalten daher

$$20 \times 0{,}0495 = 0{,}99 \text{ g bis}$$
$$20 \times 0{,}049995 = 0{,}9999 \text{ g Arsenigsäureanhydrid.}$$

Würden mehr als 10,1 ccm Zehntel-Normal-Jodlösung bis zur bleibenden Blaufärbung der Flüssigkeit erforderlich sein, so enthielte die Fowlersche Lösung zu viel Arsenigsäureanhydrid aufgelöst.

Aufbewahrung. Die Fowlersche Lösung muss wegen ihrer Giftigkeit sehr vorsichtig (im Giftschrank) aufbewahrt werden. Auch darf dieselbe nicht zu alt werden, indem die arsenige Säure in alkalischer Lösung sich allmälig in Arsensäure verwandelt. Da letztere Jod nicht mehr entfärbt, so wird in einem solchen Falle beim Titriren eine geringere Menge Jodlösung bis zur bleibenden Blaufärbung verbraucht werden.

Stöchiometrische Berechnungen.

1. Wie viel Kaliumcarbonat braucht man, um 1 g Arsenigsäureanhydrid als Kaliummetarsenit zu lösen?

1 Molekül Arsenigsäureanhydrid (198 Gewichtstheile) braucht 1 Molekül Kaliumcarbonat (138 Gewichtstheile).

$$\begin{matrix} As_2O_3 & & K_2CO_3 & & As_2O_3 & & \\ 198 & : & 138 & = & 1 & : & x \end{matrix}$$
$$x = 0{,}697 \text{ g } K_2CO_3.$$

1 g Arsenigsäureanhydrid braucht 0,697 g Kaliumcarbonat zur Bildung von Kaliummetarsenit.

Da das Arzneibuch 1 g Kaliumcarbonat auf 1 g Arsenigsäureanhydrid vorschreibt, so stellt die Fowlersche Lösung eine Lösung von Kaliummetarsenit und Kaliumcarbonat dar.

2. Wie viel ccm Zehntel-Normal-Jodlösung brauchen 5 ccm der Fowlerschen Lösung zur Oxydation, wenn dieselbe 1 % Arsenigsäureanhydrid als Metarsenit gelöst enthält?

In 5 ccm der Fowlerschen Lösung sind 0,05 g Arsenigsäureanhydrid enthalten.

1 ccm der Zehntel-Normal-Jodlösung entspricht 0,00495 g Arsenigsäureanhydrid (siehe No. 1).

$$\begin{array}{ccccccc} As_2O_3 & & ccm & & As_2O_3 & & \\ 0{,}00495 & : & 1 & = & 0{,}05 & : & x \end{array}$$

$$x = 10{,}101 \text{ ccm Zehntel-Normal-Jodlösung.}$$

5 ccm der Fowlerschen Lösung, welche 1 % Arsenigsäureanhydrid als Metarsenit gelöst enthalten, bedürfen 10,101 ccm Zehntel-Normal-Jodlösung zur Oxydation.

Liquor Natri caustici.

Liquor Natri hydrici. Natrium hydricum solutum. Natronlauge. Aetznatronlauge.

$NaOH + x\,aq$.

Darstellung. 400 g reines krystallisirtes Natriumcarbonat löse man in einem blanken, eisernen Kessel in 1600 g Wasser, bringe die Lösung zum Kochen und setze unter beständigem Umrühren 100 g frischgebrannten Kalk portionenweise zu, den man zuvor mit 400 g Wasser gelöscht hat. Man koche so lange unter Ersatz des verdampfenden Wassers, bis eine abfiltrirte, erkaltete Probe der Flüssigkeit auf Zusatz von Salzsäure nicht mehr aufbraust, lasse sodann die Flüssigkeit in dem Kessel, den man gut zudeckt, absetzen, giesse die ziemlich klare Flüssigkeit in ein etwa 3 Liter fassendes Glas, verschliesse dasselbe, rühre den im Kessel verbleibenden Rückstand mit 1 Liter kochenden Wassers an, lasse wiederum absetzen und giesse die überstehende Flüssigkeit zu ersterer in das Glas ab, welches man gut verschlossen so lange bei Seite stellt, bis die Flüssigkeit ganz klar geworden. Diese ziehe man mittels eines Hebers ab, bringe sie in einen blanken, eisernen Kessel und dampfe sie über freiem Feuer möglichst rasch so weit ein, dass sie ein specifisches Gewicht von 1,168 bis 1,172 besitzt. Es wird dieses der Fall sein, wenn die Natronlauge ca. 700 g wiegt.

Vorgang. Wird gebrannter Kalk, Calciumoxyd, mit Wasser zusammengebracht, so bildet sich unter starker Erhitzung Calciumhydroxyd.

$$\underset{\text{Calcium-oxyd}}{CaO} + \underset{\text{Wasser}}{H_2O} = \underset{\text{Calcium-hydroxyd.}}{Ca(OH)_2}$$

Wird Calciumhydroxyd mit einer gehörig verdünnten Lösung von Natriumcarbonat gekocht, so scheidet sich Calciumcarbonat aus und Natriumhydroxyd geht in Lösung.

$$\underset{\substack{\text{Natriumcarbonat}\\ 286}}{Na_2CO_3 . 10H_2O} + \underset{\substack{\text{Calcium-}\\ \text{hydroxyd}\\ 74\\ \text{entsprechend}\\ \text{1 Molekül CaO} = 56}}{Ca(OH)_2} = \underset{\substack{\text{Calcium-}\\ \text{carbonat}}}{CaCO_3} + \underset{\substack{\text{Natrium-}\\ \text{hydroxyd}}}{2NaOH} + \underset{\text{Wasser.}}{10H_2O}$$

Damit diese Umsetzung vor sich geht, darf die Lösung des Natriumcarbonats nicht zu koncentrirt sein, indem sich in koncentrirter Lösung das gebildete Natriumhydroxyd mit dem Calciumcarbonat wieder umsetzt in Natriumcarbonat und Calciumhydroxyd. Es muss deshalb beim Kochen der Lauge das verdampfte Wasser stets wieder ersetzt werden.

So lange noch Natriumcarbonat in der Flüssigkeit enthalten ist, wird eine abfiltrirte Probe mit Salzsäure unter Kohlensäureentwickelung aufbrausen.

$$\underset{\substack{\text{Natrium-}\\ \text{carbonat}}}{Na_2CO_3} + \underset{\substack{\text{Chlor-}\\ \text{wasserstoff}}}{2HCl} = \underset{\substack{\text{Natrium-}\\ \text{chlorid}}}{2NaCl} + \underset{\substack{\text{Kohlen-}\\ \text{säureanhydrid}}}{CO_2} + \underset{\text{Wasser.}}{H_2O}$$

Aufbewahrung. Die Natronlauge muss vorsichtig in einem mit Glasstopfen versehenen Glase aufbewahrt werden, da sie Korkstopfen zerstört und dadurch braun gefärbt wird. Um die Glasstopfen am Einkitten zu verhindern, bestreicht man sie ganz wenig mit Paraffinsalbe. Da die Lauge an der Luft begierig Kohlensäure anzieht unter Bildung von Natriumcarbonat, so darf man dieselbe möglichst wenig der Luft aussetzen.

Eigenschaften. Die Natronlauge stellt eine klare, farblose oder nur schwach gelbliche Flüssigkeit dar, welche ein specifisches Gewicht von 1,168 bis 1,172 besitzt und in 100 Theilen nahezu

15 Theile Natriumhydroxyd enthält. Am Platindraht erhitzt färbt sie die Flamme gelb (Natriumflamme).

Prüfung.

1. Man koche 5 g Natronlauge mit 20 g Kalkwasser, filtrire und giesse das Filtrat in überschüssige Salpetersäure; es darf kein Aufbrausen erfolgen.

Das Calciumhydroxyd des Kalkwassers setzt sich mit dem in der Natronlauge vorhandenen Natriumcarbonat in Calciumcarbonat und Natriumhydroxyd um (a). Ist mehr Natriumcarbonat vorhanden, als das Calciumhydroxyd zu zersetzen vermag, so bleibt es in Lösung und das Filtrat wird mit Salpetersäure aufbrausen, indem Kohlensäureanhydrid entweicht (b).

a) Formel siehe oben beim Vorgang.

b) $$\underset{\text{Natrium-carbonat}}{Na_2CO_3} + \underset{\text{Salpeter-saure}}{2HNO_3} = \underset{\text{Natrium-nitrat}}{2NaNO_3} + \underset{\text{Kohlen-säureanhydrid}}{CO_2} + \underset{\text{Wasser.}}{H_2O}.$$

2. Man verdünne 4 g Natronlauge mit 20 g Wasser und übersättige mit ca. 5 g Salpetersäure, wobei Natriumnitrat entsteht. Je 10 ccm dieser Flüssigkeit versetze man

a) mit Baryumnitratlösung; es darf nur opalisirende Trübung eintreten. Eine stärkere Trübung würde einen zu grossen Gehalt an Natriumsulfat anzeigen.

$$\underset{\text{Natriumsulfat}}{Na_2SO_4} + \underset{\text{Baryumnitrat}}{Ba(NO_3)_2} = \underset{\text{Baryum-sulfat}}{BaSO_4} + \underset{\text{Natriumnitrat.}}{2NaNO_3}.$$

b) mit Silbernitratlösung; sie darf nur opalisirend getrübt werden. Eine stärkere Trübung würde mehr als Spuren von Natriumchlorid anzeigen.

$$\underset{\text{Natrium-chlorid}}{NaCl} + \underset{\text{Silbernitrat}}{AgNO_3} = \underset{\text{Silber-chlorid}}{AgCl} + \underset{\text{Natrium-nitrat.}}{NaNO_3}$$

3. Man übersättige 2 ccm Natronlauge mit ca. 4 ccm verdünnter Schwefelsäure, vermische mit 2 ccm Schwefelsäure und überschichte die Flüssigkeit mit 1 ccm Ferrosulfatlösung; es darf zwischen beiden Flüssigkeiten keine gefärbte Zone entstehen.

Ist Natriumnitrat zugegen, so macht die Schwefelsäure die Salpetersäure frei; diese oxydirt einen Theil Ferrosulfat zu Ferrisulfat und wird dadurch zu Stickoxyd, welches sich mit einem anderen Theil Ferrosulfat zu der braunen Verbindung $FeSO_4 + NO$ vereinigt.

$$\underset{\text{Ferrosulfat}}{6FeSO_4} + \underset{\text{Salpetersäure}}{2HNO_3} + \underset{\text{Schwefelsäure}}{3H_2SO_4} = \underset{\text{Ferrisulfat}}{3Fe_2(SO_4)_3} + \underset{\text{Stickoxyd}}{2NO} + \underset{\text{Wasser.}}{4H_2O}$$

4. Man übersättige 4 g Natronlauge mit ca. 5 g Salzsäure, wobei sich Natriumchlorid bildet und setze überschüssige Ammoniakflüssigkeit hinzu. Es darf nur eine opalisirende Trübung entstehen. Eine stärkere, gelatinöse Trübung würde einen grösseren Gehalt an Thonerde oder Kieselsäure anzeigen.

$$\underset{\text{Aluminiumchlorid}}{Al_2Cl_6} + \underset{\text{Ammoniak}}{6NH_3} + \underset{\text{Wasser}}{6H_2O} = \underset{\text{Aluminiumhydroxyd}}{Al_2(OH)_6} + \underset{\text{Ammoniumchlorid.}}{6NH_4Cl}$$

Stöchiometrische Berechnungen.

1. Wie viel Calciumoxyd ist nöthig, um 400 g Natriumcarbonat in Natriumhydroxyd zu verwandeln?

1 Molekül Natriumcarbonat (286 Gewichtstheile) braucht 1 Molekül Calciumoxyd (56 Gewichtstheile).

$$\begin{array}{ccccccc} Na_2CO_3 . 10H_2O & & CaO & & Na_2CO_3 . 10H_2O & & \\ 286 & : & 56 & = & 400 & : & x \end{array}$$

$$x = 78{,}3 \text{ g } CaO.$$

400 g Natriumcarbonat brauchen 78,3 Calciumoxyd zur Umwandlung in Natriumhydroxyd. Da aber der gebrannte Kalk stets Verunreinigungen enthält, so muss etwas mehr Kalk in Anwendung gebracht werden.

2. Wie viel 15procentige Natronlauge erhält man von 400 g Natriumcarbonat?

1 Molekül Natriumcarbonat (286 Gewichtstheile) entspricht 2 Molekülen Natriumhydroxyd (2 . 40 Gewichtstheile).

$$\begin{array}{ccccccc} Na_2CO_3 . 10H_2O & & 2NaOH & & Na_2CO_3 . 10H_2O & & \\ 286 & : & 80 & = & 400 & : & x \end{array}$$

$$x = 111{,}88 \text{ g } NaOH.$$

200 g Natriumcarbonat liefern 111,88 g Natriumhydroxyd. Letztere entsprechen 15procentiger Natronlauge:

$$15 : 100 = 111{,}88 : x$$

$$x = 745{,}9 \text{ g}.$$

200 g Natriumcarbonat liefern 745,9 g 15procentige Natronlauge.

3. Wie viel Procent wasserfreies Natriumcarbonat (Molekulargewicht = 106) sind in der Natronlauge enthalten, wenn für 5 g Natronlauge 20 g Kalkwasser zur Fällung des Natriumcarbonats hinreichen und das Kalkwasser 0,148 % Calciumhydroxyd enthält?

20 g Kalkwasser enthalten $\frac{0,148}{5} = 0,0296$ g Calciumhydroxyd.

1 Molekül Calciumhydroxyd (74 Gewichtstheile) entspricht 1 Molekül wasserfreiem Natriumcarbonat (106 Gewichtstheile). Obige Menge Calciumhydroxyd entspricht:

$$\begin{matrix} Ca(OH)_2 & & Na_2CO_3 & & Ca(OH)_2 & & \\ 74 & : & 106 & = & 0,0296 & : & x \end{matrix}$$

$$x = 0,0424 \text{ g } Na_2CO_3.$$

Diese Menge Natriumcarbonat ist in 5 g Natronlauge enthalten; in 100 g Natronlauge sind $20 \times 0,0424 = 0,848$ g enthalten.

Wenn 5 g Natronlauge 20 g Kalkwasser zur Fällung des Natriumcarbonats bedürfen, so enthält diese 0,848 % wasserfreies Natriumcarbonat.

Liquor Plumbi subacetici.

Acetum plumbicum. Acetum saturninum. Plumbum subaceticum liquidum. Bleiessig. Bleisubacetatlösung.

$$2 Pb(C_2H_3O_2)_2 + Pb(OH)_2 + x \text{ aq}.$$

Darstellung. 180 g krystallisirtes Bleiacetat zerreibe man in einem Porzellanmörser und mische 60 g gesiebte Bleiglätte darunter. Diese Mischung bringe man in einen tarirten Kolben, füge 30 g destillirtes Wasser hinzu, verschliesse den Kolben lose mit einem Stopfen und erwärme so lange im Wasserbade, bis die anfangs gelbliche Mischung gleichmässig weiss oder röthlichweiss geworden ist. Ist dieses der Fall, so setze man 570 g heisses, destillirtes Wasser hinzu und erhitze noch im Wasserbade, bis die Masse ganz oder bis auf einen kleinen Rückstand zu einer trüben Flüssigkeit gelöst ist. Man lasse dann erkalten, giesse die Flüssigkeit in eine Flasche, verschliesse dieselbe mit einem Korke und lasse 1 bis 2 Tage unter bisweiligem Umschütteln stehen. Die abgesetzte Flüssigkeit filtrire man und bedecke den Trichter während des Filtrirens mit einer Glasscheibe, um die Flüssigkeit der Einwirkung der Luft möglichst zu entziehen.

Vorgang. Das neutrale Bleiacetat vermag sich mit Bleioxyd zu basischen Verbindungen zu vereinigen, wenn man eine Lösung des ersteren mit Bleioxyd digerirt oder kocht. Je nach den Mengeverhältnissen des Bleiacetats und des Bleioxyds entsteht eine basische Verbindung von wechselnder Zusammensetzung. So entsteht nach obiger Vorschrift eine Lösung von Zweidrittel basischem Bleiacetat.

$$\underset{\substack{\text{Bleiacetat} \\ 2\,.\,378{,}5}}{2[Pb(C_2H_3O_2)_2 . 3H_2O]} + \underset{\substack{\text{Bleioxyd} \\ 223}}{PbO} = \underset{\substack{\text{Zweidrittel basisches Bleiacetat,} \\ \text{entsprechend 3 Atomen PbO}}}{[2Pb(C_2H_3O_2)_2 + Pb(OH)_2]} + \underset{\text{Wasser.}}{5H_2O}$$

Die hierzu verwendete Bleiglätte (Bleioxyd) darf nicht mit Mennige, Bleicarbonat oder metallischem Blei verunreinigt sein; es würde in diesem Falle der Bleiessig ein zu geringes specifisches Gewicht zeigen.

Aufbewahrung. Der Bleiessig ist vorsichtig in gut verschlossenen, am besten in nicht zu grossen, ganz gefüllten Flaschen aufzubewahren. Aus der Luft zieht er Kohlensäure an und es scheidet sich basisches Bleicarbonat aus.

Eigenschaften. Der Bleiessig stellt eine klare, farblose Flüssigkeit dar von süssem, zusammenziehendem Geschmack, welche rothes Lackmuspapier bläut, aber Phenolphtaleinlösung nicht röthet. Sein specifisches Gewicht ist 1,235 bis 1,240.

Versetzt man 2 ccm Bleiessig mit 0,5 ccm Ferrichloridlösung, so erhält man eine röthliche Mischung, aus der sich beim Stehen ein weisser Niederschlag von Bleichlorid abscheidet, während die Flüssigkeit dunkelroth wird. Auf Zusatz von Ferrichlorid wird aus dem Bleiessig Bleichlorid und Ferrihydroxyd gefällt und Ferriacetat geht in Lösung. Das Ferrihydroxyd wird durch das Ferriacetat als basisches Ferriacetat gelöst. Giesst man die Flüssigkeit von dem Niederschlage ab und schüttelt letzteren mit 100 ccm Wasser, so löst sich das Bleichlorid vollständig auf.

$$3\underset{\text{Zweidrittel basisches Bleiacetat}}{[2Pb(C_2H_3O_2)_2 + Pb(OH)_2]} + \underset{\text{Ferrichlorid}}{3Fe_2Cl_6} = 2\underset{\text{Ferriacetat}}{[Fe_2(C_2H_3O_2)_6]}$$
$$+ \underset{\text{Ferrihydroxyd}}{Fe_2(OH)_6} + \underset{\text{Bleichlorid.}}{9PbCl_2}$$

Prüfung. Man mische 5 ccm Bleiessig mit 5 ccm verdünnter Essigsäure und setze Kaliumferrocyanidlösung hinzu; es muss eine reine weisse Fällung entstehen. Die Essigsäure verwandelt das

Zweidrittel basische Bleiacetat in neutrales Bleiacetat (a) und diese Lösung giebt mit Kaliumferrrocyanidlösung einen weissen Niederschlag von Bleiferrocyanid (b).

a) $[2Pb(C_2H_3O_2)_2 + Pb(OH)_2] + 2C_2H_4O_2 = 3[Pb(C_2H_3O_2)_2] + 2H_2O$
Zweidrittel basisches Bleiacetat — Essigsaure — Bleiacetat — Wasser.

b) $2[Pb(C_2H_3O_2)_2] + K_4(FeCy_6) = Pb_2(FeCy_6) + 4C_2H_3KO_2$
Bleiacetat — Kaliumferrocyanid — Bleiferrocyanid — Kaliumacetat.

Enthält der Bleiessig Kupferacetat, so wird rothbraunes Kupferferrocyanid gefällt, welches sich dem Bleiferrocyanid beimengt und dasselbe bräunlich färbt.

Formel ganz analog wie oben b für Bleiacetat.

Enthält der Bleiessig Eisen, so erscheint der Niederschlag bläulich, weil demselben Ferriferrocyanür (Berlinerblau) beigemengt ist.

$$2[Fe_2(C_2H_3O_2)_6] + 3K_4(FeCy_6) = Fe_4(FeCy_6)_3 + 12C_2H_3KO_2$$
Ferriacetat — Kaliumferrocyanid — Ferriferrocyanür — Kaliumacetat.

Stöchiometrische Berechnungen.

1. Wie viel Bleioxyd brauchen 180 g krystallisirtes Bleiacetat zur Bildung von Zweidrittel basischem Bleiacetat?

2 Moleküle Bleiacetat (2 . 378,5 Gewichtstheile) brauchen 1 Molekül Bleioxyd (223 Gewichtstheile).

$$\underset{757}{2[Pb(C_2H_3O_2)_2 . 3H_2O]} : \underset{223}{PbO} = \underset{180}{Pb(C_2H_3O_2)_2 . 3H_2O} : x$$

$$x = 53 \text{ g } PbO.$$

180 g krystallisirtes Bleiacetat bedürfen 53 g Bleioxyd zur Bildung von Zweidrittel basischem Bleiacetat.

Da die Bleiglätte zuweilen mit metallischem Blei, Bleicarbonat etc. verunreinigt ist, so lässt das Arzneibuch etwas mehr, nämlich 60 g, hierzu verwenden.

2. Wie viel Procent Bleioxyd in Form von Zweidrittel basischem Bleiacetat ist in dem officinellen Bleiessig enthalten?

2 Moleküle Bleiacetat (2 . 378,5 Gewichtstheile) mit 1 Molekül Bleioxyd geben 1 Molekül Zweidrittel basisches Bleiacetat, entsprechend 3 Molekülen Bleioxyd (3 . 223 Gewichtstheile).

14 Theile Bleiessig sollen bereitet werden aus 3 Theilen Bleiacetat, 1 Theil Bleioxyd und 10 Theilen Wasser. Zu 100 Theilen Bleiessig sind daher zu verwenden:

$$14 : 3 = 100 : x$$

$$x = 21{,}43 \text{ Theile Bleiacetat.}$$

Diese Menge Bleiacetat entspricht Bleioxyd:

$$2[Pb(C_2H_3O_2)_2 . 3H_2O] \quad 3PbO \quad Pb(C_2H_3O_2)_2 . 3H_2O$$
$$757 : 669 = 21,43 : x$$
$$x = 18,93 \text{ Theile.}$$

Der Bleiessig enthält 18,93% Bleioxyd in Form von Zweidrittel basischem Bleiacetat.

Magnesia usta.

Gebrannte Magnesia. Magnesiumoxyd.

MgO.

Darstellung. In einen hessischen Tiegel stampfe man 50 g officinelles Magnesiumcarbonat mittels eines Pistilles ein, stelle den Tiegel in einen Windofen, setze einen Deckel auf und erhitze anfangs gelinde, sodann etwa 1/2 Stunde stärker bis zur schwachen Rothgluth. Man nehme sodann aus der Mitte des Tiegels eine kleine Probe mittels eines Spatels heraus, schüttle sie mit Wasser und füge verdünnte Schwefelsäure hinzu. Findet kein Aufschäumen und kein Perlen der Flüssigkeit mehr statt, so ist der Glühprocess beendigt. Man nehme den Tiegel mit einer Zange aus dem Ofen, lasse etwas erkalten und bringe den Inhalt noch warm in ein gut zu verschliessendes Glas.

Vorgang. Das officinelle Magnesiumcarbonat ist basisches Magnesiumcarbonat und besitzt je nach der Koncentration und der Temperatur der bei der Darstellung auf einander einwirkenden Lösungen eine wechselnde Zusammensetzung, wie

$$4MgCO_3 + Mg(OH)_2 + 4H_2O \text{ oder}$$
$$4MgCO_3 + Mg(OH)_2 + 6H_2O.$$

Wird dasselbe geglüht, so entweicht Wasser und Kohlensäureanhydrid und es bleibt Magnesiumoxyd zurück.

$$\underset{\substack{\text{Basisches Magnesiumcarbonat}\\466}}{[4MgCO_3 + Mg(OH)_2 + 4H_2O]} = \underset{\substack{\text{Magnesium-}\\\text{oxyd}\\5.40}}{5MgO} + \underset{\substack{\text{Kohlen-}\\\text{saure-}\\\text{anhydrid}}}{4CO_2} + \underset{\text{Wasser.}}{5H_2O}$$

So lange noch basisches Magnesiumcarbonat zugegen ist, wird nach dem Schütteln einer Probe mit Wasser auf Zusatz von verdünnter

Schwefelsäure ein Aufbrausen erfolgen, indem Kohlensäureanhydrid entweicht.

$$\underset{\text{Basisches Magnesiumcarbonat}}{[4\,MgCO_3 + Mg(OH)_2 + 4\,H_2O]} + \underset{\text{Schwefelsäure}}{5\,H_2SO_4} = \underset{\text{Magnesiumsulfat}}{5\,MgSO_4} + \underset{\text{Kohlensäureanhydrid}}{4\,CO_2} + \underset{\text{Wasser.}}{10\,H_2O}$$

Aufbewahrung. Die gebrannte Magnesia muss in gut verschlossenen Gefässen aufbewahrt werden, da sie aus der Luft Wasser und Kohlensäure aufnimmt und sich wieder in basisches Magnesiumcarbonat verwandelt.

Eigenschaften. Die gebrannte Magnesia stellt ein leichtes, weisses, feines, in Wasser fast unlösliches Pulver dar. In verdünnter Schwefelsäure löst es sich zu Magnesiumsulfat.

$$\underset{\text{Magnesiumoxyd}}{MgO} + \underset{\text{Schwefelsaure}}{H_2SO_4} = \underset{\text{Magnesiumsulfat}}{MgSO_4} + \underset{\text{Wasser.}}{H_2O}$$

Wird diese Lösung nach Zusatz von Ammoniumchlorid und überschüssiger Ammoniakflüssigkeit mit Natriumphosphatlösung versetzt, so entsteht ein weisser krystallinischer Niederschlag von Ammonium-Magnesiumphosphat. Der Zusatz von Ammoniumchlorid bezweckt, die Fällung der Magnesia durch Ammoniak zu verhindern, indem sich ein lösliches Doppelsalz, Ammonium-Magnesiumchlorid, bildet (a), welches durch Ammoniak nicht zersetzt wird, wohl aber durch Ammoniak und Natriumphosphat unter Bildung obigen Niederschlags (b).

a) $$\underset{\text{Magnesiumsulfat}}{MgSO_4} + \underset{\text{Ammoniumchlorid}}{4\,NH_4Cl} = \underset{\text{Ammonium-Magnesiumchlorid}}{MgCl_2 \,.\, 2\,NH_4Cl} + \underset{\text{Ammoniumsulfat.}}{(NH_4)_2SO_4}$$

b) $$\underset{\text{Ammonium-Magnesiumchlorid}}{MgCl_2 \,.\, 2\,NH_4Cl} + \underset{\text{Ammoniak}}{NH_3} + \underset{\text{Sekundares Natriumphosphat}}{Na_2HPO_4} + \underset{\text{Wasser}}{6\,H_2O}$$

$$= \underset{\text{Ammonium-Magnesiumphosphat}}{Mg(NH_4)PO_4 \,.\, 6\,H_2O} + \underset{\text{Natriumchlorid}}{2\,NaCl} + \underset{\text{Ammoniumchlorid.}}{2\,NH_4Cl}$$

Prüfung.

1. Man erhitze 0,2 g gebrannte Magnesia mit 10 ccm Wasser zum Sieden, lasse erkalten und filtrire von der überstehenden Flüssigkeit 5 ccm ab.

a) Man tauche rothes Lackmuspapier in das Filtrat; es darf nicht sofort stark gebläut werden; eine starke alkalische Reaktion würde Natriumcarbonat anzeigen;

b) Man verdampfe einige ccm des Filtrats in einem Schälchen; es darf nur einen sehr geringen Rückstand geben, da die Magnesia in Wasser nur sehr wenig löslich ist. Ein grösserer Rückstand würde fremde Salze, wie Natriumchlorid, Natriumsulfat etc. anzeigen.

Man giesse die rückständige, mit Wasser gemischte Magnesia in 5 ccm verdünnte Essigsäure, wobei Magnesiumacetat in Lösung geht; es dürfen sich bei der Auflösung nur vereinzelte Gasbläschen zeigen. Stärkere Gasentwickelung würde einen zu hohen Gehalt an basischem Magnesiumcarbonat anzeigen.

$$\underbrace{[4MgCO_3 + Mg(OH)_2 + 4H_2O]}_{\text{Basisches Magnesiumcarbonat}} + \underbrace{10C_2H_4O_2}_{\text{Essigsaure}} = \underbrace{5Mg(C_2H_3O_2)_2}_{\text{Magnesiumacetat}} + \underbrace{4CO_2}_{\text{Kohlensaureanhydrid}} + \underbrace{10H_2O}_{\text{Wasser.}}$$

2. Man schüttle 1 g des Präparats mit 20 ccm Wasser, filtrire und versetze das Filtrat mit Ammoniumoxalatlösung; es darf innerhalb 5 Minuten nicht mehr als opalisirend getrübt werden. Ist Calciumoxyd zugegen, so löst sich dieses als Calciumhydroxyd und im Filtrate entsteht auf Zusatz von Ammoniumoxalatlösung ein weisser Niederschlag von Calciumoxalat.

$$\underbrace{Ca(OH)_2}_{\text{Calciumhydroxyd}} + \underbrace{(NH_4)_2C_2O_4}_{\text{Ammoniumoxalat}} = \underbrace{CaC_2O_4 . H_2O}_{\text{Calciumoxalat}} + \underbrace{2NH_3}_{\text{Ammoniak}} + \underbrace{H_2O}_{\text{Wasser.}}$$

3. Man löse 0,4 g Magnesia in 10 ccm verdünnter Salzsäure, wobei sich Magnesiumchlorid bildet. Die Lösung muss farblos sein. Enthält das Präparat Eisenoxyd, so löst sich dieses als Ferrichlorid und färbt die Lösung gelblich.

$$\underbrace{Fe_2O_3}_{\text{Eisenoxyd}} + \underbrace{6HCl}_{\text{Chlorwasserstoff}} = \underbrace{Fe_2Cl_6}_{\text{Ferrichlorid}} + \underbrace{3H_2O}_{\text{Wasser.}}$$

4. Obige salzsaure Lösung versetze man mit der doppelten Menge Schwefelwasserstoffwasser; es darf keine Veränderung ent-

stehen. Sind Metalle, wie Blei, Kupfer zugegen, so sind diese als Chloride in Lösung und es entsteht eine dunkle Färbung oder Fällung von Metallsulfid.

$$\underset{\text{Bleichlorid}}{PbCl_2} + \underset{\text{Schwefelwasserstoff}}{H_2S} = \underset{\text{Bleisulfid}}{PbS} + \underset{\text{Chlorwasserstoff.}}{2\,HCl}$$

5. Man löse 1 g Magnesia in 5 ccm Salzsäure und bringe die Lösung mit Wasser auf 20 ccm. Diese Lösung versetze man mit 0,5 ccm Kaliumferrocyanidlösung; dieselbe darf nicht sofort gebläut werden. Enthält das Präparat mehr als Spuren von Eisen, so entsteht sofort eine blaue Färbung oder Fällung von Ferriferrocyanür (Berlinerblau).

$$\underset{\text{Ferrichlorid}}{2\,Fe_2Cl_6} + \underset{\text{Kaliumferrocyanid}}{3\,K_4(FeCy_6)} = \underset{\text{Ferriferrocyanür}}{Fe_4(FeCy_6)_3} + \underset{\text{Kaliumchlorid}}{12\,KCl}$$

Stöchiometrische Berechnung.

Wie viel Magnesiumoxyd erhält man von 50 g basischem Magnesiumcarbonat?

1 Molekül basisches Magnesiumcarbonat mit 4 Molekülen Wasser (466 Gewichtstheile) giebt 5 Moleküle Magnesiumoxyd (5 . 40 Gewichtstheile).

$$\overset{4\,MgCO_3\,.\,Mg(OH)_2\,.\,4\,H_2O}{466} : \overset{5\,MgO}{200} = \overset{4\,MgCO_3\,.\,Mg(OH)_2\,.\,4\,H_2O}{50} : x$$

$$x = 21{,}46\ g\ MgO.$$

50 g basisches Magnesiumcarbonat geben 21,46 g Magnesiumoxyd.

Natrium aceticum.

Terra foliata Tartari crystallisata. Natriumacetat. Essigsaures Natrium.

$$C_2H_3NaO_2\,.\,3\,H_2O = CH_3 - CO\,.\,ONa + 3\,H_2O.$$

Darstellung. 200 g verdünnte Essigsäure bringe man in eine geräumige Porzellanschale und füge nach und nach in kleinen Portionen 140 g zerriebenes krystallisirtes Natriumcarbonat hinzu. Man erhitze nun zum Kochen und setze noch so viel Natriumcarbonat (etwa 3 g) hinzu, bis die Flüssigkeit nur mehr schwach sauer reagirt. Zur Prüfung auf die Reaktion verdünne man eine Probe mit der doppelten Menge Wasser und tauche blaues Lackmuspapier in dieselbe. Dasselbe soll schwach geröthet werden. Oder man nehme eine Probe mit einem silbernen Löffel aus der Flüssigkeit, lasse erkalten und füge ein Kryställchen von Natriumcarbonat hinzu. Es sollen sich um dasselbe nur einzelne Gasbläschen zeigen. Findet keine Gasentwickelung mehr statt, so muss der Flüssigkeit noch etwas Essigsäure zugefügt werden, ist die Gasentwickelung um den Krystall eine lebhafte, so ist noch etwas Natriumcarbonat zuzusetzen.

Reagirt die Flüssigkeit nur mehr schwach sauer, so filtrire man und dampfe das Filtrat so weit ein, dass ein Tropfen beim Erkalten Krystalle abscheidet, worauf man erkalten lässt. Die Krystalle breite man auf Papier aus und lasse sie bei gewöhnlicher Temperatur trocknen. Sie werden in einem dicht verschlossenen Glase an einem kühlen Orte aufbewahrt.

Vorgang. Wird Natriumcarbonat in verdünnte Essigsäure eingetragen, so bildet sich Natriumacetat und Kohlensäureanhydrid entweicht.

$$\underset{\substack{\text{Essigsaure}\\ 2.60}}{2C_2H_4O_2} + \underset{\substack{\text{Natriumcarbonat}\\ 286}}{Na_2CO_3.10H_2O} = \underset{\substack{\text{Natriumacetat}\\ 2.136}}{2(C_2H_3NaO_2.3H_2O)} + \underset{\substack{\text{Kohlen-}\\ \text{saure-}\\ \text{anhydrid}}}{CO_2}$$

$$+ \underset{\text{Wasser.}}{5H_2O}$$

Das Erhitzen der Lösung zum Kochen bezweckt, die Kohlensäure, welche blaues Lackmuspapier ebenfalls röthet, sowie das der Essigsäure zuweilen anhaftende Empyreuma zu verjagen.

Eigenschaften. Das Natriumacetat stellt farblose, durchsichtige, in warmer Luft verwitternde Krystalle dar, welche mit 1 Theil Wasser eine, rothes Lackmuspapier bläuende, dagegen Phenolphtaleinlösung nicht röthende Lösung geben. Die Lösung darf also nur ganz schwach alkalisch reagiren, weil beim Eindampfen der Lösung zur Krystallisation eine geringe Menge Essigsäure sich verflüchtigt. Die Krystalle lösen sich in 23 Theilen kaltem, sowie in 1 Theil siedendem Weingeist.

Beim Erhitzen schmilzt das Salz zunächst unter Verlust seines Krystallwassers und wird dann wieder fest, um bei verstärkter Hitze von Neuem zu schmelzen. Beim Glühen wird es unter Entwickelung von Acetongeruch und Hinterlassung eines stark alkalisch reagirenden, die Flamme gelb färbenden Rückstands von Natriumcarbonat zersetzt.

$$\underset{\text{Natriumacetat}}{2(C_2H_3NaO_2 . 3H_2O)} = \underset{\text{Natrium-carbonat}}{Na_2CO_3} + \underset{\text{Wasser}}{6H_2O} + \underset{\text{Aceton.}}{\begin{matrix}CH_3\\CH_3\end{matrix}>CO}$$

Die wässrige Lösung des Salzes wird auf Zusatz von Ferrichloridlösung dunkelroth gefärbt, indem Ferriacetat in Lösung geht.

$$\underset{\text{Natriumacetat}}{6(C_2H_3NaO_2)} + \underset{\text{Ferrichlorid}}{Fe_2Cl_6} = \underset{\text{Ferriacetat}}{Fe_2(C_2H_3O_2)_6} + \underset{\text{Natrium-chlorid.}}{6NaCl}$$

Prüfung.

Man löse 4 g Natriumacetat in 76 g Wasser.

A. Je 10 ccm der Lösung versetze man:

a) mit der doppelten Menge Schwefelwasserstoffwasser; es darf keine Veränderung eintreten. Bei Gegenwart von Metallen, wie Kupfer, Blei entstünde eine dunkle Färbung oder Fällung von Metallsulfid.

$$\underset{\text{Bleiacetat}}{Pb(C_2H_3O_2)_2} + \underset{\text{Schwefel-wasserstoff}}{H_2S} = \underset{\text{Blei-sulfid}}{PbS} + \underset{\text{Essigsaure.}}{2C_2H_4O_2}$$

b) mit Baryumnitratlösung; es darf keine Trübung erfolgen. Ist Natriumsulfat oder Natriumcarbonat zugegen, so entsteht eine weisse Fällung von Baryumsulfat, beziehungsweise Baryumcarbonat. Letzterer Niederschlag ist in Salzsäure löslich, ersterer nicht.

$$\underset{\text{Natriumsulfat}}{Na_2SO_4} + \underset{\text{Baryumnitrat}}{Ba(NO_3)_2} = \underset{\text{Baryumsulfat}}{BaSO_4} + \underset{\text{Natriumnitrat.}}{2NaNO_3}$$

c) mit Ammoniumoxalatlösung; es darf keine Veränderung eintreten. Wäre ein Calciumsalz zugegen, so würde sich weisses Ammoniumoxalat ausscheiden.

$$\underset{\text{Calciumacetat}}{Ca(C_2H_3O_2)_2} + \underset{\text{Ammoniumoxalat}}{(NH_4)_2C_2O_4} + \underset{\text{Wasser}}{H_2O} = \underset{\text{Calciumoxalat}}{CaC_2O_4 . H_2O} + \underset{\text{Ammoniumacetat.}}{2[(NH_4)C_2H_3O_2]}$$

d) mit 10 ccm Wasser, einigen Tropfen Salpetersäure und dann mit Silbernitratlösung. Ist Natriumchlorid zugegen, so entsteht eine weisse Fällung von Silberchlorid.

$$\underset{\text{Natriumchlorid}}{NaCl} + \underset{\text{Silbernitrat}}{AgNO_3} = \underset{\text{Silberchlorid}}{AgCl} + \underset{\text{Natriumnitrat.}}{NaNO_3}$$

B. 20 ccm derselben wässrigen Lösung säure man mit einigen Tropfen Salzsäure an und versetze mit 0,5 ccm Kaliumferrocyanidlösung; es darf keine Veränderung eintreten. Ist Eisen zugegen, so entsteht ein blauer Niederschlag von Ferriferrocyanür (Berlinerblau), ist Kupfer zugegen, ein rother Niederschlag von Kupferferrocyanid.

$$2\underset{\text{Ferriacetat}}{[Fe_2(C_2H_3O_2)_6]} + \underset{\text{Kaliumferrocyanid}}{3K_4(FeCy_6)} = \underset{\text{Ferriferrocyanür}}{Fe_4(FeCy_6)_3} + \underset{\text{Kaliumacetat.}}{12C_2H_3KO_2}$$

$$2\underset{\text{Cupriacetat}}{[Cu(C_2H_3O_2)_2]} + \underset{\text{Kaliumferrocyanid}}{K_4(FeCy_6)} = \underset{\text{Kupferferrocyanid}}{Cu_2(FeCy_6)} + \underset{\text{Kaliumacetat.}}{4C_2H_3KO_2}$$

Stöchiometrische Berechnungen.

1. Wie viel krystallisirtes Natriumcarbonat braucht man zur Sättigung von 200 g 30procentiger Essigsäure?

2 Moleküle Essigsäure (2 . 60 Gewichtstheile) brauchen 1 Molekül krystallisirtes Natriumcarbonat (286 Gewichtstheile).

200 g 30procentige Essigsäure enthalten 60 g Essigsäure.

$$\begin{array}{ccccccc} 2C_2H_4O_2 & & Na_2CO_3 . 10H_2O & & C_2H_4O_2 & & \\ 120 & : & 286 & = & 60 & : & x \end{array}$$

$$x = 143\text{ g } Na_2CO_3 . 10H_2O.$$

200 g 30procentige Essigsäure brauchen 143 g krystallisirtes Natriumcarbonat zur Sättigung.

2. Wie viel krystallisirtes Natriumacetat erhält man von 200 g 30procentiger Essigsäure?

1 Molekül Essigsäure (60 Gewichtstheile) entspricht 1 Molekül krystallisirtem Natriumacetat (136 Gewichtstheile).

200 g 30procentige Essigsäure enthalten 60 g Essigsäure.

$$\begin{array}{ccccccc} C_2H_4O_2 & & C_2H_3NaO_2 . 3H_2O & & C_2H_4O_2 & & \\ 60 & : & 136 & = & 60 & : & x \end{array}$$

$$x = 136\text{ g } C_2H_3NaO_2 . 3H_2O.$$

200 g 30procentige Essigsäure liefern 136 g krystallisirtes Natriumacetat.

Natrium bromatum.

Bromnatrium. Natriumbromid.

NaBr.

Darstellung. Aus 24 g Brom, 10 g Eisen und Wasser stelle man auf gleiche Weise, wie bei Kalium bromatum angegeben, eine Lösung von Ferroferribromid dar. Diese erhitze man in einer Porzellanschale zum Sieden und setze in kleinen Portionen unter beständigem Umrühren eine Lösung von 43 g krystallisirtem Natriumcarbonat in 300 g Wasser so lange hinzu, bis die Flüssigkeit ganz schwach alkalisch reagirt. Man lasse noch einige Zeit kochen, um den Niederschlag kompakter zu machen, lasse denselben absetzen, filtrire die überstehende Flüssigkeit ab und koche den Niederschlag nochmals mit Wasser aus, worauf man ihn auf ein Filter bringt und gut auswäscht. Beim Abdampfen des Filtrats scheidet sich meist noch etwas Eisen ab und ist daher die Lauge nochmals zu filtriren. Das Filtrat dampfe man unter beständigem Umrühren so weit ein, dass sich bereits in der Wärme das Salz auszuscheiden beginnt, lasse unter Umrühren erkalten, bringe den Krystallbrei auf einen Trichter und lasse gut abtropfen.

Die Mutterlauge neutralisire man mit wässriger Bromwasserstoffsäure. Letztere erhält man, wie bei Kalium bromatum angegeben, durch Einleiten von Schwefelwasserstoffgas in Bromwasser. Siehe dort! Die neutralisirte Mutterlauge verdampfe man unter beständigem Umrühren zur Trockne. Die Krystalle auf dem Trichter bringe man in eine Porzellanschale und trockne sie im Wasserbade.

Vorgang. Die Bildung des Ferrobromids und Ferroferribromids, siehe bei Kalium bromatum.

Versetzt man die kochende Lösung des Ferroferribromids mit einer Lösung von Natriumcarbonat, so scheidet sich Eisenoxyduloxydhydrat aus, Natriumbromid geht in Lösung und Kohlensäureanhydrid entweicht.

$$Fe_3Br_8 + 4(Na_2CO_3 . 10H_2O) = (Fe_3O_4 + xH_2O) + 8NaBr + 4CO_2$$

Fe_3Br_8	$4(Na_2CO_3 . 10H_2O)$	$(Fe_3O_4 + xH_2O)$	$8NaBr$	$4CO_2$
Ferroferri-bromid, entsprechend 8 Atomen Brom 8 . 80	Natriumcarbonat 4 . 286	Eisenoxyduloxydhydrat	Natrium-bromid 8 . 103	Kohlen-säure-anhydrid.

Die Neutralisation der Mutterlauge mit Bromwasserstoffsäure erfolgt auf dieselbe Weise wie bei Kalium bromatum angegeben. Auch die Bildung der Bromwasserstoffsäure siehe bei Kalium bromatum.

Aufbewahrung. Da das Salz hygroskopisch ist, so muss es in einem mit Glasstopfen gut verschlossenen Glase aufbewahrt werden.

Eigenschaften. Das Natriumbromid stellt ein weisses, krystallinisches, in 1,2 Theilen Wasser und in 5 Theilen Weingeist lösliches Pulver dar, welches in 100 Theilen mindestens 95 Theile wasserfreies Salz enthält. Die $5\,^{0}/_{0}$ Wasser hängen dem Salze als Feuchtigkeit an oder sind Krystallwasser.

Befestigt man ein Körnchen des Salzes am Platindraht und bringt es in die Weingeistflamme, so färbt es dieselbe gelb (Natriumflamme).

Die wässrige Lösung des Salzes mit etwas Chlorwasser versetzt und hierauf mit Chloroform geschüttelt, färbt letzteres gelbbraun. Das Chlor macht nämlich das Brom aus dem Natriumbromid frei und dieses löst sich in Chloroform mit gelbbrauner Farbe. Ein Ueberschuss von Chlor ist zu vermeiden, indem sich sonst farbloses Chlorbrom bildet.

Formel siehe bei Kalium bromatum, nur ist statt K — Na zu setzen.

Prüfung.

1. Man trockne 1 g Natriumbromid bis zum konstanten Gewicht im Wasserbade. Der Rückstand muss mindestens 0,95 g betragen. Ein geringerer Rückstand würde einen zu grossen Feuchtigkeitsgehalt anzeigen.

2. Man bringe ein Körnchen des Salzes am Platindraht in die Weingeistflamme und betrachte die durch das Salz gelb gefärbte Flamme durch ein Kobaltglas; sie darf gar nicht oder doch nur vorübergehend roth gefärbt erscheinen. Das blaue Kobaltglas absorbirt nämlich die gelbe Farbe der Natriumflamme. Sind mehr als Spuren von Kaliumbromid zugegen, so erscheint die Flamme dauernd karmoisinroth gefärbt (Kaliumflamme).

3. Man zerreibe eine kleine Menge von Kaliumbromid.

   a) Die eine Hälfte breite man auf Porzellan aus und übergiesse sie mit wenigen Tropfen verdünnter Schwefelsäure; das Salz darf sich nicht sofort gelb färben. Es würde dieses die Gegenwart von Natriumbromat anzeigen. Die Schwefelsäure macht nämlich aus letzterem die Bromsäure und aus dem Natriumbromid Bromwasserstoff frei. Bromsäure und Bromwasserstoff zersetzen sich in freies Brom und Wasser.

Formel siehe bei Prüfung von Kalium bromatum No. 2a, nur ist an Stelle von K — Na zu setzen.

b) Die andere Hälfte des Salzes bringe man auf befeuchtetes, rothes Lackmuspapier, das nicht sofort violettblau gefärbt werden darf. Sind mehr als Spuren von Natriumcarbonat zugegen, so findet sofort eine violette oder blaue Färbung des Papiers statt.

4. Man löse 3 g Natriumbromid in 57 g Wasser.

A. Je 10 ccm der Lösung versetze man

a) mit der doppelten Menge Schwefelwasserstoffwasser; es darf keine Veränderung erfolgen. Metalle, wie Kupfer, Blei würden eine dunkle Fällung von Metallsulfid erzeugen.

Formel siehe bei Prüfung von Kalium bromatum No. 3a.

b) mit Baryumnitratlösung; es darf keine Veränderung stattfinden. Ist Natriumsulfat zugegen, so entsteht eine weisse Fällung von Baryumsulfat.

Formel siehe bei Prüfung von Kalium bromatum No. 3b, nur ist an Stelle von K — Na zu setzen.

c) mit verdünnter Schwefelsäure; es entstehe keine Veränderung. Ist Baryumbromid zugegen, so entsteht eine weisse Fällung von Baryumsulfat.

Formel siehe bei Prüfung von Kalium bromatum No. 3c.

B. 5 ccm der wässrigen Lösung vermische man mit 1 Tropfen Ferrichloridlösung und alsdann mit Stärkelösung; es darf keine blaue Färbung entstehen. Bei Gegenwart von Natriumjodid macht Ferrichlorid das Jod frei unter Bildung von Ferrochlorid und Natriumchlorid. Das freie Jod verbindet sich mit dem Stärkemehl zu blauer Jodstärke.

Formel siehe bei Prüfung von Kalium bromatum No. 3B, nur ist an Stelle von K — Na zu setzen.

C. 20 ccm derselben Lösung versetze man mit 0,5 ccm Kaliumferrocyanidlösung; es darf keine Veränderung entstehen. Enthält das Salz Ferribromid, so entsteht ein blauer Niederschlag von Ferriferrocyanür (Berlinerblau).

Formel siehe bei Prüfung von Kalium bromatum No. 3C.

5. Man zerreibe ungefähr 5 g Natriumbromid und trockne es einige Stunden bei 100°. 3 g dieses getrockneten Salzes löse man in einem Messkolben von 100 ccm Inhalt in Wasser und bringe diese Lösung mit Wasser auf 100 ccm. Von dieser Lösung pipettire man 10 ccm ab, versetze sie mit einigen Tropfen Kaliumchromatlösung und

dann mit so viel Zehntel-Normal-Silbernitratlösung, bis die Flüssigkeit nach dem Umrühren bleibend roth gefärbt erscheint. Man soll bis zu diesem Punkte nicht mehr als 29,3 ccm Zehntel-Normal-Silbernitratlösung verbrauchen.

10 ccm der Natriumbromidlösung enthalten 0,3 g Natriumbromid. Wird diese Lösung mit Zehntel-Normal-Silbernitratlösung versetzt, so scheidet sich Silberbromid aus.

$$\underset{\substack{\text{Natrium-}\\\text{bromid}\\103}}{NaBr} + \underset{\substack{\text{Silbernitrat}\\170}}{AgNO_3} = \underset{\substack{\text{Silber-}\\\text{bromid}}}{AgBr} + \underset{\text{Natriumnitrat.}}{NaNO_3}$$

Bei weiterem Zusatz von Silbernitrat wird aus dem Kaliumchromat rothes Silberchromat gefällt.

$$\underset{\text{Kaliumchromat}}{K_2CrO_4} + \underset{\text{Silbernitrat}}{2\,AgNO_3} = \underset{\text{Silberchromat}}{Ag_2CrO_4} + \underset{\text{Kaliumnitrat.}}{2\,KNO_3}$$

Das Silberchromat setzt sich aber, so lange Natriumbromid zugegen ist, mit demselben in Natriumchromat und Silberbromid um, und die rothe Farbe verschwindet beim Umrühren wieder.

$$\underset{\text{Silberchromat}}{Ag_2CrO_4} + \underset{\substack{\text{Natrium-}\\\text{bromid}}}{2\,NaBr} = \underset{\text{Natriumchromat}}{Na_2CrO_4} + \underset{\text{Silberbromid.}}{2\,AgBr}$$

Erst wenn alles Brom an das Silber gebunden ist, bleibt das Silberchromat unzersetzt und die Flüssigkeit bleibt beim Umrühren roth.

Enthält das Präparat Natriumchlorid, so scheidet Silbernitrat daraus Silberchlorid ab.

$$\underset{\substack{\text{Natrium-}\\\text{chlorid}\\58{,}5}}{NaCl} + \underset{\substack{\text{Silbernitrat}\\170}}{AgNO_3} = \underset{\substack{\text{Silber-}\\\text{chlorid}}}{AgCl} + \underset{\text{Natriumnitrat.}}{NaNO_3}$$

1 Molekül Natriumbromid (103 Gewichtstheile), ebenso 1 Molekül Natriumchlorid (58,5 Gewichtstheile) wird durch 1 Molekül Silbernitrat (170 Gewichtstheile) gefällt.

Zehntel-Normal-Silberlosung		Silbernitrat
1000 ccm	enthalten	17 g
1 „	enthält	0,017 g
		Natriumbromid
1000 „	fällen	10,3 g
1 „	fällt	0,0103 g
		Natriumchlorid
1000 „	fällen	5,85 g
1 „	fällt	0,00585 g.

0,3 g Natriumbromid brauchen zur Fällung:

$$\begin{array}{ccccccc} NaBr & & ccm & & NaBr & & \\ 0{,}0103 & : & 1 & = & 0{,}3 & : & x \end{array}$$

x = 29,126 ccm Zehntel-Normal-Silberlösung.

Das Arzneibuch gestattet 29,3 ccm, somit 0,174 ccm mehr, weil eine geringe Menge Natriumchlorid im Präparate geduldet ist.

Da das Molekulargewicht des Natriumchlorids (58,5) viel niedriger ist als das des Natriumbromids (103), so wird man, wenn das Präparat mit Natriumchlorid verunreinigt ist, mehr ccm Zehntel-Normal-Silbernitratlösung zur Fällung brauchen, als zu einem reinen Präparat.

Man findet die Menge Zehntel-Normal-Silbernitratlösung, welche zur Fällung von Natriumchlorid verwendet wurde, durch folgende Gleichung:

Die Differenz der Molekulargewichte des Natriumbromids und Natriumchlorids (103 — 58,5 = 44,5) verhält sich zum Molekulargewicht des Natriumbromids (103) wie der Mehrverbrauch der Zehntel-Normal-Silbernitratlösung als 29,126 (bei einem Verbrauch von 29,3 = 0,174) zu x.

$$44{,}5 : 103 = 0{,}174 : x$$
$$x = 0{,}402 \text{ ccm.}$$

Diese Menge Silberlösung wurde zur Fällung von Natriumchlorid verwendet. Da 1 ccm der Zehntel-Normal-Silbernitratlösung 0,00585 g Natriumchlorid fällt, so fällt obige Menge $0{,}402 \times 0{,}00585 = 0{,}0023517$ g Natriumchlorid, welche in 0,3 g Natriumbromid enthalten sein dürfen. In 100 g des letzteren dürfen enthalten sein:

$$0{,}3 : 0{,}00235 = 100 : x$$
$$x = 0{,}78\,^0/_0 \text{ Natriumchlorid.}$$

Stöchiometrische Berechnungen.

1. Wie viel krystallisirtes Natriumcarbonat braucht man zur Fällung des aus 24 g Brom entstandenen Ferroferribromid?

1 Molekül Ferroferribromid, entsprechend 8 Atomen Brom, braucht 4 Moleküle Natriumcarbonat zur Fällung. 2 Atome Brom (2 . 80 Gewichtstheile) entsprechen daher 1 Molekül Natriumcarbonat (286 Gewichtstheile).

$$\begin{array}{ccccccc} 2Br & & Na_2CO_3 . 10H_2O & & Br & & \\ 160 & : & 286 & = & 24 & : & x \end{array}$$

$x = 42{,}9$ g $Na_2CO_3 . 10H_2O$.

Zur Fällung des aus 24 g Brom entstandenen Ferroferribromids sind 42,9 g Natriumcarbonat nöthig.

2. Wie viel Natriumbromid erhält man von 24 g Brom?

1 Molekül Ferroferribromid, entsprechend 8 Atomen Brom, giebt 8 Moleküle Natriumbromid; 1 Atom Brom (80 Gewichtstheile) entspricht also 1 Molekül Natriumbromid (103 Gewichtstheile).

$$\begin{array}{ccccccc} Br & & NaBr & & Br & & \\ 80 & : & 103 & = & 24 & : & x \end{array}$$

$$x = 30{,}9 \text{ g } NaBr.$$

Von 24 g Brom erhält man 30,9 g Natriumbromid.

Natrium jodatum.

Jodnatrium. Natriumjodid.

NaJ.

Darstellung. 10 g Eisen übergiesse man in einem Kolben mit 80 g Wasser und füge allmälig 30 g zerriebenes Jod hinzu. Nachdem man die blassgrüne Flüssigkeit abfiltrirt und das Filter gut ausgewaschen hat, füge man 10 g zerriebenes Jod zum Filtrate, welches sich unter Bildung von Ferroferrijodid löst.

In einer Porzellanschale löse man alsdann 45 g krystallisirtes Natriumcarbonat in 500 g Wasser, bringe die Lösung zum Kochen und füge in dünnem Strahle unter Umrühren obige Ferroferrijodidlösung hinzu. Nach der Fällung soll die Flüssigkeit neutral oder ganz schwach alkalisch reagiren. Sie soll also rothes und blaues Lackmuspapier unverändert lassen, oder rothes Lackmuspapier allmälig schwach blau färben. Färbt sich letzteres sogleich stark blau, so neutralisire man mit wässriger Jodwasserstoffsäure. Letztere Lösung erhält man, indem man eine kleine Menge Jod mit Hilfe von Kaliumjodid in Lösung bringt, in die Lösung Schwefelwasserstoff einleitet, die Flüssigkeit gelinde erwärmt und den ausgeschiedenen Schwefel abfiltrirt.

Die neutrale oder schwach alkalisch reagirende Flüssigkeit koche man noch etwa 5 Minuten, um den Niederschlag kompakter zu machen, lasse letzteren absetzen, filtrire die oben stehende Flüssigkeit ab und koche den Niederschlag noch einmal mit Wasser aus, worauf man ihn auf ein Filter bringt und auswäscht. Die gesammten Filtrate dampfe man so weit ein, dass das Salz schon in der Wärme auszukrystallisiren beginnt und ein Krystallbrei entstanden ist, den man nach dem Erkalten auf einen Trichter sammelt und gut abtropfen lässt.

Die alkalisch reagirende Mutterlauge neutralisire man mit Jodwasserstoffsäure und dampfe sie unter beständigem Umrühren zur Trockne ein. Die Krystalle auf dem Trichter trockne man bei 50 bis 60°.

Vorgang. Kommt Eisen, Jod und Wasser zusammen, so löst sich Ferrojodid auf. Wird in diese Lösung Jod eingetragen, so bildet sich Ferroferrijodid.

Formel siehe bei Kalium jodatum.

Wird die Lösung von Ferroferrijodid zu einer kochenden Lösung von Natriumcarbonat gebracht, so scheidet sich Eisenoxyduloxydhydrat aus, Kohlensäureanhydrid entweicht und Natriumjodid ist in Lösung.

$$Fe_3J_8 + 4(Na_2CO_3 . 10H_2O) = 8NaJ + 4CO_2 + (Fe_3O_4 + xH_2O)$$

Ferroferrijodid, entsprechend 8 Atomen Jod (8 . 127)	Natriumcarbonat 4 286	Natriumjodid 8 . 150	Kohlensaureanhydrid	Eisenoxyduloxydhydrat.

Chemischen Vorgang und Formel bei der Darstellung von Jodwasserstoffsäure siehe bei Kalium jodatum.

Die Neutralisation der Lösung durch Jodwasserstoffsäure erfolgt ganz analog wie bei Kalium jodatum.

Formel siehe dort, nur ist an Stelle von K — Na zu setzen.

Aufbewahrung. Da das Natriumjodid ein hygroskopisches Salz ist und im feuchten Zustande durch Luft und Kohlensäure unter Abscheidung von Jod zersetzt wird, so muss dasselbe in gut verschlossenen Gläsern aufbewahrt werden. Auch gehört dasselbe zu den Stoffen der Tabelle C des Arzneibuches.

Eigenschaften. Das Natriumjodid stellt ein trocknes, weisses, krystallinisches, an der Luft feucht werdendes Pulver dar, welches in 0,6 Theilen Wasser und 3 Theilen Weingeist löslich ist und in 100 Theilen mindestens 95 Theile wasserfreies Salz enthält. Die 5% Wasser haften dem Salze entweder als Feuchtigkeit an oder sie sind Krystallwasser, da das Salz mit 2 Molekülen Krystallwasser krystallisirt.

1 Molekül krystallisirtes Natriumjodid (186 Gewichtstheile) besitzt 2 Moleküle Krystallwasser (2 . 18 Gewichtstheile). Enthält das

Natriumjodid 5 % Krystallwasser, so sind in diesem krystallisirtes Salz enthalten:

$$\begin{array}{ccccccc} 2H_2O & & NaJ.2H_2O & & H_2O & & \\ 36 & : & 186 & = & 5 & : & x \end{array}$$

$$x = 25{,}83\,\%.$$

Befestigt man eine kleine Menge des Salzes am Platindrahte und erhitzt es in einer Weingeistflamme, so färbt sich die Flamme gelb (Natriumflamme).

Mischt man die wässrige Lösung mit wenig Chlorwasser und schüttelt man mit Chloroform, so färbt sich letzteres violett. Das Chlor macht aus dem Natriumjodid das Jod frei und dieses löst sich in Chloroform mit violetter Farbe. Ein Ueberschuss von Chlor ist zu vermeiden, indem sich sonst farbloses Chlorjod JCl bildet.

$$\underset{\text{Natriumjodid}}{NaJ} + \underset{\text{Chlor}}{Cl} = \underset{\text{Natriumchlorid}}{NaCl} + \underset{\text{Jod.}}{J}$$

Prüfung.

1. Man erhitze 1 g zerriebenes Natriumjodid einige Stunden im Wasserbade bis zum konstanten Gewicht. Der Rückstand muss mindestens 0,95 g betragen. Ein geringerer Rückstand würde einen zu hohen Feuchtigkeitsgehalt anzeigen.

2. Man zerreibe einige Krystalle des Natriumjodids.

a) Einige Körnchen des zerriebenen Salzes erhitze man am Platindrahte in einer Weingeistflamme und betrachte die gelbe Flamme durch ein Kobaltglas; sie darf gar nicht oder doch nur vorübergehend roth gefärbt erscheinen. Bleibt die Flamme anhaltend roth, so enthält das Salz mehr als Spuren von Kaliumjodid. Die gelbe Farbe der Natriumflamme wird nämlich durch die blaue Farbe des Kobaltglases absorbirt, während die violettrothe Farbe der Kaliumflamme zum Vorschein kommt.

b) Man bringe eine Probe des zerriebenen Salzes auf befeuchtetes rothes Lackmuspapier, welches nicht sogleich violettblau gefärbt werden darf. Ist Natriumcarbonat zugegen, so erfolgt sogleich eine violettblaue Färbung des Papiers.

3. Man löse 3 g des Salzes in 57 g Wasser.

A. Je 10 ccm der Lösung versetze man

a) mit der doppelten Menge Schwefelwasserstoffwasser;

es darf keine Veränderung eintreten. Eine dunkle Fällung würde Metalle, wie Kupfer, Blei, anzeigen.

Formel siehe bei Prüfung von Kalium jodatum No. 2a.

b) mit Baryumnitratlösung; es darf keine weisse Trübung entstehen, was Natriumsulfat anzeigen würde.

Formel siehe bei Prüfung von Kalium jodatum No. 2b, nur ist an Stelle von K — Na zu setzen.

c) mit einem Körnchen Ferrosulfat und 1 Tropfen Ferrichloridlösung, erwärme nach Zusatz von 1 ccm Natronlauge und übersättige mit Salzsäure. Es darf keine blaue Färbung eintreten, was der Fall wäre, wenn das Präparat Natriumcyanid enthielte.

Chemischen Vorgang und Formel siehe bei Prüfung von Kalium jodatum No. 2c, nur ist an Stelle von K — Na zu setzen.

B. 20 ccm der wässrigen Lösung versetze man mit 0,5 ccm Kaliumferrocyanidlösung. Bei Gegenwart von Eisen entsteht ein blauer Niederschlag von Ferriferrocyanür (Berlinerblau).

Formel siehe bei Prüfung von Kalium jodatum No. 2B.

4. Man bringe ca. 20 g Wasser zum Kochen und lasse erkalten. In 9,5 g dieses Wassers löse man sofort 0,5 g Natriumjodid, füge einige Tropfen frisch bereitete Stärkelösung und verdünnte Schwefelsäure hinzu; es darf nicht sofort blaue Färbung eintreten.

Ist Natriumjodat zugegen, so macht die Schwefelsäure daraus Jodsäure frei, zugleich aber auch aus dem Natriumjodid Jodwasserstoff unter Bildung von saurem Natriumsulfat. Jodsäure und Jodwasserstoff setzen sich um in Jod und Wasser und ersteres bildet mit der Stärke blaue Jodstärke.

Formeln siehe bei Prüfung von Kalium jodatum No. 3, nur ist an Stelle von K — Na zu setzen.

Das Wasser muss frisch ausgekocht sein, weil Luft und Kohlensäure haltendes Wasser für sich schon zersetzend auf das Natriumjodid einwirken und Jod in Freiheit setzen könnte.

5. Man erwärme 1 g des Salzes mit 5 ccm Natronlauge, sowie mit je 0,5 g Zinkfeile und Eisenpulver; es darf sich kein Ammoniakgeruch entwickeln.

Beim Erwärmen von Zink und Natronlauge entwickelt sich Wasserstoffgas unter Bildung von Zinkoxydnatrium. Die Gegenwart von Eisen befördert diese Reaktion. Enthält das Natriumjodid Natriumnitrat, so reducirt der nascirende Wasserstoff die Salpetersäure zu Ammoniak.

Formeln siehe bei Prüfung von Kalium jodatum No. 4; nur ist an Stelle von K — Na zu setzen.

6. Man trockne einige zerriebene Krystalle des Salzes bei 100° und löse 0,2 g davon in 2 ccm Ammoniakflüssigkeit. Zu dieser Lösung mische man 14 ccm Zehntel-Normal-Silbernitratlösung unter Umschütteln hinzu, worauf man filtrire. Das Filtrat übersättige man mit Salpetersäure. Es darf innerhalb 10 Minuten weder bis zur Undurchsichtigkeit getrübt noch dunkel gefärbt erscheinen.

Wird Natriumjodidlösung mit Silbernitratlösung versetzt, so scheidet sich Silberjodid aus, da es in Ammoniakflüssigkeit unlöslich ist. Ist aber Natriumchlorid oder Natriumbromid zugegen, so bildet sich Silberchlorid oder Silberbromid, die sich in Ammoniakflüssigkeit auflösen und beim Uebersättigen des Filtrats mit Salpetersäure sich ausscheiden.

$$NaJ + AgNO_3 = AgJ + NaNO_3$$

NaJ	AgNO₃	AgJ	NaNO₃
Natrium-jodid 150	Silbernitrat 170	Silber-jodid	Natrium-nitrat.

$$NaCl + AgNO_3 = AgCl + NaNO_3$$

NaCl	AgNO₃	AgCl	NaNO₃
Natrium-chlorid 58.5	Silbernitrat 170	Silber-chlorid	Natrium-nitrat.

Enthält das Natriumjodid Natriumthiosulfat, so entsteht auf Zusatz von Silbernitrat Silberthiosulfat, das sich in Ammoniakflüssigkeit auflöst. Beim Uebersättigen des Filtrats mit Salpetersäure zerfällt das Silberthiosulfat in schwarzes Silbersulfid und Schwefelsäure.

Formeln siehe bei Prüfung von Kalium jodatum No. 5, nur ist an Stelle von K — Na zu setzen.

Stöchiometrische Berechnungen.

1. Wie viel krystallisirtes Natriumcarbonat braucht man, um die von 40 g Jod erhaltene Menge Ferroferrijodid zu fällen?

1 Molekül Ferroferrijodid, entsprechend 8 Atomen Jod, braucht 4 Moleküle Natriumcarbonat zur Fällung.

2 Atome Jod (2 . 127 Gewichtstheile) entsprechen daher 1 Molekül Natriumcarbonat (286 Gewichtstheile).

$$\begin{array}{ccccccc} 2J & & Na_2CO_3 . 10H_2O & & J & & \\ 254 & : & 286 & = & 40 & : & x \end{array}$$

$$x = 45,08 \text{ g } Na_2CO_3 . 10H_2O.$$

Die von 40 g Jod erhaltene Menge Ferroferrijodid braucht 45,08 g krystallisirtes Natriumcarbonat zur Fällung.

2. Wie viel Natriumjodid erhält man von 40 g Jod?

1 Molekül Ferroferrijodid, entsprechend 8 Atomen Jod giebt 8 Moleküle Natriumjodid, also entspricht 1 Atom Jod (127 Gewichtstheile) 1 Molekül Natriumjodid (150 Gewichtstheile).

$$\begin{matrix} J & & NaJ & & J & & \\ 127 & : & 150 & = & 40 & : & x \end{matrix}$$

$$x = 47{,}24 \text{ g } NaJ.$$

40 g Jod liefern 47,24 g Natriumjodid.

3. Wie viel ccm Zehntel-Normal-Silbernitratlösung braucht man zur Fällung von 0,2 g reinem Natriumjodid?

1 Molekül Natriumjodid (150 Gewichtstheile) braucht 1 Molekül Silbernitrat (170 Gewichtstheile) zur Fällung.

Die Zehntel-Normal-Silbernitratlösung enthält 17 g Silbernitrat im Liter gelöst; 1 ccm der ersteren enthält also 0,017 g Silbernitrat und diese Menge vermag 0,015 g Natriumjodid zu fällen.

0,2 g Natriumjodid brauchen daher zur Fällung:

$$\begin{matrix} NaJ & & ccm & & NaJ & & \\ 0{,}015 & : & 1 & = & 0{,}2 & : & x \end{matrix}$$

$$x = 13{,}33 \text{ ccm Zehntel-Normal-Silbernitratlösung.}$$

0,2 g reines Natriumjodid brauchen 13,33 ccm Zehntel-Normal-Silbernitratlösung zur Fällung. Das Arzneibuch lässt hierzu 14 ccm verwenden, weil es eine geringe Menge von Natriumchlorid oder -bromid im Präparate zulässt. Diese bedürfen nämlich wegen ihres niedrigen Molekulargewichts mehr Silberlösung zur Zersetzung als das Natriumjodid.

Natrium phosphoricum.

Dinatrium — Orthophosphat. Natriumphosphat. Phosphorsaures Natrium.

$$Na_2HPO_4 + 12\,H_2O = PO\begin{cases} OH \\ ONa \\ ONa \end{cases} + 12\,H_2O.$$

Darstellung. Grössere Knochen lasse man so lange in einem Herdfeuer liegen, bis dieselben vollkommen weiss gebrannt sind, worauf man sie in ein grobes Pulver verwandelt. 100 g dieses Pulvers übergiesse man mit 500 g Wasser und setze allmälig 85 g Schwefelsäure in kleinen Portionen unter Umrühren hinzu. Das Gemisch lasse man 2 bis 3 Tage an einem warmen Orte unter Ersatz des verdampfenden Wassers stehen und rühre zuweilen um. Hierauf bringe man die breiige Masse auf ein leinenes Kolatorium, lasse gut abtropfen, rühre den Rückstand nochmals mit 200 g heissem Wasser an, kolire wiederum und presse den Rückstand aus.

Die vereinigten Kolaturen dampfe man in einer Porzellanschale auf ca. 200 g ein, stelle einige Tage zur Abscheidung des Calciumsulfats bei Seite und filtrire. Das Filtrat verdünne man mit dem $1^1/_2$fachen Volumen Wasser, erhitze die Flüssigkeit in einer geräumigen Schale und versetze die heisse Flüssigkeit mit einer Lösung von 100 g krystallisirtem Natriumcarbonat in 400 g Wasser so lange, als eine abfiltrirte und erhitzte Probe mit der Natriumcarbonatlösung noch eine Trübung erleidet. Ist dieses nicht mehr der Fall, so lasse man einen Tag stehen, filtrire und verdampfe das Filtrat zur Krystallisation. Die erhaltenen Krystalle sammle man auf einen Trichter, die Mutterlauge verdampfe man wiederum zur Krystallisation und lasse krystallisiren. Die letzte Mutterlauge giesse man weg.

Die Krystalle müssen durch Umkrystallisiren gereinigt werden. Zu diesem Zwecke löse man sie in der $2^1/_4$fachen Menge heissen Wassers auf, filtrire und stelle das Filtrat zwei Tage an einen kühlen Ort. Die ausgeschiedenen Krystalle sammle man auf einen Trichter, lasse die Mutterlauge gut abtropfen und verdampfe letztere auf die Hälfte, damit sich nach einiger Zeit wiederum Krystalle abscheiden. Die Krystalle breite man auf Filtrirpapier aus und lasse sie bei gewöhnlicher Temperatur trocknen.

Vorgang. Die Knochen besitzen gegen 50 $^0/_0$ organische Substanz, wie Zellgewebe, Eiweiss, Fett etc. Werden die Knochen geglüht, so verbrennen diese Stoffe und es bleiben nur die anorganischen Bestandtheile zurück. Letztere bestehen aus ca. 85 $^0/_0$ tertiärem Calciumphosphat, ca. 6 bis 8 $^0/_0$ Calciumcarbonat neben geringen Mengen von Magnesiumphosphat und Calciumfluorid. Wird die Knochenasche mit Schwefelsäure digerirt, so entsteht unlösliches Calciumsulfat und lösliches primäres Calciumphosphat (a). Zugleich wird aus einem Theil des primären Calciumphosphats die Phosphorsäure frei unter Bildung von Calciumsulfat (b). In Lösung ist also ein Gemenge von primärem Calciumphosphat und freier Phosphorsäure.

a) $Ca_3(PO_4)_2 + 2H_2SO_4 = CaH_4(PO_4)_2 + 2CaSO_4$

Tertiares Calciumphosphat 310 — Schwefelsaure 2.98 — Primäres Calciumphosphat — Calciumsulfat.

b) $CaH_4(PO_4)_2 + H_2SO_4 = CaSO_4 + 2H_3PO_4$

Primares Calciumphosphat — Schwefelsaure — Calciumsulfat — Phosphorsaure.

Aus dem Calciumcarbonat treibt die Schwefelsäure die Kohlensäure unter Bildung von Calciumsulfat aus und es findet deshalb Aufbrausen statt.

$$CaCO_3 + H_2SO_4 = CaSO_4 + CO_2 + H_2O$$

Calciumcarbonat 100 — Schwefelsaure 98 — Calciumsulfat — Kohlensaureanhydrid — Wasser.

Wird die Lösung des primären Calciumphosphats mit einer Lösung von Natriumcarbonat versetzt, so löst sich sekundäres Natriumphosphat auf, Kohlensäureanhydrid entweicht und tertiäres Calciumphosphat scheidet sich aus. Man erhält deshalb niemals die ganze, in den Knochen enthaltene Menge Phosphorsäure in Form von sekundärem Natriumphosphat.

$$3[CaH_4(PO_4)_2] + 4(Na_2CO_3 . 10H_2O) + 4H_2O$$

Primares Calciumphosphat — Natriumcarbonat 4.286 — Wasser

$$= 4(Na_2HPO_4 . 12H_2O) + Ca_3(PO_4)_2 + 4CO_2$$

Sekundares Natriumphosphat 4.358 — Tertiares Calciumphosphat — Kohlensaureanhydrid.

Die freie Phosphorsäure setzt sich mit dem Natriumcarbonat um in sekundäres Natriumphosphat und Kohlensäureanhydrid entweicht.

$$H_3PO_4 + Na_2CO_3 . 10H_2O + H_2O = Na_2HPO_4 . 12H_2O + CO_2$$

Phosphorsäure — Natriumcarbonat — Wasser — Sekundäres Natriumphosphat — Kohlensäureanhydrid.

Die in der sauren Flüssigkeit gelöste geringe Menge Calciumsulfat setzt sich mit dem Natriumcarbonat um in sich ausscheidendes Calciumcarbonat und Natriumsulfat geht in Lösung.

$$CaSO_4 + Na_2CO_3 = CaCO_3 + Na_2SO_4$$

Calciumsulfat — Natriumcarbonat — Calciumcarbonat — Natriumsulfat.

Durch Umkrystallisiren werden die Krystalle von anhängendem Natriumsulfat befreit.

Das sekundäre Natriumphosphat krystallisirt in der Kälte mit 12 Molekülen Krystallwasser und dieses Salz ist officinell. Besitzt die Lösung beim Krystallisiren eine höhere Temperatur als 30°, so krystallisirt das Salz nur mit 7 Molekülen Krystallwasser. Man darf daher die Lösung des Salzes nicht zu koncentrirt machen, damit sie nicht schon in der Wärme krystallisirt.

Aufbewahrung. Da das Natriumphosphat leicht verwittert und die Krystalle aus der Luft Kohlensäure anziehen, so muss dasselbe in gut verschlossenen Gefässen aufbewahrt werden. Durch Aufnahme von Kohlensäure zersetzt sich das Salz unter Bildung von primärem Natriumphosphat und saurem Natriumcarbonat.

$$\underset{\text{Sekundäres Natriumphosphat}}{Na_2HPO_4} + \underset{\text{Kohlensäureanhydrid}}{CO_2} + \underset{\text{Wasser}}{H_2O} = \underset{\text{Primares Natriumphosphat}}{NaH_2PO_4} + \underset{\text{Saures Natriumcarbonat.}}{NaHCO_3}$$

Eigenschaften. Das Natriumphosphat stellt farblose, durchscheinende, an trockner Luft verwitternde Krystalle von schwach salzigem Geschmacke und alkalischer Reaktion dar, welche sich bei 40° verflüssigen und in 5,8 Theilen Wasser lösen.

Erhitzt man ein Körnchen am Platindrahte in der Weingeistflamme, so färbt sich die Flamme gelb (Natriumflamme). Wird die wässrige Lösung des Salzes mit Silbernitratlösung versetzt, so entsteht ein gelber Niederschlag an tertiärem Silberphosphat, das in Ammoniak und Salpetersäure löslich ist.

$$\underset{\text{Sekundäres Natriumphosphat}}{Na_2HPO_4} + \underset{\text{Silbernitrat}}{3\,AgNO_3} = \underset{\text{Tertiäres Silberphosphat}}{Ag_3PO_4} + \underset{\text{Natriumnitrat}}{2\,NaNO_3} + \underset{\text{Salpetersäure.}}{HNO_3}$$

Prüfung.

1. Man erwärme obige wässrige, mit Silbernitratlösung versetzte Lösung; der gelbe Niederschlag von Silberphosphat darf sich nicht bräunen. Wäre letzteres der Fall, so würde dieses Natriumphosphit anzeigen, welches das Silbernitrat beim Erwärmen zu metallischem Silber reducirt; letzteres mengt sich dem gelben Silberphosphat bei und bräunt es.

$$\underset{\text{Natriumphosphit}}{Na_2HPO_3} + \underset{\text{Silbernitrat}}{2\,AgNO_3} + \underset{\text{Wasser}}{H_2O} = \underset{\text{Natriumphosphat}}{Na_2HPO_4} + \underset{\text{Silber}}{2\,Ag} + \underset{\text{Salpetersäure.}}{2\,HNO_3}$$

2. Man betrachte die durch das Salz gelb gefärbte Weingeistflamme durch ein Kobaltglas; sie darf gar nicht, oder doch nur vor-

übergehend roth gefärbt erscheinen. Die gelbe Farbe der Natriumflamme wird durch die blaue Farbe des Kobaltglases absorbirt. Ist aber ein Kaliumsalz zugegen, so wird nun die Flamme violettroth erscheinen, und zwar ist die Färbung eine bleibende, sobald mehr als Spuren von einem Kaliumsalze zugegen sind.

3. Man zerreibe 1 g Natriumphosphat und schüttle es mit 3 ccm Zinnchlorürlösung; im Laufe einer Stunde darf eine Färbung nicht entstehen. Enthält das Präparat Arsen, so wird dieses durch das Zinnchlorür metallisch als graues Pulver abgeschieden.

$$2\,NaAsO_2 + 3\,SnCl_2 + 8\,HCl = 2\,NaCl + As_2 + 3\,SnCl_4 + 4\,H_2O$$

Natriumarsenit	Zinnchlorür	Chlorwasserstoff	Natriumchlorid	Arsen	Zinnchlorid	Wasser.

4. Man löse 2 g Natriumphosphat in 38 g Wasser.

a) 10 ccm der Lösung versetze man mit der doppelten Menge Schwefelwasserstoffwasser; es darf keine Veränderung eintreten. Metalle, wie Kupfer, Blei, Eisen, erzeugen eine dunkle Fällung.

$$CuSO_4 + H_2S = CuS + H_2SO_4$$

Kupfersulfat	Schwefelwasserstoff	Kupfersulfid	Schwefelsäure.

b) 20 ccm der Lösung säuere man mit Salpetersäure an. Es darf kein Aufbrausen stattfinden, was der Fall wäre, wenn Natriumcarbonat zugegen wäre.

$$Na_2CO_3 + 2\,HNO_3 = 2\,NaNO_3 + CO_2 + H_2O$$

Natriumcarbonat	Salpetersaure	Natriumnitrat	Kohlensäureanhydrid	Wasser.

Je 10 ccm der angesäuerten Lösung versetze man:

c) mit Baryumnitratlösung; sie darf nach 3 Minuten nicht mehr als opalisirend getrübt werden. Sind mehr als Spuren von Sulfaten zugegen, so entsteht sofort eine weisse Fällung von Baryumsulfat.

$$Na_2SO_4 + Ba(NO_3)_2 = BaSO_4 + 2\,NaNO_3$$

Natriumsulfat	Baryumnitrat	Baryumsulfat	Natriumnitrat.

d) mit Silbernitratlösung; nach 3 Minuten darf die Trübung nicht mehr als opalisirend erscheinen. Mehr als Spuren von Chloriden erzeugen sofort eine weisse Fällung von Silberchlorid.

$$\underset{\text{Natrium-chlorid}}{NaCl} + \underset{\text{Silbernitrat}}{AgNO_3} = \underset{\text{Silber-chlorid}}{AgCl} + \underset{\text{Natrium-nitrat.}}{NaNO_3}$$

Stöchiometrische Berechnungen.

1. Wenn die Knochenasche 85 % tertiäres Calciumphosphat und 6 % Calciumcarbonat enthält, wie viel 95procentige Schwefelsäure braucht man zur Zersetzung von 100 g Knochenasche?

1 Molekül tertiäres Calciumphosphat (310 Gewichtstheile) braucht 2 Moleküle Schwefelsäure (2 . 98 Gewichtstheile) zur Zersetzung.

100 g Knochenasche enthalten 85 g tertiäres Calciumphosphat.

$$\underset{Ca_3(PO_4)_2}{310} : \underset{2H_2SO_4}{196} = \underset{Ca_3(PO_4)_2}{85} : x$$

$$x = 53{,}76 \text{ g } H_2SO_4.$$

1 Molekül Calciumcarbonat (100 Gewichtstheile) braucht 1 Molekül Schwefelsäure (98 Gewichtstheile) zur Zersetzung.

100 g Knochenasche enthalten 6 g Calciumcarbonat.

$$\underset{CaCO_3}{100} : \underset{H_2SO_4}{98} = \underset{CaCO_3}{6} : x$$

$$x = 5{,}88 \text{ g } H_2SO_4.$$

Diese Menge Schwefelsäure $53{,}76 + 5{,}88 = 59{,}64$ g entspricht 95procentiger Schwefelsäure:

$$95 : 100 = 59{,}64 : x$$

$$x = 62{,}78 \text{ g}.$$

Eine Knochenasche, welche 85 % tertiäres Calciumphosphat und 6 % Calciumcarbonat enthält, braucht 62,78 g 95procentige Schwefelsäure zur Zersetzung.

2. Wie viel krystallisirtes Natriumcarbonat ist zur Zersetzung des primären Calciumphosphats nöthig, welches sich bei der Behandlung von 100 g Knochenasche mit Schwefelsäure gebildet hat, wenn die Knochenasche 85 % tertiäres Calciumphosphat enthält?

3 Moleküle primäres Calciumphospat, welches sich aus 3 Molekülen tertiärem Calciumphosphat (3 . 310 Gewichtstheile) gebildet hat, brauchen 4 Moleküle krystallisirtes Natriumcarbonat (4 . 286 Gewichtstheile) zur Zersetzung.

$$\underset{3Ca_3(PO_4)_2}{930} : \underset{4(Na_2CO_3 . 10H_2O)}{1144} = \underset{Ca_3(PO_4)_2}{85} : x$$

$$x = 104{,}4 \text{ g } Na_2CO_3 . 10H_2O.$$

Das bei der Behandlung von 100 g Knochenasche mit Schwefelsäure entstandene primäre Calciumphosphat braucht 104,4 g krystallisirtes Natriumcarbonat zur Zersetzung, wenn die Knochenasche 85 % tertiäres Calciumphosphat enthält.

3. Wie viel krystallisirtes Natriumphosphat erhält man von 100 g Knochenasche, welche 85 % tertiäres Calciumphosphat enthält?

3 Moleküle primäres Calciumphosphat, welche aus 3 Molekülen tertiärem Calciumphosphat (3 . 310 Gewichtstheile) entstanden sind, geben 4 Moleküle sekundäres Natriumphosphat (4 . 358 Gewichtstheile).

$$\underset{930}{3\,Ca_3(PO_4)_2} : \underset{1432}{2(Na_2HPO_4 . 12\,H_2O)} = \underset{85}{Ca_3(PO_4)_2} : x$$

$$x = 130{,}9\ g\ Na_2HPO_4 . 12\,H_2O.$$

100 g Knochenasche, welche 85 % tertiäres Calciumphosphat enthalten, geben 130,9 g krystallisirtes Natriumphosphat.

Natrium salicylicum.

Salicylsaures Natrium. Natriumsalicylat.

$$C_6H_4\begin{cases}OH\\COONa.\end{cases}$$

Darstellung. 10 g Natriumbicarbonat mische man in einer geräumigen Porzellanschale mit 16,5 g Salicylsäure und setze unter Umrühren ca. 10 g Wasser hinzu. Nachdem die Kohlensäureentwickelung nachgelassen hat, erwärme man die Mischung auf dem Wasserbade, bis alle Kohlensäure verjagt ist, verdünne eine Probe mit Wasser und prüfe die Reaktion derselben mit empfindlichem blauem Lackmuspapier. Wird dasselbe nicht verändert, so setze man noch etwas Salicylsäure zu, bis eine verdünnte, erwärmte Probe Lackmuspapier schwach röthet und verdampfe dann bei einer 60^0 nicht übersteigenden Temperatur möglichst rasch zur Trockne.

Die Salzmasse löse man in 120 g Weingeist von 96 % in der Wärme, filtrire noch warm durch ein Filter aus eisenfreiem Filtrirpapier und verdampfe das Filtrat zur Krystallisation. Die Krystalle sammle man auf einen Trichter, lasse gut abtropfen und trockne sie bei gelinder Wärme in einer Porzellanschale aus. Die Mutterlauge verdampfe man nochmals zur Krystallisation und behandle die Krystalle wie angegeben.

Ist die Mutterlauge etwas gefärbt, so behandle man sie mit Thierkohle, filtrire und verdampfe zur Krystallisation.

Vorgang. Die Salicylsäure ist eine Oxysäure, d. h. sie besitzt eine Carboxylgruppe COOH und eine Hydroxylgruppe OH. Sie bildet zwei Reihen von Salzen, primäre und sekundäre. Bei ersteren ist nur der Wasserstoff der Carboxylgruppe, bei letzteren auch noch der Wasserstoff der Hydroxylgruppe durch Metall vertreten. Das Natriumsalicylat ist das primäre Salz der Salicylsäure und besitzt die Formel:

$$C_6H_4\begin{cases}OH\\COONa.\end{cases}$$

Wird Natriumbicarbonat mit Salicylsäure gesättigt, so entweicht Kohlensäureanhydrid und es wird Natriumsalicylat und Wasser gebildet.

$$\underset{\substack{\text{Salicylsäure}\\138}}{C_6H_4\begin{cases}OH\\COOH\end{cases}} + \underset{\substack{\text{Natrium-}\\\text{bicarbonat}\\84}}{NaHCO_3} = \underset{\substack{\text{Natriumsalicylat}\\160}}{C_6H_4\begin{cases}OH\\COONa\end{cases}} + \underset{\substack{\text{Kohlen-}\\\text{säureanhydrid}}}{CO_2} + \underset{\text{Wasser.}}{H_2O}$$

Die Lösung muss vor dem Eindampfen zur Krystallisation mit Salicylsäure schwach angesäuert werden, weil bei überschüssigem Alkali das Natriumsalicylat Sauerstoff aus der Luft anzieht und sich dabei braun färbt. Aus diesem Grunde ist auch das Eindampfen zur Krystallisation und das Umkrystallisiren aus Weingeist möglichst rasch vorzunehmen. Auch ist darauf zu achten, dass die Salicylsäure möglichst rein sei und das Präparat keine Spur von Eisen enthalte, weil nur in diesem Falle ein ungefärbtes Präparat erhalten wird.

Eigenschaften. Das Natriumsalicylat stellt weisse, geruchlose, krystallinische Schüppchen oder ein weisses Pulver von süss salzigem Geschmacke dar, in 0,9 Theilen Wasser und 6 Theilen Weingeist löslich. Erhitzt giebt das Salz einen kohlehaltigen, mit Säure aufbrausenden, die Flamme gelb färbenden Rückstand von Natriumcarbonat.

Die nicht zu sehr verdünnte wässrige Lösung scheidet auf Zusatz von Salzsäure weisse, in Aether leicht lösliche Krystalle von Salicylsäure aus.

$$\underset{\text{Natriumsalicylat}}{C_6H_4\begin{cases}OH\\COONa\end{cases}} + \underset{\substack{\text{Chlor-}\\\text{wasserstoff}}}{HCl} = \underset{\substack{\text{Natrium-}\\\text{chlorid}}}{NaCl} + \underset{\text{Salicylsäure.}}{C_6H_4\begin{cases}OH\\COOH\end{cases}}$$

Die wässrige Lösung wird durch Ferrichloridlösung, selbst in starker Verdünnung (1 = 1000) blauviolett gefärbt, indem sich Ferrisalicylat bildet

Prüfung.

1. Man löse 1 g Natriumsalicylat in 2 g Wasser. Die Lösung sei farblos, nach einigem Stehen höchstens schwach röthlich sich färbend und reagire schwach sauer.

2. Man übergiesse eine kleine Menge des Salzes mit Schwefelsäure; es muss sich ohne Aufbrausen und ohne Färbung auflösen. Aufbrausen würde Natriumcarbonat, eine Bräunung fremde organische Stoffe anzeigen.

3. Man löse 2 g Natriumsalicylat in 38 g Wasser.

a) 10 ccm der wässrigen Lösung versetze man mit der doppelten Menge Schwefelwasserstoffwasser; es darf keine Veränderung eintreten. Metalle, wie Kupfer, Blei würden eine dunkle Fällung geben.

$$\left[C_6H_4\begin{cases}OH\\COO\end{cases}\right]_2Pb + H_2S = PbS + 2\,C_6H_4\begin{cases}OH\\COOH\end{cases}$$

Bleisalicylat — Schwefelwasserstoff — Bleisulfid — Salicylsaure.

b) 10 ccm der Lösung versetze man mit Baryumnitratlösung; es darf keine Veränderung erfolgen. Natriumcarbonat oder Natriumsulfat bewirken eine weisse Fällung von Baryumcarbonat, bezw. Baryumsulfat. Ersterer Niederschlag ist in Salzsäure löslich, letzterer nicht.

$$Na_2CO_3 + Ba(NO_3)_2 = BaCO_3 + 2\,NaNO_3$$

Natriumcarbonat — Baryumnitrat — Baryumcarbonat — Natriumnitrat.

c) 4 ccm obiger wässrigen Lösung vermische man mit 6 ccm Weingeist, säure mit Salpetersäure an und versetze mit Silbernitratlösung; es darf keine Veränderung eintreten. Beim Ansäuern mit Salpetersäure wird unter Bildung von Natriumnitrat Salicylsäure in Freiheit gesetzt, welche aber in Weingeist gelöst bleibt. Ist Natriumchlorid zugegen, so scheidet sich auf Zusatz von Silbernitrat Silberchlorid aus.

$$NaCl + AgNO_3 = AgCl + NaNO_3$$

Natriumchlorid — Silbernitrat — Silberchlorid — Natriumnitrat.

Stöchiometrische Berechnungen.

1. Wie viel Salicylsäure braucht man zur Neutralisation von 10 g Natriumbicarbonat?

1 Molekül Natriumbicarbonat (84 Gewichtstheile) braucht 1 Molekül Salicylsäure (138 Gewichtstheile) zur Neutralisation.

$$\begin{matrix} NaHCO_3 & & C_6H_4\begin{cases}OH\\COOH\end{cases} & & NaHCO_3 & & \\ 84 & : & 138 & = & 10 & : & x \end{matrix}$$

$$x = 16{,}43\ g.$$

10 g Natriumbicarbonat brauchen 16,43 g Salicylsäure zur Neutralisation.

2. Wie viel Natriumsalicylat erhält man von 16,5 g Salicylsäure?

1 Molekül Salicylsäure (138 Gewichtstheile) entspricht 1 Molekül Natriumsalicylat (160 Gewichtstheile).

$$\begin{matrix} C_6H_4\begin{cases}OH\\COOH\end{cases} & & C_6H_4\begin{cases}OH\\COONa\end{cases} & & C_6H_4\begin{cases}OH\\COOH\end{cases} & & \\ 138 & : & 160 & = & 16{,}5 & : & x \end{matrix}$$

$$x = 19{,}1\ g.$$

16,5 g Salicylsäure geben 19,1 g Natriumsalicylat.

Plumbum aceticum.

Saccharum Saturni. Essigsaures Blei. Bleiacetat. Bleizucker.

$$Pb(C_2H_3O_2)_2 + 3H_2O = \left.\begin{matrix} CH_3 - CO.O \\ \vert \\ CH_3 - CO.O \end{matrix}\right\} Pb + 3H_2O.$$

Darstellung. 100 g rohes Bleiacetat löse man in einer Porzellanschale in 150 g heissen destillirten Wassers, füge 1,5 g verdünnte Essigsäure hinzu, filtrire noch heiss und lasse in einer bedeckten Schale an einem kühlen Orte krystallisiren. Die Krystalle sammle man auf einen Trichter, lasse gut abtropfen und trockne sie zwischen Fliesspapier bei gewöhnlicher Temperatur in einer möglichst kohlensäurefreien Luft. Die Mutterlauge verdampfe man auf etwa die Hälfte, setze einige Tropfen verdünnte Essigsäure zu und lasse wiederum krystallisiren. Die Krystalle behandle man wie oben.

Vorgang. Das rohe Bleiacetat ist meist verunreinigt mit basischem Bleicarbonat und Cupriacetat. Um es von diesen Verunreinigungen zu befreien, wird dasselbe nach Zusatz von Essigsäure umkrystallisirt. Der Zusatz von Essigsäure bezweckt, die Bildung von basischem Bleicarbonat und basischem Bleiacetat zu verhindern, welche durch Einwirkung der Kohlensäure und des Ammoniaks der Luft entstehen.

Aufbewahrung. Da das Bleiacetat an trockner Luft Wasser und auch etwas Essigsäure verliert und durch Kohlensäure und Ammoniak der Luft obige Zersetzung erleidet, so muss es in dicht verschlossenen Gefässen aufbewahrt werden. Auch gehört es zu den Stoffen der Tabelle C des Arzneibuches und ist vorsichtig aufzubewahren.

Eigenschaften. Das Bleiacetat stellt farblose, durchscheinende, schwach verwitternde Krystalle oder weisse, krystallinische Massen dar, welche nach Essigsäure riechen, sich in 2,3 Theilen Wasser und in 29 Theilen Weingeist lösen. Die wässrige Lösung besitzt einen süsslich zusammenziehenden Geschmack.

Löst man 1 g Bleiacetat in 30 g Wasser und versetzt man je den dritten Theil der Lösung

a) mit Schwefelwasserstoffwasser, so erhält man einen schwarzen Niederschlag von Bleisulfid.

$$\underset{\text{Bleiacetat}}{Pb(C_2H_3O_2)_2} + \underset{\text{Schwefelwasserstoff}}{H_2S} = \underset{\text{Bleisulfid}}{PbS} + \underset{\text{Essigsaure.}}{2\,C_2H_4O_2}$$

b) mit Schwefelsäure, so entsteht ein weisser Niederschlag von Bleisulfat.

$$\underset{\text{Bleiacetat}}{Pb(C_2H_3O_2)_2} + \underset{\text{Schwefelsaure}}{H_2SO_4} = \underset{\text{Bleisulfat}}{PbSO_4} + \underset{\text{Essigsäure.}}{2\,C_2H_4O_2}$$

c) mit Kaliumjodidlösung, so erhält man einen gelben Niederschlag von Bleijodid.

$$\underset{\text{Bleiacetat}}{Pb(C_2H_3O_2)_2} + \underset{\text{Kaliumjodid}}{2\,KJ} = \underset{\text{Bleijodid}}{PbJ_2} + \underset{\text{Kaliumacetat}}{2\,C_2H_3KO_2}$$

Prüfung.

1. Man löse 1 g Bleiacetat in 10 g zuvor ausgekochtem Wasser. Die Lösung muss klar oder nur schwach opalisirend sein. Eine stärkere Trübung würde einen zu hohen Gehalt an basischem Bleicarbonat anzeigen, entstanden durch Einwirkung der Kohlensäure der

Luft auf Bleiacetat. Die dabei frei werdende Essigsäure verhindert die weitere Bildung von basischem Bleicarbonat.

$$\underset{\text{Bleiacetat}}{3[Pb(C_2H_3O_2)_2]} + \underset{\text{Kohlensaureanhydrid}}{2CO_2} + \underset{\text{Wasser}}{4H_2O} = \underset{\text{Basisches Bleicarbonat}}{[2PbCO_3 + Pb(OH)_2]} + \underset{\text{Essigsäure.}}{6C_2H_4O_2}$$

2. Man versetze obige wässrige Lösung mit Kaliumferrocyanidlösung. Es entstehe ein rein weisser Niederschlag von Bleiferrocyanid. Enthält das Präparat Cupriacetat, so entsteht auf ganz analoge Weise ein röthlichbrauner Niederschlag von Cupriferrocyanid, der sich dem Blei-Niederschlag beimengt und ihn färbt.

$$\underset{\text{Bleiacetat}}{2[Pb(C_2H_3O_2)_2]} + \underset{\text{Kaliumferrocyanid}}{K_4(FeCy_6)} = \underset{\text{Bleiferrocyanid}}{Pb_2(FeCy_6)} + \underset{\text{Kaliumacetat.}}{4C_2H_3KO_2}$$

Sapo medicatus.

Medicinische Seife.

Darstellung. 50 g Natronlauge erhitze man im Dampfbade in einer Porzellanschale und setze, wenn die Lauge etwa 80^0 besitzt, unter Umrühren allmälig ein geschmolzenes Gemenge von 20 g Schweinefett und 20 g Olivenöl hinzu. Man erhitze etwa eine halbe Stunde unter Umrühren, füge dann 5 g Weingeist bei und erhitze unter fortwährendem Umrühren etwa eine Stunde lang, bis eine ganz gleichmässige Masse entstanden ist, worauf man portionenweise 80 g heisses Wasser hinzusetzt und weiter erhitzt, nöthigenfalls unter Hinzufügen kleiner Mengen Natronlauge, bis sich ein durchsichtiger, zäher Seifenleim gebildet hat, der sich in heissem Wasser ohne Abscheidung von Fett klar löst. Sodann setze man eine filtrirte Lösung von 10 g Kochsalz und 1,2 g rohem Natriumcarbonat in 32 g Wasser hinzu und erhitze die ganze Masse unter Umrühren weiter, bis sich die Seife vollkommen abgeschieden hat. Die nach dem Erkalten auf der Flüssigkeit schwimmende Masse hebe man von ersterer ab, wasche sie nochmals mit geringer Menge Wasser ab, presse sie vorsichtig aber stark in einem leinenen Tuche aus, zerschneide sie dann in dünne Scheiben und trockne diese im Trockenschranke aus. Zum Gebrauche ist die Seife fein zu pulvern.

Vorgang. Die Fette und Oele sind Gemenge neutraler zusammengesetzter Aether (Ester) des Glycerins mit Fettsäuren, namentlich der Palmitinsäure, Stearinsäure und Oelsäure. Werden die Fette oder Oele mit den wässrigen Lösungen ätzender Alkalien erhitzt, so entstehen Alkalisalze der Fettsäuren, d. i. Seifen, während das Glycerin in Freiheit gesetzt wird. Eine Seife stellt also ein Gemenge von Alkalisalzen der Fettsäuren dar.

Das Schweineschmalz besteht aus den Estern der Stearinsäure, der Palmitinsäure und Oelsäure. Dieselben heissen auch Tristearin, Tripalmitin und Triolein.

Das Olivenöl besteht aus den Estern der Oelsäure (Triolein), der Palmitinsäure (Tripalmitin) und der Arachinsäure (Triarachin).

Beim Erhitzen des Schweineschmalz und Olivenöls mit Natronlauge bilden sich die Natriumsalze obiger Fettsäuren, während Glycerin in Freiheit gesetzt wird. So entsteht aus dem Ester der Stearinsäure (Tristearin) Natriumstearinat und Glycerin wird frei.

$$\underset{\text{Tristearin}}{C_3H_5(C_{18}H_{33}O_2)_3} + \underset{\text{Natrium-hydroxyd}}{3\,NaOH} = \underset{\text{Natriumstearinat}}{3\,C_{18}H_{33}NaO_2} + \underset{\text{Glycerin.}}{C_3H_5(OH)_3}$$

Dieses Natriumstearinat scheidet sich anfangs beim Erhitzen der Fette mit Natronlauge körnig aus. Die vollständige Verseifung des Fettes erfolgt erst beim Erhitzen mit Weingeist.

Um die Seife vom Glycerin zu trennen, wird der Seifenleim mit einer filtrirten Lösung von Kochsalz und Natriumcarbonat versetzt. Da die Seife in verdünnter Kochsalzlösung unlöslich ist, so scheidet sie sich auf der Oberfläche der Flüssigkeit ab.

Da das Kochsalz stets mit Magnesiumchlorid verunreinigt ist, dieses aber die Bildung von unlöslicher Magnesiumseife veranlassen würde, so wird der Kochsalzlösung etwas Natriumcarbonat zugesetzt, welches das Magnesiumchlorid als basisches Magnesiumcarbonat fällt.

$$\underset{\text{Magnesium-chlorid}}{2\,MgCl_2} + \underset{\text{Natrium-carbonat}}{2\,Na_2CO_3} + \underset{\text{Wasser}}{H_2O} = \underset{\text{Basisches Magnesium-carbonat}}{MgCO_3 . Mg(OH)_2} + \underset{\text{Natrium-chlorid}}{4\,NaCl} + \underset{\text{Kohlensaure-anhydrid.}}{CO_2}$$

Prüfung.

1. Die medicinische Seife sei weiss, nicht ranzig, in Wasser und Weingeist löslich. Die Ranzidität erkennt man am Geruch. Ein in Wasser und Weingeist unlöslicher Rückstand könnte von Magnesiumseife herrühren. Eine trübe Lösung in Wasser zeigt unverseiftes Fett an.

2. Man löse 2 g der Seife in 10 ccm Weingeist unter gelindem Erwärmen.

Je 5 ccm der warmen Lösung versetze man

a) mit 1 Tropfen Phenolphtaleinlösung; sie darf nicht geröthet werden. Eine Röthung würde freies Alkali anzeigen.

b) mit der doppelten Menge Schwefelwasserstoffwasser; es darf keine Veränderung eintreten. Eine dunkle Färbung oder Fällung würde von Metallen, wie namentlich Kupfer, herrühren.

Spiritus Aetheris nitrosi.

Spiritus nitrico-aethereus. Spiritus Nitri dulcis. Versüsster Salpetergeist.

Darstellung. 90 g Salpetersäure und 150 g Weingeist schichte man in der Weise auf einander, dass man den Weingeist in einen hohen Glascylinder bringt und dann die Salpetersäure mittels eines Glastrichters langsam zufliessen lässt. Das Rohr des Glastrichters ist durch einen Kautschukschlauch verlängert, in welchem eine Glasröhre steckt, dessen Oeffnung nahe am Boden des Cylinders mündet. Die Oeffnung des Glascylinders bedecke man mit einem Uhrglase und lasse die Flüssigkeit 2 Tage lang ruhig, ohne umzuschütteln stehen, damit eine gleichmässige Mischung stattfinde, bringe dieselbe sodann in eine tubulirte Retorte, welche nur zur Hälfte damit angefüllt sein darf, verbinde die Retorte mittels eines Vorstosses mit einem Liebig'schen Kühler, setze sie in ein Wasserbad und destillire nun, nachdem man eine Vorlage, in welcher sich 150 g Weingeist befinden, so angelegt hat, dass die Abflussröhre des Kühlers nur ganz wenig in den vorgelegten Weingeist eintaucht. Die Destillation setze man so lange fort, als noch etwas übergeht. Sollten in der Retorte gelbe Dämpfe auftreten, so unterbreche man ebenfalls die Destillation. Man schüttle nun das Destillat mit gebrannter Magnesia, bis eine abfiltrirte Probe blaues Lackmuspapier nicht mehr röthet, lasse 24 Stunden lang stehen, filtrire die überschüssige Magnesia ab und rektificire das Filtrat aus dem Wasserbade bei anfangs sehr gelinder Erwärmung, bis 240 g übergegangen sind.

Vorgang. Werden Salpetersäure und Weingeist sofort mit einander gemischt, so tritt unter Umständen eine heftige Reaktion ein. Um dieses zu vermeiden, schichtet man beide Flüssigkeiten auf einander, so dass nur eine allmälige Mischung stattfindet.

Wird ein Gemisch von Salpetersäure und Weingeist der Destillation unterworfen, so geht anfangs nur fast reiner Weingeist über und erst gegen das Ende der Destillation wird ein Theil Weingeist durch die Salpetersäure zu Aldehyd (a) und weiter zu Essigsäure (b) oxydirt, während salpetrige Säure entsteht, welche mit einem anderen Theil Weingeist salpetrigsauren Aethyläther (Aethylnitrit) (c) bildet.

a) $\underset{\text{Aethylalkohol}}{C_2H_5.OH} + \underset{\text{Salpetersaure}}{HNO_3} = \underset{\text{Aldehyd}}{C_2H_4O} + \underset{\text{Salpetrige Saure}}{HNO_2} + \underset{\text{Wasser}}{H_2O}$

b) $\underset{\text{Aldehyd}}{C_2H_4O} + \underset{\text{Salpetersaure}}{HNO_3} = \underset{\text{Essigsaure}}{C_2H_4O_2} + \underset{\text{Salpetrige Saure}}{HNO_2}$

c) $\underset{\text{Aethylalkohol}}{C_2H_5.OH} + \underset{\text{Salpetrige Saure}}{HNO_2} = \underset{\text{Aethylnitrit}}{C_2H_5.NO_2} + \underset{\text{Wasser.}}{H_2O}$

Ausserdem entstehen bei der Destillation Essigsäure-Aethyläther, Ameisensäure, Ameisensäure-Aethyläther, Oxalsäure und Propionitril (Aethylcyanid). Ein Theil Salpetersäure bleibt in der Retorte unverändert zurück. Das Destillat besteht demnach aus unverändertem Weingeist, freier salpetriger Säure und Salpetersäure, Salpetrigsäure-Aethyläther, Essigsäure-Aethyläther, Ameisensäure-Aethyläther, Aldehyd, Essigsäure, Ameisensäure und Propionitril.

Wird das Destillat mit gebrannter Magnesia (Magnesiumoxyd) geschüttelt, so werden die im freien Zustande befindlichen Säuren wie salpetrige Säure, Salpetersäure, Essigsäure, Ameisensäure von der Magnesia gebunden und bleiben bei der Rektifikation zurück, während Weingeist, Salpetrigsäure-Aethyläther, Essigsäure-Aethyläther, Ameisensäure-Aethyläther und Aldehyd überdestilliren. Auch das erst bei 97^0 destillirende Propionitril (Aethylcyanid), $C_2H_5.CN$, bleibt zum grössten Theile zurück.

Aufbewahrung. Den Salpetergeist bewahre man in kleinen, ganz gefüllten und gut verschlossenen Gläsern an einem kühlen Orte auf. Durch Einwirkung der Luft findet eine Oxydation des Aldehyds zu Essigsäure, sowie ein Zerfallen des Aethylnitrits in Weingeist und salpetrige Säure und eine Oxydation der letzteren zu Salpetersäure statt, wodurch das Präparat eine saure Reaktion erhält.

Um die Säurebildung zu verhindern oder ein saures Präparat von den Säuren zu befreien, bringt man in die Aufbewahrungsgefässe einige Krystalle von neutralem Kaliumtartrat. Die gebildete Essigsäure und Salpetersäure setzt sich mit dem Kaliumtartrat um in Kaliumacetat, bezw. Kaliumnitrat und saures Kaliumtartrat.

$$\underset{\text{Neutrales Kaliumtartrat}}{C_4H_4K_2O_6} + \underset{\text{Essigsäure}}{C_2H_4O_2} = \underset{\text{Saures Kaliumtartrat}}{C_4H_5KO_6} + \underset{\text{Kaliumacetat.}}{C_2H_3KO_2}$$

Eigenschaften. Der Salpetergeist stellt eine klare, farblose oder gelbliche Flüssigkeit dar von angenehmem, ätherischem Geruche und süsslichem, brennendem Geschmacke, völlig flüchtig, mit Wasser klar mischbar. Das specifische Gewicht ist 0,840 bis 0,850.

Vermischt man eine frisch bereitete Lösung von 1 g Ferrosulfat in 2 g Salzsäure mit ca. 4 ccm Salpetergeist, so entsteht eine schwarzbraun gefärbte Flüssigkeit. Die Salzsäure macht nämlich aus dem Salpetrigsäure-Aethyläther die salpetrige Säure frei (a). Diese verwandelt einen Theil Ferrosulfat mit Hülfe von Salzsäure in Ferrisulfat und Ferrichlorid und wird dadurch zu Stickoxyd (b), welches sich mit einem anderen Theil Ferrosulfat zu der braunen Verbindung $FeSO_4 + NO$ vereinigt.

$$\text{a)}\quad \underset{\text{Salpetrigsäure-Aethyläther}}{C_2H_5 . NO_2} + \underset{\text{Chlorwasserstoff}}{HCl} = \underset{\text{Aethylchlorid}}{C_2H_5Cl} + \underset{\text{Salpetrige Säure.}}{HNO_2}$$

$$\text{b)}\quad \underset{\text{Ferrosulfat}}{6\,FeSO_4} + \underset{\text{Chlorwasserstoff}}{6\,HCl} + \underset{\text{Salpetrige Säure}}{6\,HNO_2} = \underset{\text{Ferrisulfat}}{2\,Fe_2(SO_4)_3}$$

$$+ \underset{\text{Ferrichlorid}}{Fe_2Cl_6} + \underset{\text{Stickoxyd}}{6\,NO} + \underset{\text{Wasser.}}{6\,H_2O}$$

Prüfung. Man versetze 10 ccm des Präparats mit 3 Tropfen Normal-Kalilauge und tauche in die Flüssigkeit blaues Lackmuspapier, welches nicht geröthet werden darf. 10 ccm des Salpetergeistes dürfen also nicht mehr freie Säuren (Essigsäure, Salpetersäure) enthalten, welche durch Einwirkung des Sauerstoffs der Luft entstanden sind, als durch obige Menge Normal-Kalilauge gesättigt werden können.

Stibium sulfuratum aurantiacum.

Sulfur auratum Antimonii. Antimonpentasulfid. Fünffach Schwefelantimon. Goldschwefel.

Sb_2S_5.

Darstellung. 100 g frisch gebrannten Kalk lösche man durch Besprengen mit Wasser und rühre das Pulver mit 300 g Wasser zu einem Kalkbrei an. Nachdem man 280 g krystallisirtes Natriumcarbonat in einem eisernen Kessel in 1000 ccm Wasser gelöst und diese Lösung zum Kochen gebracht hat, setze man obigen Kalkbrei hinzu, koche einige Minuten und füge hierauf ein inniges Gemenge von 144 g lävigirtem schwarzen Schwefelantimon und 28 g Schwefel hinzu, koche so lange unter beständigem Umrühren und Ersatz des verdampfenden Wassers, bis die graue Farbe verschwunden ist und die Flüssigkeit grünlich geworden, worauf man die Flüssigkeit abkolirt. Den Rückstand koche man nochmals mit 600 g Wasser aus, kolire wiederum und wasche denselben mit heissem Wasser gut aus. Die vereinigten Flüssigkeiten filtrire man und verdampfe das Filtrat ohne Umrühren in einer Porzellanschale zur Krystallisation. Die Krystalle sammle man auf einen Trichter, wasche sie mit stark verdünnter Natronlauge ab und trockne sie zwischen Fliesspapier bei gewöhnlicher Temperatur.

Die Mutterlauge verdampfe man nochmals zur Krystallisation und behandle die zweite Krystallisation wie die erste. Die letzte Mutterlauge giesse man weg.

Nachdem man das Gewicht der Krystalle festgestellt hat, verdünne man auf je 50 g der Krystalle 20 g reine koncentrirte Schwefelsäure mit der 20fachen Menge Wasser in einem Steintopfe, indem man die Säure in dünnem Strahle in das Wasser giesst. Die Krystalle löse man in einem anderen Topfe in der 3fachen Menge heissen Wassers auf, filtrire, wenn nöthig, und verdünne die Lösung mit dem 4fachen Volumen kalten Wassers. Diese Lösung giesse man unter Umrühren in die verdünnte Säure. Die Operation nehme man an einem freien, zugigen Orte vor, da sich reichlich Schwefelwasserstoff entwickelt. Den entstandenen Niederschlag lasse man absetzen, die überstehende Flüssigkeit giesse man möglichst bald und vollständig ab, den Niederschlag rühre man wieder mit Wasser an, lasse absetzen, giesse die Flüssigkeit wieder ab und wiederhole diese Operation mehrmals. Sodann sammle man den Niederschlag auf ein Kolatorium, wasche ihn so lange mit Wasser aus, bis das Waschwasser mit Baryumnitratlösung keine Trübung mehr hervorbringt, presse ihn aus und trockne ihn auf Fliesspapier ausgebreitet an einem schattigen Orte bei nicht hoher Temperatur. Nach dem Trocknen zerreibe man ihn in einem Porzellanmörser.

Vorgang. Wird Natriumcarbonat mit Calciumhydroxyd gekocht, so entsteht unlösliches Calciumcarbonat und in Lösung geht Natriumhydroxyd.

$$\underset{\substack{\text{Natriumcarbonat}\\286}}{Na_2CO_3 . 10H_2O} + \underset{\substack{\text{Calcium-}\\\text{hydroxyd}\\74}}{Ca(OH)_2} = \underset{\substack{\text{Calcium-}\\\text{carbonat}}}{CaCO_3} + \underset{\substack{\text{Natrium-}\\\text{hydroxyd}\\2 . 40}}{2NaOH} + \underset{\text{Wasser.}}{10H_2O}$$

Wird ein inniges Gemenge von schwarzem Schwefelantimon (Antimontrisulfid) und Schwefel in die Lösung von Natriumhydroxyd eingetragen und damit gekocht, so tritt ein Theil Schwefel an das Natrium und wird als Natriumsulfid gelöst, der andere Theil Schwefel wird in ungebundenem Zustande gelöst und es entsteht durch Einwirkung von Natriumsulfid, Schwefel und Antimontrisulfid das Sulfosalz: Natriumsulfantimoniat, Schlippesches Salz genannt. Gleichzeitig verwandelt sich ein Theil Antimon in unlösliches Natriummetantimoniat.

$$\underset{\substack{\text{Antimon-}\\\text{trisulfid}\\4 . 340}}{4Sb_2S_3} + \underset{\substack{\text{Schwefel}\\8 . 32}}{8S} + \underset{\substack{\text{Natrium-}\\\text{hydroxyd}\\18 . 40}}{18NaOH} + \underset{\text{Wasser}}{36H_2O} = \underset{\substack{\text{Natriumsulfantimoniat}\\5 . 481}}{5(Na_3SbS_4 . 9H_2O)}$$

$$+ \underset{\substack{\text{Natrium-}\\\text{metanti-}\\\text{moniat.}}}{3NaSbO_3}$$

Da das Antimontrisulfid oft arsenhaltig ist, so wird auch dieses unter Bildung von Natriumsulfarseniat, Na_3AsS_4, gelöst. Da dieses Salz leichter löslich ist, als das Natriumsulfantimoniat, so bleibt es beim Krystallisiren des letzteren in der Mutterlauge. Die den Krystallen äusserlich anhaftende Mutterlauge wird durch Waschen mit verdünnter Natronlauge entfernt.

Giesst man eine wässrige Lösung des Natriumsulfantimoniats in die verdünnte Schwefelsäure, so wird das Sulfosalz in der Weise zerlegt, dass sich Antimonpentasulfid (Goldschwefel) ausscheidet, Natriumsulfat in Lösung geht und Schwefelwasserstoff entweicht.

$$\underset{\substack{\text{Natriumsulfantimoniat} \\ 2\ 481}}{2(Na_3SbS_4 \,.\, 9H_2O)} + \underset{\substack{\text{Schwefel-} \\ \text{saure} \\ 3\,.\,98}}{3H_2SO_4} = \underset{\substack{\text{Antimon-} \\ \text{penta-} \\ \text{sulfid} \\ 404}}{Sb_2S_5} + \underset{\text{Natriumsulfat}}{3Na_2SO_4} + \underset{\substack{\text{Schwefel-} \\ \text{wasser-} \\ \text{stoff}}}{3H_2S} + \underset{\text{Wasser.}}{18H_2O}$$

Aufbewahrung. Der Goldschwefel muss vor Licht geschützt in gut verschlossenen Gefässen vollkommen trocken aufbewahrt werden. Durch Licht, Luft und Feuchtigkeit erleidet er eine Zersetzung, indem durch Oxydation Schwefelsäure und Antimonoxyd gebildet werden. Der Goldschwefel wird dabei heller und das damit geschüttelte Wasser reagirt sauer.

Eigenschaften. Der Goldschwefel stellt ein feines, orangegelbes, geruchloses Pulver dar, das beim Erhitzen in einem engen Probirrohre in Schwefel, welcher sublimirt, und in schwarzes Schwefelantimon, welches zurückbleibt, zerfällt.

$$\underset{\substack{\text{Antimon-} \\ \text{penta-} \\ \text{sulfid}}}{Sb_2S_5} = \underset{\substack{\text{Antimon-} \\ \text{trisulfid}}}{Sb_2S_3} + \underset{\text{Schwefel.}}{S_2}$$

In Wasser und Weingeist ist der Goldschwefel unlöslich. In Kali-Natronlauge, Ammoniakflüssigkeit und Kaliumcarbonatlösung löst er sich in der Wärme unter Bildung von Sulfantimoniaten und Metantimoniaten.

$$\underset{\substack{\text{Antimon-} \\ \text{penta-} \\ \text{sulfid}}}{4\,Sb_2S_5} + \underset{\substack{\text{Natrium-} \\ \text{hydroxyd}}}{18\,NaOH} = \underset{\substack{\text{Natriumsulf-} \\ \text{antimoniat}}}{5\,Na_3SbS_4} + \underset{\substack{\text{Natriummet-} \\ \text{antimoniat}}}{3\,NaSbO_3} + \underset{\text{Wasser.}}{9\,H_2O}$$

Von Alkalisulfiden und Alkalihydrosulfiden wird er zu Sulfantimoniaten gelöst.

$$\underset{\substack{\text{Antimon-} \\ \text{penta-} \\ \text{sulfid}}}{Sb_2S_5} + \underset{\substack{\text{Natrium-} \\ \text{sulfid}}}{3\,Na_2S} = \underset{\substack{\text{Natriumsulf-} \\ \text{antimoniat.}}}{2\,Na_3SbS_4}$$

Salzsäure löst ihn beim Erwärmen unter Bildung von Antimontrichlorid, Entwickelung von Schwefelwasserstoff und Abscheidung von Schwefel.

$$\underset{\substack{\text{Antimon-} \\ \text{penta-} \\ \text{sulfid}}}{Sb_2S_5} + \underset{\substack{\text{Chlor-} \\ \text{wasser-} \\ \text{stoff}}}{6\,HCl} = \underset{\substack{\text{Antimon-} \\ \text{trichlorid}}}{2\,SbCl_3} + \underset{\substack{\text{Schwefel-} \\ \text{wasser-} \\ \text{stoff}}}{3\,H_2S} + \underset{\text{Schwefel.}}{S_2}$$

Prüfung.

1. Man dampfe 100 ccm Wasser mit 1 g Goldschwefel auf 10 ccm ein, lasse erkalten, filtrire und verdampfe das Filtrat auf 1 ccm. Diese Flüssigkeit vermische man mit 3 ccm Zinnchlorürlösung; im Laufe einer Stunde soll eine Färbung nicht eintreten.

Enthält der Goldschwefel arsenige Säure oder Arsensäure, so scheidet das Zinnchlorür graues, metallisches Arsen aus. Ist Schwefelarsen zugegen, so wird dieses beim längeren Kochen an der Luft zu arseniger Säure oxydirt, welche durch das Zinnchlorür wie oben reducirt wird.

$$\underset{\text{Arsenige Säure}}{As_2O_3} + \underset{\text{Zinnchlorür}}{3\,SnCl_2} + \underset{\text{Chlorwasserstoff}}{6\,HCl} = \underset{\text{Arsen}}{As_2} + \underset{\text{Zinnchlorid}}{3\,SnCl_4} + \underset{\text{Wasser.}}{3\,H_2O}$$

2. Man schüttle 1 g Goldschwefel mit 20 ccm Wasser und filtrire. Je 10 ccm des Filtrats versetze man

a) mit Silbernitratlösung; es darf nur schwach opalisirend getrübt, aber nicht gebräunt werden. Entsteht eine starke weisse Trübung oder Fällung, so ist ein zu hoher Gehalt an Natriumchlorid zugegen (a). Letzteres könnte davon herrühren, dass der Goldschwefel statt mit Schwefelsäure mit Salzsäure gefällt und der Niederschlag nicht genug ausgewaschen wurde.

Enthält der Goldschwefel ein lösliches Sulfid, so entsteht eine bräunliche Trübung von Silbersulfid (b).

$$\text{a)}\quad \underset{\text{Natriumchlorid}}{NaCl} + \underset{\text{Silbernitrat}}{AgNO_3} = \underset{\text{Silberchlorid}}{AgCl} + \underset{\text{Natriumnitrat}}{NaNO_3}$$

$$\text{b)}\quad \underset{\text{Natriumsulfid}}{Na_2S} + \underset{\text{Silbernitrat}}{2\,AgNO_3} = \underset{\text{Silbersulfid}}{Ag_2S} + \underset{\text{Natriumnitrat.}}{2\,NaNO_3}$$

b) mit Baryumnitratlösung; es darf sich nicht sofort trüben. Entsteht sofort eine Trübung, so sind mehr als Spuren von Natriumsulfat zugegen, herrührend von unvollständigem Auswaschen des Niederschlags.

$$\underset{\text{Natriumsulfat}}{Na_2SO_4} + \underset{\text{Baryumnitrat}}{Ba(NO_3)_2} = \underset{\text{Baryumsulfat}}{BaSO_4} + \underset{\text{Natriumnitrat.}}{2\,NaNO_3}$$

Stöchiometrische Berechnungen.

1. Wie viel Natriumhydroxyd und wie viel Schwefel ist nöthig, um 144 g Antimontrisulfid in Natriumsulfantimoniat und Natriummetantimoniat zu verwandeln?

4 Moleküle Antimontrisulfid (4 . 340 Gewichtstheile) bedürfen 8 Moleküle Schwefel (8 . 32 Gewichtstheile) und 18 Moleküle Natriumhydroxyd (18 . 40 Gewichtstheile).

$$\begin{matrix} 4Sb_2S_3 & & 8S & & Sb_2S_3 & & \\ 1360 & : & 256 & = & 144 & : & x \end{matrix}$$

$$x = 27{,}1 \text{ g } S$$

$$\begin{matrix} & & 18NaOH & & & & \\ 1360 & : & 720 & = & 144 & : & x \end{matrix}$$

$$x = 76{,}2 \text{ g } NaOH.$$

Um 144 g Antimontrisulfid in Natriumsulfantimoniat und Natriummetantimoniat zu verwandeln, braucht man 27,1 g Schwefel und 76,2 g Natriumhydroxyd.

2. Wie viel krystallisirtes Natriumcarbonat und Calciumhydroxyd sind nöthig, um obige Menge, 76,2 g Natriumhydroxyd zu erhalten?

Zur Bildung von 2 Molekülen Natriumhydroxyd (2 . 40 Gewichtstheile) sind 1 Molekül Natriumcarbonat (286 Gewichtstheile) und 1 Molekül Calciumhydroxyd (74 Gewichtstheile) nöthig.

$$\begin{matrix} 2NaOH & & Na_2CO_3 . 10H_2O & & NaOH & & \\ 80 & : & 286 & = & 76{,}2 & : & x \end{matrix}$$

$$x = 272{,}4 \text{ g } Na_2CO_3 . 10H_2O$$

$$\begin{matrix} & & Ca(OH)_2 & & & & \\ 80 & : & 74 & = & 76{,}2 & : & x \end{matrix}$$

$$x = 70{,}5 \text{ g } Ca(OH)_2.$$

Um 76,2 g Natriumhydroxyd zu erhalten, braucht man 272,4 g krystallisirtes Natriumcarbonat und 70,5 g Calciumhydroxyd.

3. Wie viel Natriumsulfantimoniat erhält man von 144 g Antimontrisulfid?

4 Moleküle Antimontrisulfid (4 . 340 Gewichtstheile) geben 5 Moleküle Natriumsulfantimoniat (5 . 481 Gewichtstheile).

$$\begin{matrix} 4Sb_2S_3 & & 5(Na_3SbS_4 . 9H_2O) & & Sb_2S_3 & & \\ 1360 & : & 2405 & = & 144 & : & x \end{matrix}$$

$$x = 254{,}6 \text{ g } Na_3SbS_4 . 9H_2O.$$

144 g Antimontrisulfid liefern 254,6 g Natriumsulfantimoniat.

4. Wie viel 95 procentige Schwefelsäure ist nöthig, um 50 g Natriumsulfantimoniat zu zersetzen?

2 Moleküle Natriumsulfantimoniat (2 . 481 Gewichtstheile) brauchen 3 Moleküle Schwefelsäure (3 . 98 Gewichtstheile) zur Zersetzung.

$$\begin{array}{ccccccc} 2(Na_3SbS_4 . 9H_2O) & & 3H_2SO_4 & & Na_3SbS_4 . 9H_2O & & \\ 962 & : & 294 & = & 50 & : & x \end{array}$$

$$x = 15{,}28 \text{ g } H_2SO_4.$$

Diese Menge Schwefelsäure entspricht 95 procentiger Schwefelsäure:

$$95 : 100 = 15{,}28 : x$$
$$x = 16 \text{ g}.$$

50 g Natriumsulfantimoniat brauchen 16 g 95 procentiger Schwefelsäure zur Zersetzung.

5. Wie viel Antimonpentasulfid erhält man von 144 g Antimontrisulfid?

4 Moleküle Antimontrisulfid geben 5 Moleküle Natriumsulfantimoniat und je 2 Moleküle des letzteren geben 1 Molekül Antimonpentasulfid. Es entsprechen also 8 Moleküle Antimontrisulfid (8 . 340 Gewichtstheile) 5 Molekülen Antimonpentasulfid (5 . 404 Gewichtstheile).

$$\begin{array}{ccccccc} 8Sb_2S_3 & & 5Sb_2S_5 & & Sb_2S_3 & & \\ 2720 & : & 2020 & = & 144 & : & x \end{array}$$

$$x = 106{,}9 \text{ g } Sb_2S_5.$$

144 g Antimontrisulfid geben 106,9 g Antimonpentasulfid.

Sulfur depuratum.

Sulfur lotum. Flores sulfuris loti. Gereinigter Schwefel. Gewaschener Schwefel.

S.

Darstellung. 1000 g frisch gesiebte Schwefelblumen rühre man in einer Schüssel mit 200 g heissem Wasser mit einem hölzernen Pistill zu einem Brei an, bringe denselben in einen Steintopf, vermische ihn noch mit 500 g Wasser und 100 g Ammoniakflüssigkeit, lasse unter öfterem Durchmischen einen Tag lang stehen, bringe die breiige Masse auf ein leinenes Kolatorium, und wasche den Schwefel so lange mit destillirtem Wasser aus, bis die abfliessende Flüssigkeit nicht mehr alkalisch reagirt (rothes Lackmuspapier nicht mehr bläut). Man lasse dann die Flüssigkeit abfliessen, presse den Schwefel gelinde aus, breite ihn in dünnen Schichten aus und trockne ihn bei 25 bis 35°. Nach dem Trocknen schlage man ihn durch ein Sieb und bewahre ihn in gut verschlossenen Gefässen vor Licht geschützt auf.

Vorgang. Die Schwefelblumen enthalten stets Schwefelsäure, sowie meist Arsen, sowohl in Form von Arsentrisulfid wie als Arsenigsäureanhydrid. Die mechanisch beigemengten Stoffe werden durch Absieben entfernt.

Die Schwefelsäure, entstanden durch Oxydation der den Schwefelblumen anhängenden schwefligen Säure, sowie die Arsenverbindungen werden durch Maceration mit verdünnter Ammoniakflüssigkeit entfernt. Die Schwefelsäure verbindet sich nämlich mit dem Ammoniak zu Ammoniumsulfat (a), das Arsentrisulfid zu Ammoniumsulfarsenit und Ammoniumarsenit (b), die Arsenigsäure zu Ammoniumarsenit (c). Alle diese Verbindungen sind in Wasser löslich und werden durch Auswaschen entfernt.

a) $$\underset{\text{Schwefelsaure}}{H_2SO_4} + \underset{\text{Ammoniak}}{2\,NH_3} = \underset{\text{Ammoniumsulfat}}{(NH_4)_2SO_4}$$

b) $$\underset{\text{Arsentrisulfid}}{As_2S_3} + \underset{\text{Ammoniak}}{6\,NH_3} + \underset{\text{Wasser}}{3\,H_2O} = \underset{\text{Ammoniumsulfarsenit}}{(NH_4)_3AsS_3} + \underset{\text{Ammoniumarsenit.}}{(NH_4)_3AsO_3}$$

c) $$\underset{\text{Arsenigsaureanhydrid}}{As_2O_3} + \underset{\text{Ammoniak}}{6\,NH_3} + \underset{\text{Wasser}}{3\,H_2O} = \underset{\text{Ammoniumarsenit.}}{2\,(NH_4)_3AsO_3}$$

Aufbewahrung. Da der gereinigte Schwefel im feuchten Zustande, in nicht gut verschlossenen Gefässen dem direkten Lichte ausgesetzt, bald wieder Spuren von schwefliger Säure und Schwefelsäure zeigt, so muss derselbe vollkommen ausgetrocknet, in gut verschlossenen Gefässen, vor Licht geschützt aufbewahrt werden.

Eigenschaften. Der gereinigte Schwefel stellt ein gelbes, trockenes Pulver dar, ohne Geruch und Geschmack.

Prüfung.

1. Man verbrenne 2 g Schwefel in einem tarirten Porzellantiegel; es darf höchstens 0,02 g Rückstand bleiben. Ein grösserer

Rückstand würde von fremden Beimengungen, wie Thon, Calciumsulfat, Sand etc. herrühren.

2. Man erwärme 1 g Schwefel mit 10 g Natronlauge gelinde; es muss vollständige Lösung erfolgen, indem sich Natriumpentasulfid und Natriumthiosulfat bildet.

$$\underset{\text{Schwefel}}{12\,S} + \underset{\text{Natrium-hydroxyd}}{6\,NaOH} = \underset{\text{Natriumpenta-sulfid}}{2\,Na_2S_5} + \underset{\text{Natriumthio-sulfat}}{Na_2S_2O_3} + \underset{\text{Wasser.}}{3\,H_2O}$$

3. Man befeuchte eine kleine Menge Schwefel mit Wasser und bringe den Brei auf blaues Lackmuspapier; dasselbe darf nicht geröthet werden. Letzteres wäre der Fall, wenn Schwefelsäure zugegen wäre.

4. Man lasse 1 g Schwefel mit 20 g Ammoniakflüssigkeit bei 35 bis 40^0 etwa $^1/_2$ Stunde unter bisweiligem Umschütteln stehen, filtrire und übersättige das Filtrat mit Salzsäure; es darf keine gelbe Färbung eintreten.

Enthält der Schwefel Arsentrisulfid, so löst sich dieses beim Behandeln mit Ammoniak als Ammoniumsulfarsenit und Ammoniumarsenit auf.

Formel siehe beim Vorgang.

Wird das Filtrat mit Salzsäure angesäuert, so scheidet sich Arsentrisulfid unter Gelbfärbung der Flüssigkeit aus.

$$\underset{\text{Ammoniumsulf-arsenit}}{(NH_4)_3AsS_3} + \underset{\text{Ammoniumarsenit}}{(NH_4)_3AsO_3} + \underset{\text{Chlor-wasserstoff}}{6\,HCl} = \underset{\text{Arsen-trisulfid}}{As_2S_3} + \underset{\text{Ammonium-chlorid}}{6\,NH_4Cl} + \underset{\text{Wasser.}}{3\,H_2O}$$

5. Man versetze obiges mit Salzsäure angesäuertes und dabei klar und farblos gebliebenes Filtrat (No. 4) mit etwa $^1/_2$ Volumen Schwefelwasserstoffwasser; es darf keine gelbe Färbung oder Fällung entstehen.

Enthält der Schwefel Arsenigsäureanhydrid, so löst sich dieses beim Behandeln mit Ammoniak als Ammoniumarsenit auf.

Formel siehe beim Vorgang.

Wird das angesäuerte Filtrat mit Schwefelwasserstoffwasser versetzt, so scheidet sich gelbes Arsentrisulfid aus.

$$\underset{\text{Ammoniumarsenit}}{2\,(NH_4)_3AsO_3} + \underset{\text{Schwefel-wasserstoff}}{3\,H_2S} + \underset{\text{Chlor-wasserstoff}}{6\,HCl} = \underset{\text{Arsen-trisulfid}}{As_2S_3} + \underset{\text{Ammonium-chlorid}}{6\,NH_4Cl} + \underset{\text{Wasser}}{6\,H_2O}$$

Sulfur praecipitatum.

Lac sulfuris. Präcipitirter Schwefel. Schwefelmilch.

S.

Darstellung. In einen eisernen Kessel bringe man 100 g frisch gebrannten Kalk und lösche denselben durch Besprengen mit Wasser, worauf man das Pulver mit 600 g Wasser zu einem Brei anrührt. Zu diesem füge man 200 g gereinigten Schwefel und 2000 g Wasser hinzu und koche unter beständigem Umrühren und Ersatz des verdampfenden Wassers 1 Stunde lang, worauf man durch einen Spitzbeutel kolirt und den Rückstand nochmals mit 1200 g Wasser $^1/_2$ Stunde lang kocht. Man bringe nun die Flüssigkeit sammt dem ungelösten Rückstand in den Spitzbeutel, wasche den Rückstand mit heissem Wasser gut aus, lasse die vereinigten Flüssigkeiten in einem gut verschlossenen Glase einige Tage zum Absetzen stehen und filtrire. Das Filtrat bringe man mit Wasser auf etwa 4800 g und füge zu der Flüssigkeit an einem freien, zugigen Orte unter Umrühren allmälig etwa 265 g Salzsäure, welche man zuvor mit 500 g Wasser verdünnt hat, hinzu mit der Vorsicht, dass die über dem ausgeschiedenen Schwefel stehende Flüssigkeit noch hellgelb erscheint und noch alkalisch reagirt. Nachdem sich der Schwefel abgesetzt hat, giesse man die überstehende Flüssigkeit sofort ab, wasche den Schwefel zuerst durch Dekanthiren mehrere Male aus, bringe ihn auf ein Kolatorium oder in einen Spitzbeutel und wasche denselben so lange mit Wasser aus, bis die abfliessende Flüssigkeit nicht mehr alkalisch reagirt und mit Silbernitratlösung nicht mehr getrübt wird. Ist dieses der Fall, so presse man den Schwefel aus und trockne ihn bei einer 30^0 nicht übersteigenden Temperatur.

Vorgang. Wird gebrannter Kalk mit Wasser gelöscht, so bildet sich Calciumhydroxyd.

$$\underset{\text{Calcium-oxyd}}{CaO} + \underset{\text{Wasser}}{H_2O} = \underset{\text{Calcium-hydroxyd.}}{Ca(OH)_2}$$

Wird Calciumhydroxyd mit Schwefel und Wasser gekocht, so entsteht zuerst Calciumpentasulfid und Calciumthiosulfat.

$$\underset{\substack{\text{Calciumhydroxyd} \\ 3.74}}{3Ca(OH)_2} + \underset{\substack{\text{Schwefel} \\ 12.32}}{12S} = \underset{\substack{\text{Calcium-} \\ \text{pentasulfid}}}{2CaS_5} + \underset{\substack{\text{Calcium-} \\ \text{thiosulfat}}}{CaS_2O_3} + \underset{\text{Wasser.}}{3H_2O}$$

Beim längeren Kochen setzt sich ein Theil des Calciumthiosulfats in Calciumsulfit und Schwefel um (a). Ein Theil des Calciumsulfits oxydirt sich zu Calciumsulfat (b), das sich ausscheidet.

a) $CaS_2O_3 = CaSO_3 + S$

Calciumthiosulfat — Calciumsulfit — Schwefel.

b) $CaSO_3 + O = CaSO_4$

Calciumsulfit — Sauerstoff — Calciumsulfat.

Die rothgelbe Flüssigkeit enthält also Calciumpentasulfid, Calciumthiosulfat und Calciumsulfit gelöst.

Enthält der Schwefel Arsentrisulfid, so geht beim Kochen mit Calciumhydroxyd und Schwefel Calciumsulfarseniat und Calciumthiosulfat in Lösung.

$$9\,Ca(OH)_2 + 16\,S + 2\,As_2S_3 = 2\,[Ca_3(AsS_4)_2] + 3\,CaS_2O_3 + 9\,H_2O$$

Calciumhydroxyd — Schwefel — Arsentrisulfid — Calciumsulfarseniat — Calciumthiosulfat — Wasser.

Versetzt man die Flüssigkeit so lange mit verdünnter Salzsäure, dass dieselbe noch schwach gelblich erscheint und noch alkalisch reagirt, so wird nur das Calciumpentasulfid zerlegt, während das Calciumthiosulfat und auch das etwa vorhandene Calciumsulfarseniat unzerlegt bleiben. Das Calciumpentasulfid wird durch die Salzsäure in der Weise zerlegt, dass Schwefel abgeschieden wird, Schwefelwasserstoff entweicht und Calciumchlorid in Lösung bleibt.

$$2\,CaS_5 + 4\,HCl = 2\,CaCl_2 + 2\,H_2S + 8\,S$$

Calciumpentasulfid 2.200 — Chlorwasserstoff 4.36,5 — Calciumchlorid — Schwefelwasserstoff — Schwefel. 8.32

Eine gleiche Menge Schwefel scheidet sich aus dem Calciumpentasulfid aus, wenn man statt 4 Moleküle Chlorwasserstoff 2 Moleküle (also die Hälfte Salzsäure) zur Fällung verwendet. Es entweicht dann kein Schwefelwasserstoff und in Lösung ist Calciumchlorid und Calciumhydrosulfid.

$$2\,CaS_5 + 2\,HCl = CaCl_2 + Ca(SH)_2 + 8\,S$$

Calciumpentasulfid — Chlorwasserstoff — Calciumchlorid — Calciumhydrosulfid — Schwefel.

Man muss die verdünnte Säure in die rothgelbe Flüssigkeit schütten, nicht umgekehrt, weil sich in letzterem Falle sehr übelriechende, ölige Polyschwefelwasserstoffe ausscheiden würden.

Fährt man mit dem Zusatz von Salzsäure so lange fort, bis die Flüssigkeit sauer reagirt, so wird auch das Calciumthiosulfat in der

Weise zerlegt, dass sich Schwefel abscheidet und Schwefligsäureanhydrid bildet (a). Letzteres setzt sich aber mit dem gleichzeitig in der Flüssigkeit vorhandenen Schwefelwasserstoff um in Wasser und Schwefel (b).

a) $CaS_2O_3 + 2HCl = CaCl_2 + S + SO_2 + H_2O$

Calciumthiosulfat, Chlorwasserstoff, Calciumchlorid, Schwefel, Schwefligsaureanhydrid, Wasser

b) $SO_2 + 2H_2S = 3S + 2H_2O$

Schwefligsaureanhydrid, Schwefelwasserstoff, Schwefel, Wasser.

Der auf diese Weise sich ausscheidende Schwefel ist aber nicht fein vertheilt, sondern weich und klumpig zusammengeballt und würde daher den aus Calciumpentasulfid abgeschiedenen Schwefel verschlechtern. Man vermeidet daher die Abscheidung des Schwefels aus dem Calciumthiosulfat, indem man bei der Fällung des Schwefels nur so viel Salzsäure zufügt, als zur Zersetzung des Calciumpentasulfids nöthig ist.

Enthält die Flüssigkeit Calciumsulfarseniat, so wird, wenn man Salzsäure bis zur sauren Reaktion zusetzt, auch dieses zerlegt, indem sich Arsentrisulfid ausscheidet, das sich dem präcipitirten Schwefel beimengt.

$Ca_3(AsS_4)_2 + 6HCl = As_2S_3 + 2S + 3CaCl_2 + 3H_2S$

Calciumsulfarseniat, Chlorwasserstoff, Arsentrisulfid, Schwefel, Calciumchlorid, Schwefelwasserstoff.

Aufbewahrung. Der präcipitirte Schwefel muss vollkommen trocken in einem gut verschlossenen Glase, vor Sonnenlicht geschützt, aufbewahrt werden. Durch Einwirkung von Feuchtigkeit, Luft und Licht nimmt er alsbald saure Reaktion an, indem sich Spuren von schwefliger Säure und Schwefelsäure bilden.

Eigenschaften. Der präcipitirte Schwefel stellt ein feines, gelblichweisses, nicht krystallinisches Pulver dar. An der Luft erhitzt, schmilzt er und verbrennt dann zu Schwefligsäureanhydrid.

$S + O_2 = SO_2$

Schwefel, Sauerstoff, Schwefligsaureanhydrid.

In Schwefelkohlenstoff ist er vollkommen oder nahezu vollkommen löslich.

Prüfung.

1. Man erhitze eine kleine Menge des Präparats in einem Porzellantiegel; sie muss ohne Rückstand verbrennen. Ein Rückstand würde Beimengungen, wie Calciumoxyd, Thon, Schwerspath etc. anzeigen.

2. Man rühre eine kleine Menge des Präparats mit Wasser zu einem Brei an und bringe diesen auf blaues Lackmuspapier; dasselbe darf sich nicht röthen. Letzteres ist der Fall, wenn der Schwefel Spuren von Schwefelsäure enthält.

3. Man lasse 1 g des Präparats mit 20 g Ammoniakflüssigkeit bei 35 bis 40° unter bisweiligem Umschütteln etwa $^1/_2$ Stunde lang stehen, filtrire und säure das Filtrat mit Salzsäure an; es darf sich nicht gelb färben.

Enthält das Präparat Arsentrisulfid beigemengt, so löst sich dieses beim Behandeln mit Ammoniak als Ammoniumsulfarsenit und Ammoniumarsenit auf (a). Wird das Filtrat mit Salzsäure angesäuert, so färbt sich die Flüssigkeit gelb, indem sich Arsentrisulfid wieder ausscheidet (b).

$$\text{a)}\quad \underset{\text{Arsentrisulfid}}{As_2S_3} + \underset{\text{Ammoniak}}{6\,NH_3} + \underset{\text{Wasser}}{3\,H_2O} = \underset{\text{Ammoniumsulfarsenit}}{(NH_4)_3AsS_3} + \underset{\text{Ammoniumarsenit}}{(NH_4)_3AsO_3}$$

$$\text{b)}\quad \underset{\text{Ammoniumsulfarsenit}}{(NH_4)_3AsS_3} + \underset{\text{Ammoniumarsenit}}{(NH_4)_3AsO_3} + \underset{\text{Chlorwasserstoff}}{6\,HCl} = \underset{\text{Arsentrisulfid}}{As_2S_3} + \underset{\text{Ammoniumchlorid}}{6\,NH_4Cl} + \underset{\text{Wasser}}{3\,H_2O}$$

4. Man versetze obiges, mit Salzsäure angesäuertes und dabei klar und farblos gebliebenes Filtrat (No. 3) mit etwa $^1/_2$ Volumen Schwefelwasserstoffwasser; es darf keine gelbe Färbung oder Fällung eintreten.

Enthält das Präparat Arsenigsäureanhydrid, so löst sich dieses beim Behandeln mit Ammoniakflüssigkeit als Ammoniumarsenit auf (a) und aus dem Filtrate scheidet Schwefelwasserstoff gelbes Arsentrisulfid aus (b).

$$\text{a)}\quad \underset{\text{Arsenigsäureanhydrid}}{As_2O_3} + \underset{\text{Ammoniak}}{6\,NH_3} + \underset{\text{Wasser}}{3\,H_2O} = \underset{\text{Ammoniumarsenit.}}{2\,(NH_4)_3AsO_3}$$

$$\text{b)}\quad \underset{\text{Ammoniumarsenit}}{2\,(NH_4)_3AsO_3} + \underset{\text{Schwefelwasserstoff}}{3\,H_2S} + \underset{\text{Chlorwasserstoff}}{6\,HCl} = \underset{\text{Arsentrisulfid}}{As_2S_3} + \underset{\text{Ammoniumchlorid}}{6\,NH_4Cl} + \underset{\text{Wasser.}}{6\,H_2O}$$

Stöchiometrische Berechnungen.

1. Wie viel Calciumhydroxyd ist nöthig, um 200 g Schwefel als Calciumpentasulfid und Calciumthiosulfat zu lösen?

12 Atome Schwefel brauchen 3 Moleküle Calciumhydroxyd; also brauchen 4 Atome Schwefel (4 . 32 Gewichtstheile) 1 Molekül Calciumhydroxyd (74 Gewichtstheile).

$$\begin{array}{ccccccc} 4S & & Ca(OH)_2 & & S & & \\ 128 & : & 74 & = & 200 & : & x \end{array}$$
$$x = 115{,}6 \text{ g } Ca(OH)_2.$$

200 g Schwefel brauchen 115,6 g Calciumhydroxyd zur Lösung.

2. Wie viel Calciumpentasulfid erhält man von 200 g Schwefel und wie viel 25procentige Salzsäure ist zur Zersetzung des Calciumpentasulfids nöthig?

6 Atome Schwefel (6 . 32 Gewichtstheile) geben 1 Molekül Calciumpentasulfid (200 Gewichtstheile) und letzteres braucht 2 Moleküle Chlorwasserstoff (2 . 36,5 Gewichtstheile) zur Zersetzung.

$$\begin{array}{ccccccc} 6S & & CaS_5 & & S & & \\ 192 & : & 200 & = & 200 & : & x \end{array}$$
$$x = 208{,}3 \text{ g } CaS_5.$$

$$\begin{array}{ccccccc} CaS_5 & & 2HCl & & CaS_5 & & \\ 200 & : & 73 & = & 208{,}3 & : & x \end{array}$$
$$x = 76 \text{ g } HCl.$$

Diese Menge Chlorwasserstoff entspricht $4 \times 76 = 304$ g 25procentiger Salzsäure.

200 g Schwefel geben 208,3 g Calciumpentasulfid und zur Zersetzung derselben sind 304 g 25procentige Salzsäure nöthig. Es genügt aber auch schon die Hälfte Salzsäure, um die gleiche Menge Schwefel aus dem Calciumpentasulfid abzuscheiden.

3. Wie viel Schwefel wird aus obiger Menge Calciumpentasulfid (208,3 g) durch Salzsäure gefällt?

1 Molekül Calciumpentasulfid (200 Gewichtstheile) liefert 4 Atome Schwefel (4 . 32 Gewichtstheile).

$$\begin{array}{ccccccc} CaS_5 & & 4S & & CaS_5 & & \\ 200 & : & 128 & = & 208{,}3 & : & x \end{array}$$
$$x = 133{,}3 \text{ g } S.$$

Aus 208,3 g Calciumpentasulfid werden 133,3 g Schwefel durch Salzsäure gefällt.

Tartarus natronatus.

Natro-Kalium tartaricum. Sal polychrestum Seignetti. Kaliumnatriumtartrat. Seignettesalz.

$$C_4H_4KNaO_6 + 4H_2O = \left.\begin{array}{l} CH(OH) - CO.OK \\ | \\ CH(OH) - CO.ONa \end{array}\right\} + 4H_2O.$$

Darstellung. 200 g krystallisirtes Natriumcarbonat löse man in 1500 g Wasser unter Erwärmen, bringe die Lösung in einer Porzellanschale oder einem zinnernen Gefässe zum Kochen und setze nach und nach in kleinen Portionen 250 g feingepulverten, gereinigten Weinstein hinzu, so dass die Flüssigkeit noch alkalisch reagire. Nachdem die Kohlensäure durch Kochen entfernt ist, verdünne man die Flüssigkeit in einem Topfe mit 800 g Wasser und lasse sie 2 Tage an einem kühlen Orte zum Absetzen des Calciumcarbonats stehen. Man filtrire sodann und dampfe das Filtrat so weit ein, dass ein herausgenommener Tropfen auf einer Glasplatte mit einem Glasstabe umgerührt, Kryställchen abscheidet, worauf man krystallisiren lässt. Um schön ausgebildete und grosse Krystalle zu erhalten, darf die Lösung beim Krystallisiren nicht zu koncentrirt sein. Die Krystalle bringe man auf einen Trichter, lasse gut abtropfen, breite sie auf Fliesspapier aus und lasse sie bei gewöhnlicher Temperatur trocknen.

Die Mutterlauge verdampfe man wieder zur Krystallisation und behandle die Krystalle, wenn sie farblos sind wie oben. Man dampfe die Mutterlauge so oft zur Krystallisation ein, als noch farblose Krystalle erhalten wurden. Sind die Krystalle gefärbt, so behandle man sie mit Thierkohle und krystallisire sie um. Aus der letzten Mutterlauge kann man auf Zusatz von Salzsäure Weinstein fällen.

Vorgang. Der Weinstein ist saures Kaliumtartrat, in welchem von den zwei vertretbaren Wasserstoffatomen der Weinsäure nur eines durch Kalium vertreten ist. Er besitzt die Formel $C_4H_5KO_6$. Wird Natriumcarbonat mit saurem Kaliumtartrat gesättigt, so wird das zweite vertretbare Wasserstoffatom der Weinsäure durch

Natrium vertreten und man erhält das Doppelsalz: Kaliumnatriumtartrat.

$$2\,C_4H_5KO_6 + Na_2CO_3 . 10\,H_2O = 2(C_4H_4KNaO_6 + 4\,H_2O) + CO_2 + 3\,H_2O$$

Saures Kaliumtartrat 2 . 188	Natriumcarbonat 286	Kaliumnatriumtartrat 2 . 282	Kohlensaureanhydrid	Wasser.

Da der käufliche Weinstein stets Calciumtartrat enthält, welches beim Sättigen mit Natriumcarbonat als Calciumcarbonat gefällt wird, so neutralisirt man die Natriumcarbonatlösung nicht vollkommen mit Weinstein und lässt die verdünnte, schwach alkalisch reagirende Lauge einige Tage an einem kühlen Orte zur Abscheidung des Calciumcarbonats stehen. Auch muss die Kohlensäure vollständig durch Kochen vertrieben werden, weil das Calciumcarbonat in kohlensäurehaltigem Wasser etwas löslich ist.

$$C_4H_4CaO_6 + Na_2CO_3 = CaCO_3 + C_4H_4Na_2O_6$$

Calciumtartrat	Natriumcarbonat	Calciumcarbonat	Natriumtartrat.

Wird die letzte Mutterlauge mit Salzsäure versetzt, so scheidet sich saures Kaliumtartrat aus und Natriumchlorid geht in Lösung.

$$C_4H_4KNaO_6 + HCl = C_4H_5KO_6 + NaCl$$

Kaliumnatriumtartrat	Chlorwasserstoff	Saures Kaliumtartrat	Natriumchlorid.

Aufbewahrung. Da die Krystalle des Seignettesalzes an trockner Luft etwas verwittern, so bewahre man sie in einem gläsernen oder porzellanenen Gefässe gut verschlossen auf.

Eigenschaften. Das Seignettesalz stellt farblose, durchsichtige Säulen von mild salzigem Geschmacke dar, löslich in 1,4 Theilen Wasser zu einer neutralen Flüssigkeit, in welcher Essigsäure einen weissen, krystallinischen Niederschlag von saurem Kaliumtartrat unter Bildung von Natriumacetat erzeugt (a). Dieser Niederschlag ist in Natronlauge leicht löslich, indem sich wieder Kaliumnatriumtartrat bildet (b).

a) $$C_4H_4KNaO_6 + C_2H_4O_2 = C_4H_5KO_6 + C_2H_3NaO_2$$

Kaliumnatriumtartrat	Essigsaure	Saures Kaliumtartrat	Natriumacetat

b) $$C_4H_5KO_6 + NaOH = C_4H_4KNaO_6 + H_2O$$

Saures Kaliumtartrat	Natriumhydroxyd	Kaliumnatriumtartrat	Wasser.

Auf dem Wasserbade schmelzen die Krystalle zu einer farblosen Flüssigkeit; bei stärkerem Erhitzen verlieren dieselben das Wasser und verwandeln sich unter Verbreitung des Karamelgeruches in eine schwarze Masse, ein Gemenge von Kohle, Kalium- und Natriumcarbonat. Dieselbe liefert beim Auslaugen mit Wasser eine alkalische Flüssigkeit, die beim Verdunsten einen weissen, die Flamme gelb färbenden Rückstand von Kalium- und Natriumcarbonat hinterlässt.

Prüfung.

1. Man löse 3 g des Präparats in 57 g Wasser.

A) Je 10 ccm dieser Lösung versetze man

a) mit der doppelten Menge Schwefelwasserstoffwasser; es darf keine Veränderung eintreten. Eine dunkle Färbung oder Fällung würde Metalle, wie Kupfer, Blei anzeigen.

$$\underset{\text{Kupfertartrat}}{C_4H_4CuO_6} + \underset{\text{Schwefelwasserstoff}}{H_2S} = \underset{\text{Kupfersulfid}}{CuS} + \underset{\text{Weinsäure.}}{C_4H_6O_6}$$

b) mit Ammoniumoxalatlösung; es darf keine Veränderung erfolgen. Ist Calciumtartrat zugegen, so entsteht eine weisse Fällung von Calciumoxalat.

$$\underset{\text{Calciumtartrat}}{C_4H_4CaO_6} + \underset{\text{Ammoniumoxalat}}{(NH_4)_2C_2O_4} + \underset{\text{Wasser}}{H_2O} = \underset{\text{Calciumoxalat}}{CaC_2O_4 . H_2O} + \underset{\text{Ammoniumtartrat.}}{C_4H_4(NH_4)_2O_6}$$

B) 30 ccm der wässrigen Lösung säure man mit 12 bis 15 Tropfen Salpetersäure an, wobei sich saures Kaliumtartrat als Krystallmehl ausscheidet, das durch Filtriren entfernt wird.

$$\underset{\text{Kaliumnatriumtartrat}}{C_4H_4KNaO_6} + \underset{\text{Salpetersaure}}{HNO_3} = \underset{\text{Saures Kaliumtartrat}}{C_4H_5KO_6} + \underset{\text{Natriumnitrat.}}{NaNO_3}$$

Je 10 ccm dieses Filtrats versetze man

a) mit Baryumnitratlösung; es darf keine Veränderung eintreten. Wäre ein Sulfat zugegen, so würde eine weisse Fällung von Baryumsulfat entstehen.

$$\underset{\text{Natriumsulfat}}{Na_2SO_4} + \underset{\text{Baryumnitrat}}{Ba(NO_3)_2} = \underset{\text{Baryumsulfat}}{BaSO_4} + \underset{\text{Natriumnitrat.}}{2\,NaNO_3}$$

b) mit Silbernitratlösung; es darf höchstens opalisirende Trübung eintreten. Eine stärkere Trübung würde einen zu hohen Gehalt an Chloriden anzeigen.

$$\underset{\text{Natriumchlorid}}{NaCl} + \underset{\text{Silbernitrat}}{AgNO_3} = \underset{\text{Silberchlorid}}{AgCl} + \underset{\text{Natriumnitrat.}}{NaNO_3}$$

2. Man zerreibe einige Krystalle des Seignettesalzes, übergiesse sie mit Natronlauge und erwärme; es darf sich kein Geruch nach Ammoniak entwickeln. Ist eine Ammoniumverbindung zugegen, so setzt das Natriumhydroxyd das Ammoniak in Freiheit.

$$\underset{\text{Kalium-Ammonium-tartrat}}{C_4H_4K(NH_4)O_6} + \underset{\text{Natrium-hydroxyd}}{NaOH} = \underset{\text{Ammoniak}}{NH_3} + \underset{\text{Kaliumnatrium-tartrat}}{C_4H_4KNaO_6} + \underset{\text{Wasser.}}{H_2O}$$

Stöchiometrische Berechnungen.

1. Wie viel saures Kaliumtartrat braucht man zur Sättigung von 200 g krystallisirtem Natriumcarbonat?

1 Molekül Natriumcarbonat (286 Gewichtstheile) braucht 2 Moleküle saures Kaliumtartrat (2 . 188 Gewichtstheile) zur Sättigung.

$$\overset{Na_2CO_3 . 10H_2O}{286} : \overset{2C_4H_5KO_6}{376} = \overset{Na_2CO_3 . 10H_2O}{200} : x$$

$$x = 262,9 \text{ g } C_4H_5KO_6.$$

200 g krystallisirtes Natriumcarbonat brauchen 262,9 g saures Kaliumtartrat zur Sättigung. Man wendet aber etwas weniger an, damit Natriumcarbonat im Ueberschuss bleibt, wodurch der Kalk des Weinsteins gefällt wird.

2. Wie viel Kaliumnatriumtartrat erhält man von 200 g krystallisirtem Natriumcarbonat?

1 Molekül Natriumcarbonat (286 Gewichtstheile) entspricht 2 Molekülen Kaliumnatriumtartrat (2 . 282 Gewichtstheile).

$$\overset{Na_2CO_3 . 10H_2O}{286} : \overset{2(C_4H_4KNaO_6 . 4H_2O)}{564} = \overset{Na_2CO_3 . 10H_2O}{200} : x$$

$$x = 394,4 \text{ g } C_4H_4KNaO_6 . 4H_2O.$$

200 g krystallisirtes Natriumcarbonat geben 394,4 g Kaliumnatriumtartrat.

Tartarus stibiatus.

Tartarus emeticus. Stibio-Kali tartaricum. Brechweinstein. Kalium-Antimonyltartrat.

$$2(C_4H_4K(SbO)O_6) + H_2O = 2\left\{\begin{matrix} CH(OH) - CO.OK \\ | \\ CH(OH) - CO.O(SbO) \end{matrix}\right\} + H_2O.$$

Darstellung. 200 g rohe Salzsäure von 1,16 specifischem Gewichte (32procentige) und 50 g fein gepulvertes, schwarzes Schwefelantimon bringe man in einen geräumigen Kolben, setze denselben auf ein Sandbad und erhitze an einem zugigen Orte so lange, als Schwefelwasserstoffentwickelung stattfindet. Ist dieses nicht mehr der Fall, so füge man vorsichtig in kleinen Portionen 20 g Salpetersäure hinzu und erwärme, bis keine rothen Dämpfe mehr entweichen. Man lasse dann die Flüssigkeit absetzen, giesse sie ab, bringe wiederum 200 g Salzsäure und 50 g schwarzes Schwefelantimon in den Kolben und verfahre wie das erste Mal. Die vereinigten Flüssigkeiten lasse man durch Absetzen klären, giesse sie in eine tubulirte Retorte klar ab und filtrire den Rest durch Glaswolle. Man setze die Retorte auf ein Sandbad und destillire so lange, bis einige Tropfen des Destillats mit Wasser vermischt eine Trübung erzeugen.

Den Destillationsrückstand wiege man und giesse ihn unter Umrühren in die 20fache Menge heissen Wassers. Den entstandenen Niederschlag lasse man absetzen, giesse die überstehende Flüssigkeit ab, rühre den Niederschlag wiederum mit heissem Wasser an, lasse absetzen, und wasche den Niederschlag auf diese Weise noch ein paar Mal aus. Zuletzt bringe man ihn noch feucht in eine Porzellanschale, erwärme im Wasserbade und füge unter Umrühren so viel von einer heissen Lösung von Natriumcarbonat hinzu, dass die Flüssigkeit stark alkalisch reagire. Das weisse Pulver wasche man mit Wasser in der Porzellanschale so lange aus, bis das Waschwasser mit Salpetersäure angesäuert durch Silbernitratlösung keine Trübung mehr erleidet, worauf man das Pulver im Wasserbade trocknet.

5 Theile dieses Pulvers mische man mit 6 Theilen kalkfreiem Weinstein und trage dieses Gemisch in 60 Theile siedenden Wassers portionenweise unter beständigem Umrühren ein. Man erhitze so lange unter Ersatz des verdampfenden Wassers, bis fast alles gelöst ist, filtrire noch heiss durch einen erwärmten Trichter in ein erwärmtes Glas, damit sich keine Krystalle ausscheiden, wasche das Filter aus, verdampfe das Filtrat bis zur Salzhautbildung und lasse an einem kühlen Orte krystallisiren. Die Krystalle sammle man auf einen Trichter, wasche sie mit wenig kaltem Wasser ab und trockne sie zwischen Fliesspapier bei gelinder Wärme. Die Mutterlauge verdampfe man zur Gewinnung weiterer Krystalle, und behandle die Krystalle auf gleiche Weise.

Vorgang. Wird Antimontrisulfid mit Salzsäure erwärmt, so wird Schwefelwasserstoff frei und Antimonchlorür geht in Lösung.

$$Sb_2S_3 + 6\,HCl = 2\,SbCl_3 + 3\,H_2S$$

Antimontrisulfid	Chlorwasserstoff	Antimonchlorur	Schwefelwasserstoff.
340	6 . 36,5	2 . 288,5	

Um das Antimonchlorür in Lösung zu erhalten, muss Salzsäure im Ueberschusse angewendet werden. Da die Einwirkung der Salzsäure auf das Antimontrisulfid alsbald aufhört, so setzt man eine kleine Menge Salpetersäure zu. Diese oxydirt den Wasserstoff des Chlorwasserstoffs zu Wasser und das dadurch frei gewordene Chlor verbindet sich mit dem Antimon zu Antimonchlorür, während Schwefel abgeschieden wird. Die Salpetersäure wird dadurch zu Stickoxyd, welches an der Luft Sauerstoff anzieht, und als Stickstoffdioxyd in rothen Dämpfen entweicht.

$$Sb_2S_3 + 6\,HCl + 2\,HNO_3 = 2\,SbCl_3 + 3\,S + 2\,NO + 4\,H_2O$$

Antimontrisulfid	Chlorwasserstoff	Salpetersaure	Antimonchlorur	Schwefel	Stickoxyd	Wasser

Enthält das Antimontrisulfid Arsenigsäureanhydrid, so geht dieses beim Erwärmen mit Salzsäure in Arsentrichlorid über, welches sich bei der Destillation sammt der überschüssigen Salzsäure verflüchtigt.

$$As_2O_3 + 6\,HCl = 2\,AsCl_3 + 3\,H_2O$$

Arsenigsaureanhydrid	Chlorwasserstoff	Arsentrichlorid	Wasser.

Die Destillation wird so lange fortgesetzt, bis das Destillat mit Wasser gemischt eine Trübung erleidet. Letzteres ist der Fall, wenn Antimonchlorür überzudestilliren beginnt. Das Antimonchlorür wird nämlich durch das Wasser zersetzt, indem sich ein weisses Pulver, eine Verbindung von Antimonoxychlorid und Antimonoxyd, welche den Namen Algarothpulver führt, ausscheidet und Chlorwasserstoff in Lösung geht.

Um diese Verbindung zur Ausscheidung zu bringen, giesst man den Destillationsrückstand in die 20fache Menge heissen Wassers.

$$4\,SbCl_3 + 5\,H_2O = (2\,SbOCl + Sb_2O_3) + 10\,HCl$$

Antimonchlorur	Wasser	Algarothpulver	Chlorwasserstoff
4 288,5			

Wird dieses Algarothpulver mit einer heissen Lösung von Natriumcarbonat versetzt, so wird Antimonoxyd gebildet, Kohlensäureanhydrid entweicht und Natriumchlorid geht in Lösung.

$$(2\,SbOCl + Sb_2O_3) + Na_2CO_3 = 2\,Sb_2O_3 + 2\,NaCl + CO_2$$

Algarothpulver	Natriumcarbonat	Antimonoxyd	Natriumchlorid	Kohlensaureanhydrid.
		2 . 288		

Das Antimonoxyd wird so lange ausgewaschen, bis das Waschwasser durch Silbernitratlösung nicht mehr getrübt wird, bis also alles Natriumchlorid entfernt ist.

Wird das Antimonoxyd mit Weinstein, saurem Kaliumtartrat und Wasser gekocht, so wird das zweite, durch Metall vertretbare Wasserstoffatom der Weinsäure durch die einwerthige Atomgruppe Antimonyl, SbO, vertreten und es entsteht Kalium-Antimonyltartrat. Beim Krystallisiren binden 2 Moleküle des Doppelsalzes 1 Molekül Wasser als Krystallwasser.

$$\underset{\substack{\text{Saures Kalium-}\\\text{tartrat}\\2.188}}{2\,C_4H_5KO_6} + \underset{\substack{\text{Antimon-}\\\text{oxyd}\\288}}{Sb_2O_3} = \underset{\substack{\text{Kalium-Antimonyltartrat.}\\664}}{(2[C_4H_4K(SbO)O_6] + H_2O)}$$

Aufbewahrung. Wegen seiner Giftigkeit und des Verwitterns an trockner, warmer Luft ist der Brechweinstein vorsichtig in einem gut verschlossenen Gefässe aufzubewahren.

Eigenschaften. Der Brechweinstein stellt weisse Krystalle oder ein krystallinisches Pulver dar, welches allmälig verwittert, in 17 Theilen kaltem und 3 Theilen siedendem Wasser löslich, unlöslich in Weingeist ist, beim Erhitzen verkohlend.

Die wässrige, schwach sauer reagirende Lösung von widerlichem, süsslichem Geschmack giebt mit Kalkwasser einen weissen, in Essigsäure leicht löslichen Niederschlag von Calcium-Antimonyltartrat.

$$\underset{\text{Kalium-Antimonyltartrat}}{2\,C_4H_4K(SbO)O_6} + \underset{\substack{\text{Calcium-}\\\text{hydroxyd}}}{Ca(OH)_2} = \underset{\text{Calcium-Antimonyltartrat}}{[C_4H_4(SbO)O_6]_2Ca} + \underset{\substack{\text{Kalium-}\\\text{hydroxyd.}}}{2\,KOH}$$

Mit Schwefelwasserstoffwasser giebt die wässrige Lösung nach dem Ansäuren mit Salzsäure einen orangerothen Niederschlag von Antimontrisulfid. Das sich bildende saure Kaliumtartrat bleibt in der sauren Flüssigkeit gelöst.

$$\underset{\text{Kalium-Antimonyltartrat}}{2\,C_4H_4K(SbO)O_6} + \underset{\substack{\text{Schwefel-}\\\text{wasserstoff}}}{3\,H_2S} = \underset{\substack{\text{Antimon-}\\\text{trisulfid}}}{Sb_2S_3} + \underset{\substack{\text{Saures Kalium-}\\\text{tartrat}}}{2\,C_4H_5KO_6} + \underset{\text{Wasser.}}{2\,H_2O}$$

Prüfung. Man schüttle 1 g gepulverten Brechweinstein mit 3 ccm Zinnchlorürlösung; es darf im Laufe einer Stunde eine Färbung nicht eintreten.

Enthielt das zur Darstellung von Brechweinstein verwendete Antimonoxyd Arsen, so löst sich dieses beim Erwärmen mit saurem Kaliumtartrat als Kalium-Arsenyltartrat, indem das zweite durch

Metall vertretbare Wasserstoffatom der Weinsäure durch die einwerthige Atomgruppe Arsenyl, AsO, ersetzt wird, und diese Doppelverbindung krystallisirt mit dem Brechweinstein heraus (a). Wird derselbe mit Zinnchlorürlösung geschüttelt, so wird das Arsen metallisch als graues Pulver abgeschieden; es entsteht Zinnchlorid und das saure Kaliumtartrat bleibt in der salzsauren Flüssigkeit gelöst (b).

a) $As_2O_3 + 2\,C_4H_5KO_6 = 2[C_4H_4K(AsO)O_6] + H_2O$

Arsenigsaure-anhydrid — Saures Kalium-tartrat — Kalium-Arsenyltartrat — Wasser

b) $2[C_4H_4K(AsO)O_6] + 3\,SnCl_2 + 6\,HCl = As_2 + 3\,SnCl_4$

Kalium-Arsenyltartrat — Zinnchlorür — Chlor-wasserstoff — Arsen — Zinnchlorid

$+ 2\,C_4H_5KO_6 + 2\,H_2O$

Saures Kalium-tartrat — Wasser.

Stöchiometrische Berechnungen.

1. Wie viel 32procentige Salzsäure braucht man zur Zersetzung von 50 g Antimontrisulfid?

1 Molekül Antimontrisulfid (340 Gewichtstheile) braucht 6 Moleküle Chlorwasserstoff (6 . 36,5 Gewichtstheile) zur Zersetzung.

$$\begin{array}{ccccccc} Sb_2S_3 & & 6\,HCl & & Sb_2S_3 & & \\ 340 & : & 219 & = & 50 & : & x \end{array}$$

$$x = 32{,}2\ g\ HCl.$$

Diese Menge Chlorwasserstoff entspricht 32procentiger Salzsäure:

$$32 : 100 = 32{,}2 : x$$
$$x = 100{,}6\ g.$$

Zur Zersetzung von 50 g Antimontrisulfid braucht man 100,6 g 32procentige Salzsäure. In der Praxis nimmt man dagegen nahezu die doppelte Menge, da man das gebildete Antimonchlorür in Lösung erhalten will und sich beim Erwärmen viel Salzsäure verflüchtigt.

2. Wie viel Antimontrichlorür erhält man von 100 g Antimontrisulfid?

1 Molekül Antimontrisulfid (340 Gewichtstheile) giebt 2 Moleküle Antimonchlorür (2 . 288,5 Gewichtstheile).

$$\begin{array}{ccccccc} Sb_2S_3 & & 2\,SbCl_3 & & Sb_2S_3 & & \\ 340 & : & 577 & = & 100 & : & x \end{array}$$

$$x = 169{,}8\ g\ SbCl_3.$$

100 g Antimontrisulfid geben 169,8 g Antimonchlorür.

3. Wie viel Antimonoxyd erhält man von 100 g Antimontrisulfid?

2 Moleküle Antimontrisulfid geben 4 Moleküle Antimonchlorür und letztere 1 Molekül Algarothpulver; dieses entspricht 2 Molekülen Antimonoxyd. 1 Molekül Antimontrisulfid (340 Gewichtstheile) entspricht also 1 Molekül Antimonoxyd (292 Gewichtstheile).

$$\begin{array}{ccccccc} Sb_2S_3 & & Sb_2O_3 & & Sb_2S_3 & & \\ 340 & : & 292 & = & 100 & : & x \end{array}$$

$$x = 85{,}9 \text{ g } Sb_2O_3.$$

100 g Antimontrisulfid geben 85,9 g Antimonoxyd.

4. Wie viel saures Kaliumtartrat braucht man zur Lösung von 85,9 g Antimonoxyd?

1 Molekül Antimonoxyd (288 Gewichtstheile) braucht 2 Moleküle saures Kaliumtartrat (2 . 188 Gewichtstheile) zur Lösung.

$$\begin{array}{ccccccc} Sb_2O_3 & & 2C_4H_5KO_6 & & Sb_2O_3 & & \\ 288 & : & 376 & = & 85{,}9 & : & x \end{array}$$

$$x = 112{,}1 \text{ g } C_4H_5KO_6.$$

85,9 g Antimonoxyd brauchen 112,1 g saures Kaliumtartrat zur Lösung. In der Praxis wird etwas weniger saures Kaliumtartrat angewendet.

5. Wie viel Brechweinstein geben 85 g Antimonoxyd?

1 Molekül Antimonoxyd (288 Gewichtstheile) giebt 1 Molekül Kalium-Antimonyltartrat (664 Gewichtstheile).

$$\begin{array}{ccccccc} Sb_2O_3 & & 2[C_4H_4K(SbO)O_6] . H_2O & & Sb_2O_3 & & \\ 288 & : & 664 & : & 85 & : & x \end{array}$$

$$x = 195{,}6 \text{ g}$$

85 g Antimonoxyd liefern 195,6 g Brechweinstein.

Tinctura Ferri chlorati aetherea.

Tinctura tonico-nervina Bestuscheffii. Spiritus Aetheris ferratus. Spiritus Ferri chlorati aethereus. Aetherische Ferrichloridtinktur.

Darstellung. In eine weisse, cylindrische Flasche, welche nur $^2/_3$ ihres Rauminhalts mit der Flüssigkeit gefüllt werde, bringe man 10 g Ferrichloridlösung, 20 g Aether und 70 g Weingeist, verschliesse die Flasche mit einem Korke und stelle sie so lange an das

Sonnenlicht, bis die Flüssigkeit vollständig entfärbt ist. Sodann bringe man sie an einen schattigen Ort und lasse unter bisweiligem Oeffnen des Stopfens so lange stehen, bis die Flüssigkeit wieder gelbe Farbe angenommen hat.

Vorgang. Das Ferrichlorid wird durch das Sonnenlicht in Ferrochlorid und freies Chlor zerlegt. Da das wasserfreie Ferrochlorid farblos ist, so findet dabei eine Entfärbung der Flüssigkeit statt.

$$\underset{\text{Ferrichlorid}}{Fe_2Cl_6} = \underset{\text{Ferrochlorid}}{2\,FeCl_2} + \underset{\text{Chlor}}{Cl_2}$$

Das freie Chlor oxydirt einen Theil des Weingeistes (Aethylalkohol) zu Aldehyd (a) und die dabei entstehende Salzsäure setzt sich mit einem Theil Weingeist um in Aethylchlorid und Wasser (b).

a) $$\underset{\text{Aethylalkohol}}{C_2H_5.OH} + \underset{\text{Chlor}}{Cl_2} = \underset{\text{Aldehyd}}{C_2H_4O} + \underset{\text{Chlorwasserstoff}}{2\,HCl}$$

b) $$\underset{\text{Aethylalkohol}}{C_2H_5.OH} + \underset{\text{Chlorwasserstoff}}{HCl} = \underset{\text{Aethylchlorid}}{C_2H_5Cl} + \underset{\text{Wasser}}{H_2O}$$

Setzt man die Flüssigkeit an einen schattigen Ort und öffnet man von Zeit zu Zeit den Stopfen, so wird ein Theil Ferrochlorid durch den Sauerstoff der Luft in Ferrioxychlorid umgewandelt und die Flüssigkeit färbt sich wieder gelblich. Zugleich entsteht durch noch vorhandenes Chlor und den Sauerstoff der Luft lösliches Ferrioxychlorid und Ferrichlorid (a). Auch wird ein Theil des Aldehyds zu Essigsäure oxydirt (b).

a) $$\underset{\text{Ferrochlorid}}{4\,FeCl_2} + \underset{\text{Chlor}}{Cl_2} + \underset{\text{Sauerstoff}}{O} = \underset{\text{Ferrichlorid}}{Fe_2Cl_6} + \underset{\text{Ferrioxychlorid.}}{Fe_2Cl_4O}$$

b) $$\underset{\text{Aldehyd}}{C_2H_4O} + \underset{\text{Sauerstoff}}{O} = \underset{\text{Essigsaure.}}{C_2H_4O_2}$$

Die Tinktur stellt also eine ätherhaltige, weingeistige Flüssigkeit dar, welche Ferrochlorid, Ferrichlorid, Ferrioxychlorid, Aethylchlorid, Aldehyd und Essigsäure enthält.

Aufbewahrung. Die Tinktur muss, weil das Licht reducirend darauf einwirkt, an einem kühlen Orte, vor Licht geschützt, aufbewahrt werden

Eigenschaften. Die Tinktur stellt eine klare, gelbe Flüssigkeit dar, von ätherischem Geruche und brennendem, zugleich eisenartigem Geschmacke, welche in 100 Theilen 1 Theil Eisen enthält.

Werden 10 g Tinktur mit 40 g Wasser verdünnt, so geben je 10 ccm dieser Flüssigkeit

a) mit Kaliumferrocyanidlösung einen blauen Niederschlag von Ferriferrocyanür (Berlinerblau), weil Ferrichlorid zugegen ist.

$$\underset{\text{Ferrichlorid}}{2\,Fe_2Cl_6} + \underset{\text{Kaliumferrocyanid}}{3\,K_4(FeCy_6)} = \underset{\text{Ferriferrocyanür}}{Fe_4(FeCy_6)_3} + \underset{\text{Kaliumchlorid.}}{12\,KCl}$$

b) mit Kaliumferricyanidlösung ebenfalls einen blauen Niederschlag von Ferroferricyanid (Turnbullsblau), weil in der Tinktur Ferrochlorid enthalten ist.

$$\underset{\text{Ferrochlorid}}{3\,FeCl_2} + \underset{\text{Kaliumferricyanid}}{2\,K_3(FeCy_6)} = \underset{\text{Ferroferricyanid}}{Fe_3(FeCy_6)_2} + \underset{\text{Kaliumchlorid.}}{6\,KCl}$$

c) mit Ammoniakflüssigkeit einen schwarzen Niederschlag von Ferroferrihydroxyd, und Ammoniumchlorid geht in Lösung.

$$\underset{\text{Ferrochlorid}}{FeCl_2} + \underset{\text{Ferrichlorid}}{Fe_2Cl_6} + \underset{\text{Ammoniak}}{8\,NH_3} + \underset{\text{Wasser}}{xH_2O} = \underset{\text{Ferroferrihydroxyd}}{(Fe_3O_4 + xH_2O)} + \underset{\text{Ammoniumchlorid.}}{8\,NH_4Cl}$$

d) mit Silbernitratlösung eine weisse Fällung von Silberchlorid, von Ferrochlorid und Ferrichlorid herrührend.

$$\underset{\text{Ferrochlorid}}{FeCl_2} + \underset{\text{Silbernitrat}}{2\,AgNO_3} = \underset{\text{Silberchlorid}}{2\,AgCl} + \underset{\text{Ferronitrat.}}{Fe(NO_3)_2}$$

Prüfung.

1. Bestimmung des specifischen Gewichts; dasselbe betrage 0,837 bis 0,841.

2. Man schüttle 10 ccm der Tinktur mit 10 ccm Kaliumacetatlösung in einem graduirten Probirglase zusammen. In der Ruhe müssen sich 3 ccm ätherische Flüssigkeit auf der Oberfläche abscheiden. Die Prüfung bezweckt den richtigen Gehalt der Tinktur an Aether festzustellen.

Zincum aceticum.

Zinkacetat.

$$Zn(C_2H_3O_2)_2 + 2H_2O = \left.\begin{matrix} CH_3 - CO.O \\ CH_3 - CO.O \end{matrix}\right\} Zn + 2H_2O.$$

Darstellung. Das Zinkacetat lässt sich aus käuflichem Zinkoxyd darstellen, wenn dasselbe nicht eisenhaltig ist.

Man prüft daher dasselbe vorher auf Eisen, indem man 1 g käufliches Zinkoxyd in 10 g verdünnter Essigsäure unter Erwärmen löst und die Lösung mit überschüssiger Ammoniakflüssigkeit versetzt. Es dürfen sich keine braunen Flocken ausscheiden.

Ist das käufliche Zinkoxyd eisenfrei, so rühre man 40 g desselben mit 160 g Wasser an, bringe das Gemisch in einen Glaskolben und füge 220 g verdünnte Essigsäure hinzu. Man erwärme nun auf dem Wasserbade, bis sich alles Zinkoxyd gelöst hat, füge 8 g eisenfreies, metallisches Zink hinzu und lasse 2 Tage an einem warmen Orte unter bisweiligem Umschwenken stehen. Zuletzt erwärme man im Wasserbade, filtrire noch warm in eine Porzellanschale und verdampfe das Filtrat auf etwa ein halbes Volumen ein. Nachdem man noch 8 g verdünnte Essigsäure zugefügt, lasse man bedeckt an einem kühlen Orte krystallisiren. Die Krystalle sammle man auf einen Trichter, lasse gut abtropfen und dampfe die Mutterlauge wieder auf ihr halbes Volumen ein. Die sich ausscheidenden Krystalle behandle man auf gleiche Weise, wie die zuerst erhaltenen. Die vereinigten Krystalle breite man in einer flachen Porzellanschale aus, bedecke letztere mit Papier und lasse sie bei gewöhnlicher Temperatur unter öfterem Umrühren trocknen.

Vorgang. Wird Zinkoxyd mit verdünnter Essigsäure erwärmt, so löst sich Zinkacetat auf und beim Eindampfen krystallisirt dasselbe aus der mit Essigsäure angesäuerten Lösung mit 2 Molekülen Krystallwasser heraus.

$$\underset{\substack{\text{Zinkoxyd} \\ 81}}{ZnO} + \underset{\substack{\text{Essigsaure} \\ 2.60}}{2C_2H_4O_2} + \underset{\text{Wasser}}{H_2O} = \underset{\substack{\text{Zinkacetat.} \\ 219}}{Zn(C_2H_3O_2)_2 . 2H_2O}$$

Ein eisenhaltiges Zinkoxyd darf nicht zur Darstellung von Zinkacetat verwendet werden, weil das Eisen, nicht wie andere fremde Metalle, aus der Lösung durch metallisches Zink gefällt wird. Man prüft daher das Zinkoxyd zuvor auf Eisen, indem man eine Probe mit verdünnter Essigsäure erwärmt, wobei Zinkacetat und event. Ferriacetat in Lösung gehen. Versetzt man nun die Lösung mit überschüssiger Ammoniakflüssigkeit, so scheidet sich Ferrihydroxyd in braunen Flocken aus, während Zinkoxydammonium und Ammoniumacetat in Lösung bleiben.

$$\underset{\text{Zinkacetat}}{Zn(C_2H_3O_2)_2} + \underset{\text{Ferriacetat}}{Fe_2(C_2H_3O_2)_6} + \underset{\text{Ammoniak}}{10\,NH_3} + \underset{\text{Wasser}}{8\,H_2O} = \underset{\text{Ferrihydroxyd}}{Fe_2(OH)_6} + \underset{\text{Zinkoxydammonium}}{Zn(ONH_4)_2} + \underset{\text{Ammoniumacetat.}}{8\,C_2H_3(NH_4)O_2}$$

Enthält das Zinkoxyd andere fremde Metalle, wie Blei, Kupfer, Cadmium, so lösen sich diese ebenfalls bei Behandlung mit Essigsäure als Acetate auf, werden aber beim Digeriren der Lösung mit metallischem Zink wieder ausgefällt, indem sich eine entsprechende Menge Zink auflöst.

$$\underset{\text{Bleiacetat}}{Pb(C_2H_3O_2)_2} + \underset{\text{Zink}}{Zn} = \underset{\text{Zinkacetat}}{Zn(C_2H_3O_2)_2} + \underset{\text{Blei.}}{Pb}$$

Aufbewahrung. Da das Zinkacetat giftig wirkt, leicht verwittert und Essigsäure verliert, so muss dasselbe vorsichtig in einem gut verschlossenen Gefässe aufbewahrt werden.

Eigenschaften. Das Zinkacetat stellt weisse, glänzende Blättchen dar, welche sich in 3 Theilen kaltem, in 2 Theilen heissem Wasser und 36 Theilen Weingeist auflösen. Die Lösung reagirt schwach sauer.

Löst man 2 g Zinkacetat in 20 ccm Wasser und versetzt je 10 ccm der Lösung

a) mit Ferrichloridlösung, so färbt sich die Flüssigkeit dunkelroth, indem sich Ferriacetat bildet und mit Zinkchlorid in Lösung geht.

$$\underset{\text{Zinkacetat}}{3\,Zn(C_2H_3O_2)_2} + \underset{\text{Ferrichlorid}}{Fe_2Cl_6} = \underset{\text{Ferriacetat}}{Fe_2(C_2H_3O_2)_6} + \underset{\text{Zinkchlorid.}}{3\,ZnCl_2}$$

b) mit Kalilauge, so entsteht ein weisser Niederschlag von Zinkhydroxyd (a), der sich im Ueberschusse des Fällungsmittels als Zinkoxydkalium wieder auflöst (b).

a) $$\underset{\text{Zinkacetat}}{Zn(C_2H_3O_2)_2} + \underset{\text{Kaliumhydroxyd}}{2\,KOH} = \underset{\text{Zinkhydroxyd}}{Zn(OH)_2} + \underset{\text{Kaliumacetat.}}{2\,C_2H_3KO_2}$$

b) $$\underset{\text{Zinkhydroxyd}}{Zn(OH)_2} + \underset{\text{Kaliumhydroxyd}}{2\,KOH} = \underset{\text{Zinkoxydkalium}}{Zn(OK)_2} + \underset{\text{Wasser.}}{2\,H_2O}$$

Prüfung.

1. Man löse 2 g Zinkacetat in 18 g Wasser und setze überschüssiges Schwefelwasserstoffwasser zu oder leite noch besser Schwefelwasserstoffgas in die Lösung. Das sich ausscheidende Zinksulfid muss rein weiss sein. Ist der Niederschlag gefärbt, so sind fremde Metalle, wie Blei, Eisen, Kupfer oder Cadmium zugegen, welche ebenfalls als Sulfide gefällt werden.

$$\underset{\text{Zinkacetat}}{Zn(C_2H_3O_2)_2} + \underset{\text{Schwefelwasserstoff}}{H_2S} = \underset{\text{Zinksulfid}}{ZnS} + \underset{\text{Essigsaure.}}{2\,C_2H_4O_2}$$

2. Man filtrire das weisse Zinksulfid ab und verdampfe etwa 5 ccm des Filtrats in einem Porzellanschälchen; es darf kein Rückstand hinterbleiben. Ein Rückstand würde Acetate der Alkalien und Erdalkalien anzeigen, welche durch Schwefelwasserstoff nicht gefällt wurden.

3. Man erwärme einige Zinkacetatkrystalle mit Schwefelsäure gelinde, wobei sich Zinksulfat bildet und Essigsäure frei wird. Es darf dabei keine Schwärzung eintreten, was fremde organische Beimengungen (Empyreuma) anzeigen würde.

$$\underset{\text{Zinkacetat}}{Zn(C_2H_3O_2)_2} + \underset{\text{Schwefelsaure}}{H_2SO_4} = \underset{\text{Zinksulfat}}{ZnSO_4} + \underset{\text{Essigsaure.}}{2\,C_2H_4O_2}$$

Stöchiometrische Berechnungen.

1. Wie viel 30procentige Essigsäure braucht man zur Auflösung von 40 g Zinkoxyd?

1 Molekül Zinkoxyd (81 Gewichtstheile) braucht 2 Moleküle Essigsäure (2 . 60 Gewichtstheile) zur Lösung.

$$\begin{array}{ccccccc} ZnO & & 2C_2H_4O_2 & & ZnO & & \\ 81 & : & 120 & = & 40 & : & x \end{array}$$

$$x = 59{,}26\ g\ C_2H_4O_2.$$

Diese Menge Essigsäure entspricht 30procentiger Essigsäure:

$$30 : 100 = 59{,}26 : x$$

$$x = 197{,}5\ g.$$

Zur Lösung von 40 g Zinkoxyd sind 197,5 g 30procentige Essigsäure nöthig. Es muss aber in der Praxis mehr Essigsäure angewendet werden, weil ein Theil Essigsäure beim Eindampfen entweicht und weil die Lösung, aus welcher das Salz krystallisirt, sauer reagiren muss.

2. Wie viel krystallisirtes Zinkacetat erhält man von 40 g Zinkoxyd?

1 Molekül Zinkoxyd (81 Gewichtstheile) entspricht 1 Molekül Zinkacetat (219 Gewichtstheile).

$$\begin{array}{ccccccc} ZnO & & Zn(C_2H_3O_2)_2 . 2H_2O & & ZnO & & \\ 81 & : & 219 & = & 40 & : & x \end{array}$$

$$x = 108,1 \text{ g } Zn(C_2H_3O_2)_2 . 2H_2O.$$

40 g Zinkoxyd liefern 108,1 g krystallisirtes Zinkacetat.

Zincum chloratum.

Zincum muriaticum. Zinkchlorid. Chlorzink.

$ZnCl_2$.

Darstellung. 30 g geraspeltes Zink bringe man in einen Kolben, setze 120 g Wasser und portionenweise 120 g Salzsäure zu. Die Operation nehme man im Freien oder an einem zugigen Orte vor, weil sich häufig auch giftiger Arsenwasserstoff entwickelt. Wenn die Einwirkung der Salzsäure auf das Zink nur mehr gering ist, so setze man den Kolben auf ein Sandbad und erwärme, bis keine Gasentwickelung mehr stattfindet. Die Lösung, in welcher noch metallisches Zink vorhanden sein muss, stelle man einen Tag an einen warmen Ort unter bisweiligem Umschwenken, filtrire sodann, erwärme das Filtrat und leite in dasselbe Chlorgas bis zur Sättigung ein. Man lasse die Flüssigkeit einen Tag in einem verschlossenen Glase stehen und prüfe dann, ob alles Eisen in Ferrichlorid verwandelt ist. Zu diesem Zwecke versetze man eine Probe der Flüssigkeit mit Kaliumferricyanidlösung, womit keine blaue Färbung entstehen darf, widrigenfalls nochmals Chlor in die erwärmte Flüssigkeit eingeleitet werden muss. Hierauf erhitze man die Flüssigkeit im Wasserbade, füge etwa 2 g reines Zinkoxyd, welches mit Wasser angerieben wurde, hinzu und setze die Erhitzung so lange fort, bis alles Eisen als Ferrihydroxyd gefällt ist. Man erkennt dieses daran, dass eine abfiltrirte Probe auf Zusatz von Gerbsäure sich nicht violett färbt. Man filtrire in eine Porzellanschale, säure das Filtrat mit Salzsäure stark an, erhitze über freiem Feuer unter Umrühren mit einem Porzellanspatel, bis eine breiige Masse entstanden ist, setze nochmals einige

Tropfen Salzsäure hinzu und bringe dann die Masse auf dem Sandbade unter fortwährendem Umrühren zur Trockne. Die noch warme Salzmasse bringe man in ein erwärmtes Glas und verschliesse dasselbe gut mit einem Korke, der in Paraffin getränkt wurde.

Soll das Zinkchlorid in Stangen ausgegossen werden, so befeuchte man die trockne Salzmasse mit ein paar Tropfen Salzsäure, erhitze vorsichtig zum Schmelzen und giesse in die Form aus.

Vorgang. Wird Zink in verdünnter Salzsäure gelöst, so entweicht Wasserstoffgas und Zinkchlorid geht in Lösung.

$$\underset{\substack{\text{Zink} \\ 65}}{Zn} + \underset{\substack{\text{Chlor-} \\ \text{wasserstoff} \\ 2\,.\,36{,}5}}{2\,HCl} = \underset{\substack{\text{Zink-} \\ \text{chlorid} \\ 136}}{ZnCl_2} + \underset{\substack{\text{Wasser-} \\ \text{stoff.}}}{H_2}$$

Man wendet überschüssiges Zink an, um zu verhindern, dass fremde Metalle wie Blei, Kupfer, Cadmium, wie auch Arsen in Lösung gehen. Diese bleiben in Gestalt einer schwarzen, schwammigen Masse ungelöst, das Arsen entweicht zum grössten Theil als Arsenwasserstoff. Eisen wird durch Zink nicht an der Auflösung verhindert und löst sich als Ferrochlorid. Um das Eisen aus der Lösung zu fällen, muss dasselbe zuerst in Ferrichlorid umgewandelt werden. Es geschieht dieses durch Sättigung der Lösung mit Chlor.

$$\underset{\text{Ferrochlorid}}{2\,FeCl_2} + \underset{\text{Chlor}}{2\,Cl} = \underset{\text{Ferrichlorid.}}{Fe_2Cl_6}$$

So lange die Lösung noch Ferrochlorid enthält, entsteht durch Kaliumferricyanidlösung eine blaue Färbung oder Niederschlag von Ferroferricyanid (Turnbullsblau). Ist alles Ferrochlorid in Ferrichlorid umgewandelt, so entsteht dadurch nur eine braune Färbung.

$$\underset{\text{Ferrochlorid}}{3\,FeCl_2} + \underset{\text{Kaliumferricyanid}}{2\,[K_3(FeCy_6)]} = \underset{\text{Ferroferricyanid}}{Fe_3(FeCy_6)_2} + \underset{\substack{\text{Kalium-} \\ \text{chlorid.}}}{6\,KCl.}$$

Digerirt man die ferrichloridhaltige Lösung mit Zinkoxyd, so geht Zinkchlorid in Lösung und Ferrihydroxyd scheidet sich aus.

$$\underset{\substack{\text{Ferri-} \\ \text{chlorid}}}{Fe_2Cl_6} + \underset{\text{Zinkoxyd}}{3\,ZnO} + \underset{\text{Wasser}}{3\,H_2O} = \underset{\text{Zinkchlorid}}{3\,ZnCl_2} + \underset{\text{Ferrihydroxyd.}}{Fe_2(OH)_6}$$

Das überschüssig zugesetzte Zinkoxyd bildet beim Erwärmen mit der Zinkchloridlösung Zinkoxychlorid. Um dieses wieder in Zinkchlorid zu verwandeln, säuert man das Filtrat vor dem Eindampfen mit Salzsäure stark an. Auch beim Eindampfen der Zinkchloridlösung findet eine theilweise Zersetzung des Zinkchlorids statt, indem sich unter Beihilfe von Wasser Chlorwasserstoff und Zinkoxyd bilden; ersterer entweicht, letzteres verbindet sich mit Zinkchlorid zu Zinkoxychlorid. Man säuert deshalb die breiige Masse nochmals, bevor man sie zur Trockne verdampft, mit einigen Tropfen Salzsäure an. Vollständig lässt sich die Bildung von Zinkoxychlorid nicht vermeiden.

$$\underset{\text{Zinkchlorid}}{2\,ZnCl_2} + \underset{\text{Wasser}}{H_2O} = \underset{\text{Zinkoxychlorid}}{ZnCl_2 . ZnO} + \underset{\text{Chlorwasserstoff.}}{2\,HCl}$$

Aufbewahrung. Da das Zinkchlorid sehr hygroskopisch ist, so muss dasselbe in gut verschlossenen Gefässen aufbewahrt werden. Auch gehört dasselbe zu den Stoffen der Tabelle C des Arzneibuches und muss daher vorsichtig aufbewahrt werden.

Eigenschaften. Das Zinkchlorid stellt ein weisses, an der Luft leicht zerfliessliches Pulver oder kleine, weisse Stangen dar, welche in Wasser und Weingeist leicht löslich sind, beim Erhitzen schmelzen, unter Ausstossung weisser Dämpfe sich zersetzen und einen, in der Hitze gelben Rückstand hinterlassen. Es entweicht dabei Zinkchlorid und Chlor, und der Rückstand besteht aus basischem Zinkchlorid von wechselnder Zusammensetzung.

Die wässrige Lösung reagirt sauer und giebt mit Silbernitratlösung einen weissen Niederschlag von Silberchlorid.

$$\underset{\text{Zinkchlorid}}{ZnCl_2} + \underset{\text{Silbernitrat}}{2\,AgNO_3} = \underset{\text{Silberchlorid}}{2\,AgCl} + \underset{\text{Zinknitrat.}}{Zn(NO_3)_2}$$

Mit Ammoniakflüssigkeit giebt sie einen weissen Niederschlag von Zinkhydroxyd (a), der sich im Ueberschusse von Ammoniak als Zinkoxydammonium auflöst (b).

a) $$\underset{\text{Zinkchlorid}}{ZnCl_2} + \underset{\text{Ammoniak}}{2\,NH_3} + \underset{\text{Wasser}}{2\,H_2O} = \underset{\text{Zinkhydroxyd}}{Zn(OH)_2} + \underset{\text{Ammoniumchlorid.}}{2\,NH_4Cl}$$

b) $$\underset{\text{Zinkhydroxyd}}{Zn(OH)_2} + \underset{\text{Ammoniak}}{2\,NH_3} = \underset{\text{Zinkoxydammonium.}}{Zn(ONH_4)_2}$$

Prüfung.

1. Man löse 1 g Zinkchlorid in 1 g Wasser. Die Lösung sei klar oder höchstens schwach getrübt. Eine stärkere Trübung würde einen zu hohen Gehalt an Zinkoxychlorid anzeigen; eine gelbe Lösung verräth Eisen.

2. Man vermische obige wässrige Lösung mit 3 g Weingeist. Der dadurch entstehende flockige Niederschlag von Zinkoxychlorid muss auf Zusatz von 1 Tropfen Salzsäure wieder verschwinden. Bleibt eine Trübung, so ist zu viel Zinkoxychlorid im Präparate enthalten.

3. Man löse 2 g Zinkchlorid in 18 g Wasser und versetze mit einigen Tropfen Salzsäure. Je die Hälfte der Lösung versetze man

a) mit Baryumnitratlösung; es darf keine Trübung erfolgen. Eine Trübung würde Sulfate anzeigen.

$$Na_2SO_4 + Ba(NO_3)_2 = BaSO_4 + 2NaNO_3$$

Natriumsulfat Baryumnitrat Baryumsulfat Natriumnitrat.

b) mit Schwefelwasserstoffwasser; es darf keine Färbung entstehen. Kupfer oder Blei würden eine dunkle, Cadmium oder Arsen eine gelbe Färbung oder Fällung hervorrufen.

$$CuCl_2 + H_2S = CuS + 2HCl$$

Kupferchlorid Schwefelwasserstoff Kupfersulfid Chlorwasserstoff.

4. Man löse 1 g Zinkchlorid in 10 ccm Wasser und 10 ccm Ammoniakflüssigkeit; es muss eine klare Lösung entstehen. Das Zinkchlorid löst sich in Ammoniakflüssigkeit als Zinkoxydammonium (Formel siehe bei den Eigenschaften). Ist Kupfer zugegen, so ist die Lösung blau gefärbt, indem sich lösliches Kupferchlorid-Ammoniak, $CuCl_2 + 4NH_3$, bildet. Sind Spuren von Cadmium, Blei oder Eisen zugegen, so ist die Lösung trübe, indem sich Hydroxyde dieser Metalle ausscheiden.

$$PbCl_2 + 2NH_3 + 2H_2O = Pb(OH)_2 + 2NH_4Cl$$

Bleichlorid Ammoniak Wasser Bleihydroxyd Ammoniumchlorid.

5. Man versetze obige ammoniakalische Lösung mit überschüssigem Schwefelwasserstoffwasser, oder leite in die Lösung Schwefelwasserstoffgas ein. Es scheidet sich rein weisses Zinksulfid aus.

$$Zn(ONH_4)_2 + 3H_2S = ZnS + 2(NH_4)SH + 2H_2O$$

Zinkoxydammonium Schwefelwasserstoff Zinksulfid Ammoniumhydrosulfid Wasser.

Enhält das Zinkchlorid Spuren von Blei, Cadmium, Kupfer oder Eisen, so ist der Niederschlag von Zinksulfid durch beigemengte Metallsulfide gefärbt.

$$FeCl_2 + H_2S + 2NH_3 = FeS + 2NH_4Cl$$

Ferrochlorid Schwefelwasserstoff Ammoniak Ferrosulfid Ammoniumchlorid

6. Man filtrire das Zinksulfid ab, verdampfe 5 ccm des Filtrats in einem Porzellanschälchen zur Trockne und glühe den Rückstand, welcher sich vollständig verflüchtigen muss. Ein Glührückstand wird Salze der Alkalien oder Erden anzeigen.

Stöchiometrische Berechnungen.

1. Wie viel 25procentige Salzsäure braucht man zur Auflösung von 30 g Zink?

1 Atom Zink (65 Gewichtstheile) braucht 2 Moleküle Chlorwasserstoff (2 . 36,5 Gewichtstheile) zur Lösung.

$$\begin{array}{ccccccc} Zn & & 2HCl & & Zn & & \\ 65 & : & 73 & = & 30 & : & x \end{array}$$

$$x = 33{,}7 \text{ g } HCl.$$

Diese Menge Chlorwasserstoff entspricht $4 \times 33{,}7 = 134{,}8$ g 25procentiger Salzsäure.

30 g Zink brauchen 134,8 g 25procentige Salzsäure zur Lösung.

2. Wie viel Zinkchlorid erhält man von 30 g Zink?

1 Atom Zink (65 Gewichtstheile) entspricht 1 Molekül Zinkchlorid (136 Gewichtstheile).

$$\begin{array}{ccccccc} Zn & & ZnCl_2 & & Zn & & \\ 65 & : & 136 & = & 30 & : & x \end{array}$$

$$x = 62{,}77 \text{ g } ZnCl_2.$$

30 g Zink geben 62,77 g Zinkchlorid.

Zincum oxydatum.

Flores Zinci. Zinkoxyd.

ZnO.

Darstellung. 110 g krystallisirtes Natriumcarbonat löse man in einer geräumigen Porzellanschale in 1 Liter Wasser unter Erwärmen, bringe die Lösung zum Sieden und setze derselben unter beständigem Umrühren und weiterem Erhitzen eine Lösung von 100 g krystallisirten Zinksulfat in 400 g Wasser hinzu. Die Flüssigkeit muss nach der Fällung noch deutlich alkalisch reagiren. Wenn dieses nicht mehr der Fall sein sollte, so setze man noch etwas Natriumcarbonatlösung bis zur alkalischen Reaktion hinzu und erhitze noch einmal zum Sieden. Nachdem sich der Niederschlag abgesetzt hat, giesse man die überstehende Flüssigkeit ab, rühre den Niederschlag nochmals mit heissem Wasser an und bringe wiederum zum Sieden. Nach dem Absetzen des Niederschlags giesse man die Flüssigkeit ab und sammle den Niederschlag auf ein leinenes Kolatorium, auf dem man ihn so lange auswäscht, bis eine Probe der Kolatur durch Baryumnitratlösung nicht mehr getrübt wird. Man lasse dann gut abtropfen, presse den Niederschlag vorsichtig aus und trockne ihn. Den Rückstand zerreibe man fein, bringe ihn in einen trocknen, kurzhalsigen Glaskolben, der nur $^1/_3$ seines Raumes damit angefüllt sein darf und setze letzteren über ein gelindes Kohlenfeuer. Von Zeit zu Zeit mische man den Inhalt des Kolbens, indem man den Kolben in einen horizontalem Kreise bewegt und reinige den Kolbenhals mittels einer Federfahne vom anhängenden Pulver. Gegen das Ende der Operation wird sich das Pulver an die Wände des Kolbens anlegen. Man nehme nun eine Probe aus dem Kolben heraus, schüttle sie in einem Reagensglase mit Wasser und füge verdünnte Schwefelsäure hinzu. Findet ein Entweichen von Kohlensäure statt, erkennbar an dem Aufschäumen der Flüssigkeit oder an dem Aufsteigen von vielen Gasbläschen, so muss die Erhitzung weiter fortgesetzt werden. Ist dies aber nicht mehr der Fall, so fülle man das noch warme Pulver in ein Gefäss, welches gut zu verschliessen ist.

Vorgang. Wird eine Auflösung von Natriumcarbonat mit einer Lösung von Zinksulfat versetzt, so scheidet sich basisches Zinkcarbonat aus, welches je nach der Koncentration der Lösungen und je nach der Temperatur derselben eine verschiedene Zusammensetzung besitzt. Das nach obiger Vorschrift bereitete basische Zinkcarbonat besitzt meist die Formel: $2\,ZnCO_3 + 3\,Zn(OH)_2$.

$$\underset{\substack{\text{Zinksulfat}\\ 5\,.\,287}}{5(ZnSO_4\,.\,7\,H_2O)} + \underset{\substack{\text{Natriumcarbonat}\\ 5\,.\,286}}{5(Na_2CO_3\,.\,10\,H_2O)} = \underset{\text{Basisches Zinkcarbonat}}{[2\,ZnCO_3 + 3\,Zn(OH)_2]}$$

$$+ \underset{\text{Natriumsulfat}}{5\,Na_2SO_4} + \underset{\substack{\text{Kohlen-}\\ \text{saure-}\\ \text{anhydrid}}}{3\,CO_2} + \underset{\text{Wasser.}}{82\,H_2O}$$

Damit sich der Niederschlag in dichter Form ausscheidet, muss die Fällung bei Siedehitze vorgenommen werden. Auch muss die Zinksulfatlösung in die Natriumcarbonatlösung eingetragen werden, indem sich im entgegengesetzten Falle basisches Zinksulfat ausscheiden würde.

Der Niederschlag muss so lange ausgewaschen werden, bis alles Natriumsulfat entfernt ist, was man daran erkennt, dass im Waschwasser auf Zusatz von Baryumnitratlösung keine weisse Trübung von Baryumsulfat mehr entsteht.

$$\underset{\text{Natriumsulfat}}{Na_2SO_4} + \underset{\text{Baryumnitrat}}{Ba(NO_3)_2} = \underset{\text{Baryumsulfat}}{BaSO_4} + \underset{\text{Natriumnitrat.}}{2\,NaNO_3}$$

Wird das getrocknete basische Zinkcarbonat stärker erhitzt, so entweichen Kohlensäureanhydrid und Wasser, und Zinkoxyd bleibt zurück.

$$\underset{\text{Basisches Zinkcarbonat}}{[2\,ZnCO_3 + 3\,Zn(OH)_2]} = \underset{\substack{\text{Zinkoxyd}\\ 5.81}}{5\,ZnO} + \underset{\substack{\text{Kohlensäure-}\\ \text{anhydrid}}}{2\,CO_2} + \underset{\text{Wasser.}}{3\,H_2O}$$

So lange noch basisches Zinkcarbonat zugegen, erfolgt auf Zusatz von verdünnter Schwefelsäure eine Entwickelung von Kohlensäureanhydrid.

Aufbewahrung. Das Zinkoxyd zieht an feuchter Luft Kohlensäure an und muss deshalb sofort nach der Bereitung noch warm in gut zu verschliessende Gefässe gebracht werden.

Eigenschaften. Das Zinkoxyd stellt ein zartes, amorphes, weisses Pulver dar, das in der Hitze gelb wird, in Wasser unlöslich ist, in verdünnter Essigsäure unter Bildung von Zinkacetat sich auflöst.

$$\underset{\text{Zinkoxyd}}{ZnO} + \underset{\text{Essigsäure}}{2\,C_2H_4O_2} = \underset{\text{Zinkacetat}}{Zn(C_2H_3O_2)_2} + \underset{\text{Wasser.}}{H_2O}$$

Prüfung.

1. Man schüttle 1 g Zinkoxyd mit 3 ccm Zinnchlorürlösung; es darf im Laufe einer Stunde eine Färbung nicht eintreten. Ist arsenige Säure zugegen, so entsteht eine braune Färbung oder es scheiden sich braune Flocken von Arsen aus.

$$\underset{\substack{\text{Arsenige}\\ \text{Säure}}}{As_2O_3} + \underset{\text{Zinnchlorür}}{3\,SnCl_2} + \underset{\substack{\text{Chlor-}\\ \text{wasserstoff}}}{6\,HCl} = \underset{\text{Arsen}}{As_2} + \underset{\text{Zinnchlorid}}{3\,SnCl_4} + \underset{\text{Wasser.}}{3\,H_2O}$$

2. Man schüttle 2 g Zinkoxyd mit 20 ccm Wasser, filtrire und versetze je die Hälfte des Filtrats

   a) mit Baryumnitratlösung; es darf nur opalisirend getrübt werden. Eine stärkere Trübung würde einen zu hohen Gehalt an Sulfaten anzeigen.

Formel siehe beim Vorgang.

   b) mit Silbernitratlösung; es darf nur opalisirende Trübung erfolgen. Eine stärkere Trübung würde einen zu hohen Gehalt an Chloriden anzeigen.

$$\underset{\substack{\text{Natrium-}\\ \text{chlorid}}}{NaCl} + \underset{\text{Silbernitrat}}{AgNO_3} = \underset{\substack{\text{Silber-}\\ \text{chlorid}}}{AgCl} + \underset{\text{Natriumnitrat.}}{NaNO_3}$$

3. Man löse 3 g Zinkoxyd in 30 g verdünnter Essigsäure; dasselbe löse sich ohne Aufbrausen und ohne Rückstand zu Zinkacetat (a). Ist basisches Zinkcarbonat zugegen, so erfolgt die Auflösung unter Entwickelung von Kohlensäureanhydrid (b).

Ein unlöslicher Rückstand würde fremde Beimengungen, wie Calciumsulfat, Baryumsulfat etc. anzeigen.

a) Formel siehe bei den Eigenschaften.

b) $$\underset{\text{Basisches Zinkcarbonat}}{[2\,ZnCO_3 + 3\,Zn(OH)_2]} + \underset{\text{Essigsäure}}{10\,C_2H_4O_2} = \underset{\text{Zinkacetat}}{5\,Zn(C_2H_3O_2)_2} + \underset{\text{Kohlensäureanhydrid}}{2\,CO_2} + \underset{\text{Wasser.}}{8\,H_2O}$$

4. Man versetze die essigsaure Auflösung des Zinkoxyds (No. 3) mit überschüssiger Ammoniakflüssigkeit; es muss eine klare, farblose Flüssigkeit entstehen, indem sich Zinkoxyd-Ammonium bildet.

$$\underset{\text{Zinkacetat}}{Zn(C_2H_3O_2)_2} + \underset{\text{Ammoniak}}{4\,NH_3} + \underset{\text{Wasser}}{2\,H_2O} = \underset{\text{Zinkoxyd-Ammonium}}{Zn(ONH_4)_2} + \underset{\text{Ammoniumacetat.}}{2\,(NH_4)C_2H_3O_2}$$

Enthält das Präparat Thonerde, so wird diese als Aluminiumacetat gelöst und auf Zusatz von Ammoniak scheiden sich weisse Flocken von Aluminiumhydroxyd aus.

$$\underset{\text{Aluminiumacetat}}{Al_2(C_2H_3O_2)_6} + \underset{\text{Ammoniak}}{6\,NH_3} + \underset{\text{Wasser}}{6\,H_2O} = \underset{\text{Aluminiumhydroxyd}}{Al_2(OH)_6} + \underset{\text{Ammoniumacetat.}}{6\,(NH_4)C_2H_3O_2}$$

Auf ganz analoge Weise wird bei Gegenwart von Eisen Ferrihydroxyd in braunen Flocken gefällt. Ist das Zinkoxyd mit Kupfer verunreinigt, so ist die ammoniakalische Lösung blau, indem Cuproammoniumacetat, $Cu(C_2H_3O_2)_2 + 4\,NH_3 + H_2O$, in Lösung geht.

5. Je 10 ccm obiger ammoniakalischer Lösung (No. 4) versetze man

a) mit Ammoniumoxalatlösung; es darf keine Veränderung erfolgen. Calciumverbindungen würden eine weisse Fällung von Calciumoxalat erzeugen.

$$\underset{\text{Calciumacetat}}{Ca(C_2H_3O_2)_2} + \underset{\text{Ammoniumoxalat}}{(NH_4)_2C_2O_4} + \underset{\text{Wasser}}{H_2O} = \underset{\text{Calciumoxalat}}{CaC_2O_4 \,.\, H_2O} + \underset{\text{Ammoniumacetat.}}{2\,(NH_4)C_2H_3O_2}$$

b) mit Natriumphosphatlösung; es darf keine Trübung eintreten. Enthält das Zinkoxyd eine Magnesiumverbindung, so geht diese als Ammonium-Magnesiumacetat in Lösung und auf Zusatz von Natriumphosphat entsteht eine weisse Trübung von Ammonium-Magnesiumphosphat.

$$\underset{\text{Ammonium-Magnesiumacetat}}{[(NH_4)C_2H_3O_2 + Mg(C_2H_3O_2)_2]} + \underset{\text{Sekundäres Natriumphosphat}}{Na_2HPO_4} + \underset{\text{Ammoniak}}{NH_3} + \underset{\text{Wasser}}{6H_2O}$$

$$= \underset{\text{Ammonium-Magnesiumphosphat}}{Mg(NH_4)PO_4 . 6H_2O} + \underset{\text{Natriumacetat}}{2NaC_2H_3O_2} + \underset{\text{Ammoniumacetat.}}{(NH_4)C_2H_3O_2}$$

c) 10 ccm der ammoniakalischen Lösung überschichte man mit Schwefelwasserstoffwasser; es darf nur eine rein weisse Zone von Zinksulfid entstehen. Fremde Metalle, wie Eisen, Kupfer, Cadmium würden ebenfalls als Sulfide gefällt, und indem sie sich dem Zinksulfid beimengen, die Zone dunkel färben.

$$\underset{\text{Zinkoxyd-Ammonium}}{Zn(ONH_4)_2} + \underset{\text{Schwefelwasserstoff}}{3H_2S} = \underset{\text{Zinksulfid}}{ZnS} + \underset{\text{Ammoniumhydrosulfid}}{2(NH_4 . SH)} + \underset{\text{Wasser.}}{2H_2O}$$

Stöchiometrische Berechnungen.

1. Wie viel krystallisirtes Natriumcarbonat braucht man zur Fällung von 100 g krystallisirtem Zinksulfat?

1 Molekül Zinksulfat (287 Gewichtstheile) braucht 1 Molekül Natriumcarbonat (286 Gewichtstheile) zur Fällung.

$$\begin{array}{ccccccc} ZnSO_4 . 7H_2O & & Na_2CO_3 . 10H_2O & & ZnSO_4 . 7H_2O & & \\ 287 & : & 286 & = & 100 & : & x \end{array}$$

$$x = 99{,}65 \text{ g } Na_2CO_3 . 10H_2O.$$

100 g Zinksulfat brauchen 99,65 g Natriumcarbonat zur Fällung. In der Praxis verwendet man etwas mehr Natriumcarbonat, da letzteres im Ueberschusse vorhanden sein muss.

2. Wie viel Zinkoxyd erhält man von 100 g krystallisirtem Zinksulfat?

5 Moleküle Zinksulfat geben 1 Molekül basisches Zinkcarbonat und letzteres giebt 5 Moleküle Zinkoxyd. Es entspricht also 1 Molekül Zinksulfat (287 Gewichtstheile) 1 Molekül Zinkoxyd (81 Gewichtstheile).

$$\begin{array}{ccccccc} ZnSO_4 . 7H_2O & & ZnO & & ZnSO_4 . 7H_2O & & \\ 287 & : & 81 & = & 100 & : & x \end{array}$$

$$x = 28{,}22 \text{ g } ZnO.$$

100 g krystallisirtes Zinksulfat liefern 28,22 g Zinkoxyd.

Zincum sulfuricum.

Zinksulfat. Schwefelsaures Zink. Reiner Zinkvitriol.

$$ZnSO_4 + 7H_2O.$$

Darstellung. 100 g englische Schwefelsäure verdünne man mit 600 g destillirtem Wasser in einer Porzellanschale, indem man die Schwefelsäure in dünnem Strahle unter Umrühren in das Wasser giesst und füge 80 g geraspeltes Zink hinzu. Die Operation nehme man im Freien oder an einem zugigen Orte vor, weil sich neben Wasserstoff meist auch giftiges Arsenwasserstoffgas entwickelt. Nachdem die Gasentwickelung in der Kälte nachgelassen hat, erhitze man, bis keine Einwirkung der Säure auf das Zink mehr wahrzunehmen ist und filtrire noch heiss. Das ungelöste Zink wasche man mit wenig Wasser ab. Man prüfe nun, ob die Lösung eisenhaltig ist, indem man eine Probe mit Kaliumferricyanidlösung versetzt. Ist kein Eisen zugegen, so entsteht dadurch ein gelbrother Niederschlag, ist aber Eisen vorhanden, so ist der Niederschlag blaugrün. Um das Eisen aus der Lösung zu entfernen, leite man in dieselbe Chlorgas bis zur Sättigung ein und lasse 24 Stunden in einem verschlossenen Glase stehen. Riecht die Flüssigkeit nach dieser Zeit noch stark nach Chlor, so ist alles Ferrosulfat in Ferrisulfat umgewandelt. Man erhitze nun die Flüssigkeit zur Verjagung des Chlors in einer Porzellanschale und setze, nachdem die Flüssigkeit wieder erkaltet ist, so viel mit Wasser angeriebenes reines Zinkoxyd hinzu, bis letzteres beim Umschütteln nicht mehr gelöst wird. Nachdem man die Mischung 12 Stunden unter bisweiligem Umschütteln bei Seite gestellt, filtrire man und prüfe, ob alles Eisen ausgefällt ist, was man daran erkennt, dass eine Probe der Flüssigkeit mit Kaliumferrocyanidlösung keine blaue Färbung mehr hervorbringt. Man säure dann das Filtrat mit verdünnter Schwefelsäure an und verdampfe zur Krystallisation. Die ausgeschiedenen Krystalle sammle man auf einen Trichter, wasche sie mit wenig kaltem Wasser ab, bis die ablaufende Flüssigkeit durch Silbernitratlösung nicht mehr getrübt wird und trockne sie, auf Fliesspapier ausgebreitet, bei gewöhnlicher Temperatur. Die Mutterlauge verdampfe man wieder zur Krystallisation und verfahre mit den Krystallen wie oben. Die letzte Mutterlauge giesse man weg. Sollten die Krystalle chlorhaltig sein, so löse man sie in wenig Wasser und lasse nochmals krystallisiren.

Vorgang. Das käufliche Zink enthält meist fremde Metalle, wie Eisen, Kupfer, Blei, Cadmium, Mangan, Zinn, Arsen, Antimon, auch Kohlenstoff und Schwefel beigemengt. Beim Auflösen von Zink entweichen Arsen, Antimon, Kohlenstoff und Schwefel zum Theil in Form von Wasserstoffverbindungen, theils bleiben dieselben ungelöst zurück. Auch Kupfer, Blei, Cadmium, Zinn bleiben in Gestalt einer schwammigen, schwarzen Masse ungelöst, oder werden aus der Lösung wieder gefällt, wenn metallisches Zink im Ueberschuss vorhanden. Dagegen lösen sich Eisen und Mangan ebenso wie das Zink als Sulfate auf und Wasserstoffgas entweicht.

$$\underset{\substack{\text{Zink}\\65}}{Zn} + \underset{\substack{\text{Schwefel-}\\\text{säure}\\98}}{H_2SO_4} + \underset{\text{Wasser}}{7H_2O} = \underset{\substack{\text{Zinksulfat}\\287}}{ZnSO_4 . 7H_2O} + \underset{\substack{\text{Wasser-}\\\text{stoff.}\\2}}{H_2}$$

Zur Prüfung der Zinksulfatlösung auf Eisen wird eine Probe derselben mit Kaliumferricyanidlösung versetzt. Das Eisen ist als Ferrosulfat gelöst und dieses giebt mit Kaliumferricyanid eine blaue Fällung von Ferroferricyanid (Turnbullsblau).

$$\underset{\text{Ferrosulfat}}{3FeSO_4} + \underset{\text{Kaliumferricyanid}}{2[K_3(FeCy_6)]} = \underset{\text{Ferroferricyanid}}{Fe_3(FeCy_6)_2} + \underset{\text{Kaliumsulfat.}}{3K_2SO_4}$$

Um das Eisen aus der Lösung zu fällen, muss dasselbe in die höhere Oxydationsstufe übergeführt werden und dieses geschieht durch Einleiten von Chlor. Aus dem Ferrosulfat entstehen dadurch Ferrisulfat und Ferrichlorid.

$$\underset{\text{Ferrosulfat}}{6FeSO_4} + \underset{\text{Chlor}}{6Cl} = \underset{\text{Ferrisulfat}}{2Fe_2(SO_4)_3} + \underset{\substack{\text{Ferri-}\\\text{chlorid.}}}{Fe_2Cl_6}$$

Digerirt man nun diese Lösung mit Zinkoxyd, so wird das Eisen als Ferrihydroxyd gefällt und Zinksulfid und Zinkchlorid gehen in Lösung.

$$\underset{\text{Ferrisulfat}}{2Fe_2(SO_4)_3} + \underset{\substack{\text{Ferri-}\\\text{chlorid}}}{Fe_2Cl_6} + \underset{\text{Zinkoxyd}}{9ZnO} + \underset{\text{Wasser}}{9H_2O} = \underset{\text{Zinksulfat}}{6ZnSO_4} + \underset{\text{Zinkchlorid}}{3ZnCl_2}$$
$$+ \underset{\text{Ferrihydroxyd.}}{3Fe_2(OH)_6}$$

Das Zinkchlorid und das Manganosulfat, welches durch Behandlung mit Zinkoxyd nicht gefällt wird, bleiben in der letzten Mutterlauge.

Um zu prüfen, ob alles Eisen ausgefällt ist, versetzt man eine abfiltrirte Probe mit Kaliumferrocyanidlösung. So lange noch Ferrisulfat oder Ferrichlorid in der Lösung enthalten, erhält man eine blaue Fällung von Ferriferrocyanür (Berlinerblau).

$$\underset{\text{Ferrisulfat}}{2\,Fe_2(SO_4)_3} + \underset{\text{Kaliumferro-cyanid}}{3\,K_4(FeCy_6)} = \underset{\text{Ferriferrocyanür}}{Fe_4(FeCy_6)_3} + \underset{\text{Kaliumsulfat.}}{6\,K_2SO_4}$$

Da sich durch die Behandlung der Zinklösung mit überschüssigem Zinkoxyd etwas basisches Zinksulfat gebildet hat, so muss die Lösung vor dem Eindampfen zur Krystallisation mit verdünnter Schwefelsäure angesäuert werden.

Die Krystalle müssen so lange mit Wasser abgespült werden, bis das Waschwasser kein Zinkchlorid mehr enthält, und demnach mit Silbernitratlösung nicht mehr getrübt wird.

$$\underset{\text{Zink-chlorid}}{ZnCl_2} + \underset{\text{Silbernitrat}}{2\,AgNO_3} = \underset{\text{Silber-chlorid}}{2\,AgCl} + \underset{\text{Zinknitrat.}}{Zn(NO_3)_2}$$

Aufbewahrung. Da das Zinksulfat, wie alle Zinksalze, giftig wirkt und an der Luft langsam verwittert, so muss dasselbe vorsichtig in einem gut verschlossenen Gefässe aufbewahrt werden.

Eigenschaften. Das Zinksulfat stellt farblose, an trockner Luft langsam verwitternde, in 0,6 Theilen Wasser lösliche, in Weingeist aber unlösliche Krystalle dar.

Löst man 2 g Zinksulfat in 18 g Wasser, so erhält man eine sauer reagirende Lösung von scharfem Geschmack.

Versetzt man je die Hälfte der Lösung

a) mit Baryumnitratlösung, so entsteht ein weisser, in Salzsäure unlöslicher Niederschlag von Baryumsulfat.

$$\underset{\text{Zinksulfat}}{ZnSO_4} + \underset{\text{Baryumnitrat}}{Ba(NO_3)_2} = \underset{\text{Baryum-sulfat}}{BaSO_4} + \underset{\text{Zinknitrat.}}{Zn(NO_3)_2}$$

b) mit Natronlauge, so scheidet sich ein weisser Niederschlag von Zinkhydroxyd aus (a). Dieser ist im Ueberschusse des Fällungsmittel als Zinkoxydnatrium zu einer klaren, farblosen Flüssigkeit löslich (b). Wird letztere mit Schwefelwasserstoffwasser versetzt, so scheidet sich weisses Zinksulfid aus (c).

$$a)\ \underset{\text{Zinksulfat}}{ZnSO_4} + \underset{\text{Natrium-hydroxyd}}{2\,Na(OH)} = \underset{\text{Zinkhydroxyd}}{Zn(OH)_2} + \underset{\text{Natrium-sulfat.}}{Na_2SO_4}$$

b) $$Zn(OH)_2 + 2 Na(OH) = Zn(ONa)_2 + 2 H_2O$$

Zinkhydroxyd — Natriumhydroxyd — Zinkoxydnatrium — Wasser.

c) $$Zn(ONa)_2 + 3 H_2S = ZnS + 2 NaSH + 2 H_2O$$

Zinkoxydnatrium — Schwefelwasserstoff — Zinksulfid — Natriumhydrosulfid — Wasser

Prüfung.

1. Man löse 0,5 g Zinksulfat in 10 ccm Wasser und 5 ccm Ammoniakflüssigkeit. Es bildet sich Zinkoxyd-Ammonium. Die Lösung soll klar sein.

$$ZnSO_4 + 4 NH_3 + 2 H_2O = Zn(ONH_4)_2 + (NH_4)_2SO_4$$

Zinksulfat — Ammoniak — Wasser — Zinkoxyd-Ammonium — Ammoniumsulfat.

Enthält das Präparat Kupfersulfat, so ist die ammoniakalische Lösung blau gefärbt, indem sich Cupriammoniumsulfat, $CuSO_4 + 4 NH_3 + H_2O$, bildet.

Ist Thonerde oder Eisen zugegen, so werden diese durch Ammoniak als Hydroxyde gefällt und es entsteht im ersten Falle eine weisse Fällung von Aluminiumhydroxyd, im letzteren eine braune von Ferrihydroxyd.

$$Fe_2(SO_4)_3 + 6 NH_3 + 6 H_2O = Fe_2(OH)_6 + 3 (NH_4)_2SO_4$$

Ferrisulfat — Ammoniak — Wasser — Ferrihydroxyd — Ammoniumsulfat.

Man versetze die ammoniakalische Lösung mit Schwefelwasserstoffwasser; es entstehe eine weisse Fällung von Zinksulfid.

$$Zn(ONH_4)_2 + 3 H_2S = ZnS + 2 NH_4 . SH + 2 H_2O$$

Zinkoxyd-Ammonium — Schwefelwasserstoff — Zinksulfid — Ammoniumhydrosulfid — Wasser.

Sind fremde Metalle wie Kupfer, Blei, Eisen, Cadmium zugegen, so werden diese als Metallsulfide gefällt und das Zinksulfid erscheint nicht weiss, sondern mehr oder weniger gefärbt.

2. Man übergiesse 1 g Zinksulfat mit Natronlauge und erwärme gelinde. Es darf sich kein Geruch nach Ammoniak entwickeln. Enthält das Präparat ein Ammoniumsalz, so wird das Ammoniak durch das Natriumhydroxyd ausgetrieben.

$$(NH_4)_2SO_4 + 2 NaOH = Na_2SO_4 + 2 NH_3 + 2 H_2O$$

Ammoniumsulfat — Natriumhydroxyd — Natriumsulfat — Ammoniak — Wasser.

3. Man löse 0,5 g Zinksulfat in 4,5 g Wasser, versetze 2 ccm dieser Lösung mit 2 ccm Schwefelsäure, lasse erkalten und schichte

2 ccm Ferrosulfatlösung darüber; es darf sich auch nach längerem Stehen keine gefärbte Zone zeigen. Enthält das Präparat Nitrate, so wird durch die Schwefelsäure die Salpetersäure in Freiheit gesetzt, diese oxydirt einen Theil Ferrosulfat zu Ferrisulfat und wird dadurch zu Stickoxyd, das sich mit einem anderen Theil Ferrosulfat zu einer braunen Verbindung, $FeSO_4 + NO$, vereinigt.

$$\underset{\text{Ferrosulfat}}{6\,FeSO_4} + \underset{\text{Salpetersaure}}{2\,HNO_3} + \underset{\text{Schwefelsaure}}{3\,H_2SO_4} = \underset{\text{Ferrisulfat}}{3\,Fe_2(SO_4)_3} + \underset{\text{Stickoxyd}}{2\,NO} + \underset{\text{Wasser.}}{4\,H_2O}$$

4. Man löse 0,5 g Zinksulfat in 9,5 g Wasser und versetze die Lösung mit Silbernitratlösung; es darf keine Trübung entstehen. Enthält das Präparat ein Chlorid, so entsteht eine weisse Fällung von Silberchlorid.

Formel siehe beim Vorgang.

5. Man schüttle 2 g Zinksulfat mit 10 ccm Weingeist, filtrire nach 10 Minuten, verdünne das Filtrat mit 10 ccm Wasser und tauche blaues Lackmuspapier in dasselbe; letzteres darf nicht geröthet werden. Enthält das Präparat freie Schwefelsäure, so wird diese beim Schütteln des Salzes mit Weingeist gelöst, nicht aber das Salz und das Filtrat reagirt sauer.

Stöchiometrische Berechnungen.

1. Wie viel Zink vermögen 100 g 92procentige Schwefelsäure mit Hülfe von Wasser aufzulösen?

1 Molekül Schwefelsäure (98 Gewichtstheile) löst 1 Atom Zink (65 Gewichtstheile).

$$\overset{H_2SO_4}{98} : \overset{Zn}{65} = \overset{H_2SO_4}{92} : x$$

$$x = 61\,g\,Zn.$$

100 g 92procentige Schwefelsäure vermögen mit Hülfe von Wasser 61 g Zink aufzulösen. In der Praxis verwendet man mehr Zink, um die das Zink verunreinigenden Metalle nicht in Lösung zu bringen.

2. Wie viel krystallisirtes Zinksulfat erhält man von 61 g Zink?

1 Atom Zink (65 Gewichtstheile) entspricht 1 Molekül Zinksulfat (287 Gewichtstheile).

$$\overset{Zn}{65} : \overset{ZnSO_4 . 7H_2O}{287} = \overset{Zn}{61} : x$$

$$x = 269{,}3\,g\,ZnSO_4 . 7H_2O.$$

61 g Zink liefern 269,3 g krystallisirtes Zinksulfat. In der Praxis bekommt man aber weit weniger, weil ein Theil Zink als Zinkchlorid entfernt wird.

3. Wie viel Wasserstoffgas dem Gewichte nach werden beim Auflösen von 60 g Zink in verdünnter Schwefelsäure in Freiheit gesetzt?

1 Atom Zink (65 Gewichtstheile) liefert 2 Atome Wasserstoff (2 Gewichtstheile).

$$\begin{array}{ccc} \text{Zn} & 2\text{H} & \text{Zn} \\ 65 : & 2 = & 60 : x \end{array}$$

$$x = 1{,}84615 \text{ g H.}$$

Beim Auflösen von 60 g Zink in verdünnter Schwefelsäure werden 1,84615 g Wasserstoffgas frei.

4. Welchen Raum nehmen obige 1,84615 g Wasserstoff bei 15^0 und 750 mm B. ein, wenn 1000 ccm Wasserstoff bei 0^0 und 760 mm B. 0,089578 g wiegen?

Der Raum, welchen 1,84615 g Wasserstoff bei 0^0 und 760 mm B. einnehmen, beträgt:

$$\begin{array}{ccc} \text{g} & \text{ccm} & \text{g} \\ 0{,}089578 : & 1000 = & 1{,}84615 : x \end{array}$$

$$x = 20609{,}4 \text{ ccm.}$$

Da nach dem Mariottischen Gesetze das Volumen der Gase sich umgekehrt proportional verhält dem Drucke, welchem sie ausgesetzt sind, so wird obige Menge Wasserstoffgas bei 750 mm B. einen Raum einnehmen von:

$$\begin{array}{ccc} \text{mm} & \text{mm} & \text{ccm} \\ 750 : & 760 = & 20609{,}4 : x \end{array}$$

$$x = 20884{,}2 \text{ ccm.}$$

Da das Volumen der Gase der Temperatur direkt proportional ist und 273 Volumina eines Gases für jeden Temperaturgrad um 1 Volumen zu- oder abnehmen, so wird obige Menge Wasserstoff bei 15^0 einen Raum einnehmen von:

$$273 : (273 + 15) = 20884{,}2 : x$$

$$x = 22031{,}6 \text{ ccm.}$$

1,84615 g Wasserstoffgas nehmen bei 750 mm B. und 15^0 einen Raum ein von 22031,6 ccm = 22,0316 Liter.

Darstellung, Prüfung und Verwendung der officinellen volumetrischen Flüssigkeiten.

---

1. Acidum hydrochloricum volumetricum.

Normal-Salzsäure.

Darstellung. Die Normal-Salzsäure enthält im Liter 36,5 g Chlorwasserstoff.

Man stelle sich zuerst eine etwas stärkere Säure dar, indem man 150 g officinelle Salzsäure von 1,124 specifischem Gewichte in einem Liter-Kolben mit Wasser von 15^{0} zu 1 Liter verdünnt, den Gehalt dieser Säure an Chlorwasserstoff mittels wasserfreiem Natriumcarbonat oder Normal-Kalilauge prüft, und dann mit so viel Wasser verdünnt, dass im Liter 36,5 g Chlorwasserstoff enthalten sind.

Prüfung. Man verwendet hierzu wasserfreies Natriumcarbonat, das man durch Glühen von Natriumbicarbonat erhält, bis kein Gewichtsverlust mehr stattfindet, worauf man im Exsiccator erkalten lässt. Man wiege 10 g dieses Salzes ab, bringe sie in einen 500 ccm fassenden Kolben, löse in Wasser auf und bringe die Lösung auf 500 ccm. Je 50 ccm dieser Lösung enthalten 1 g Natriumcarbonat gelöst.

Man bringe die zu verdünnende Säure in eine Bürette, pipettire 50 ccm Natriumcarbonatlösung ab, bringe diese in ein Becherglas, setze einige Tropfen Cocchenilltinktur zu und hierauf so viel der zu prüfenden Säure aus der Bürette, bis die violettrothe Flüssigkeit gerade rothgelb geworden.

Man wiederhole die Operation noch einmal, indem man diesmal die ganze Menge Salzsäure, welche man das erste Mal zur Sättigung nöthig hatte, bis auf 0,2 bis 0,3 ccm auf einmal zufügt, sodann tropfenweise die Säure unter Umrühren zufliessen lässt, bis Farbenveränderung in rothgelb eingetreten ist.

Zur Neutralisation von 1 g Natriumcarbonat sind 18,87 ccm Normal-Salzsäure nöthig. Da man eine etwas stärkere Säure hergestellt hat, so wird man weniger Säure zur Neutralisation bedürfen. Man muss daher die Säure mit Wasser verdünnen. Die hierzu nöthige Menge Wasser findet man, indem man das Gesammtvolumen der zu verdünnenden Säure bestimmt, sodann die zur Neutralisation erforderliche Menge Salzsäure von 18,87 in Abzug bringt und folgende Gleichung berechnet:

Die zur Sättigung verbrauchte Menge Salzsäure verhält sich zur obigen Differenz wie das Gesammtvolumen der zu verdünnenden Säure zu x. Hat man z. B. 18,5 ccm Säure zur Neutralisation von 1 g Natriumcarbonat gebraucht, so beträgt die Differenz 18,87—18,5 = 0,37 ccm. Beträgt das Gesammtvolumen der zu verdünnenden Säure 960 ccm, so berechnet sich die zur Verdünnung nöthige Menge Wasser:

$$18{,}5 : 0{,}37 = 960 : x$$
$$x = 19{,}2 \text{ ccm Wasser.}$$

Hat man die Säure mit der berechneten Menge Wasser verdünnt, so prüfe man nochmals, ob nun genau 18,87 ccm Normal-Salzsäure zur Neutralisation von 1 g Natriumcarbonat hinreichen.

Hat man eine Normal-Kalilauge, so kann mit dieser die Normal-Salzsäure eingestellt werden, da gleiche Volumina Normal-Kalilauge und Normal-Salzsäure einander neutralisiren. Zu diesem Zwecke pipettire man 20 ccm der zu verdünnenden Säure ab, bringe sie in ein Becherglas, setze einige Tropfen Phenolphtaleinlösung hinzu und hierauf so viel Normal-Kalilauge, welche sich in einer Bürette befindet, bis die Flüssigkeit beim Umrühren bleibend roth gefärbt wird. Es sollen hierzu 20 ccm Normal-Kalilauge verbraucht werden. Da aber die Säure etwas stärker hergestellt wurde, so wird man zu deren Neutralisation etwas mehr Kalilauge bedürfen. Man findet die Menge Wasser, welche zur Verdünnung der Säure nöthig ist, indem man die Gleichung berechnet: Die zur Sättigung von 20 ccm Normal-Kalilauge nöthige Menge Normal-Salzsäure, d. i. 20 ccm, verhält sich zur Differenz aus 20 und den verbrauchten ccm Kalilauge wie das Gesammtvolumen der zu verdünnenden Säure zu x. Hat man z. B. 21 ccm Normal-Kalilauge zur Sättigung von 20 ccm der Säure gebraucht, und beträgt das Gesammtvolumen der Säure 980 ccm, so berechnet sich die zur Verdünnung nöthige Menge Wasser:

$$20 : 1 = 980 : x$$
$$x = 49 \text{ g Wasser.}$$

Nach der Verdünnung der Säure mit der berechneten Menge Wasser prüfe man nochmals, ob nun gleiche Volumina Normal-Kalilauge und Normal-Salzsäure einander neutralisiren.

Vorgang. Wird wasserfreies Natriumcarbonat mit Salzsäure neutralisirt, so entweicht Kohlensäureanhydrid und Natriumchlorid geht in Lösung.

$$\underset{\substack{\text{Natrium-}\\ \text{carbonat}\\ 106}}{Na_2CO_3} + \underset{\substack{\text{Chlor-}\\ \text{wasserstoff}\\ 2\,.\,36{,}5}}{2\,HCl} = \underset{\substack{\text{Natrium-}\\ \text{chlorid}}}{2\,NaCl} + \underset{\substack{\text{Kohlen-}\\ \text{säure-}\\ \text{anhydrid}}}{CO_2} + \underset{\text{Wasser.}}{H_2O}$$

Ist die Lösung des Natriumcarbonats durch Salzsäure neutralisirt, so wird der nächste Tropfen Salzsäure die violettrothe Farbe der Flüssigkeit in gelbroth verwandeln.

1 Molekül Natriumcarbonat (106 Gewichtstheile) braucht 2 Moleküle Chlorwasserstoff (2 . 36,5 Gewichtstheile) zur Neutralisation.

Normal-Salzsäure		Chlorwasserstoff
1000 ccm	enthalten	36,5 g
1 „	enthält	0,0365 g
		Natriumcarbonat
1000 „	sättigen	53 g
1 „	sättigt	0,053 g.

1 g Natriumcarbonat braucht daher zur Sättigung

$$\underset{Na_2CO_3}{0{,}053} : \underset{ccm}{1} = \underset{Na_2CO_3}{1} : x$$

$$x = 18{,}87 \text{ ccm Normal-Salzsäure.}$$

Wird die Salzsäure mit Normal-Kalilauge neutralisirt, so bildet sich Kaliumchlorid und Wasser. Ist alle Salzsäure neutralisirt, so wird der nächste Tropfen Kalilauge bei Gegenwart von Phenolphtaleinlösung die Flüssigkeit bleibend roth färben.

$$\underset{\substack{\text{Kalium-}\\ \text{hydroxyd}\\ 56}}{KOH} + \underset{\substack{\text{Chlor-}\\ \text{wasserstoff}\\ 36{,}5}}{HCl} = \underset{\substack{\text{Kalium-}\\ \text{chlorid}}}{KCl} + \underset{\text{Wasser.}}{H_2O}$$

1 Molekül Kaliumhydroxyd (56 Gewichtstheile) sättigt 1 Molekül Chlorwasserstoff (36,5 Gewichtstheile).

Normal-Kalilauge		Kaliumhydroxyd
1000 ccm	enthalten	56 g
Normal-Salzsäure		Chlorwasserstoff
1000 ccm	„	36,5 g.

Es müssen sich daher gleiche Volumina beider Flüssigkeiten neutralisiren.

Anwendung. Die Normal-Salzsäure findet Verwendung zur Gehaltsbestimmung von Aqua Calcariae, Kali causticum fusum, Kalium carbonicum, Kalium carbonicum crudum, Liquor Ammonii caustici, Natrium carbonicum, Natrium carbonicum siccum.

Aqua Calcariae. 100 ccm Kalkwasser, mit 4 ccm Normal-Salzsäure gemischt, dürfen eine saure Flüssigkeit nicht geben. Es darf also blaues Lackmuspapier, in diese Flüssigkeit getaucht, nicht geröthet werden.

Das Kalkwasser hält Calciumhydroxyd aufgelöst. Wird Normal-Salzsäure hinzugefügt, so bildet sich Calciumchlorid und Wasser.

$$Ca(OH)_2 + 2\,HCl = CaCl_2 + 2\,H_2O$$

Ca(OH)₂	2 HCl	CaCl₂	2 H₂O
Calcium-hydroxyd	Chlor-wasserstoff	Calcium-chlorid	Wasser.
74	2 . 36,5		

Normal-Salzsäure		Chlorwasserstoff
1000 ccm	enthalten	36,5 g
1 „	enthält	0,0365 g
		Calciumhydroxyd
1000 „	sättigen	37,0 g
1 „	sättigt	0,037 g
4 „	sättigen	$4 \times 0,037 = 0,148$ g.

Diese Menge Calciumhydroxyd muss in 100 ccm Kalkwasser mindestens enthalten sein. Ist weniger vorhanden, so wird nicht alle Salzsäure gebunden, und die Flüssigkeit reagirt sauer.

Kali causticum fusum. 10 ccm einer Lösung von 5,6 g des Präparats zu 100 ccm sollen zur Sättigung mindestens 9 ccm Normal-Salzsäure bedürfen. Man setze zu 10 ccm dieser Lösung einige Tropfen Phenolphtaleinlösung und dann so lange Normal-Salzsäure zu, bis die Flüssigkeit beim Umrühren vollkommen farblos erscheint. 10 ccm der Lösung von 5,6 g Kaliumhydroxyd zu 100 ccm enthalten 0,56 g Kaliumhydroxyd. Wird Kaliumhydroxyd mit Normal-Salzsäure neutralisirt, so bildet sich Kaliumchlorid und Wasser.

$$KOH + HCl = KCl + H_2O$$

KOH	HCl	KCl	H₂O
Kalium-hydroxyd	Chlor-wasserstoff	Kalium-chlorid	Wasser.
56	36,5		

1 Molekül Chlorwasserstoff (36,5 Gewichtstheile) sättigt 1 Molekül Kaliumhydroxyd (56 Gewichtstheile).

Normal-Salzsäure		Chlorwasserstoff
1000 ccm	enthalten	36,5 g
1 „	enthält	0,0365 g
		Kaliumhydroxyd
1000 „	sättigen	56 g
1 „	sättigt	0,056 g
9 „	sättigen	$9 \times 0,056 = 0,504$ g.

Diese Menge Kaliumhydroxyd soll in 0,56 g des Präparats enthalten sein. In 100 Theilen des Präparats müssen also mindestens enthalten sein:

$$0,56 : 0,504 = 100 : x$$
$$x = 90 \text{ Procent Kaliumhydroxyd.}$$

Kalium carbonicum. 1 g Kaliumcarbonat soll zur Sättigung mindestens 13,7 ccm Normal-Salzsäure erfordern.

Man löse 1 g Kaliumcarbonat in 20 ccm Wasser, füge einige Tropfen Cocchenilltinktur hinzu, und dann so viel Normal-Salzsäure, dass die violettrothe Flüssigkeit gerade gelbroth wird.

Wird Kaliumcarbonat mit Salzsäure gesättigt, so entweicht Kohlensäureanhydrid und Kaliumchlorid ist in Lösung.

$$\underset{\substack{\text{Kalium-}\\\text{carbonat}\\138}}{K_2CO_3} + \underset{\substack{\text{Chlor-}\\\text{wasserstoff}\\2\,.\,36,5}}{2\,HCl} = \underset{\substack{\text{Kalium-}\\\text{chlorid}}}{2\,KCl} + \underset{\substack{\text{Kohlen-}\\\text{saure-}\\\text{anhydryd}}}{CO_2} + \underset{\text{Wasser.}}{H_2O}$$

1 Molekül Kaliumcarbonat (138 Gewichtstheile) braucht 2 Moleküle Chlorwasserstoff (2 . 36,5 Gewichtstheile) zur Neutralisation.

Normal-Salzsäure		Chlorwasserstoff
1000 ccm	enthalten	36,5 g
1 „	enthält	0,0365 g
		Kaliumcarbonat
1000 „	sättigen	69 g
1 „	sättigt	0,069 g
13,7 „	sättigen	$13,7 \times 0,069 = 0,9453$ g.

Diese Menge Kaliumcarbonat muss in 1 g des Präparats enthalten sein; 100 Theile des letzteren müssen also mindestens 94,53 % Kaliumcarbonat enthalten.

Kalium carbonicum crudum. 1 g Pottasche soll zur Sättigung mindestens 13 ccm Normal-Salzsäure erfordern.

Die Titrirung geschieht wie bei Kalium carbonicum.

Normal-Salzsäure		Kaliumcarbonat
1 ccm	sättigt	0,069 g
13 „	sättigen	$13 \times 0,069 = 0,897$ g.

Diese Menge Kaliumcarbonat soll in 1 g der Pottasche enthalten sein; 100 Theile der letzteren müssen also mindestens 89,7 % Kaliumcarbonat enthalten.

Liquor Ammonii caustici. 5 ccm Ammoniakflüssigkeit sollen zur Sättigung 28 bis 28,2 ccm Normal-Salzsäure verbrauchen.

Man bringe 5 ccm Ammoniakflüssigkeit mit 20 ccm Wasser und einigen Tropfen Lackmustinktur in ein Kölbchen, und setze so lange Normal-Salzsäure zu, bis die blaue Farbe der Flüssigkeit in roth übergegangen. Es bildet sich hierbei Ammoniumchlorid.

$$NH_3 + HCl = NH_4Cl$$

Ammoniak 17 — Chlorwasserstoff 36,5 — Ammoniumchlorid.

1 Molekül Chlorwasserstoff (36,5 Gewichtstheile) sättigt 1 Molekül Ammoniak (17 Gewichtstheile).

Normal-Salzsaure		Chlorwasserstoff
1000 ccm	enthalten	36,5 g
1 „	enthält	0,0365 g
		Ammoniak
1000 „	sättigen	17 g
1 „	sättigt	0,017 g
28 „	sättigen	$28 \times 0,017 = 0,476$ g
28,2 „	„	$28,2 \times 0,017 = 0,479$ g.

Diese Menge Ammoniak soll in 5 ccm Ammoniakflüssigkeit enthalten sein; da letztere ein specifisches Gewicht von 0,96 besitzt, so wiegen 5 ccm $5 \times 0,96 = 4,8$ g. In 100 Theilen Ammoniakflüssigkeit sollen daher enthalten sein:

$$4,8 : 0,476 \text{ bis } 0,479 = 100 : x$$
$$x = 9,92 \text{ bis } 9,98\ \%\ \text{Ammoniak.}$$

Natrium carbonicum. 1 g Natriumcarbonat soll zur Sättigung nicht weniger als 7 ccm Normal-Salzsäure erfordern.

1 g Natriumcarbonat löse man in 20 ccm Wasser, setze einige Tropfen Cocchenilltinktur und dann so lange Normal-Salzsäure hinzu, bis die violettrothe Flüssigkeit gerade rothgelb geworden. Es bildet

sich hierbei Natriumchlorid und Wasser, und Kohlensäureanhydrid entweicht.

$$(Na_2CO_3 . 10H_2O) + 2HCl = 2NaCl + CO_2 + 11H_2O$$

Natriumcarbonat 286	Chlor-wasserstoff 2 . 36,5	Natrium-chlorid	Kohlen-saure-anhydrid	Wasser.

1 Molekül krystallisirtes Natriumcarbonat (286 Gewichtstheile) braucht 2 Moleküle Chlorwasserstoff (2 . 36,5 Gewichtstheile) zur Neutralisation.

Normal-Salzsäure		Chlorwasserstoff
1000 ccm	enthalten	36,5 g
1 „	enthält	0,0365 g
		Natriumcarbonat
1000 ccm	sättigen	143 g
1 „	sättigt	0,143 g
7 „	sättigen	$7 \times 0,143 = 1,001$ g.

Da 1 g des Präparats 1 g Natriumcarbonat entsprechen soll, so ist also ein völlig reines Präparat vorgeschrieben.

Natrium carbonicum siccum. 1 g entwässertes Natriumcarbonat soll zur Sättigung nicht weniger als 14 ccm Normal-Salzsäure erfordern.

Die Titrirung geschieht wie bei Natrium carbonicum.

Der chemische Process ist derselbe, nur wird der Gehalt an wasserfreiem Natriumcarbonat berechnet.

$$Na_2CO_3 + 2HCl = 2NaCl + CO_2 + H_2O$$

Natrium-carbonat 106	Chlor-wasserstoff 2 36,5	Natrium-chlorid	Kohlen-säure-anhydrid	Wasser.

1 Molekül wasserfreies Natriumcarbonat (106 Gewichtstheile) braucht 2 Moleküle Chlorwasserstoff (2 . 36,5 Gewichtstheile) zur Sättigung.

Normal-Salzsäure		Natriumcarbonat
1000 ccm	sättigen	53,0 g
1 „	sättigt	0,053 g
14 „	sättigen	$14 \times 0,053 = 0,742$ g.

Diese Menge wasserfreies Natriumcarbonat soll in 1 g des Präparats enthalten sein; in 100 Theilen des letzteren müssen daher nicht weniger als 74,2 % des wasserfreien Salzes enthalten sein.

2. Liquor Kali caustici volumetricus.

Normal-Kalilauge.

Darstellung. Die Normal-Kalilauge enthält im Liter 56 g Kaliumhydroxyd.

Man stelle sich zuerst eine stärkere Kalilauge her, indem man etwa 65 g trockenes, chemisch reines Kaliumhydroxyd in einem Literkolben in Wasser löst und die Lösung mit Wasser zu 1 Liter verdünnt. Man prüfe sodann den Gehalt der Kalilauge an Kaliumhydroxyd mittels reiner Oxalsäure oder Normal-Salzsäure, und verdünne die Lauge mit soviel Wasser, dass im Liter 56 g Kaliumhydroxyd enthalten sind.

Prüfung.

Man verwendet hiezu reine, lufttrockene Oxalsäure, welche sich beim Erhitzen auf dem Platinbleche vollständig ohne Rückstand verflüchtigen lässt. Man wiege genau 10 g dieser krystallisirten Oxalsäure ab, bringe sie in einen 500 ccm fassenden Kolben, löse sie in Wasser und verdünne die Lösung mit Wasser auf 500 ccm. 50 ccm dieser Lösung enthalten 1 g Oxalsäure.

Man bringe die zu verdünnende Kalilauge in eine Bürette, pipettire 50 ccm Oxalsäurelösung ab, bringe diese in ein Becherglas, setze einige Tropfen Phenolphtaleinlösung zu und dann so viel von der Kalilauge, dass die Flüssigkeit beim Umrühren dauernd violettroth erscheint. Zur Kontrolle mache man die ganze Operation noch einmal.

Zur Neutralisation von 50 ccm Oxalsäurelösung sind 15,9 ccm Normal-Kalilauge nöthig.

Da man die Kalilauge etwas stärker hergestellt hat, wird man zur Neutralisation etwas weniger als 15,9 ccm Kalilauge verbrauchen. Man muss sie daher mit Wasser verdünnen. Man findet die zur Verdünnung nöthige Menge Wasser, indem man das Gesammtvolumen der zu verdünnenden Kalilauge bestimmt, sodann die zur Neutralisation erforderliche Menge Kalilauge von 15,9 ccm in Abzug bringt und folgende Gleichung berechnet:

Die zur Sättigung von 50 ccm Oxalsäurelösung verbrauchten ccm Kalilauge verhalten sich zur obigen Differenz wie das Gesammtvolumen der Kalilauge zu x. Hat man z. B. 15,3 ccm Kalilauge zur

Neutralisation verbraucht, so beträgt die Differenz 15,9 — 15,3 = 0,6 ccm. Hat man 980 ccm Kalilauge zu verdünnen, so berechnet sich die zur Verdünnung nöthige Menge Wasser:

$$15{,}3 : 0{,}6 = 980 : x$$
$$x = 38{,}4 \text{ ccm Wasser.}$$

Nach der Verdünnung der Kalilauge mit der berechneten Menge Wasser prüfe man nochmals, ob nun genau 15,9 ccm Normal-Kalilauge zur Neutralisation von 50 ccm Oxalsäurelösung nöthig sind.

Hat man eine Normal-Salzsäure, so kann man mit dieser die Normal-Kalilauge einstellen, da gleiche Volumina dieser Flüssigkeiten einander neutralisiren.

Zu diesem Zwecke pipettire man 20 ccm Normal-Salzsäure ab, bringe sie in ein Becherglas, füge einige Tropfen Phenolphtaleinlösung hinzu, und dann so lange Kalilauge aus einer Bürette, bis die Flüssigkeit beim Umrühren bleibend violettroth erscheint.

Es sollen hierzu 20 ccm Kalilauge gebraucht werden. Da man aber die Kalilauge stärker hergestellt hat, so wird man bis zu diesem Punkte etwas weniger Kalilauge brauchen. Man findet die zur Verdünnung der Kalilauge nöthige Menge Wasser, indem man die Gleichung berechnet:

Die zur Sättigung von 20 ccm Normal-Salzsäure nöthige Menge Kalilauge verhält sich zur Differenz aus 20 und den verbrauchten ccm Kalilauge wie das Gesammtvolumen der zu verdünnenden Kalilauge zu x. Hat man z. B. 18,5 ccm Kalilauge zur Neutralisation von 20 ccm der Normal-Salzsäure verbraucht und beträgt das Gesammtvolumen der Kalilauge 960 ccm, so berechnet sich die zur Verdünnung nöthige Menge Wasser:

$$18{,}5 : 1{,}5 = 960 : x$$
$$x = 77{,}8 \text{ g Wasser.}$$

Hat man die Kalilauge mit der berechneten Menge Wasser verdünnt, so prüfe man nochmals, ob nun genau 20 ccm Normal-Kalilauge zur Neutralisation von 20 ccm Normal-Salzsäure hinreichen.

Vorgang. Wird Oxalsäure mit Kalilauge neutralisirt, so bildet sich Kaliumoxalat und Wasser.

$$2\,KOH + H_2C_2O_4 \cdot 2\,H_2O = K_2C_2O_4 + 4\,H_2O$$

Kalium-hydroxyd 2 56	Oxalsaure 126	Kaliumoxalat	Wasser

Ist alle Oxalsäure neutralisirt, so wird der nächste Tropfen Kalilauge die Flüssigkeit bei Gegenwart von Phenolphtalein violettroth färben.

2 Moleküle Kaliumhydroxyd (2 . 56 Gewichtstheile) neutralisiren 1 Molekül Oxalsäure (126 Gewichtstheile).

Normal-Kalilauge		Kaliumhydroxyd
1000 ccm	enthalten	56 g
1 „	enthält	0,056 g
		Oxalsäure
1000 „	sättigen	63 g
1 „	sättigt	0,063 g.

1 g Oxalsäure braucht daher zur Sättigung:

$$\begin{array}{ccccccc} H_2C_2O_4 . 2H_2O & & ccm & & H_2C_2O_4 . 2H_2O & & \\ 0,063 & : & 1 & = & 1 & : & x \end{array}$$

$$x = 15,9 \text{ ccm Normal-Kalilauge.}$$

Wird die Kalilauge mit Normal-Salzsäure neutralisirt, so bildet sich Kaliumchlorid und Wasser.

$$\underset{\substack{\text{Kalium-}\\ \text{hydroxyd}\\ 56}}{KOH} + \underset{\substack{\text{Chlor-}\\ \text{wasserstoff}\\ 36,5}}{HCl} = \underset{\substack{\text{Kalium-}\\ \text{chlorid}}}{KCl} + \underset{\text{Wasser.}}{H_2O}$$

1 Molekül Kaliumhydroxyd (56 Gewichtstheile) sättigt 1 Molekül Chlorwasserstoff (36,5 Gewichtstheile).

Normal-Salzsäure		Chlorwasserstoff
1000 ccm	enthalten	36,5 g
Normal-Kalilauge		Kaliumhydroxyd
1000 „	enthalten	56,0 g.

Es müssen sich daher gleiche Volumina beider Flüssigkeiten neutralisiren.

Anwendung. Die Normal-Kalilauge findet Verwendung zur Gehaltsbestimmung von Acetum, Acetum pyrolignosum crudum et rectificatum, Acetum Scillae, Acidum aceticum, Acidum aceticum dilutum, Acidum formicicum, Acidum hydrobromicum, Acidum hydrochloricum und Acidum nitricum.

Acetum. 10 ccm Essig müssen 10 ccm Normal-Kalilauge sättigen.

Man versetze 10 ccm Essig mit einigen Tropfen Phenolphtaleinlösung und füge dann so viel Normal-Kalilauge hinzu, dass die Flüssigkeit nach dem Umrühren bleibend violettroth gefärbt erscheint.

Der Essig enthält Essigsäure; wird letztere mit Kalilauge neutralisirt, so bildet sich Kaliumacetat und Wasser.

$$\underset{\substack{\text{Essigsaure}\\60}}{C_2H_4O_2} + \underset{\substack{\text{Kalium-}\\\text{hydroxyd}\\56}}{KOH} = \underset{\text{Kaliumacetat}}{KC_2H_3O_2} + \underset{\text{Wasser.}}{H_2O}$$

Normal-Kalilauge		Kaliumhydroxyd
1000 ccm	enthalten	56 g
1 „	enthält	0,056 g
		Essigsaure
1000 ccm	sättigen	60 g
1 „	sättigt	0,06 g
10 „	sättigen	0,6 g.

Diese Menge Essigsäure muss in 10 ccm Essig enthalten sein; 100 ccm Essig sollen also 6 g Essigsäure enthalten.

Acetum pyrolignosum crudum. 10 ccm Holzessig dürfen, nach Zusatz von 10 ccm Normal-Kalilauge, nicht alkalisch reagiren.

Man bringe 10 ccm rohen Holzessig in ein Kölbchen, setze 10 cmm Normal-Kalilauge hinzu und tauche rothes Lackmuspapier in die Mischung. Dasselbe darf nicht gebläut werden. Die Essigsäure des Holzessigs neutralisirt das Kaliumhydroxyd der Kalilauge.

10 ccm Normal-Kalilauge sättigen 0,6 g Essigsäure, welche in 10 ccm Holzessig enthalten sein müssen; 100 ccm des letzteren müssen daher mindestens 6 g Essigsäure enthalten.

Acetum pyrolignosum rectificatum. 10 ccm gereinigter Holzessig müssen mindestens 7,5 ccm Normal-Kalilauge zur Sättigung erfordern.

Man verdünne 10 ccm gereinigten Holzessig mit 50 ccm Wasser, füge einige Tropfen Phenolphtaleinlösung hinzu und dann so viel Normal-Kalilauge, dass die Flüssigkeit nach dem Umrühren dauernd violettroth gefärbt erscheint.

Normal-Kalilauge		Essigsaure
1 ccm	sättigt	0,06 g
7,5 „	sättigen	$7{,}5 \times 0{,}06 = 0{,}450$ g,

welche in 10 ccm gereinigten Holzessig enthalten sein müssen; 100 ccm des letzteren müssen daher mindestens 4,5 g Essigsäure enthalten.

Acetum Scillae. 10 ccm Meerzwiebelessig müssen zur Sättigung 8,3 bis 8,5 ccm Normal-Kalilauge erfordern.

Man verdünne 10 ccm Meerzwiebelessig mit 20 ccm Wasser, füge 2 bis 3 Tropfen Phenolphtaleinlösung, dann so viel Normal-Kalilauge hinzu, bis die Flüssigkeit nach dem Umrühren dauernd violettroth gefärbt erscheint.

Normal-Kalilauge		Essigsäure
1 ccm	sättigt	0,06 g
8,3 „	sättigen	$8{,}3 \times 0{,}06 = 0{,}498$ g
8,5 „	„	$8{,}5 \times 0{,}06 = 0{,}51$ g,

welche in 10 ccm Meerzwiebelessig enthalten sein müssen; in 100 ccm müssen daher 4,98 bis 5,1 g Essigsäure enthalten sein.

Acidum aceticum. 5 ccm einer Mischung aus 1 Theil Essigsäure und 9 Theilen Wasser sollen mindestens 8 ccm Normal-Kalilauge sättigen.

Man mische 10 g Essigsäure mit 90 g Wasser und pipettire von dieser Mischung 5 ccm ab. Diese versetze man mit 2 bis 3 Tropfen Phenolphtaleinlösung und dann so lange mit Normal-Kalilauge bis die Flüssigkeit nach dem Umrühren dauernd violettroth gefärbt erscheint.

5 ccm obiger Mischung enthalten 0,5 g Essigsäure.

Normal-Kalilauge		Essigsäure
1 ccm	sättigt	0,06 g
8 „	sättigen	$8 \times 0{,}06 = 0{,}48$ g,

welche in 0,5 g des Präparats enthalten sein müssen; 100 g des letzteren müssen daher mindestens $200 \times 0{,}48 = 96$ g Essigsäure enthalten.

Acidum aceticum dilutum. 5 ccm der Säure sollen 26 ccm Normal-Kalilauge sättigen.

Man verdünne 5 ccm der verdünnten Essigsäure mit 10 ccm Wasser, füge 2 bis 3 Tropfen Phenolphtaleinlösung hinzu und dann so viel Normal-Kalilauge, dass die Flüssigkeit nach dem Umrühren dauernd violettroth gefärbt erscheint.

5 ccm verdünnte Essigsäure wiegen unter Zugrundelegung des specifischen Gewichts $5 \times 1{,}041 = 5{,}205$ g.

Normal-Kalilauge		Essigsäure
1 ccm	sättigt	0,06 g
26 „	sättigen	$26 \times 0{,}06 = 1{,}56$ g,

welche in 5,205 g der verdünnten Essigsäure enthalten sein sollen; 100 g der letzteren enthalten daher:

$$5{,}205 : 1{,}56 = 100 : x$$
$$x = 29{,}97 \text{ g Essigsäure.}$$

Acidum formicicum. 5 ccm Ameisensäure sollen 28 bis 29 ccm Normal-Kalilauge sättigen.

Man verdünne 5 ccm Ameisensäure mit 10 ccm Wasser, füge 2 bis 3 Tropfen Phenolphtaleinlösung hinzu und dann so viel Normal-Kalilauge, dass die Flüssigkeit nach dem Umrühren dauernd violettroth gefärbt erscheint. Die Ameisensäure wird von dem Kaliumhydroxyd der Kalilauge gesättigt, indem sich Kaliumformiat und Wasser bilden.

$$\underset{\substack{\text{Ameisensaure}\\46}}{CH_2O_2} + \underset{\substack{\text{Kalium-}\\\text{hydroxyd}\\56}}{KOH} = \underset{\text{Kaliumformiat}}{CHKO_2} + \underset{\text{Wasser.}}{H_2O}$$

1 Molekül Kaliumhydroxyd (56 Gewichtstheile) sättigt 1 Molekül Ameisensäure (46 Gewichtstheile).

Normal-Kalilauge		
		Kaliumhydroxyd
1 ccm	enthält	0,056 g
		Ameisensäure
1 „	sättigt	0,046 g
28 „	sättigen	$28 \times 0{,}046 = 1{,}288$ g
29 „	„	$29 \times 0{,}046 = 1{,}334$ g.

5 ccm Ameisensäure wiegen unter Zugrundelegung des specifischen Gewichts $5 \times 1{,}060$ bis $1{,}063 = 5{,}3$ bis 5,315 g, welche obige Menge Ameisensäure enthalten müssen. In 100 g des Präparats sind daher enthalten:

$$5{,}3 : 1{,}288 = 100 : x \quad x = 24{,}3 \text{ g bis}$$
$$5{,}315 : 1{,}334 = 100 : x \quad x = 25{,}1 \text{ g Ameisensäure.}$$

Acidum hydrobromicum. 5 ccm Bromwasserstoffsäure sollen 18,7 ccm Normal-Kalilauge sättigen.

Man pipettire 5 ccm Bromwasserstoffsäure ab, füge 4 bis 5 Tropfen Phenolphtaleinlösung hinzu und dann so viel Normal-Kalilauge, dass die Flüssigkeit nach dem Umrühren bleibend violettroth gefärbt erscheint.

Das Kaliumhydroxyd der Kalilauge sättigt die Bromwasserstoffsäure, indem Kaliumbromid und Wasser entsteht.

$$\underset{\substack{\text{Brom-}\\ \text{wasserstoff}\\ 81}}{HBr} + \underset{\substack{\text{Kalium-}\\ \text{hydroxyd}\\ 56}}{KOH} = \underset{\substack{\text{Kalium-}\\ \text{bromid}}}{KBr} + \underset{\text{Wasser.}}{H_2O}$$

1 Molekül Kaliumhydroxyd (56 Gewichtstheile) sättigt 1 Molekül Bromwasserstoff (81 Gewichtstheile).

Normal-Kalilauge		Kaliumhydroxyd
1 ccm	enthält	0,056 g
		Bromwasserstoff
1 „	sättigt	0,081 g
18,7 „	sättigen	$18,7 \times 0,081 = 1,5147$ g.

Da die Bromwasserstoffsäure ein specifisches Gewicht von 1,208 besitzt, so wiegen 5 ccm $5 \times 1,208 = 6,040$ g.

In 100 g Bromwasserstoffsäure sind daher enthalten:

$$6,040 : 1,5147 = 100 : x$$
$$x = 25 \text{ g Bromwasserstoff.}$$

Acidum hydrochloricum. 5 ccm der Säure sollen 38,5 ccm Normal-Kalilauge sättigen.

Man verdünne 5 ccm der Säure mit 20 ccm Wasser, setze 3 bis 4 Tropfen Phenolphtaleinlösung und dann so viel Normal-Kalilauge zu, dass die Flüssigkeit nach dem Umrühren bleibend violettroth gefärbt erscheint.

Das Kaliumhydroxyd der Kalilauge sättigt den Chlorwasserstoff der Salzsäure, indem Kaliumchlorid und Wasser entstehen.

$$\underset{\substack{\text{Kalium-}\\ \text{hydroxyd}\\ 56}}{KOH} + \underset{\substack{\text{Chlor-}\\ \text{wasser-}\\ \text{stoff}\\ 36,5}}{HCl} = \underset{\substack{\text{Kalium-}\\ \text{chlorid}}}{KCl} + \underset{\text{Wasser.}}{H_2O}$$

1 Molekül Kaliumhydroxyd (56 Gewichtstheile) sättigt 1 Molekül Chlorwasserstoff (36,5 Gewichtstheile).

Normal-Kalilauge		Kaliumhydroxyd
1 ccm	enthält	0,056 g
		Chlorwasserstoff
1 „	sättigt	0,0365 g
38,5 „	sättigen	$38,5 \times 0,0365 = 1,405$ g.

5 ccm Salzsäure wiegen unter Zugrundelegung des specifischen Gewichts $5 \times 1,124 = 5,62$ g, welche obige Menge Chlorwasserstoff enthalten müssen; in 100 g der Salzsäure sind daher enthalten:

$$5,62 : 1,405 = 100 : x$$
$$x = 25 \text{ g Chlorwasserstoff.}$$

Acidum nitricum. 5 ccm der Säure sollen 22,9 ccm Normal-Kalilauge sättigen.

Man verdünne 5 ccm der Säure mit 20 ccm Wasser, füge 3 bis 4 Tropfen Phenolphtaleinlösung hinzu und dann so viel Normal-Kalilauge, bis nach dem Umrühren die Flüssigkeit dauernd violettroth gefärbt erscheint.

Das Kaliumhydroxyd der Kalilauge sättigt die Salpetersäure, indem Kaliumnitrat und Wasser entstehen.

$$\underset{\substack{\text{Kalium-}\\\text{hydroxyd}\\56}}{KOH} + \underset{\substack{\text{Salpeter-}\\\text{saure}\\63}}{HNO_3} = \underset{\text{Kaliumnitrat}}{KNO_3} + \underset{\text{Wasser}}{H_2O}$$

1 Molekül Kaliumhydroxyd (56 Gewichtstheile) neutralisirt 1 Molekül Salpetersäure (63 Gewichtstheile).

Normal-Kalilauge		
		Kaliumhydroxyd
1 ccm	enthält	0,056 g
		Salpetersaure
1 „	sättigt	0,063 g
22,9 „	sättigen	$22,9 \times 0,063 = 1,442$ g.

5 ccm Salpetersäure wiegen unter Zugrundelegung des specifischen Gewichts $5 \times 1,153 = 5,765$ g, welche obige Menge wasserfreie Salpetersäure enthalten müssen; in 100 g der Säure sind daher enthalten:

$$5,765 : 1,442 = 100 : x$$
$$x = 25 \text{ g Salpetersäure.}$$

3. Liquor Argenti nitrici volumetricus.

Zehntel-Normal-Silbernitratlösung.

Darstellung. Die Zehntel-Normal-Silbernitratlösung enthält im Liter 17 g Silbernitrat.

Man stelle sich eine etwas koncentrirtere Silbernitratlösung her, indem man 18 g geschmolzenes Silbernitrat zu 1 Liter Wasser löst.

Den Gehalt der Lösung bestimme man mittels reinem, ausgeglühtem Natriumchlorid oder mittels Zehntel-Normal-Natriumchloridlösung und berechne sodann die Menge Wasser, mit welcher die Lösung zu verdünnen ist, damit im Liter 17 g Silbernitrat enthalten sind.

Prüfung. Man glühe reines Natriumchlorid gut aus, wiege nach dem Erkalten im Exsiccator 2 g ab, löse dieselben in einem 500 ccm fassenden Kolben und bringe die Lösung mit Wasser auf 500 ccm, so dass je 50 ccm 0,2 g Natriumchlorid enthalten. 50 ccm dieser Natriumchloridlösung versetze man mit 3 bis 4 Tropfen Kaliumchromatlösung und dann so lange mit Silbernitratlösung, bis die Flüssigkeit beim Umschütteln sich bleibend roth färbt. Man soll bis zu diesem Punkte 34,18 ccm Zehntel-Normal-Silbernitratlösung verbrauchen. Da man aber die Silbernitratlösung etwas stärker hergestellt, so wird man hiervon etwas weniger als 34,18 ccm bedürfen und die Silberlösung muss daher mit Wasser verdünnt werden.

Man findet die zur Verdünnung nöthige Menge Wasser, indem man die Gleichung berechnet: Die verbrauchten ccm Silbernitratlösung verhalten sich zur Differenz aus 34,18 und den verbrauchten ccm Silbernitratlösung wie das Gesammtvolumen der zu verdünnenden Silbernitratlösung zu x. Hat man z. B. 32 ccm Silbernitratlösung zur Fällung von 0,2 g Natriumchlorid gebraucht und beträgt das Gesammtvolumen der Silbernitratlösung 980 ccm, so berechnet sich die zur Verdünnung nöthige Menge Wasser:

$$32 : 2{,}18 = 980 : x$$
$$x = 66{,}7 \text{ ccm Wasser.}$$

Hat man eine Zehntel-Normal-Natriumchloridlösung, so kann man mit dieser die Silbernitratlösung einstellen, da gleiche Volumina dieser Flüssigkeiten einander gleichwerthig sind. Man pipettire 10 ccm Zehntel-Normal-Natriumchloridlösung ab, bringe sie in ein Becherglas, setze 20 ccm Wasser und 3 bis 4 Tropfen Kaliumchromatlösung hinzu und dann so viel Silbernitratlösung aus einer Bürette, bis die Flüssigkeit beim Umrühren bleibend roth erscheint. Da die Silbernitratlösung etwas stärker hergestellt wurde, so wird man weniger als 10 ccm hiervon gebrauchen.

Man findet die zur Verdünnung nöthige Menge Wasser durch die Gleichung: Die zur Fällung verbrauchte Menge Silbernitratlösung verhält sich zur Differenz aus 10 und den verbrauchten ccm Silbernitratlösung wie das Gesammtvolumen der zu verdünnenden Silbernitratlösung zu x. Hat man z. B. 9,2 ccm Silbernitratlösung verbraucht und beträgt das Gesammtvolumen der Silbernitratlösung 950 ccm, so hat man die Gleichung:

$$9{,}2 : 0{,}8 = 950 : x$$
$$x = 82{,}6 \text{ ccm Wasser.}$$

Nach der Verdünnung der Silbernitratlösung mit der berechneten Menge Wasser, prüfe man nochmals, ob im ersteren Falle genau 34,18 ccm Silbernitratlösung zur Fällung von 0,2 g Natriumchlorid nöthig sind, im letzteren Falle, ob 10 ccm Zehntel-Normal-Natriumchloridlösung genau 10 ccm Zehntel-Normal-Silbernitratlösung bis zur Rothfärbung der Flüssigkeit verbrauchen.

Vorgang. Versetzt man eine Natriumchloridlösung mit Silbernitratlösung, so wird weisses Silberchlorid gefällt und Natriumnitrat geht in Lösung.

$$\underset{\substack{\text{Natrium-}\\\text{chlorid}\\58{,}5}}{NaCl} + \underset{\substack{\text{Silbernitrat}\\170}}{AgNO_3} = \underset{\substack{\text{Silber-}\\\text{chlorid}}}{AgCl} + \underset{\text{Natriumnitrat.}}{NaNO_3}$$

Bei Gegenwart von Kaliumchromatlösung wird durch Silbernitrat auch rothes Silberchromat gefällt.

$$\underset{\text{Kaliumchromat}}{K_2CrO_4} + \underset{\text{Silbernitrat}}{2AgNO_3} = \underset{\text{Silberchromat}}{Ag_2CrO_4} + \underset{\text{Kaliumnitrat.}}{2KNO_3}$$

So lange aber noch Natriumchlorid zugegen, setzt sich dieses mit dem Silberchromat um in Silberchlorid und Natriumchromat, und die rothe Farbe des Silberchromats verschwindet beim Umrühren.

$$\underset{\text{Silberchromat}}{Ag_2CrO_4} + \underset{\substack{\text{Natrium-}\\\text{chlorid}}}{2NaCl} = \underset{\text{Silberchlorid}}{2AgCl} + \underset{\substack{\text{Natrium-}\\\text{chromat.}}}{Na_2CrO_4}$$

Erst wenn alles Chlor an das Silber gebunden ist, bleibt die Flüssigkeit beim Umrühren röthlich.

1 Molekül Natriumchlorid (58,8 Gewichtstheile) braucht 1 Molekül Silbernitrat (170 Gewichtstheile) zur Fällung.

Zehntel-Normal-Silbernitratlosung		Silbernitrat
1000 ccm	enthalten	17 g
1 „	enthält	0,017 g
		Natriumchlorid
1000 „	fällen	5,85 g
1 „	fällt	0,00585 g.

0,2 g Natriumchlorid brauchen daher zur Fällung:

$$\overset{\text{NaCl}}{0{,}00585} : \overset{\text{ccm}}{1} = \overset{\text{NaCl}}{0{,}2} : x$$

x = 34,18 ccm Zehntel-Normal-Silbernitratlösung.

Wird die Silbernitratlösung mit Zehntel-Normal-Natriumchloridlösung eingestellt, so ist der chemische Prozess derselbe.

Zehntel-Normal-Natriumchloridlösung		Natriumchlorid
1 ccm	enthält	0,00585 g
		Silbernitrat
1 ccm	fällt	0,017 g
Zehntel-Normal-Silbernitratlösung		
1 ccm	enthält	0,017 g

Da 1 ccm Zehntel-Normal-Natriumchloridlösung 0,017 g Silbernitrat fällt, diese Menge aber in 1 ccm Zehntel-Normal-Silbernitratlösung enthalten ist, so entsprechen gleiche Volumina beider Zehntel-Normallösungen einander.

Anwendung. Die Zehntel-Normal-Silbernitratlösung findet Verwendung zur Gehaltsbestimmung von Aqua Amygdalarum amararum und Argentum nitricum cum Kalio nitrico, sowie zur Prüfung von Acidum hydrobromicum, Ammonium bromatum, Kalium bromatum, Kalium jodatum, Natrium bromatum und Natrium jodatum auf Chloride.

Aqua amygdalarum amararum siehe Seite 39.

Argentum nitricum cum Kalio nitrico. Wird 1 g des Präparats in 10 ccm Wasser gelöst und mit 20 ccm Zehntel-Normal-Natriumchloridlösung und 10 Tropfen Kaliumchromatlösung gemischt, so darf nur 0,5 bis 1,0 ccm Zehntel-Normal-Silbernitratlösung zur Röthung der Flüssigkeit verbraucht werden.

1 g salpeterhaltiges Silbernitrat enthält 0,33 g Silbernitrat. Werden zur Lösung desselben 20 ccm Zehntel-Normal-Natriumchloridlösung zugefügt, so wird alles Silber als Silberchlorid gefällt und es ist noch etwas Natriumchlorid im Ueberschusse vorhanden. Letzterer wird durch Zehntel-Normal-Silbernitratlösung bestimmt, wobei wieder Silberchlorid gefällt wird. Ist alles Chlor an das Silber gebunden, so färbt sich die Flüssigkeit durch Silberchromat roth.

Chemische Formeln siehe beim Vorgang Seite 291.

Da gleiche Volumina der beiden volumetrischen Flüssigkeiten einander gleichwerthig sind, so erfährt man die zur Fällung von 1 g des Präparats nöthige Menge Natriumchloridlösung, wenn man von letzterer die zum

Zurücktitriren verbrauchten ccm Zehntel-Normal-Silbernitratlösung in Abzug bringt. Hat man 20 ccm Zehntel-Normal-Natriumchloridlösung zugesetzt und wurden 0,5 bis 1 ccm Zehntel-Normal-Silberlösung zum Zurücktitriren gebraucht, so wurden 20 — 0,5 bis 1 = 19,5 bis 19 ccm Zehntel-Normal-Natriumchloridlösung zur Fällung von 1 g des Präparats verwendet.

Zehntel-Normal-Natriumchloridlosung			Natriumchlorid
1 ccm	enthält		0,00585 g
			Silbernitrat
1 „	fällt		0,017 g
19 „	fällen	19 × 0,017 =	0,323 g
19,5 „	„	19,5 × 0,017 =	0,3315 g.

Diese Menge Silbernitrat ist in 1 g des Präparats enthalten; 100 g des letzteren enthalten daher 32,3 bis 33,15 g Silbernitrat.

Acidum hydrobromicum. Man verdünne 3 g Bromwasserstoffsäure in einem 100 ccm fassenden Kölbchen mit Wasser auf 100 ccm, pipettire 10 ccm der Mischung ab, bringe sie in ein Kölbchen, neutralisire sie genau mit Ammoniakflüssigkeit, setze 3 bis 4 Tropfen Kaliumchromatlösung hinzu und dann so viel Zehntel-Normal-Silbernitratlösung, bis die Flüssigkeit beim Umschütteln bleibend roth erscheint. Es dürfen bis zu diesem Punkte nicht mehr als 9,3 ccm Zehntel-Normal-Silbernitratlösung verbraucht werden.

In 10 cmm obiger Mischung sind 0,3 g Bromwasserstoffsäure enthalten, und da letztere 25 % Bromwasserstoff enthält, so enthalten $0{,}3\ \mathrm{g} : \frac{0{,}3}{4} = 0{,}075$ g Bromwasserstoff. Wird die Bromwasserstoffsäure mit Ammoniak neutralisirt, so entsteht Ammoniumbromid.

$$\underset{\text{Bromwasserstoff}}{HBr} + \underset{\text{Ammoniak}}{NH_3} = \underset{\text{Ammoniumbromid.}}{NH_4Br}$$

Wird diese Lösung mit Silbernitratlösung versetzt, so scheidet sich Silberbromid aus.

$$\underset{\substack{\text{Ammoniumbromid}\\ \text{entsprechend}\\ \text{1 Molekül HBr}\\ = 81}}{NH_4Br} + \underset{\substack{\text{Silbernitrat}\\ 170}}{AgNO_3} = \underset{\text{Silberbromid}}{AgBr} + \underset{\text{Ammoniumnitrat.}}{(NH_4)NO_3}$$

Auf weiteren Zusatz von Silbernitratlösung wird aus dem Kaliumchromat rothes Silberchromat gefällt.

$$\underset{\text{Kaliumchromat}}{K_2CrO_4} + \underset{\text{Silbernitrat}}{2AgNO_3} = \underset{\text{Silberchromat}}{Ag_2CrO_4} + \underset{\text{Kaliumnitrat.}}{2KNO_3}$$

So lange aber noch Ammoniumbromid zugegen, verschwindet der rothe Niederschlag beim Umrühren wieder, indem Ammoniumchromat und Silberbromid entstehen.

$$\underset{\text{Ammonium-bromid}}{2NH_4Br} + \underset{\text{Silberchromat}}{Ag_2CrO_4} = \underset{\text{Ammoniumchromat}}{(NH_4)_2CrO_4} + \underset{\text{Silberbromid.}}{2AgBr}$$

Erst wenn alles Brom an das Silber gebunden ist, bleibt das Silberchromat beim Umrühren unzersetzt und die Flüssigkeit erscheint roth.

1 Molekül Ammoniumbromid, entsprechend 1 Atom Bromwasserstoff (81 Gewichtstheile), braucht 1 Molekül Silbernitrat (170 Gewichtstheile) zur Fällung.

Zehntel-Normal-Silbernitratlösung		Silbernitrat
1000 ccm	enthalten	17 g
1 „	enthält	0,017 g
		Bromwasserstoff
1000 „	fällen	8,1 g
1 „	fällt	0,0081 g.

0,075 g Bromwasserstoff brauchen daher zur Fällung:

$$\overset{\text{HBr}}{0{,}0081} : \overset{\text{ccm}}{1} = \overset{\text{HBr}}{0{,}075} : x$$

$$x = 9{,}26 \text{ ccm Zehntel-Normal-Silbernitratlösung.}$$

Das Arzneibuch gestattet einen Verbrauch von 9,3 ccm, somit um 0,04 ccm mehr, weil eine geringe Menge Chlorwasserstoff im Präparate geduldet ist.

Chlorwasserstoff wird beim Neutralisiren der Mischung mit Ammoniak zu Ammoniumchlorid. Versetzt man die Lösung mit Silbernitratlösung, so wird das Ammoniumchlorid auf ganz analoge Weise wie das Ammoniumbromid als Silberchlorid gefällt.

$$\underset{\substack{\text{Ammonium-chlorid}\\ \text{entsprechend}\\ \text{1 Molekül Chlor-}\\ \text{wasserstoff} =\\ 36{,}5}}{NH_4Cl} + \underset{\substack{\text{Silbernitrat}\\ 170}}{AgNO_3} = \underset{\text{Silber-chlorid}}{AgCl} + \underset{\text{Ammoniumnitrat.}}{(NH_4)NO_3}$$

Da aber das Molekulargewicht des Chlorwasserstoffs (36,5) viel niedriger ist, als das des Bromwasserstoffs (81), so wird man, wenn das Präparat Chlorwasserstoff enthält, mehr Zehntel-Normal-Silbernitratlösung zur Fällung gebrauchen, als zu einem reinen Präparat.

Man findet die Menge Zehntel-Normal-Silbernitratlösung, welche zur Fällung von Chlorwasserstoff verwendet wurde, durch folgende Gleichung:

Die Differenz der Molekulargewichte von Bromwasserstoff und Chlorwasserstoff (81 — 36,5 = 44,5) verhält sich zum Molekulargewicht des Chlorwasserstoffs (36,5), wie der Mehrverbrauch der Zehntel-Normal-Silbernitratlösung als 9,26 (bei einem Verbrauche von 9,3 ccm = 0,04) zu x.

$$44{,}5 : 36{,}5 = 0{,}04 : x$$
$$x = 0{,}033 \text{ ccm.}$$

Diese Menge Zehntel-Normal-Silbernitratlösung wird zur Fällung von Chlorwasserstoff verwendet.

Da 1 ccm Zehntel-Normal-Silbernitratlösung 0,00365 g Chlorwasserstoff zu fällen vermag, so fällt obige Menge $0{,}033 \times 0{,}00365 = 0{,}00012045$ g Chlorwasserstoff, welche in 0,075 g Bromwasserstoff enthalten sein dürfen. In 100 g des Präparats dürfen daher enthalten sein:

$$0{,}075 : 0{,}00012045 = 100 : x$$
$$x = 0{,}16 \text{ g Chlorwasserstoff.}$$

Ammonium bromatum siehe Seite 34.
Kalium bromatum siehe Seite 143.
Kalium jodatum siehe Seite 151.
Natrium bromatum siehe Seite 209.
Natrium jodatum siehe Seite 216.

4. Liquor Natrii chlorati volumetricus.

Zehntel-Normal-Natriumchloridlösung.

Darstellung. Die Zehntel-Normal-Natriumchloridlösung enthält im Liter 5,85 g Natriumchlorid gelöst.

Man glühe chemisch reines Natriumchlorid einige Zeit, lasse dasselbe im Exsiccator erkalten, wiege genau 5,85 g davon ab, löse diese in einem Literkolben in Wasser und bringe die Lösung mit Wasser von 15° auf 1 Liter.

Hat man eine Zehntel-Normal-Silbernitratlösung, so kann man diese zum Einstellen der Natriumchloridlösung benützen. Man stelle eine etwas koncentrirtere Natriumchloridlösung her, indem man etwa 6 g Natriumchlorid zu 1 Liter löst, bestimme deren Gehalt mit obiger Silbernitratlösung und berechne dann die Menge Wasser, mit welcher die Lösung zu verdünnen ist, damit sie im Liter 5,85 g Natriumchlorid enthält.

Prüfung. Man pipettire 10 ccm der Natriumchloridlösung ab, bringe sie in ein Becherglas, verdünne mit 20 ccm Wasser, setze 4 bis 5 Tropfen Kaliumchromatlösung hinzu und dann so viel Zehntel-Normal-Silbernitratlösung aus einer Bürette, dass die Flüssigkeit nach dem Umrühren bleibend roth erscheint. Man soll bis zu diesem Punkte 10 ccm Zehntel-Normal-Silbernitratlösung verbrauchen.

Da die Natriumchloridlösung etwas koncentrirter ist, so wird man etwas mehr als 10 ccm der Silberlösung nöthig haben und es muss daher erstere Lösung mit Wasser verdünnt werden. Man findet die zur Verdünnung nöthige Menge Wasser, indem man die Gleichung berechnet: 10 ccm verhalten sich zur Differenz aus 10 und den verbrauchten ccm Silberlösung wie das Gesammtvolumen der zu verdünnenden Natriumchloridlösung zu x. Hat man z. B. 11,5 ccm Silberlösung zur Fällung von 10 ccm Natriumchloridlösung verbraucht, und beträgt das Gesammtvolumen der letzteren 990 ccm, so hat man die Gleichung:

$$10 : 1{,}5 = 990 : x$$
$$x = 148{,}5 \text{ ccm Wasser.}$$

Hat man die Verdünnung mit der berechneten Menge Wasser vorgenommen, so prüfe man nochmals, ob gleiche Volumina der volumetrischen Flüssigkeiten einander gleichwerthig sind.

Vorgang. Der chemische Vorgang ist ganz der nämliche, wie bei Liquor Argenti nitrici volumetricus.

Zehntel-Normal-Natriumchloridlösung		Natriumchlorid
1000 ccm	enthalten	5,85 g
		Silbernitrat
1 „	fällt	0,017 g
Zehntel-Normal-Silbernitratlosung		Silbernitrat
1000 ccm	enthalten	17 g
1 „	enthält	0,017 g.

Da 1 ccm Zehntel-Normal-Natriumchloridlösung 0,017 g Silbernitrat fällt, diese Menge aber in 1 ccm Zehntel-Normal-Silbernitratlösung enthalten ist, so entsprechen gleiche Volumina beider Zehntel-Normallösungen einander.

Anwendung. Die Zehntel-Normal-Natriumchloridlösung findet Verwendung zur Gehaltsbestimmung von Argentum nitricum cum Kalio nitrico (siehe Seite 292).

5. Liquor Natrii thiosulfurici volumetricus.

Zehntel-Normal-Natriumthiosulfatlösung.

Darstellung. Die Zehntel-Normal-Natriumthiosulfatlösung enthält im Liter 24,8 g Natriumthiosulfat.

Man stelle sich eine etwas koncentrirtere Natriumthiosulfatlösung her, indem man etwa 27 g Natriumthiosulfat zu 1 Liter auflöst, bestimme den Gehalt der Lösung mittels Jod und berechne die zur Verdünnung der Natriumthiosulfatlösung nöthige Menge Wasser.

Das Jod, welches man zur Einstellung der Lösung verwendet, reinige man, indem man es mit etwa 5$^0/_0$ Kaliumjodid zusammenreibt, das Gemisch in eine Porzellanschale bringt, einen Glastrichter darüber stürzt und im Sandbade sehr gelinde und allmälig erwärmt. Das sublimirte Jod trockne man im Exsiccator über Schwefelsäure.

Prüfung. Man wiege im Wägeröhrchen 2 Portionen reines, über Schwefelsäure getrocknetes Jod im Gewichte von 0,2 bis 0,3 g ab, um 2 Prüfungen vornehmen zu können. Eine dieser Portionen löse man in einem Glasstopfenglase mit Hilfe von 1 bis 1,5 g jodsäurefreiem Kaliumjodid in 40 ccm Wasser, setze so lange Natriumthiosulfatlösung zu, bis die Flüssigkeit hellgelb erscheint, worauf man einige Tropfen Stärkelösung hinzufügt. Die nun blau gewordene Flüssigkeit versetze man noch mit so viel Natriumthiosulfatlösung, bis erstere gerade farblos geworden.

Hat man 0,3 g Jod abgewogen, so wird man bis zu diesem Punkte 23,6 ccm Natriumthiosulfatlösung verbrauchen. Da man aber letztere Lösung etwas koncentrirter hergestellt, so wird man hiervon bis zur Entfärbung weniger als 23,6 ccm verbrauchen und die Lösung muss daher mit Wasser verdünnt werden. Die Berechnung der zur Verdünnung nöthigen Menge Wasser geschieht nach folgender Gleichung: Die verbrauchten ccm Natriumthiosulfatlösung verhalten sich zur

Differenz aus 23,6 und den verbrauchten ccm Natriumthiosulfatlösung wie das Gesammtvolumen der zu verdünnenden Lösung zu x. Hat man z. B. 21 ccm Natriumthiosulfatlösung bis zur Entfärbung der Flüssigkeit gebraucht und beträgt das Gesammtvolumen der Natriumthiosulfatlösung 980 ccm, so hat man die Gleichung:

$$21 : 2{,}6 = 980 : x$$
$$x = 121{,}3 \text{ g Wasser.}$$

Hat man eine Zehntel-Normal-Jodlösung, so kann mit dieser die Natriumthiosulfatlösung eingestellt werden. Zu diesem Zwecke pipettire man 20 ccm Zehntel-Normal-Jodlösung ab, bringe sie in ein Becherglas, setze so lange Natriumthiosulfatlösung zu, bis die Flüssigkeit hellgelb erscheint, worauf man etwa 10 Tropfen Stärkelösung zufügt. Die nun blaue Flüssigkeit versetze man weiter mit Natriumthiosulfatlösung, bis sie gerade farblos geworden. Es sollen hierzu 20 ccm letzterer Lösung verbraucht werden. Da aber die Natriumthiosulfatlösung koncentrirter hergestellt ist, so wird man weniger als 20 ccm hiervon brauchen und man muss dieselbe mit Wasser verdünnen. Die Berechnung des zur Verdünnung nöthigen Wassers geschieht nach folgender Gleichung:

Die verbrauchten ccm Natriumthiosulfatlösung verhalten sich zur Differenz aus 20 und den verbrauchten ccm Natriumthiosulfatlösung, wie das Gesammtvolumen der Natriumthiosulfatlösung zu x. Hat man z. B. 18 ccm von letzterer Lösung gebraucht und beträgt das Gesammtvolumen der Natriumthiosulfatlösung 960 ccm, so hat man die Gleichung:

$$18 : 2 = 960 : x$$
$$x = 106{,}6 \text{ g Wasser.}$$

Nach Verdünnung der Lösung mit der berechneten Menge Wasser ist die Prüfung nochmals vorzunehmen, ob im ersteren Falle für 0,3 g Jod genau 23,6 ccm Zehntel-Normal-Natriumthiosulfatlösung gebraucht werden, oder ob im letzteren Falle gleiche Volumina beider Zehntel-Normallösungen einander gleichwerthig sind.

Vorgang. Da das Jod des Handels meist etwas Chlorjod enthält, so muss dasselbe mit Kaliumjodid einer Sublimation unterworfen werden, wobei Kaliumchlorid zurückbleibt.

$$\underset{\text{Chlorjod}}{JCl_3} + \underset{\text{Kaliumjodid}}{3KJ} = \underset{\text{Jod}}{4J} + \underset{\text{Kaliumchlorid.}}{3KCl}$$

Kommt Natriumthiosulfat zu einer Auflösung von Jod, so wird letzteres gebunden unter Bildung von Natriumjodid und Natriumtetrathionat.

$$\underset{\substack{\text{Natriumthiosulfat}\\ 2\,.\,248}}{2(Na_2S_2O_3\,.\,5H_2O)} + \underset{\substack{\text{Jod}\\ 2\,.\,127}}{J_2} = \underset{\substack{\text{Natrium-}\\ \text{jodid}}}{2\,NaJ} + \underset{\substack{\text{Natriumtetra-}\\ \text{thionat}}}{Na_2S_4O_6} + \underset{\text{Wasser.}}{10\,H_2O}$$

1 Molekül Natriumthiosulfat (248 Gewichtstheile) bindet 1 Atom Jod (127 Gewichtstheile).

Zehntel-Normal-Natrium-thiosulfatlosung		Natriumthiosulfat
1000 ccm	enthalten	24,8 g
1 „	enthält	0,0248 g
		Jod
1000 „	binden	12,7 g
1 „	bindet	0,0127 g.

0,3 g Jod brauchen daher zur Bindung:

$$\overset{\text{J}}{0{,}0127} : \overset{\text{ccm}}{1} = \overset{\text{J}}{0{,}3} : x$$

x = 23,6 ccm Zehntel-Normal-Natriumthiosulfatlösung.

Zehntel-Normal-Natrium-thiosulfatlosung		Jod
1 ccm	bindet	0,0127 g
Zehntel-Normal-Jodlosung		Jod
1 ccm	enthält	0,0127 g

Da 1 ccm Zehntel-Normal-Natriumthiosulfatlösung 0,0127 g Jod bindet, diese Menge Jod aber in 1 ccm Zehntel-Normal-Jodlösung enthalten ist, so entsprechen gleiche Volumina beider Zehntel-Normallösungen einander.

Anwendung. Die Zehntel-Normal-Natriumthiosulfatlösung findet Verwendung zur Bestimmung von Eisen in Ammonium chloratum ferratum, Ferrum carbonicum saccharatum, Ferrum citricum oxydatum, Ferrum oxydatum saccharatum, Ferrum pulveratum, Ferrum reductum, Ferrum sulfuricum siccum, Liquor Ferri subacetici, zur Bestimmung von Chlor in Aqua chlorata und Calcaria chlorata, zur Bestimmung von Jod in Jodum und Tinctura Jodi.

Ammonium chloratum ferratum. Man löse 5,6 g vorher im Wasserbade getrockneten Eisensalmiak zu 100 ccm, erhitze 10 ccm dieser Lösung. nach Zusatz von 3 ccm Salzsäure kurze Zeit zum Sieden und lasse nahezu erkalten, setze 0,3 g Kaliumjodid zu und stelle hierauf

1 Stunde bei gewöhnlicher Wärme in einem verschlossenen Gefässe bei Seite. Man setze alsdann Zehntel-Normal-Natriumthiosulfatlösung hinzu, bis die Flüssigkeit hellgelb gefärbt erscheint, dann etwa 10 Tropfen Stärkelösung und versetze die nun blaue Flüssigkeit weiter mit Zehntel-Normal-Natriumthiosulfatlösung, bis sie gerade farblos geworden. Es müssen bis zu diesem Punkte 2,5 bis 2,7 ccm letzterer Lösung gebraucht werden.

Der Eisensalmiak enthält Ferrichlorid. Wird die mit Salzsäure versetzte Eisensalmiaklösung mit Kaliumjodid zusammengebracht, so wird Jod frei unter Bildung von Ferrochlorid und Kaliumchlorid.

$$Fe_2Cl_6 + 2KJ = 2FeCl_2 + 2KCl + 2J$$

Fe_2Cl_6	$2KJ$	$2FeCl_2$	$2KCl$	$2J$
Ferrichlorid entsprechend 2 Atomen Eisen = 2 . 56	Kaliumjodid	Ferrochlorid	Kaliumchlorid	Jod. 2 . 127

1 Atom Eisen (56 Gewichtstheile) entspricht 1 Atom Jod (127 Gewichtstheile). Wird nun zur Lösung Zehntel-Normal-Natriumthiosulfatlösung gebracht, so wird das Jod gebunden unter Bildung von Natriumjodid und Natriumtetrathionat.

Chemische Formel siehe Seite 299.

1 Molekül Natriumthiosulfat (248 Gewichtstheile) bindet 1 Atom Jod (127 Gewichtstheile).

Zehntel-Normal-Natrium-thiosulfatlösung		Natriumthiosulfat
1000 ccm	enthalten	24,8 g
1 „	enthält	0,0248 g
		Jod
1000 „	binden	12,7 g
1 „	bindet	0,0127 g
1 Atom Jod		1 Atom Eisen
127	entspricht	56
Zehntel-Normal-Natrium-thiosulfatlösung		Eisen
1 ccm	entspricht	0,0056 g
2,5 „	entsprechen	$2,5 \times 0,0056 = 0,014$ g bis
2,7 „	„	$2,7 \times 0,0056 = 0,0151$ g.

Diese Menge Eisen soll in 0,56 g Eisensalmiak enthalten sein; in 100 g des Präparats sind daher enthalten:

$$0,56 : 0,014 \quad = 100 : x \quad x = 2,5 \text{ g bis}$$
$$0,56 : 0,0151 = 100 : x \quad x = 2,7 \text{ g Eisen.}$$

Nachdem 0,56 g des Präparats = $^1/_{100}$ Atomgewicht des Eisens zum Titriren verwendet wurden, so drücken die verbrauchten ccm

Zehntel-Normal-Natriumthiosulfatlösung direkt die Procente an metallischem Eisen aus.

Ferrum carbonicum saccharatum siehe Seite 87.

Ferrum citricum oxydatum siehe Seite 93.

Ferrum oxydatum saccharatum siehe Seite 104.

Ferrum pulveratum. 1 g gepulvertes Eisen löse man in etwa 50 ccm verdünnter Schwefelsäure und verdünne diese Lösung auf 100 ccm. 10 ccm der verdünnten Lösung versetze man mit Kaliumpermanganatlösung (5 = 1000) bis zur schwachen bleibenden Röthung; nach eingetretener Entfärbung, welche nöthigenfalls durch einige Tropfen Weingeist veranlasst werden kann, füge man 1 g Kaliumjodid hinzu und lasse die Mischung eine Stunde lang bei gewöhnlicher Wärme im geschlossenen Gefässe stehen. Hierauf setze man so viel Zehntel-Normal-Natriumthiosulfatlösung hinzu, dass die Flüssigkeit hellgelb erscheint, füge dann etwa 10 Tropfen Stärkelösung hinzu und weiter so viel Zehntel-Normal-Natriumthiosulfatlösung, dass die blaue Flüssigkeit gerade farblos geworden. Man soll bis zu diesem Punkte mindestens 17,5 ccm der Zehntel-Normal-Natriumthiosulfatlösung verbrauchen.

Wird 1 g gepulvertes Eisen in verdünnter Schwefelsäure gelöst, so geht Ferrosulfat in Lösung:

$$\underset{\text{Eisen}}{Fe} + \underset{\text{Schwefelsaure}}{H_2SO_4} = \underset{\text{Ferrosulfat}}{FeSO_4} + \underset{\text{Wasserstoff.}}{H_2}$$

Wird diese Lösung auf 100 ccm gebracht, so entsprechen 10 ccm 0,1 g Eisen.

Wird die Lösung von Ferrosulfat mit Kaliumpermanganatlösung bis zur Röthung der Flüssigkeit versetzt, so wird das Ferrosulfat in Ferrisulfat unter gleichzeitiger Bildung von Manganosulfat und Kaliumsulfat verwandelt.

Chemische Formel siehe bei Prüfung von Ferrum carbonicum saccharatum No. 2 Seite 87.

Setzt man, um die rothe Färbung der Flüssigkeit verschwinden zu machen, einige Tropfen Weingeist zu, so wird letzterer durch das Kaliumpermanganat zu Essigsäure oxydirt, und es entstehen Manganosulfat und Kaliumsulfat.

Chemische Formel siehe bei Prüfung von Ferrum sulfuricum siccum No. 2 Seite 111.

Versetzt man die Ferrisulfatlösung mit Kaliumjodid, so wird Jod frei und es entstehen Ferrosulfat und Kaliumsulfat.

$$Fe_2(SO_4)_3 + 2KJ = J_2 + 2FeSO_4 + K_2SO_4$$

Ferrisulfat entsprechend 2 Atomen Eisen = 2 56	Kaliumjodid	Jod 2.127	Ferrosulfat	Kaliumsulfat.

Fügt man nun Zehntel-Normal-Natriumthiosulfatlösung hinzu, so wird das Jod gebunden, indem Natriumjodid und Natriumtetrathionat entstehen.

Chemische Formel siehe Seite 299.

1 Molekül Natriumthiosulfat (248 Gewichtstheile) bindet 1 Atom Jod (127 Gewichtstheile).

1 Atom Jod (127 Gewichtstheile) entspricht 1 Atom Eisen (56 Gewichtstheile).

Zehntel-Normal-Natriumthiosulfatlösung		
		Natriumthiosulfat
1 ccm	enthält	0,0248 g
		Jod
1 „	bindet	0,0127 g
		Eisen
1 „	entspricht	0,0056 g
17,5 „	entsprechen $17,5 \times 0,0056 =$	0,098 g.

Diese Menge Eisen soll in 0,1 g des gepulverten Eisens mindestens enthalten sein; 100 g des letzteren müssen also mindestens 98 g Eisen enthalten.

Ferrum reductum. 1 g reducirtes Eisen erwärme man mit 50 ccm Wasser und 5 g gepulvertem Quecksilberchlorid im Wasserbade unter häufigem Umschwenken so lange, bis dasselbe gelöst ist, fülle nach dem Erkalten die Flüssigkeit mit Wasser auf 100 ccm auf und filtrire. 10 ccm des Filtrats versetze man mit 10 ccm verdünnter Schwefelsäure und hierauf mit Kaliumpermanganatlösung (5 = 1000) bis zur bleibenden Röthung. Nach eingetretener Entfärbung, welche nöthigenfalls durch Zusatz von einigen Tropfen Weingeist veranlasst werden kann, setze man 1 g Kaliumjodid hinzu und lasse die Mischung bei gewöhnlicher Wärme im geschlossenen Gefässe eine Stunde lang stehen. Hierauf füge man Zehntel-Normal-Natriumthiosulfatlösung hinzu, bis die Flüssigkeit hellgelb erscheint, setze dann etwa 10 Tropfen Stärkelösung hinzu, und wiederum Zehntel-Normal-Natriumthiosulfatlösung, bis die blaue Flüssigkeit gerade farblos geworden. Es müssen bis zu diesem Punkte mindestens 16 ccm Zehntel-Normal-Natriumthiosulfatlösung verbraucht werden.

Wird Eisen mit Quecksilberchloridlösung erwärmt, so löst sich dasselbe als Ferrochlorid unter Abscheidung von Quecksilberchlorür.

$$\underset{\text{Quecksilberchlorid}}{2\,HgCl_2} + \underset{\text{Eisen}}{Fe} = \underset{\text{Ferrochlorid}}{FeCl_2} + \underset{\text{Quecksilberchlorür.}}{Hg_2Cl_2}$$

Oxydirtes Eisen geht dabei nicht in Lösung.

Wird die Lösung des Eisens auf 100 ccm gebracht, so entsprechen 10 ccm 0,1 g des Präparats. Wird die filtrirte Lösung mit verdünnter Schwefelsäure und Kaliumpermanganat zusammengebracht, so wird das Ferrochlorid in Ferrichlorid und Ferrisulfat verwandelt unter Bildung von Manganosulfat und Kaliumsulfat.

Versetzt man die rothe Flüssigkeit mit einigen Tropfen Weingeist, so wird sie entfärbt, indem der Weingeist durch das Kaliumpermanganat zu Essigsäure oxydirt wird.

Chemische Formel siehe bei Prüfung von Ferrum sulfuricum siccum No. 2 Seite 111.

Wird die Lösung von Ferrichlorid und Ferrisulfat mit Kaliumjodid zusammengebracht, so wird Jod in Freiheit gesetzt unter Bildung von Ferrochlorid, Ferrosulfat, Kaliumchlorid und Kaliumsulfat.

$$\underbrace{\underset{\text{Ferrichlorid}}{2\,Fe_2Cl_6} + \underset{\text{Ferrisulfat}}{Fe_2(SO_4)_3}}_{\substack{\text{entsprechend 6 Atomen Fe}\\ = 6.56}} + \underset{\text{Kaliumjodid}}{6\,KJ} = \underset{\text{Ferrochlorid}}{4\,FeCl_2} + \underset{\text{Ferrosulfat}}{2\,FeSO_4} + \underset{\text{Kaliumchlorid}}{4\,KCl} +$$

$$\underset{\text{Kaliumsulfat}}{K_2SO_4} + \underset{\substack{\text{Jod}\\ 6\ 127.}}{6\,J}$$

Fügt man zu dieser Flüssigkeit Zehntel-Normal-Natriumthiosulfat, so wird das freie Jod gebunden unter Bildung von Natriumjodid und Natriumtetrathionat.

Chemische Formel siehe Seite 299.

Zehntel-Normal-Natriumthiosulfat		Eisen
1 ccm	entspricht	0,0056 g (siehe bei Ferrum pulveratum)
16 „	entsprechen	$16 \times 0{,}0056 = 0{,}0896$ g.

Diese Menge Eisen soll in 0,1 g des Präparats mindestens enthalten sein; in 100 g des letzteren müssen daher mindestens 89,6 g Eisen enthalten sein.

Ferrum sulfuricum siccum siehe Seite 110.

Liquor Ferri subacetici siehe Seite 185.

Aqua chlorata siehe Seite 44.

Calcaria chlorata. 0,5 g Chlorkalk schüttle man mit 50 ccm Wasser zusammen, setze eine Lösung von 1 g Kaliumjodid in 20 ccm Wasser hinzu, säure mit 20 Tropfen Salzsäure an und füge zur klaren, rothbraunen Lösung so viel Zehntel-Normal-Natriumthiosulfatlösung hinzu, bis die Flüssigkeit hellgelb geworden, worauf man mit etwa 10 Tropfen Stärkelösung versetzt. Der blau gewordenen Flüssigkeit setze man weiter so viel Zehntel-Normal-Natriumthiosulfat hinzu, bis sie gerade farblos wird. Man soll bis zu diesem Punkte mindestens 35,2 ccm Zehntel-Normal-Natriumthiosulfatlösung verbrauchen.

Wird Chlorkalk mit Wasser behandelt, so lösen sich Calciumhypochlorit, $Ca(ClO)_2$, und Calciumchlorid, $CaCl_2$, auf. Versetzt man die Lösung mit Salzsäure, so wird Chlor frei unter Bildung von Calciumchlorid und Wasser.

$$\underset{\text{Calciumhypochlorit}}{Ca(ClO)_2} + \underset{\text{Calciumchlorid}}{CaCl_2} + \underset{\text{Chlorwasserstoff}}{4\,HCl} = \underset{\text{Chlor}}{4\,Cl} + \underset{\text{Calciumchlorid}}{2\,CaCl_2} + \underset{\text{Wasser.}}{2\,H_2O}$$

Ist gleichzeitig Kaliumjodid zugegen, so wird durch das Chlor Jod in Freiheit gesetzt unter Bildung von Kaliumchlorid:

$$\underset{\text{Kaliumjodid}}{KJ} + \underset{\text{Chlor 35.5}}{Cl} = \underset{\text{Kaliumchlorid}}{KCl} + \underset{\text{Jod. 127}}{J}$$

Versetzt man nun mit Zehntel-Normal-Natriumthiosulfatlösung, so wird das Jod gebunden unter Bildung von Natriumjodid und Natriumtetrathionat.

Chemische Formel siehe Seite 299.

Zehntel-Normal-Natriumthiosulfatlosung		Natriumthiosulfat
1000 ccm	enthalten	24,8 g
1 „	enthält	0,0248 g
		Jod
1000 „	binden	12,7 g
1 „	bindet	0,0127 g
1 Atom Jod		1 Atom Chlor
127	entspricht	35,5
0,0127 g Jod	entsprechen	0,00355 g Chlor
Zehntel-Normal-Natriumthiosulfatlosung		
1 ccm	entspricht	0,00355 g „
35,2 „	entsprechen $35{,}2 \times 0{,}00355 =$	0,12946 g „

Diese Menge Chlor soll in 0,5 g Chlorkalk mindestens enthalten sein; in 100 g des letzteren müssen daher mindestens $200 \times 0,12946 = 24,992$ g wirksames Chlor enthalten sein.

Jodum. Man löse 0,2 g Jod mit Hilfe von 1 g Kaliumjodid in 20 ccm Wasser, setze sodann so viel Zehntel-Normal-Natriumthiosulfatlösung hinzu, bis die Flüssigkeit hellgelb geworden, sodann etwa 10 Tropfen Stärkelösung, wodurch die Flüssigkeit sich bläut, und füge weiter Zehntel-Normal-Natriumthiosulfatlösung hinzu, bis die Flüssigkeit gerade farblos wird. Es sollen bis zu diesem Punkte mindestens 15,6 ccm Zehntel-Normal-Natriumthiosulfatlösung verbraucht werden.

Das Jod wird von dem Natriumthiosulfat gebunden, indem Natriumjodid und Natriumtetrathionat gebildet werden.

Chemische Formel siehe Seite 299.

Zehntel-Normal-Natriumthiosulfatlösung		Natriumthiosulfat
1000 ccm	enthalten	24,8 g
1 „	enthält	0,0248 g
		Jod
1000 „	binden	12,7 g
1 „	bindet	0,0127 g
15,6 „	binden	$15,6 \times 0,0127 = 0,19812$ g.

Diese Menge soll in 0,2 g Jod mindestens enthalten sein; 100 g des letzteren müssen also mindestens $500 \times 0,19812 = 99,06$ g Jod enthalten.

Tinctura Jodi. 2 ccm Jodtinktur mische man mit 25 ccm Wasser und 0,5 g Kaliumjodid, setze so lange Zehntel-Normal-Natriumthiosulfatlösung hinzu, bis die Flüssigkeit hellgelb geworden, sodann etwa 10 Tropfen Stärkelösung, wodurch sich die Flüssigkeit bläut, und füge weitere Zehntel-Normal-Natriumthiosulfatlösung hinzu, bis die Flüssigkeit gerade farblos wird. Man muss bis zu diesem Punkte mindestens 12,1 ccm Zehntel-Normal-Natriumthiosulfatlösung gebrauchen.

Das Jod wird von dem Natriumthiosulfat gebunden, indem Natriumjodid und Natriumtetrathionat gebildet werden.

Chemische Formel siehe Seite 299.

1 ccm Zehntel-Normal-Natriumthiosulfatlösung bindet 0,0127 g Jod (siehe bei Jodum), 12,1 ccm binden $12,1 \times 0,0127 = 0,15367$ g Jod, welche in 2 ccm Jodtinktur mindestens enthalten sein müssen.

Da die Jodtinktur ein specifisches Gewicht von 0,895 bis 0,898 besitzt, so wiegen 2 ccm:

$$2 \times 0{,}895 \text{ bis } 0{,}898 = 1{,}790 \text{ bis } 1{,}796 \text{ g.}$$

In 100 g Jodtinktur müssen daher mindestens enthalten sein:

$$1{,}790 : 0{,}15367 = 100 : x \quad x = 8{,}58 \text{ g bis}$$
$$1{,}796 : 0{,}15367 = 100 : x \quad x = 8{,}56 \text{ g Jod.}$$

6. Liquor Jodi volumetricus.

Zehntel-Normal-Jodlösung.

Darstellung. Die Zehntel-Normal-Jodlösung enthält im Liter 12,7 g Jod.

Man stelle sich eine etwas koncentrirtere Jodlösung her, indem man etwa 13 g Jod mit 20 ccm Kaliumjodid und etwa 50 ccm Wasser in einem Literkolben zusammenbringt und nach erfolgter Lösung mit Wasser von 15^0 auf 1 Liter verdünnt. Das hierzu verwendete Jod muss zuvor gereinigt und getrocknet werden, indem man dasselbe mit etwa 5$^0/_0$ Kaliumjodid zusammenreibt, der Sublimation unterwirft und im Exsiccator über Schwefelsäure trocknet.

(Siehe bei Darstellung von Liquor Natrii thiosulfurici Seite 297).

Auch muss das Kaliumjodid jodsäurefrei sein. Zur Prüfung desselben versetze man eine mit ausgekochtem und wiederum erkaltetem Wasser bereitete Lösung von Kaliumjodid (1 = 20) mit Stärkelösung und verdünnter Schwefelsäure; sie darf sofort nicht gebläut werden.

Die Jodlösung prüfe man mittels Zehntel-Normal-Natriumthiosulfatlösung auf ihren Jodgehalt und verdünne erstere mit der berechneten Menge Wasser.

Prüfung. Man pipettire 20 ccm der Zehntel-Normal-Natriumthiosulfatlösung ab, bringe sie in ein Kölbchen, verdünne mit 20 ccm Wasser, füge etwa 10 Tropfen einer frisch bereiteten Stärkelösung hinzu und dann so viel Jodlösung unter Umschwenken aus einer Bürette, bis die Flüssigkeit gerade blau gefärbt wird. Es sollen bis zu diesem Punkte 20 ccm Jodlösung verbraucht werden. Da aber die Jodlösung etwas koncentrirter hergestellt wurde, so wird man bis zur Blaufärbung etwas weniger hiervon verbrauchen und die Lösung muss daher verdünnt werden.

Die Berechnung der zur Verdünnung nöthigen Menge Wasser findet man nach folgender Gleichung: Die verbrauchten ccm Jodlösung verhalten sich zur Differenz aus 20 und den verbrauchten ccm Jodlösung, wie sich das Gesammtvolumen der Jodlösung verhält zu x. Hat man z. B. 18,6 ccm Jodlösung bis zur Blaufärbung gebraucht und beträgt das Gesammtvolumen der Jodlösung 980 ccm, so hat man die Gleichung:

$$18{,}6 : 1{,}4 = 980 : x$$
$$x = 73{,}9 \text{ ccm Wasser.}$$

Vorgang. Den chemischen Process bei der Sublimation des Jod mit Kaliumjodid siehe bei Liquor Natrii thiosulfurici volumetricus Seite 298.

Wird eine Lösung von Kaliumjodid, welche Kaliumjodat enthält, mit Stärkelösung und verdünnter Schwefelsäure versetzt, so färbt sich dieselbe sogleich blau. Die Schwefelsäure macht nämlich aus dem Kaliumjodid Jodwasserstoff und aus dem Kaliumjodat Jodsäure frei. Jodwasserstoff und Jodsäure zersetzen sich in Jod und Wasser. Das Jod bildet mit dem Stärkemehl blaue Jodstärke.

$$\underset{\text{Jodwasserstoff}}{5\,HJ} + \underset{\text{Jodsäure}}{HJO_3} = \underset{\text{Jod}}{6\,J} + \underset{\text{Wasser.}}{3\,H_2O}$$

Wird die Zehntel-Normal-Natriumthiosulfatlösung mit Jodlösung versetzt, so bilden sich Natriumjodid und Natriumtetrathionat.

Chemische Formel siehe Seite 299.

1 Molekül Natriumthiosulfat (248 Gewichtstheile) bindet 1 Atom Jod (127 Gewichtstheile).

Sobald kein Natriumthiosulfat mehr vorhanden, wird der nächste Tropfen Jodlösung bei Gegenwart von Stärkemehl eine blaue Färbung erzeugen, indem sich Jodstärke bildet.

Zehntel-Normal-Jodlosung		Jod
1000 ccm	enthalten	12,7 g
1 „	enthält	0,0127 g
		Natriumthiosulfat
1 „	entspricht	0,0248 g
Zehntel-Normal-Natrium-thiosulfatlosung		
1 ccm	enthält	0,0248 g.

Da 1 ccm Zehntel-Normal-Jodlösung 0,0248 g Natriumthiosulfat entspricht, diese Menge aber in 1 ccm Zehntel-Normal-Natriumthiosulfatlösung enthalten ist, so entsprechen gleiche Volumina der beiden Zehntel-Normallösungen einander.

Anwendung. Die Zehntel-Normal-Jodlösung wird zur Gehaltsbestimmung von Acidum arsenicosum und Liquor Kalii arsenicosi verwendet.

Acidum arsenicosum. Man löse 0,5 g arseniger Säure mit 3 g Kaliumcarbonat in 20 ccm siedenden Wassers, verdünne nach dem Erkalten auf 100 ccm, pipettire 10 ccm dieser Lösung ab, bringe sie in ein Kölbchen und füge 10 ccm Zehntel-Normal-Jodlösung hinzu. Es muss Entfärbung eintreten.

Wird Arsenigsäureanhydrid mit Kaliumcarbonat und Wasser gekocht, so löst sich Kaliummetarsenit auf und Kohlensäureanhydrid entweicht.

$$\underset{\text{Arsenigsäureanhydrid}}{As_2O_3} + \underset{\text{Kaliumcarbonat}}{K_2CO_3} = \underset{\text{Kaliummetarsenit}}{2\,KAsO_2} + \underset{\text{Kohlensäureanhydrid.}}{CO_2}$$

Wird Arsenigsäureanhydrid in alkalischer Lösung mit Jodlösung zusammengebracht, so entstehen Arsensäureanhydrid und Kaliumjodid, während Kohlensäure entweicht; es findet eine Entfärbung der zugesetzten Jodlösung statt.

$$\underset{\substack{\text{Arsenigsäureanhydrid}\\198}}{As_2O_3} + \underset{\text{Kaliumcarbonat}}{2\,K_2CO_3} + \underset{\substack{\text{Jod}\\4.127}}{4\,J} = \underset{\text{Arsensäureanhydrid}}{As_2O_5} + \underset{\text{Kaliumjodid}}{4\,KJ} + \underset{\text{Kohlensäureanhydrid.}}{2\,CO_2}$$

1 Molekül Arsenigsäureanhydrid (198 Gewichtstheile) braucht 4 Atome Jod (4 . 127 Gewichtstheile) zur Oxydation. 1 Atom Jod (127 Gewichtstheile) vermag $^1/_4$ Molekül Arsenigsäureanhydrid $\left(\frac{198}{4}\right.$ $= 49{,}5$ Gewichtstheile) zu oxydiren.

Zehntel-Normal-Jodlösung		Jod
1000 ccm	enthalten	12,7 g
1 „	enthält	0,0127 g
		Arsenigsäureanhydrid
1000 „	oxydiren	4,95 g
1 „	oxydirt	0,00495 g
10 „	oxydiren	0,0495 g.

Diese Menge soll in 0,05 g arseniger Säure mindestens enthalten sein; 100 g der letzteren müssen daher mindestens $2000 \times 0{,}0495 = 99$ g Arsenigsäureanhydrid enthalten.

Liquor Kalii arsenicosi siehe Seite 191.